非成像太阳能聚光原理与应用

陈 飞 著

科学出版社

北 京

内 容 简 介

太阳能是一种"取之不尽、用之不竭"的可再生能源,由于水平地面所接收到的太阳能能量密度不高,采用聚光模式提高太阳能能量密度是一种较好的利用方式,特别是非成像太阳能聚光器具有不需跟踪装置、系统静态运行、易于集成构建、运行状态稳定等优点。本书阐述了太阳辐射及太阳能几何光学、非成像太阳能聚光器原理、非成像太阳能聚光器设计方法及系统构建等内容,对非成像太阳能聚光器的光学原理、模型构建、数值计算等内容进行了较为详尽的说明,并附有大量的图表及样例程序。

本书可作为能源动力类相关专业的本科生、研究生学习非成像太阳能聚光系统的参考资料,也可供新能源、动力工程、热能工程等学科领域的工程设计及科研人员参考。

图书在版编目(CIP)数据

非成像太阳能聚光原理与应用/陈飞著. —北京:科学出版社,2021.12
ISBN 978-7-03-065732-9

Ⅰ.①非… Ⅱ.①陈… Ⅲ.①太阳能装置-聚光器-研究 Ⅳ.①TK513.1

中国版本图书馆 CIP 数据核字(2020)第 132671 号

责任编辑:张振华 / 责任校对:赵丽杰
责任印制:吕春珉 / 封面设计:东方人华平面设计部

科学出版社 出版
北京东黄城根北街 16 号
邮政编码:100717
http://www.sciencep.com

北京中科印刷有限公司 印刷
科学出版社发行 各地新华书店经销

*

2021 年 12 月第 一 版 开本:787×1092 1/16
2021 年 12 月第一次印刷 印张:23
字数:580 000
定价:98.00 元
(如有印装质量问题,我社负责调换〈中科〉)
销售部电话 010-62136230 编辑部电话 010-62135120-2005

前　言

能源资源和生态环境是人类当前所面临的巨大挑战，传统常规能源在不久的将来将被消耗殆尽，不复存在，且常规能源大量使用，给人类赖以生存的地球家园带来了诸多问题，积极发展清洁的可再生能源已成为人类的必然选择。太阳能资源在众多可再生能源中，因其总量巨大、分布广泛、获取方便等显著优势而备受关注。

太阳能资源伴随着人类文明发展的全过程，而人类广泛利用太阳能资源的时间还不足几百年。其原因主要与科学技术发展的综合水平有密切的联系，以及受到世界能源资源的消耗总量与供需关系的影响。目前，太阳能的开发利用主要集中在太阳能光热利用和光伏发电两个方面，其中太阳能光热利用中的非成像聚光系统因其具有不需跟踪装置、静态聚光运行、工作状态稳定、易于集成构建等优点，适合于中低温集热、聚光光伏发电、采光照明等太阳能系统的应用。

常规的非成像太阳能聚光器主要由反射面形和吸收体两部分组成。非成像太阳能聚光研究的内容主要是针对太阳能系统中光能传递的有效控制，着重研究太阳光从采光口进入非成像太阳能聚光面形后所进行的光学行为，目的在于对太阳辐射进行有效收集。这里的能量收集通常是指对太阳能的高效利用，也就是如何设计聚光器的面形结构将太阳光能有效收集到吸收体表面而被利用。

作者在撰写本书时，在非成像太阳能聚光器设计原理方面得到了云南师范大学唐润生教授的悉心指导，受益于唐润生教授对非成像太阳能聚光器的精厚认知，作者深受启发，并结合自 20世纪 60 年代以来非成像太阳能聚光器的发展与应用，以及近些年来持续围绕太阳能热利用所开展的探索和研究工作，根据太阳能及非成像聚光的基本原理与相关技术撰写此书，供相关学科的教师、科研人员、学生、工程师参考。

本书由作者统稿，共分为 8 章。第 1 章从世界能源资源发展及当前现状开始谈起，重点讲述了可再生能源中太阳能开发与利用的发展现状；第 2 章介绍了太阳能资源，以及太阳能资源从太阳表面发出直至到达太阳能装置或系统的全过程，并基于典型气象年数据，给出了地表工作的太阳能系统采光量计算步骤；第 3~5 章讲述了非成像太阳能聚光的基本原理及太阳能相关的几何光学和传热理论，在介绍非成像太阳能聚光的基本原理及面形数学模型中，给出了推导过程，力图做到简单明了；第 6 章和第 7 章讲述了非成像太阳能系统实际工作所需的自动控制系统及光伏供电原理，并给出了温度控制系统及独立太阳能光伏系统设计实例；第 8 章讲述了非成像太阳能应用系统的设计方法，并给出了非成像太阳能聚光系统光学性能的数值计算程序。

在撰写本书时，作者充分考虑了知识的系统性和完整性，并且在叙述理论和原理的过程中，对知识点进行了较为详细的说明，力求做到对每个知识点背后所蕴含的基本原理与方法进行详尽的解释，目的是让读者对每个知识点的理解都较为清晰、透彻。

在撰写本书过程中，作者在章节安排、内容设置、编写逻辑等方面得到了昆明理工大学梅毅教授、李斌教授、宋鹏云教授、朱孝钦教授、杨春曦教授、谢德龙教授、别玉副教授和云南师范大学李明教授的悉心指导，也得到了博士研究生张学艳及硕士研究生夏恩通、高崇、邓成刚、许金韬、胡鑫、李永才和本科生李贵宏在本书的绘图、制表、整理、校对等方面提供的虔心帮助，在此一并衷心致谢。

感谢国家自然科学基金项目（项目编号：51866005）、云南省科技计划项目重大科技专项（项目编号：2019ZE002）、云南省科技计划面上项目（项目编号：2017FB092）、云南省"万人计划"青年拔尖人才专项（项目编号：YNWR-QNBJ-2019-173）对本书出版给予的支持。

由于作者水平有限，书中不足之处在所难免，恳请读者批评指正，以便后续进行修订、补充和完善。

陈　飞

2020 年 3 月

目　录

主要符号表

英文字母

A 当地海拔，km
　　面积，m^2

C 聚光器
　　光伏组件输出功率，W

E 东经，°
　　地球绕日公转时差修正项，min
　　辐照度，W/m^2
　　电动势，V
　　能量，J

F 力，N

G 辐射能通量密度，W/m^2

H 日总辐射量，J/m^2

I 小时太阳辐射量，J/m^2
　　电流强度，A

J 有效辐射，W/m^2

K 消光系数，m^{-1}

L 经度，°
　　距离，m
　　光程，m

M 太阳质量，kg

N 北纬，°
　　昼长，h

P 负载功率，W

Q 热量，J

R 反射率
　　热阻，K/W

S 熵，J/K
　　南纬，°

T 周期，s
　　温度，K 或 ℃

W 功，N·m

X 角系数

K_T 日晴空指数

k_{Tc} 小时晴空指数

R_b 倾斜面与水平面上直射辐射之比

R_d 天空可见修正因子

R_p 地平面可见修正因子

U 内能，J

K_P 比例系数

T_I 积分时间常数

T_D 微分时间常数

a 加速度，m/s^2
　　热扩散率，m^2/s

c 比热容，J/（kg·K）
　　光速，$3×10^8$ m/s

e 离心率

h 高度，m
　　对流换热系数，W/（m^2·K）
　　普朗克常数，$6.62607015×10^{-34}$ Js

m 质量，kg

n 日子数
　　介质折射率

r 圆或球半径，m
　　极径，m

s 弧长，m

t 温度，K

v 速度，m/s

希腊字母

$α$ 太阳高度角，°
　　吸收率
　　电阻温度系数

$β$ 集热器倾角，°

$γ$ 方位角，°

$δ$ 赤纬角，°
　　变分

厚度，m

ε　反射率

ζ　系统发射率

η　热效率

系统效率

θ　极角，°

入射角，°

λ　波长，μm

导热系数，W/（m·K）

ρ　反射率

入射角，°

密度，kg/m³

τ　时间，s

大气透明度

透射率

φ　纬度，°

ω　太阳时角，°

Ω　立体角，sr

ρ_d　地平面对辐射的反射率

上下标

r　日出

sta　标准时间

loc　当地

z　天顶

s　日落

太阳

天空

o　大气层外

b　直射

黑体

d　散射

n　法向

c　集热器

水平面

g　地面

几何

光口

P　平行分量

S　垂直分量

abs　吸收体

aper　光口宽度

up　上平板

down　下平板

shu　竖板形

san　三角形

arc　弧

cir　圆形

av　平均

缩写

AU　地球与太阳的平均距离

TMY　典型气象年

CPC　复合抛物聚光器

LED　发光二极管

CPAC　复合平面聚光器

M-CPC　多段复合抛物面聚光器

CPU　中央处理器

RAM　随机存储器

ROM　只读存储器

PTC　正温度系数

NTC　负温度系数

CTR　临界温度系数

PID　比例积分微分

PWM　脉冲宽度调制

PET　聚对苯二甲酸乙二醇酯

EVA　聚乙烯聚醋酸乙烯酯共聚物

TPT　聚氟乙烯复合膜

第1章 绪 论

能源是人类活动的物质基础，人类社会的发展一直伴随能源的利用与开发，能源高效利用和能源新技术是人们关注的常态化社会和科研课题。可再生能源中的太阳能资源具有巨大、普遍的特性，合理地利用太阳能对应对传统能源的不断减少、面临枯竭，以及生态平衡恶化、全球逐渐变暖、环境污染严重等具有重要意义。

1.1 能源及其现状

1.1.1 能源概念及分类

1. 能源的概念

在人类文明社会不断探索与发展的辉煌历史长河中，水资源、土地资源、生物资源、矿产资源等直接或间接地控制着人类文明前进的方向。能源作为社会前进的牵引力，已成为当今世界发展过程中不可缺少的一个基础性物质条件，也是全球经济发展的重要命脉，同时还是国家安全战略的重要因素之一。

能源是指自然界中能够为人类提供能量来源的物质资源。几乎所有工业生产过程需要能源，其可以是被直接利用的，也可以是通过某种或多种方式转换而使用的，因此凡是能够被人类加以利用的各种能量资源都可以称为能源。

人类社会最初使用能源是从用火开始的，也就是热能。随着科学技术的不断进步，人们逐步开始使用水能、电能、太阳能、核能（其中核聚变由多国科学家合作，开发可控核聚变能源系统，核聚变的原料来自海水，从而为人类提供更多的清洁能源）等诸多能源。有时根据需要，人们将系统中所生产的多种能源供给人类使用（如热电厂发出的电能供给变电站或用户，将温度较高的乏汽送到印染厂、化工厂、造纸厂等，实现热电联供）。

2. 能源的分类

按照能源的基本形式和利用方式的不同，世界上的主要能源可以分为煤、石油、天然气、电能、太阳能、水能、风能、生物质能、氢能、地热能、海洋能、原子能、潮汐能等。按照管理方式、科学研究、生态环保等不同，能源资源又可以分为一次能源与二次能源、可再生能源与不可再生能源、常规能源与新能源、燃料型能源与非燃料型能源、商品能源与非商品能源等。能源的主要分类见表 1-1。

表 1-1　能源的主要分类

按照使用类型分	按照性质分	一次能源与二次能源	
		一次能源	二次能源
常规能源	燃料型能源	泥煤、石煤、褐煤、烟煤、无烟煤、石油、天然气等	煤气、焦炭、汽油、柴油、煤油、航油、甲醇等
	非燃料型能源	水能等	电能、蒸汽、余热等
新能源	燃料型能源	核燃料、可燃冰等	沼气、氢能
	非燃料型能源	太阳能、风能、潮汐能、地热能、海洋能等	激光能等

（1）一次能源与二次能源

一次能源是指自然界中天然存在的、不需人为加工或转换的、可以直接获取使用的能源，也称为初级能源，如煤、石油、天然气、太阳能、水能、风能、生物质能等。二次能源是指需要由一次能源经过一次或多次加工转换而形成的另一种可用的能源，常见的电能、汽油、沼气、蒸汽等都属于二次能源。

（2）可再生能源与不可再生能源

在自然界中能够在相对较短的时间周期内，不断再生并有规律得到补充的能源称为可再生能源，如常见的太阳能资源，以及经由太阳能转换而成的风能、水能、海洋能、生物质能等，我国部分可再生能源可开发量见表 1-2，其中太阳能资源量最大，具有巨大的开发潜力，达到了 1.7 万亿 t/a 标准煤。不可再生能源是指经过亿万年所形成的、短期内不可恢复的能源，随着人类的持续开发，终会枯竭。

表 1-2　我国部分可再生能源年可开发量

可再生能源种类		可开发量	折合为标准煤（亿 t/a）
太阳能		17000 亿 t/a 标准煤	17000
风力风能		10 亿 kW/a	8
水能		经济可开发 4.0 亿 kW/a	4.8～6.4
		技术可开发 5.4 亿 kW/a	
生物质能	发电用生物质能	3 亿 t/a 秸秆和 3 亿 t/a 林业废弃物	4.5
	液体燃料	5000 万 t/a	0.5
	沼气	800 亿 m³/a	0.6
	总计	—	5.6
地热能		33 亿 t/a 标准煤	33

（3）常规能源与新能源

常规能源也称为传统能源，通常是指被人类广泛使用的能源，且利用时间长、技术较为成熟，如煤炭、石油、天然气等。1981 年由联合国主持召开的"联合国新能源及可再生能源会议"将新能源定义为：以新技术和新材料为基础，使传统的可再生能源得到现代化的开发和利用，用取之不尽、周而复始的可再生能源取代资源有限、对环境有污染的化石能源，重点开发太阳能、风能、生物质能、潮汐能、地热能、氢能。新能源一般是指在新技术基础上加以开发利用的可再生能源。"常规"与"新"是一组相对的概念，随着科学技术的不断进步，它们的内涵将不断发生变化。

（4）燃料型能源与非燃料型能源

燃料型能源主要是指可燃型的能源，如薪柴、木材、煤炭、石油、天然气、沼气等，是当前人类使用较多的能源资源。非燃料型能源主要包括太阳能、水能、风能、地热能、海洋能、潮汐能等。

（5）商品能源与非商品能源

商品能源是指能够进入市场进行销售的能源，典型的包括电能、煤炭、石油、天然气。非商品能源是指不通过市场流通而使用的能源，如作物秸秆、山林薪柴等。虽然它们有时也进入市场交易，但规模比较小，因此人们并未将其列入正式商品。

随着社会与经济的快速发展，人们对能源的消耗不断增加，世界上很多国家都非常重视可再生能源的研究与开发，随着科学技术的不断进步，科学家们正在夜以继日地开展对各类新型能源利用方式的研究，以满足世界经济发展对能源的需求。

1.1.2　能源现状及计量方式

1．世界能源现状

能源利用与人类社会的发展有着紧密的联系，经历了漫长的薪柴时代。随着社会的前进发展，能源利用的总量在不断地增加，各阶段的能源结构也发生了变化。20世纪20年代，人们主要使用煤及其转化产物作为能源的主要来源，20世纪70年代后，大量的石油资源被使用代替了煤炭。21世纪初，液化石油气及天然气得到了大量的使用，同时太阳能、风能、核能等的利用率也得到了大幅提升。

第一次工业革命以后，人们依赖蒸汽机作为动力，工业得到了迅速发展，社会生产力得到了很大提高。19世纪末，电力进入社会的众多领域，电力驱动的电动机代替了蒸汽机，出现了大量的电气产品，极大地改变了人们的生活，从根本上改变了人类社会的面貌。特别是汽车、飞机、货轮等社会交通工具的出现，不仅方便了人员与货物的运输，还大大促进了世界经济的繁荣。

现代社会的发展是以高水平的物质文明为前提的，而能源是社会发展的动力，没有能源作为支撑，就没有人类现在的社会文明，因此能源已成为当今世界政治、经济、军事等领域的重要焦点。依据科学家的预测，到21世纪中叶，按照当前的开采规模，被称为"工业血液"的石油资源将被开采殆尽，石油资源不但不再是普遍被使用的资源，而且可能会引起全球性的能源危机爆发，因此重新构建新的能源结构体系具有可观的现实意义。

2．能源的计量

为了比较不同类型的能源所含有能量的多少，就必须能找到一种通用的度量单位，且这一单位是所有能源对象的共同属性。通常是将各种能源在一定的条件下全部转换为热作为基准，因此就选用各种能源所含有的热量作为统计计量的通用单位。用热量作为通用单位时通常有两种计量方法：热量单位和折算成某种能源作为通用单位。国际单位制SI中热量的单位为焦耳（J），由于我国的能源结构以煤为主，因此在我国又经常以"标准煤"或"标煤"作为能源折算的通用单位。另外，燃料的热值可分为总热值和净热值（在我国称为高位热值和低位热值）。

实际经常应用的热量计量单位还有卡（cal），在很多国家中使用，但它所包括能量的大小会随着定义的不同而有所差异。我国把每千克所含热量 29.27MJ 的煤定为标准煤，将不同品种、不同含量的能源按各自不同的平均热值换算成标准煤，常见能源的热值换算见表 1-3，折算系数如下。

1）1kg 原煤＝0.7143kg 标准煤。

2）10000m³ 天然气=12.143t 标准煤。

3）1kW·h（1 度电）=0.404kg 标准煤（等价）。

4）1kcal=1000cal；1cal=4.186J；1J=0.00024kcal。

表 1-3　常见能源的热值换算

序号	能源名称	平均低位热值	折算为标准煤系数
1	原煤	20930kJ（5000kcal）/kg	0.7143kg 标准煤/kg
2	洗精煤	26372kJ（6300kcal）/kg	0.9000kg 标准煤/kg
3	煤泥	8372～12558kJ（2000～3000kcal）/kg	0.2857～0.4285kg 标准煤/kg
4	焦炭	28465kJ（6800kcal）/kg	0.9714kg 标准煤/kg
5	原油	41860kJ（10000kcal）/kg	1.4286kg 标准煤/kg
6	燃料油	41860kJ（10000kcal）/kg	1.4286kg 标准煤/kg
7	汽油	43116kJ（10300kcal）/kg	1.4714kg 标准煤/kg
8	煤油	43116kJ（10300kcal）/kg	1.4714kg 标准煤/kg
9	柴油	42697kJ（10200kcal）/kg	1.4571kg 标准煤/kg
10	液化石油气	50232kJ（12000kcal）/kg	1.7143kg 标准煤/kg
11	炼厂干气	46046kJ（11000kcal）/kg	1.5714kg 标准煤/kg
12	油田天然气	38972kJ（9310kcal）/m³	1.3300kg 标准煤/m³
13	气田天然气	35581kJ（8500kcal）/m³	1.2143kg 标准煤/m³
14	煤矿瓦斯气	14651～16744kJ（3500～4000kcal）/m³	0.5～0.5714kg 标准煤/m³
15	焦炉煤气	16744～18000kJ（4000～4300kcal）m³	0.5714～0.6143kg 标准煤/m³
16	水煤气	10465kJ（2500kcal）/m³	0.3571kg 标准煤/m³
17	煤焦油	33488kJ（8000kcal）/m³	1.1429kg 标准煤/m³
18	甲苯	41860kJ（10000kcal）/m³	1.4286kg 标准煤/m³
19	电力（等价）	11838kJ（2828kcal）/（kW·h）	0.404kg 标准煤/（kW·h）

1.2　太阳能资源

1.2.1　太阳能资源概念及特点

1. 太阳能资源的概念

在太阳内部由氢元素经过核聚变成为氦元素的过程中，太阳不断向外部空间释放巨大的能量，也不断向宇宙空间辐射，这种能量就是太阳辐射能。

1）狭义的太阳能资源仅指投射到地球表面上的太阳辐射能，本书所提及的太阳能资源即这种狭义的太阳能资源。

2）广义的太阳能资源，不仅包括太阳直接投射到地球表面上的太阳辐射能，还包括水能、风能、海洋能、潮汐能等间接的太阳能资源，通过绿色植物的光合作用所固定下来的生物质能及地球上的从远古贮存下来的化石燃料（煤、石油、天然气等）。因此，广义的太阳能资源在时间上和空间上具有非常广泛的范围。

2．太阳能资源特点

目前，虽然太阳能在世界能源体系中占据的比例不高，但众多国家仍然看好太阳能等可再生能源。根据权威专家估计，到 21 世纪中叶，可再生能源将占据电力市场的 60%，占据燃料市场的 40%，其中太阳能处于突出位置。太阳能资源作为一种能源资源，与常规能源相比较，具有以下显著的优点。

1）普遍性。太阳光对整个地球进行照射，不论地势高低、海洋陆地，处处皆有，其可以直接进行开发利用，不需开采、运输、加工等。

2）无害性。太阳能是天然存在的，对太阳能的合理开发利用，不会导致对环境形成污染，也不会引起全球变暖，更不会破坏生态平衡。

3）巨大性。太阳辐射能尽管只有很少一部分到达地球表面，却是地球上人类可使用的最多的能源，远大于人类社会能源消耗的总和，是一种巨大的能源资源。

4）长久性。按照当前太阳内部发生核聚变的速度计算，太阳的寿命还有数十亿年，相对于人类生活而言，可以说是取之不尽、用之不竭的。

在利用太阳能过程中，太阳能资源在具备上述优点的同时，具有其自身的不足，主要包括以下几个方面。

1）分散性。虽然太阳能的能量总数是巨大的，但其能量密度不大。在晴朗的天气条件下，在赤道附近（通常赤道附近地面上一年内所接收的太阳辐射能较多，平均太阳辐射能量密度也较大），地面所接收到的辐照度为 1000W/m^2 左右。从这一能量密度中获得较多的能量，往往需要大的集热面积。有时仅仅拥有大的集热面积，也难以达到工业生产用热温度的需求，从而需要增加聚光、辅助加热等设备。

2）不稳定性。由于受到地球自转和公转、地理位置、海拔、天气条件等因素的影响，到达地面的太阳能资源是不稳定的。夜晚是没有太阳能的，即便是白天，太阳能的能量密度也在不断地变化着。在阴雨天气，到达地面的辐射能几乎是散射辐射；在晴朗天气，地面上接收的太阳辐射能，主要是来自太阳的直射辐射；在阴间多云的天气，太阳能的能量密度忽高忽低，甚至会出现上一秒太阳辐照度为 1000W/m^2、下一秒太阳辐照度为 300W/m^2 的情况。

3）效率低，成本高。目前，太阳能利用系统或装置在理论技术上是可行的，从总体上而言，大多数太阳能系统或装置的效率较低，价格上不具有非常显著的竞争力。因此，在今后相当长的一段时间内，太阳能利用的进一步发展（特别是大规模的推广使用）主要受到经济性的制约。因此，当前的研究重点之一是尽可能地提高效率和降低成本，提升经济上的竞争力。但太阳能利用的经济性也需辩证看待，太阳能资源的合理有效使用，不仅可以减少传统能源的使用给环境带来的污染，还可以缓解常规能源日趋枯竭、供应不足的情况。另外，太阳能等可再生能源的使用可以有效制约常规能源价格的上涨。

1.2.2 太阳能资源分布

太阳能资源数据的有效收集和分析是高效利用太阳能的前提,也是开发高效太阳能利用设备的依据,为此世界上很多国家都有太阳能资源的时空分布数据库,有的通过地面太阳辐照度仪器测量,有的通过卫星遥感数据计算获得。

我国幅员辽阔,陆地面积约 960 万 km^2,内海和边海的水域面积约 470 万 km^2,拥有丰富的太阳能资源,但在地理位置的分布上,具有较大的差异性,我国太阳能资源的区域分布情况见表 1-4。

表 1-4 我国太阳能资源的区域分布情况

区域	太阳年辐射量/ $[(kW \cdot h)/m^2]$	年平均太阳辐照度/ $(W \cdot m^{-2})$	占国土的总面积的比例/%	主要分布地区	国外 (国家或地区)
最丰富带	>1750	>200	约 23	内蒙古额济纳旗以西、甘肃酒泉以西、青海 100°E 以西的大部分地区、西藏 94°E 以西大部分地区、新疆东部边缘地区、四川甘孜部分地区	印度、巴基斯坦
很丰富的地带	1400~1750	160~200	约 44	新疆大部分地区、内蒙古额济纳旗以东大部分地区、黑龙江西部地区、吉林西部地区、辽宁西部地区、河北大部分地区、天津、北京、山东东部地区、山西大部分地区、陕西北部地区、宁夏、甘肃酒泉以东大部分地区、青海东部边缘、西藏 94°E 以东、四川中西部地区、云南大部分地区、海南	印度尼西亚的雅加达
较丰富的地带	1050~1400	120~160	约 30	内蒙古 50°N 以北、吉林中东部地区、辽宁中东部地区、黑龙江大部分地区、山西南部地区、山东中西部地区、甘肃东部边缘、陕西中南部地区、四川中部地区、云南中部边缘、贵州南部地区、湖南大部分地区、湖北大部分地区、广西、广东、福建、江西、浙江、安徽、江苏、河南	意大利的米兰
一般带	<1050	<120	约 3	重庆大部分地区、四川东部地区、贵州中北部地区、湖北 110°E 以西、湖南西北部地区	俄罗斯的莫斯科

注:表中数据源于国家能源局。

从全国太阳能资源分布的总量来看,以大兴安岭至云南和西藏的交界处为界,可以将我国的太阳能辐射资源分为东部和西南两大部分,大多数西部地区的太阳能资源高于东部地区,特别是青藏高原地区,平均海拔在 4000m 以上,大气层较为稀薄,天空透明度高,被人们称为"日光城"的拉萨,年平均日照为 3000h,相对日照为 70%,年平均晴天为 110d,年太阳总辐射量为 8000MJ/m^2。我国西藏地区的部分地区的年平均日照为 3200~3300h,是我国太阳能资源最丰富的地区,其太阳能辐射资源可以与印巴地区媲美。

太阳能资源很丰富的地带包括新疆、内蒙古、黑龙江、吉林、辽宁、河北、山东、山西、陕西、甘肃、青海、云南、海南、台湾等地区的部分地区,年累计太阳辐射量为 1400~1750(kW·h)/m^2。太阳能辐射资源较丰富的地区包括广西、广东、福建、江西、浙江、安徽、江苏、河南等地区,年累计太阳辐射量为 1050～1400(kW·h)/m²。在四川、贵州、湖北、湖南、重庆等地区的部分地区，年累计太阳辐射量低于 1050(kW·h)/m²，特别是四川盆地，雨多、雾多、晴天较少，部分地区的年平均平均日照时间不到 1200h。

总体看来，我国的太阳能辐射资源的特征有：太阳能辐射资源高值中心和低值中心都在北纬 20°N～35°N 这一带，高值中心在西藏地区，低值中心在四川盆地地区；除西藏和新疆两个自治区外，我国南部的太阳辐照资源总体少于北部辐射资源；除四川盆地及周边地区外，我国的太阳能辐射资源超过或相当于或仅次于国外同纬度的地区，由此可见，我国的太阳能资源具有良好的开发条件，太阳能利用前景十分广阔。

纵观全球太阳能辐射资源，太阳能辐射资源的差异性亦较大，一般而言，太阳能资源丰富程度高的国家或地区为印度、巴基斯坦、中东、北非、澳大利亚和新西兰；中高国家或地区为美国、中美洲和南美洲；中等国家或地区为西南欧洲、东南亚、大洋洲、中国、朝鲜和中非；中低国家或地区为东欧和日本；低国家或地区为加拿大与西北欧洲。

1.3　太阳能发展与利用

1.3.1　太阳能发展历程

早在西周时期，我们的祖先就采用金属制成的凹面镜会聚太阳光，把易燃物放置于会光处，利用太阳光将其点燃，从而取得火种。在公元前 3 世纪，著名的希腊科学家阿基米德也采用大量有良好反射率的金属盾牌会聚太阳光，烧毁了进攻希腊的罗马舰队，从而为保护国家立下了赫赫战功。这些古代太阳能利用技术也为后人深入开展太阳能利用提供了深刻的启发，然而太阳能技术得到快速发展和应用还属近几百年，本节总结过去的 100 多年，将太阳能的发展历程分为以下几个阶段。

1. 第一阶段（1900～1920 年）

在该阶段，世界上对太阳能的研究工作重点是太阳能动力装置，也就是采用多种聚光方式实现，并且聚光装置的规模逐渐扩大，在该期间所制造的大功率太阳能装置的输出功率达到 74kW。比较典型的太阳能装置如下：1901 年，美国建成的太阳能抽水装置，采用的是圆锥形聚光器，功率为 7kW；自 1902 年起，美国还先后建立了 5 套双循环太阳能发动机；1913 年，非洲埃及开罗市南侧建成了由 5 个抛物槽式聚光器作为动力源的太阳能水泵，整个系统的聚光面积达到 1250m²。

2. 第二阶段（1920～1945 年）

在该阶段的 20 多年中，世界上发生了战争，大量的矿物燃料被开发利用。在该时间段内，参加研发太阳能利用技术的科研人员相对较少，并且太阳能在当时难以满足人们对能源体积小、连续提供、能量密度大的需求。因此，该段时间太阳能利用技术的研发工作受到冷落。在此期间也有一些典型的太阳能设备，如美国的加利福尼亚州地区开始使用太阳能集热器收集太阳能，并将加热的热水供给用户使用。特别是 1938 年，美国麻省理工学院还建成了太阳能采暖的建筑。

3. 第三阶段（1945～1965 年）

第二次世界大战结束以后，一些有远见的人士开始认识到石油和天然气资源正在迅速地减少，呼吁人们重视能源资源问题，并积极推动太阳能研究工作的开展。他们还成立了太阳能技术与利用的学术组织，从而太阳能的科研工作再次兴起，并取得了许多太阳能利用技术的重大进展。比较显著的进展如下：1954 年，美国贝尔实验室成功研制硅太阳能电池，为如今正在普遍使用的硅太阳能电池发电系统奠定了基础；1955 年，以色列科研人员提出了选择性吸收涂层基础理论，为高效太阳能光热转换系统的研发和应用创造了条件；1960 年，美国佛罗里达州建成了世界上第一套以太阳能平板集热器供热的氨-水吸收式空调系统，该太阳能系统的制冷能力达到了5 冷吨[①]。

4. 第四阶段（1965～1973 年）

在该阶段太阳能技术处于成长阶段。设备投资成本大，在经济上难以与常规能源竞争，得不到公众、企业及政府的广泛支持，因此在该时间段内，太阳能的研究工作几乎处于停滞不前的状态。

5. 第五阶段（1973～1980 年）

1973 年，第四次中东战争爆发，石油输出国组织国家为了维护本国利益，支持斗争，对石油进行减产、加价等，使严重依赖进口中东廉价石油的国家的经济发展遭到严重打击，这次事件被称为能源危机（又称为石油危机）。这次石油危机使许多国家认识到必须改变现有的能源结构体系，因此许多国家加强了对太阳能及其他可再生能源的开发力度，在这期间，太阳能资源的高效利用技术得到了又一次兴起。1973 年，美国政府制订了阳光发电计划，其大幅增加了太阳能研究开发经费，并成立了太阳能开发银行。1974 年，日本制订了阳光计划，研发项目包括太阳房、太阳能热发电、太阳电池生产系统等。20 世纪 70 年代，我国的太阳能技术发展也有了巨大的进展，并且于 1975 年在河南安阳市召开了我国第一次太阳能利用经验交流会，进一步推动了我国太阳能事业的发展。这次会议后，我国将太阳能研究与应用工作纳入了政府计划，一些高校和科研院所开始设立太阳能研究课题，掀起了我国研究太阳能的热潮。

6. 第六阶段（1980～1992 年）

该阶段太阳能研究力度处于回落态势，世界上许多国家开始削减太阳能研究经费，其中美国最为突出。主要是因为世界石油价格大幅回落，而太阳能产品的价格居高不下，不具有显著的竞争力；太阳能技术没有取得重大突破，其利用效率仍然不高，动摇了人们对太阳能技术的信心；该时期，核电的发展速度较快，也在一定程度上抑制了太阳能技术的发展。受国际太阳能研究整体态势的影响，这一阶段我国的太阳能研究工作也受到了一定程度的削弱。

7. 第七阶段（1992 年至今）

工业的快速发展离不开大量的燃烧化石能源，这导致全球性的环境污染和生态破坏，对人类

---

① 1 美国冷吨=3.51kW。

的生存和发展构成了威胁。在这样历史背景下，1992 年，联合国环境与发展大会在巴西召开，会议通过了《里约热内卢环境与发展宣言》、《21 世纪议程》和《联合国气候变化框架公约》等一系列文件，确立了可持续发展模式。在这次会议以后，世界上很多国家加强了清洁能源的开发，将太阳能与环境保护结合在一起，使太阳能得到发展。1996 年，联合国在津巴布韦召开了世界太阳能高峰会议，会后发表了《哈拉雷太阳能与持续发展宣言》，这次会议表明了联合国及世界各国和地区对太阳能资源开发的坚定决心，要求全球共同行动，广泛推广利用太阳能。在太阳能发展过程中，很多国家非常注重将太阳能科技成果转化为生产力，扩大太阳能利用领域及规模，经济效益得到显著提高，且国际合作十分活跃。这一时期我国也制订了很多太阳能发展计划，明确将太阳能发展作为重点发展项目。

在过去 100 多年，太阳能的发展道路并不平坦，人们对太阳能的利用需要反复变化，这也说明了太阳能资源的高效开发利用难度大，短时间内难以在世界能源体系中占据主导地位。同时，太阳能的开发利用还受到能源供应、战争、政治、经济等因素的影响。尽管如此，在过去的 100 多年中，太阳能发展所取得的进步仍然比以往的任何 100 多年都要大。

1.3.2　太阳能利用现状

人类对太阳能的使用源远流长，从古到今经历了数千年的发展历史，发展到现在人们对太阳能的利用形式多样、原理多变、结构多元，归纳起来，主要的利用方式包括光热转换（包括光热电转换）、光伏转换、光化学转换、光生物转换等。当前利用较多的模式主要为光热转换（太阳能光热利用类型多，并不断在发展）和光伏转换（将在后续章节中介绍）两种。

1. 太阳能光热转换

（1）太阳能热水系统

1）平板太阳能集热器。平板太阳能集热器主要结构横截面示意图如图 1-1 所示，太阳辐射穿过外、内层玻璃后照射在集热板上，集热板吸收太阳辐射后温度升高，然后将热量传递给集热板内的传热工质，使传热工质的温度升高，作为集热器的有用热能输出。同时，温度升高后的集热板通过导热、对流和辐射的方式向四周散热，即集热器的热量损失。

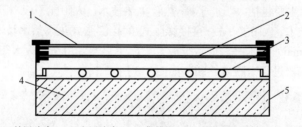

1—外层玻璃；2—内层玻璃；3—集热板；4—隔热保温材料；5—外壳。

图 1-1　平板太阳能集热器主要结构横截面示意图

平板太阳能集热器是一种吸收太阳辐射能量并将产生的热能传递给工质的装置。平板型的太阳能集热器并不一定是平的表面，而是指集热器采集太阳辐射能的表面积与其吸收辐射能的表面积近似相等。典型的平板太阳能集热器主要由集热板、透明盖板、外壳、隔热保温材料等部分组成。

在平板太阳能集热器中，集热板是接收太阳辐射能并将热能传向传热工质的一种特殊热交换器，包括吸热面板和与其良好结合的传热介质流道或通道。其中，吸热面板的材料可以是金属或非金属，一般采用铜、铝合金、不锈钢、合成树脂及橡胶等。为使吸热面板最大限度地吸收太阳辐射能，其表面常覆盖选择性吸收涂层。选择性吸收涂层是指对太阳的短波辐射具有较高的吸收率，而本身所在温度的长波发射率较低的一种吸收涂层。透明盖板主要是减少吸热面板表面对大气的对流和辐射热损失，同时也起到保护吸热面板，使其不受灰尘及雨雪侵蚀的作用。在集热板的背面和侧面都充填有隔热保温材料，以减小吸热面板通过热传导向周围散热。常见的平板太阳能集热器实物如图 1-2 所示。

图 1-2　常见的平板太阳能集热器实物

平板太阳能集热器的类型按照集热板结构不同，可以分为管板式、翼管式、扁盒式和蛇形式等；按照水的循环方式不同，可分为自然循环、强迫循环、定温放水三种；按平板集热器的采光方式不同，可分为聚光型和非聚光型两种。

普通的平板太阳能集热器虽然具有结构简单、价格低廉、维护方便等优点，但也存在冬季结冰导致管道胀裂、表面热损较大、功能单一等缺点。为了改善平板太阳能集热器存在的问题，科研人员进行了大量的理论与试验研究，如提高平板集热器的效率，或进行太阳能建筑一体化的利用。新型平板集热技术主要包括太阳能平板-热管集热技术、太阳能平板-相变储能集热技术、太阳能大尺寸平板集热技术、太阳能平板-直接膨胀式/间接膨胀式热泵热水技术、太阳能平板 PV/T（photovoltaic photothermal）技术等。通常平板太阳能集热器多用在平板太阳能热水工程系统中，将多个平板太阳能集热器进行串联或并联，如图 1-3 所示。

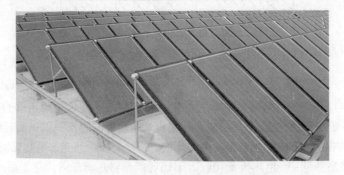

图 1-3　平板太阳能热水工程系统

2）真空管太阳能热水器。真空管太阳能热水器由多根真空太阳能集热管作为辐射能收集元件，配有水箱、弹簧支架、连接管道等，也有自然循环、强制循环和定温放水等运行方式。全玻璃真空太阳能集热管结构如图1-4所示，由于采用了真空技术，消除了气体的对流与传导热损，同时为了获得最大的辐射热，把热损降到最低，其使用了选择性吸收涂层。真空太阳能集热管的优点是，既可在中、高温下运行，也能在寒冷地区、低日照和天气多变的地区运行，应用范围广。

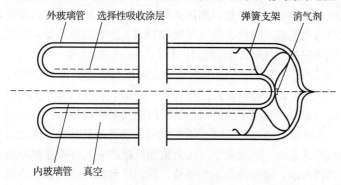

图1-4　全玻璃真空太阳能集热管结构

全玻璃真空太阳能集热管由内、外两层玻璃管构成，玻璃夹层之间抽成真空。内玻璃管外表面涂有高吸收率和低发射率的选择性吸收涂层，外观为透明玻璃，形如一个细长的水瓶胆。当太阳辐射透过外玻璃管进入内玻璃管外表面时，选择性吸收涂层把获得的辐射转换成热传给内玻璃管，再经过内玻璃管的工质（液体或气体）或紧贴水管内表面的换热器将热量传递给需要加热的物质，常见的真空管太阳能热水器如图1-5所示。

图1-5　常见的真空管太阳能热水器

（2）太阳能制冷

利用太阳能作为驱动能源的制冷技术称为太阳能制冷技术，近年来，已被人们关注并研究开发的太阳能制冷方式主要包括以下几种。

1）太阳能吸收式制冷。太阳能吸收式制冷利用太阳能集热器产生的高温热水作为吸收式制冷机的热源。通过液态制冷剂在低温、低压下汽化吸热的特性，达到对环境降温制冷的目的。目前，太阳能吸收式制冷机主要以溴化锂作为吸收剂。太阳能吸收式制冷易于实现，具有实用性。

2）太阳能吸附式制冷。太阳能吸附式制冷利用太阳能吸附集热器，使吸附的制冷剂在集热器内解吸，再经冷凝和蒸发循环，从而实现制冷。基本循环过程是利用太阳能使吸附剂和吸附质形成的混合物在吸附器中解吸，放出高温高压的制冷剂气体，并使其进入冷凝器，冷凝出来的制冷剂液体由节流阀进入蒸发器。制冷剂蒸发时吸收热量，产生制冷效果，蒸发出来的制冷剂气被吸附集热器吸附，从而完成一次吸附制冷循环过程。

3）太阳能蒸汽喷射式制冷。太阳能蒸汽喷射式制冷系统主要由太阳能集热器和蒸汽喷射式制冷机两大部分组成，依照太阳能集热器循环和蒸汽喷射式制冷机循环的规律运行。高压蒸汽进入蒸汽喷射式制冷机后放热，温度迅速降低，然后回到太阳能集热器和锅炉再进行加热。在蒸汽喷射式制冷循环中，高压蒸汽通过蒸汽喷射器的喷嘴，吸引蒸发器内生成的低压蒸汽，进入混合室。在混合蒸汽流经扩压室后，速度降低，压力增加，然后进入冷凝器被冷凝成液体，该液态的低沸点工质在蒸发器内蒸发，吸收冷媒水的热量，从而达到制冷的目的。当前，太阳能蒸汽喷射式制冷没有较好的经济效益，且不能产生非常低的制冷温度，仅适用于空调冷藏等场合，不能用于冷冻、制冰等场合。

（3）太阳能供暖

太阳能供暖系统通常分为主动式系统和被动式系统两大类。

1）主动式系统采用了太阳能集热器、供热管道、散热设备、储存设备及辅助热源等设备，通过泵驱动使工质从水箱到太阳能集热器的循环运行，以满足建筑物对供暖的需求。

2）被动式系统不需要附加设备，而是通过建筑的方位合理布置，设计建筑物的门、窗、屋顶等构件，以非强制方式（辐射、对流、传导）使建筑物尽可能地吸收和储存热量，以达到供暖的目的。

被动式系统供暖主要依靠当地气象条件，在基本没有附加设备的条件下，在建筑结构设计和相关材料的作用下使房屋达到供暖的目的，但十分依赖当地的天气气候。太阳能供暖系统因为受当地天气气候影响严重，单独使用会耗资过高，所以在供暖系统中一般作为辅助热源出现，或者太阳能供暖系统有其他辅助热源来保证可持续稳定供暖。

（4）太阳能干燥

一般的物料加热干燥只需要加热到水沸点以下的温度，就可将其中的水分蒸发，使其脱水。太阳能干燥是以太阳辐射能加热被干燥物料，可以让物料直接受阳光暴晒，也可以利用太阳能空气加热器产生的热空气对物料进行干燥。所以，太阳能干燥装置通常由太阳能集热部件和干燥室两部分组成。太阳能干燥装置主要有三种形式，分别是辐射吸收式、对流式和混合式。

目前，常用的太阳能干燥温度为 40~80℃，属于低温干燥，主要用于干燥谷物、水果、药材、烟叶、茶叶、丝绸、豆制品、鱼类、木材和牧草等产品。已有研究表明，太阳能干燥具有很多优点，主要表现为节省常规能源、提高产品质量、缩短干燥时间等。

（5）太阳能房

太阳能房是利用太阳能进行供暖和调温的环保型生态建筑，它不仅能满足建筑物在冬季的供暖需求，还能在夏季起到降温和调节空气的作用，这也是太阳能房与太阳能供暖的显著区别。特别需要指出的是，通过太阳能房技术进行太阳能的热利用，一般具有辅助热源，如煤、气、油或电能等,因此严格来说太阳能房是一种建筑节能技术。太阳能房一般分为主动式太阳能房和被动式太阳能房两种类型。

1)主动式太阳能房主要设备包括太阳能集热器、储热水箱、辅助热源,此外还包括管道、阀门、风机、水泵、控制系统等。其工作过程一般如下:太阳能集热器获取太阳的能量,通过自动配热系统送至室内进行供暖或制冷,过剩的热量储存在水箱内,当收集的热量小于供暖或制冷负荷时,由储存的热量来补充;当热量仍不足时,由备用的辅助热源,如电能、天然气等提供。

2)被动式太阳能房的特点是不需要专门的集热器、热交换器、水泵、风机等主动式太阳能供暖系统中所必需的部件,而以自然交换的方式使建筑物在冬季尽可能多地吸收和储存热量,以达到供暖的目的,这种太阳能房构造简单、造价便宜,类似于太阳能供暖。

(6)太阳能灶

太阳能灶是利用太阳辐射能制作熟食的一种炊事灶具。据测算,一台采光面积为 $2m^2$ 的太阳能灶,若按每年使用 300~600h 估算,可节省农作物秸秆 400~1200kg。太阳能灶有益于改善农村生态环境,提高农村人民(特别是偏远农村)的生活水平。

太阳能灶按其收集方式主要可分为热箱式和聚光式两大类。热箱式太阳能灶是一个带有活动透明玻璃盖板的密闭箱体,底部和四壁铺设由棉花和纸做成的保温层,表面涂黑。太阳辐射透过盖板被箱体吸收,实现光热转换。聚光式太阳能灶利用聚光器将太阳光聚焦到一个不大的焦斑区域,落到炊具上,用以烹饪食物,温度为 200~500℃。

(7)太阳能海水淡化

淡水资源的匮乏及需求的增加,以及现代社会对淡水资源的污染进一步加剧了淡水供求之间的矛盾。因此,淡水的供应问题已成为人类必须重视的根本问题之一,为了增加淡水的供应,有效途径之一就是进行海水淡化。

海水进行淡化的方法很多,如蒸馏法、冷冻法、水合物法、溶剂萃取法、反渗透膜法、电渗析法、离子交换法等,这些方法都要消耗大量的燃料或电力,并会带来环境污染、气候变暖等后果。利用丰富而清洁的太阳能进行海水的淡化具有广阔的应用前景。

太阳能光热海水淡化是将太阳能转换成热能,用以驱动海水的相变过程。利用太阳能产生热能以驱动海水相变过程的海水淡化系统,通常称为太阳能蒸馏系统。太阳能蒸馏系统可分为被动式太阳能蒸馏系统和主动式太阳能蒸馏系统两大类。

1)被动式太阳能蒸馏系统是指系统中不存在任何利用电能驱动的动力装置,也不存在利用太阳能集热器等部件进行加热的太阳能蒸馏系统。被动式太阳能蒸馏系统的运行完全是在太阳辐射能的作用下被动完成的。

2)主动式太阳能蒸馏系统是指系统中配备有电能驱动的动力装置和太阳能集热器等部件进行主动加热的太阳能蒸馏系统。主动式太阳能蒸馏系统配备有其他附属设备,其运行温度得以大幅提高,因而淡水产量也大幅增加。

(8)太阳能热发电

太阳能热发电与传统热力发电的主要区别在于热源不同。常规的热力发电厂将化石燃料等放入锅炉中燃烧,蒸发的过热水蒸气推动汽轮发电机产生电能;而太阳能热发电是利用太阳能聚光系统将收集的热量用于加热工质,蒸发的过热蒸汽推动汽轮发电机产生电能。但是太阳能热发电难以避免的缺点是太阳辐射不稳定、夜间或辐射不足难以提供充足电能,这时就需要配置辅助电源或太阳能储热系统。

按照收集太阳辐射能方式的不同，常见的太阳能热发电分为太阳能槽式热发电、太阳能塔式发电、太阳能碟式发电、线性菲涅尔发电、太阳能热气流发电（太阳能烟囱发电）、太阳能池发电等。其中，太阳能槽式热发电和线性菲涅尔发电需要一维自动跟踪装置，太阳能塔式发电和太阳能碟式发电需要二维自动跟踪装置，太阳能热气流发电和太阳能池发电不需自动跟踪装置。

2．光化学转换

（1）光电催化制氢

1972 年日本东京大学的 Fujishima 和 Honda，实现了以二氧化钛为阳极的光电化学电池，用紫外光照射阳极使水分解为氢气和氧气。光电催化分解水的过程是在半导体粉末或胶体水溶液中进行的，半导体价带中的电子受光激发转移到导带上，在半导体和水溶液的界面处将氢离子还原为氢气。对于导带不够高或价带不够低的半导体需要采用一定的措施，如加入氧化还原催化剂、两种不同禁带宽度的半导体材料共用等，以提高效率。需要指出的是，吸收的光子能量必须大于或等于半导体的带隙能。

（2）光敏化降解有机污染物

光敏化降解有机污染物的主要原理是通过光照来敏化半导体使电子发生跃迁，产生光生电子和空穴，生成氧化性较强的羟基自由基，用于降解废水或废气中的有机污染物。

（3）光合生物产氢

光合生物产氢是利用光合细菌或微藻将太阳能转化为氢能的技术。目前，研究较多的产氢光合生物主要包括蓝绿藻、深红红螺菌、红假单胞菌、类球红细菌、荚膜红假单胞菌等。

3．光生物转换

生物质是指经过光合作用而产生的各种有机体，并且各种生物质具有能量。以生物质为载体，蕴藏在生物质中的能量，称为生物质能。据估计，地球上每年通过光合作用贮存在植物中的太阳能，相当于全世界每年消耗能量总和的数十倍。目前，人工光合作用领域面临许多挑战，开展对光合作用的研究具有重大的理论意义和实际意义。

1.4　本书主要内容与特点

太阳及太阳能是人类重要的资源，没有太阳的存在人类无法生存，当前太阳能使用最多的方式就是直接进行光热转换获得热能和光伏发电直接获得电能，热能和电能也是人类广泛使用的能源，几乎涵盖日常生活和工业生产的各个方面。因此，本书以太阳能光热转换和光伏发电为主线，特别是以非成像太阳能聚光系统为载体，较为系统地叙述了非成像太阳能聚光系统的原理、设计、应用等方面的内容，本书主要内容及特点如下。

1．以工程项目为导向

本书在编写过程中，充分考虑了知识的系统性和完整性，以非成像太阳能聚光系统为目标，较为完整地介绍了整个集成系统所需要的天文气象、流体传热、数学建模与数值计算、系统设计与构建、传感器测量、数据监视与采集、系统控制、数据分析等方面的知识，强调理论联系实际是本书的一个显著特点。

2．内容清晰的章节安排

本书在叙述理论和原理的过程中，对知识点进行了较为详细的说明，力求做到对每个知识点背后所蕴含的基本原理与方法进行详尽的解释，目的是让读者对每个知识点的理解都较为透彻，对于很多的知识点，本书不仅仅是给出了一个数学表达式，还给出了较为详细的理论推导和证明过程。正所谓知其然知其所以然，本书也适合没有太阳能基础的初学者。

3．附有数值计算样例程序

太阳能光热系统往往涉及太阳能几何光学和流体传热计算，一个具体的太阳能光热转换工程问题，往往难以获得一个理论的解析解，需要数值迭代计算获得。很多初学者，往往理论上知晓需数值计算相关物理量，但却难以设计程序进行计算。为此，本书在很多知识点阐述完之后，紧接着给出了相关算例，并附有样例程序代码，同时给出了相关程序代码的说明和注释，以供读者参考。

4．融入着实适用的微控制器技术

为了检测太阳能光热转换系统设计的性能，往往需要实际构建所设计的集成系统，并对正在工作的太阳能系统及周围环境的相关参数（温度、辐照度、风速风向、流量、压力、液位等）进行测量或控制。这一点给设计者带来了麻烦，这些参数通过某个仪器或设备难以一次性满足，采用多个系统往往又有彼此之间不兼容性问题，降低了实际的可用性。为此，本书融入了太阳能光热转换系统常用的物理参数的测量方法，以及数据采集、参数控制等过程中所用的微控制器技术，力图为读者提供参考借鉴。

第2章 太阳辐射理论

太阳辐射理论及计算是设计高效太阳能利用系统的基础，到达太阳能利用系统的太阳辐射能不仅与其结构有关，还与当地天气及气候条件、地理位置、系统放置方向等因素有关。本章首先从太阳与地球之间的基本空间几何关系着手，然后介绍地球大气层外、天空、水平地面、太阳能系统表面等方面的太阳辐射情况。

2.1 太阳与地球

2.1.1 太阳结构

太阳的基本结构如图 2-1 所示，简单地理解，太阳就是一个时刻向其外围空间不断辐射能量的热球，平均密度约为 $1400kg/m^3$，约为地球的 25%。主要由氢和氦组成，氢约占 81%，氦约为 17%，其余约 2%主要是氧、碳、氖、铁等元素。按照太阳由内到外的顺序，可以将太阳分为核心层、辐射层、对流层、光球层、反变层、色球层、日冕层等，光球层以内称为太阳内部，光球层之外称为太阳大气。

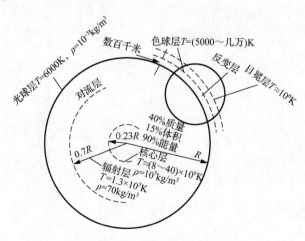

图 2-1 太阳的基本结构

1. 核心层

设太阳的半径为 R，在距离太阳中心 $0.23R$ 内，温度为（$8\sim40$）$\times10^6$K，密度为水的 $80\sim100$ 倍，质量为整个太阳的 40%，能量占据太阳辐射的 90%，压力相当于 3000 亿个大气压，时刻进行核聚变反应。每秒约有 6×10^8 t 的氢核聚变反应成 5.96×10^8 t 的氦，亏损质量 4×10^6 t，可产生 3.75×10^{23}kW 的能量，按这样的质量亏损速度和太阳体内氢含量估算，太阳至少还有 50 亿年的寿命。

2. 辐射层

从太阳的核心层外到 $0.7R$ 处是辐射层，辐射层的温度下降到约 1.3×10^5K，密度约为 70kg/m³。辐射层包含了电磁辐射和粒子流，辐射能量由内向外传递时，在整个过程多次被吸收和发射。

3. 对流层

在 $0.7\sim1R$ 称为对流层，该部分太阳的密度、压力、温度梯度较大，太阳呈现不稳定的对流状态，将能量进一步向外面传递。

4. 光球层

对流层外面就是能够肉眼可看见的光球层，温度约为 6000K，密度约为 10^{-3} kg/m³，厚度约为 500km，光球层内的气体电离程度很高，能够吸收和发射连续光谱。光球层是太阳最大的辐射源，几乎所有的可见光来自这里。光球层表面常会有黑子和光斑，这会明显地影响太阳辐射量和电场，其活动周期约为 11 年。

5. 反变层

光球层外分布着不但能发光，而且几乎透明的太阳大气，称为反变层，它由稀薄的气体组成，厚度为数百千米。

6. 色球层

反变层的外边就是色球层，厚度为（$1\sim1.5$）$\times10^4$km，主要由氢和氦组成，到了色球层温度又反常上升，到色球层顶部，已为数万摄氏度。色球层发出的光不及光球层的 1%，所以我们平常看不到它。只有在发生日全食时前几秒或生光后的短短时间内，光球层明亮的光线被月球挡住时，肉眼才能看到太阳边缘呈现玫瑰红色的发光圈层，即色球层。另外，在日全食时，太阳周围玫瑰红色的发光圈层，上面跳动着鲜红的火舌，该火舌状物体称为日珥，因为它像是太阳面的"耳环"。

7. 日冕层

日冕层是太阳大气的最外层，由高温低密度的等离子体组成，温度高达 10^6K，高度有时有数十个太阳直径，通常相当于满月的亮度，也只有在日全食时能看见其光彩。

2.1.2 日地月之间的运动关系

太阳是银河系中众多恒星之一，是距离地球最近的一颗恒星天体。地球是太阳系中八大行星（行星距离太阳由近及远分别是水星、金星、地球、火星、木星、土星、天王星、海王星）之一，地球处在距离第三的位置。地球的周围还有一个卫星——月球，月球绕地球转 1 周的时间是 27.32d，但由于地球自转的原因，在地球上人们看到月球绕地球旋转一周的时间是 29.53d，在引力的相互作用下，月球绕地球公转，同时还形成了地球上的潮汐现象。太阳、地球、月球之间的运动关系如图 2-2 所示。

地球围绕太阳的公转轨道为椭圆，公转的一周为一回归年，时间为 365d5h48min46s（约为365.2422d），这也是通常"四年一闰"的原因。地球在公转的同时还时刻围绕自身的南北轴自转，自转一周约为 23h56min，平均角速度为 7.292×10⁻⁵ rad/s，在地球赤道上的自转线速度为 465m/s，地球自转产生了昼夜交替。而在地球上，人们感觉每天都是 24h，原因是选取了太阳作为参照物，如图 2-3 所示。

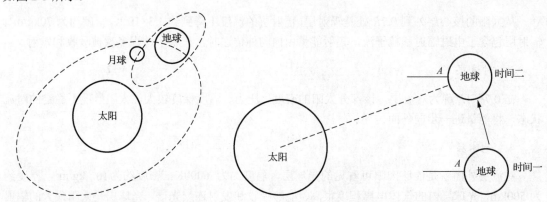

图 2-2 太阳、地球、月球之间的运动关系　　　图 2-3 地球同时进行自转与公转

在图 2-3 中，假如在某一时刻，地球上 A 点的位置正对太阳中心，地球自转一周后时间达到时间二，同时地球也公转到另一位置，此时地球上原来的 A 位置，不能够正对太阳中心，还需进行一段时间的自转和公转，才可以再次正对太阳中心。正是地球的这种自转和公转的叠加效应，才使地球自转周期比每天的 24h 相差了约 4min，如果地球本身自转周期为 24h，那么每天就会大于 24h。

2.1.3 地球绕日公转

1. 开普勒定律

在茫茫太空中，地球最大的外力来自太阳的引力，如图 2-4 所示，太阳的质量中心位于坐标原点。由牛顿的万有引力我们可以得知，地球受到太阳的引力 $\boldsymbol{F}$ 为

$$\boldsymbol{F} = -\frac{GMm}{r^2}\frac{\boldsymbol{r}}{r} \tag{2-1}$$

式中，G 为万有引力常数，为 6.67259×10^{-11} (N·m²)/kg²；M 为太阳质量；m 为地球质量；r 为从太阳指向地球的径向向量。地球受到的太阳引力时刻指向太阳中心，并且引力的方向始终与径向向量相反。

将地球受到的太阳引力运用牛顿第二定律联系起来，可以得到

$$m\boldsymbol{a} = -\frac{GMm}{r^2}\frac{\boldsymbol{r}}{r} \tag{2-2}$$

式中，地球加速度 $\boldsymbol{a}$ 的方向与 $\boldsymbol{F}$ 同向，与 $\boldsymbol{r}$ 相反，并且其值的大小仅仅受到 r 的值影响。将 $\boldsymbol{r}$ 和 $\boldsymbol{a}$ 进行以下计算：

$$v = r' = \frac{\mathrm{d}r}{\mathrm{d}t}$$

$$a = r'' = \frac{\mathrm{d}v}{\mathrm{d}t}$$

$$\frac{\mathrm{d}(r \times v)}{\mathrm{d}t} = r' \times r' + r \times r'' = \mathbf{0}$$

式中，$r \times v$ 为一个定值向量 c（在图 2-4 中，指向 z 方向），这也说明了地球在受到万有引力的作用下，在一个平面内运动。

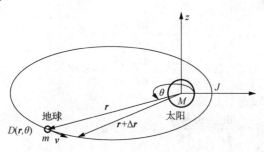

图 2-4　地球绕太阳椭圆轨道运动

假设在经过 Δt 时间内，地球从 r 位置运动到 $r+\Delta r$ 位置，在 Δt 时间内地球的径向向量的扫面积 ΔA 可以表示如下：

$$\Delta A \approx \frac{1}{2} r \times (r + \Delta r) = \frac{1}{2} r \times \Delta r$$

将时间间隔 $\Delta t \to 0$，并将两边同时除以 $\mathrm{d}t$，可得到

$$\frac{\mathrm{d}A}{\mathrm{d}t} = \frac{1}{2} r \times \frac{\mathrm{d}r}{\mathrm{d}t} = \frac{1}{2} r \times v$$

式中，由于 $r \times v$ 为一个定值向量 c，这说明地球的扫面积不会因为 r 的变化而发生改变。也就是开普勒第二定律所指的，地球围绕太阳运动时，从太阳到地球的线段在相同的时间里的扫面积相同。

开普勒第一定律描述了地球绕太阳的运动轨道为一椭圆，且太阳处在椭圆的焦点上，为了证明此定律，先引入一个单位向量 u_r 和 u_θ 组成的极坐标，如图 2-5 所示。

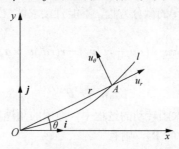

图 2-5　u_r 和 u_θ 构建的极坐标图

在 xy 平面上有任意一条曲线 l，曲线上的一点 A，所对应的极径为 r，极角为 θ，则单位向量 u_r 和 u_θ 在 A 点可以表示为

$$
\begin{cases}
\boldsymbol{u}_r = \boldsymbol{i}\cos\theta + \boldsymbol{j}\sin\theta \\
\boldsymbol{u}_\theta = -\boldsymbol{i}\sin\theta + \boldsymbol{j}\cos\theta
\end{cases}
\tag{2-3}
$$

对 $\boldsymbol{u}_r$ 和 $\boldsymbol{u}_\theta$ 求导数，则有

$$
\begin{cases}
\dfrac{\mathrm{d}\boldsymbol{u}_r}{\mathrm{d}\theta} = -\boldsymbol{i}\sin\theta + \boldsymbol{j}\cos\theta = \boldsymbol{u}_\theta \\[2mm]
\dfrac{\mathrm{d}\boldsymbol{u}_\theta}{\mathrm{d}\theta} = -\boldsymbol{i}\cos\theta - \boldsymbol{j}\sin\theta = -\boldsymbol{u}_r
\end{cases}
\tag{2-4}
$$

对 $\boldsymbol{u}_r$ 和 $\boldsymbol{u}_\theta$ 求时间 τ 的导数，则有

$$
\begin{cases}
\dfrac{\mathrm{d}\boldsymbol{u}_r}{\mathrm{d}\tau} = \dfrac{\mathrm{d}\boldsymbol{u}_r}{\mathrm{d}\theta}\dfrac{\mathrm{d}\theta}{\mathrm{d}\tau} = \boldsymbol{u}_\theta\theta' \\[2mm]
\dfrac{\mathrm{d}\boldsymbol{u}_\theta}{\mathrm{d}\tau} = \dfrac{\mathrm{d}\boldsymbol{u}_\theta}{\mathrm{d}\theta}\dfrac{\mathrm{d}\theta}{\mathrm{d}\tau} = -\boldsymbol{u}_r\theta'
\end{cases}
\tag{2-5}
$$

对于速度 $\boldsymbol{v}$ 和加速度 $\boldsymbol{a}$ 进行计算：

$$
\begin{cases}
\boldsymbol{v} = \dfrac{\mathrm{d}\boldsymbol{r}}{\mathrm{d}\tau} = \dfrac{\mathrm{d}(r\boldsymbol{u}_r)}{\mathrm{d}\tau} = r'\boldsymbol{u}_r + r\theta'\boldsymbol{u}_\theta \\[2mm]
\boldsymbol{a} = \dfrac{\mathrm{d}\boldsymbol{v}}{\mathrm{d}\tau} = r''\boldsymbol{u}_r + r'\theta'\boldsymbol{u}_\theta + r'\theta'\boldsymbol{u}_\theta + r\theta''\boldsymbol{u}_\theta - r\theta'\theta'\boldsymbol{u}_r
\end{cases}
\tag{2-6}
$$

式中，当某一时刻，地球处在横坐标轴 J 的位置（图 2-4），此时的速度为 v_0，且 v_0 仅有 $\boldsymbol{u}_\theta$ 方向的分量，即 y 方向的分量，所以有

$$
v_0 = r_0\theta_0'
$$

由于加速度的方向只有 $\boldsymbol{u}_r$ 分量，没有 $\boldsymbol{u}_\theta$ 分量，所以式（2-6）中的加速度 $\boldsymbol{a}$ 可被简化为

$$
\boldsymbol{a} = [r'' - r(\theta')^2]\boldsymbol{u}_r = -\frac{GM}{r^2}\frac{\boldsymbol{r}}{r}
\tag{2-7}
$$

进一步化简式（2-7），可以得到

$$
r'' - r(\theta')^2 = -\frac{GM}{r^2}
\tag{2-8}
$$

式中，标量 r 的二阶导数不是加速度，矢量 $\boldsymbol{r}$ 的二阶导数才是加速度，不能误认为式（2-8）中左边第二项为零。

式（2-8）是 r 和 θ 关于时间 τ 的微分方程，不能直接求解，为此对证明开普勒第二定律中的定值向量 $\boldsymbol{c}$ 进行变形：

$$
\boldsymbol{c} = \boldsymbol{r}\times\boldsymbol{v} = r\boldsymbol{u}_r\times(r'\boldsymbol{u}_r + r\theta'\boldsymbol{u}_\theta) = r(r\theta')\boldsymbol{u}_r\times\boldsymbol{u}_\theta = r(r\theta')\boldsymbol{z}
\tag{2-9}
$$

将 J 点代入式（2-9），有

$$
r_0 v_0 = r^2\theta'
\tag{2-10}
$$

式（2-10）表示在地球围绕太阳转动的过程中，地球的角速度跟日心和地心距离平方的乘积为一定值。将式（2-10）代入式（2-8），则有

$$
r'' - \frac{r_0^2 v_0^2}{r^3} = -\frac{GM}{r^2}
\tag{2-11}
$$

由此获得了地球绕太阳转动过程中的日地距离随时间变化的微分方程，式（2-11）是一个二阶微分方程，先做如下变换：

$$p = r'$$

$$r'' = \frac{\mathrm{d}p}{\mathrm{d}\tau} = \frac{\mathrm{d}p}{\mathrm{d}r}\frac{\mathrm{d}r}{\mathrm{d}\tau} = p\frac{\mathrm{d}p}{\mathrm{d}r}$$

所以，由式（2-11）可得

$$p\frac{\mathrm{d}p}{\mathrm{d}r} = \frac{r_0^2 v_0^2}{r^3} - \frac{GM}{r^2} \tag{2-12}$$

式中，因为 p 是 r 的函数，将式（2-12）两边同时对 r 进行积分，得

$$\frac{p^2}{2} = -\frac{1}{2}\frac{r_0^2 v_0^2}{r^2} + \frac{GM}{r} + c_1 \tag{2-13}$$

将 $r = r_0$ 和 $p=0$ 代入式（2-13），得

$$c_1 = \frac{1}{2}v_0^2 - \frac{GM}{r_0} \tag{2-14}$$

所以有

$$p^2 = \left(\frac{\mathrm{d}r}{\mathrm{d}\tau}\right)^2 = v_0^2\left(1 - \frac{r_0^2}{r^2}\right) + 2GM\left(\frac{1}{r} - \frac{1}{r_0}\right) \tag{2-15}$$

为了能够清楚地看出地球绕太阳转动的轨迹，需获知 r 与 θ 的函数关系，因此再将 r 关于时间 τ 的微分方程换成 r 关于 θ 的微分方程。

$$q = \frac{1}{r}$$

$$\frac{\mathrm{d}q}{\mathrm{d}\tau} = -\frac{1}{r^2}\frac{\mathrm{d}r}{\mathrm{d}\tau}$$

所以，由式（2-15）可得

$$\left(-r^2\frac{\mathrm{d}q}{\mathrm{d}\tau}\right)^2 = v_0^2\left(1 - \frac{q^2}{q_0^2}\right) + 2GM(q - q_0) \tag{2-16}$$

将式（2-10）两边平方后代入式（2-16），则有

$$\left(\frac{\mathrm{d}q}{\mathrm{d}\theta}\right)^2 = q_0^2\left(1 - \frac{q^2}{q_0^2}\right) + 2GM(q - q_0)\frac{q_0^2}{v_0^2} \tag{2-17}$$

将式（2-17）右边凑项得到

$$\left(\frac{\mathrm{d}q}{\mathrm{d}\theta}\right)^2 = q_0^2 - 2q_0 GM\frac{q_0^2}{v_0^2} + \frac{G^2 M^2 q_0^4}{v_0^4} - \left(q^2 - 2q GM\frac{q_0^2}{v_0^2} + \frac{G^2 M^2 q_0^4}{v_0^4}\right) \tag{2-18}$$

所以有

$$\left(\frac{\mathrm{d}q}{\mathrm{d}\theta}\right)^2 = \left(q_0 - GM\frac{q_0^2}{v_0^2}\right)^2 - \left(q - GM\frac{q_0^2}{v_0^2}\right)^2 \tag{2-19}$$

由积分公式可得

$$\theta + c_2 = \arcsin\frac{q - GM\dfrac{q_0^2}{v_0^2}}{q_0 - GM\dfrac{q_0^2}{v_0^2}} \tag{2-20}$$

将 J 点代入，可知 c_2 为 $0.5\pi + 2k\pi$（k 为整数），所以有

$$\sin\left(\theta+\frac{\pi}{2}+2k\pi\right)=\frac{\dfrac{1}{r}-\dfrac{GM}{v_0^2 r_0^2}}{\dfrac{1}{r_0}-\dfrac{GM}{v_0^2 r_0^2}}=\cos\theta \qquad (2\text{-}21)$$

进一步化简式（2-21），有

$$\begin{cases} \cos\theta=\dfrac{\dfrac{r_0^2}{r}-\dfrac{GM}{v_0^2}}{r_0-\dfrac{GM}{v_0^2}} \\[4mm] \dfrac{r_0^2}{r}=\dfrac{GM}{v_0^2}+\left(r_0-\dfrac{GM}{v_0^2}\right)\cos\theta \\[4mm] r=\dfrac{r_0^2}{\dfrac{GM}{v_0^2}+\left(r_0-\dfrac{GM}{v_0^2}\right)\cos\theta} \end{cases} \qquad (2\text{-}22)$$

令

$$e=\frac{r_0 v_0^2}{GM}-1 \qquad (2\text{-}23)$$

所以 r 与 θ 之间有如下关系：

$$r=\frac{r_0(1+e)}{1+e\cos\theta} \qquad (2\text{-}24)$$

式（2-24）是一个坐标原点为焦点处的椭圆，如图 2-4 所示。r_0 为长半轴与半焦距之差，即图 2-4 中 J 点为近日点，式（2-23）中的 e 为椭圆轨道的离心率。从而也证明了开普勒第一定律所描述的地球绕太阳转动是一个椭圆轨道（圆是椭圆的特殊形式，当 $e=0$ 时），太阳处在位置焦点上。

地球绕太阳公转的椭圆轨道的面积 S 为

$$S=\pi ab=\int_0^T 0.5r\times v\,\mathrm{d}\tau=\int_0^T 0.5r_0 v_0\,\mathrm{d}\tau=0.5r_0 v_0 T \qquad (2\text{-}25)$$

式中，a 和 b 分别表示椭圆轨道的半长轴和半短轴；T 为公转周期，因此可以得到

$$T^2=\frac{4\pi^2 a^2 b^2}{r_0^2 v_0^2} \qquad (2\text{-}26)$$

进行化简，则有

$$T^2=\frac{4\pi^2 a^4(1-e^2)}{r_0^2 v_0^2}=4\pi^2 a^3\frac{a(1-e)}{r_0}\frac{(1+e)}{r_0 v_0^2}=\frac{4\pi^2 a^3}{GM} \qquad (2\text{-}27)$$

从式（2-27）可以看出，地球绕太阳公转周期的平方与其椭圆轨道的长半轴的立方比值为一定值，且仅仅与太阳质量有关，即开普勒第三定律。

2．地球的公转规律

地球围绕太阳转动的椭圆轨道如图 2-6 所示。在图 2-6 中，地球的近日点的距离约为 $1.47\times10^8\mathrm{km}$，远日点的距离约为 $1.52\times10^8\mathrm{km}$，在每年的 4 月（或 8 月）左右，实际的日地距离接近平均日地距离。近日点日地距离比远日点日地距离约少 $5\times10^6\mathrm{km}$，椭圆轨道的离心率为 0.0167 左右。

地球绕太阳公转轨道平面称为黄道平面，其椭圆轨迹称为黄道。黄道平面与地球的赤道平面夹角称为黄赤交角，此夹角约为 23°26′，如图 2-7 所示。黄赤交角并非不变的，它一直有微小的变化，但由于变化小，约 100 年减少 46.84″，因此在短时间内可以忽略不计，可以被认为是定值。

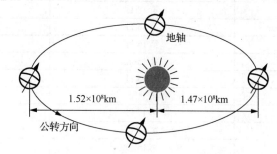

图 2-6　地球绕太阳转动的椭圆轨道

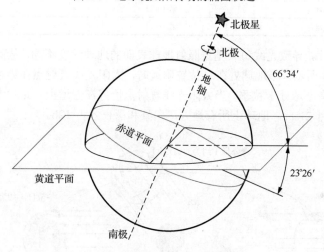

图 2-7　黄道平面与赤道平面

但是地心和日心之间的连线跟地球赤道平面所形成的夹角每天都是变化的，并且变化的周期为一年，这个角称为赤纬角 δ，变化范围就是黄赤交角，即 ±23°26′。赤纬角 δ 的数值可用式(2-28a)计算：

$$\delta = 23.43° \sin\left(360° \times \frac{284+n}{365}\right) \tag{2-28a}$$

式中，n 为当天的日子数，见表 2-1。δ 的弧度值（rad）更为精确的计算式为

$$\begin{aligned}\delta = {}& 0.006918 - 0.399912\cos Y + 0.070257\sin Y - 0.006758\cos 2Y \\ & + 0.000907\sin 2Y - 0.002697\cos 3Y + 0.001480\sin 3Y\end{aligned} \tag{2-28b}$$

式中，Y 的弧度值（rad）计算如下：

$$Y = (n-1)\frac{360}{365} \times \frac{\pi}{180} \tag{2-29}$$

表 2-1　每天日子数和月平均日

月份	各月第 i 天的日子数	各月平均日	各月平均日的日子数
1	i	第17日	17
2	$31+i$	第16日	47
3	$59+i$	第16日	75
4	$90+i$	第15日	105
5	$120+i$	第15日	135
6	$151+i$	第11日	162
7	$181+i$	第17日	198
8	$212+i$	第16日	228
9	$243+i$	第15日	258
10	$273+i$	第15日	288
11	$304+i$	第14日	318
12	$334+i$	第10日	344

　　赤纬角每天变化，导致光线每天垂直照射地球表面的地理纬度不同，从而导致地球上一年四季的更变，如图 2-8 所示。当地球处在 A 位置附近时，太阳光线直射点在赤道附近，此时地球的北半球处于春季，南半球处于秋季。当太阳光线直射点恰好在赤道上，此时为二十四节气中的春分，约为每年的 3 月 21 日，地球上所有地方，白昼和黑夜各占 12h。

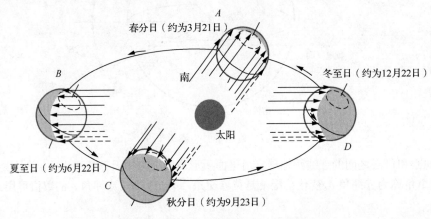

图 2-8　两分两至地球与太阳位置关系

　　当地球公转到 B 位置附近时，太阳光线直射点在赤道的北边，此时地球的北半球处于夏季，南半球处于冬季。当太阳光线直射点恰好照射在北回归线上，此时为二十四节气中的夏至，约为每年的 6 月 22 日，在北半球上的所有地方，全天白昼时间长于黑夜时间，特别是到了北极圈以内，将不会出现日落现象，没有黑夜。而在南半球上的所有地方，全天白昼时间少于黑夜时间，特别是到了南极圈以内，将不会出现日出现象，没有白昼。

　　当地球处在 C 位置附近时，太阳光线直射点又在赤道附近，此时地球的北半球处于秋季，南半球处于春季。当太阳光线直射点恰好在赤道上，此时为二十四节气中的秋分，约为每年的 9 月 23 日，同样地球上的所有地方，白昼和黑夜各占 12h。

　　当地球公转到 D 位置附近时，太阳光线直射点在赤道的南边，此时地球的北半球处于冬季，南半球处于夏季。当太阳光线直射点恰好照射在南回归线上，此时为二十四节气中的冬至，约为每年的 12 月 22 日，北半球上的所有地方，全天的白昼时间短于黑夜时间，特别是到了北极圈以内，将不会出现日出现象，没有白昼。而在南半球上的所有地方，全天中白昼时间长于黑夜时间，特别是到了南极圈以内，将不会出现日落现象，没有黑夜。

图 2-9 所示为地球上太阳直射点运动轨迹变化示意图，可以看出太阳光线的直射点在 23°26′S 和 23°26′N 之间来回运动，运动一周的时间为 1 年。太阳直射点的运动方向只在北回归线和南回归线上发生改变，直射点到达北回归线时，改变方向向南移动；直射点到达南回归线后，再改变方向向北移动。

在地球上大部分地区，每天看到的太阳在天空中的视运动为一个圆弧，有时圆弧是一个大于半圆的大圆弧，有时圆弧是一个小于半圆的小圆弧。

在两分日太阳的视运动为一个半圆弧，如图 2-10 所示。在赤道上看到的太阳高度最高，越靠近两极，看到的太阳高度越低。在北半球，看到太阳在南边划过；在南半球，看到太阳在北边划过。

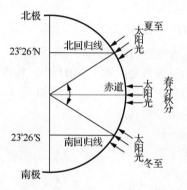

图 2-9　地球上太阳直射点运行轨迹变化示意图

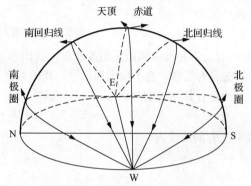

图 2-10　太阳视运动轨迹图

3．地球温带划分

根据地理纬度及到达各地太阳辐射能的多少，通常把地球的表面划分为五个温度带，从北极地区到南极地区，分别为北寒带（66°34′N 以北到北极地区）、北温带（23°26′N 以北到 66°34′N 地区）、热带（23°26′N 以南到 23°26′S 地区）、南温带（23°26′S 以南到 66°34′S 地区）、南寒带（66°34′S 以南到南极地区），如图 2-11 所示。

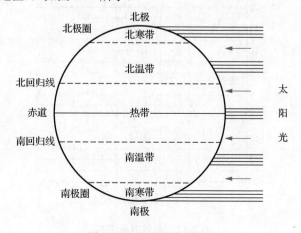

图 2-11　地球温带划分图

只有在南北回归线地区，才在一年中有被太阳光线垂直照射的时间，且一年内太阳光线在水平面的平均入射角较小，获得较多的太阳辐射能，地面平均温度较高，所以称为热带。南北回归线到南北极圈之间的地区，具有适应的太阳光照，一年内太阳光线在水平面的平均入射角适中，气温较为适宜，被称为温带。南北极圈到南北极之间，太阳高度较小，有极昼和极夜现象，平均气温较低，被称为寒带。

4．太阳时与太阳时角

地球绕地轴自西向东自转从而形成昼夜变化，在晴朗的天气时，地球上大多数地方能看到太阳自东方升起，于西方落下。我们每天所用的时间为 24h，如果以地球为参照物，则太阳绕地球转一圈所用时间也为 24h，因此以太阳时间表示的时间称为太阳时，每小时改变 15°，规定太阳刚好正对当地子午线时为午时 12 点，即太阳在当天最高点处。这与通常使用的标准时间不一样，转换公式为

$$太阳时 = 标准时间 + E - 4(L_{sta} - L_{loc}) \tag{2-30}$$

式中，L_{sta} 为标准时间所采用的经度，我国为 120°；L_{loc} 为当地的经度；在东半球最后一项系数 4 的前面为负号，西半球则为正号，我国处在东半球，所以取负号；式（2-30）中，标准时间右边的两项计算结果的单位都为 min，其中 E 是地球绕日公转时差的修正项，计算如下：

$$E = 9.87\sin(2B_1) - 7.53\cos B_1 - 1.5\sin B_1 \tag{2-31}$$

式中，B_1 的数值为

$$B_1 = \frac{360°(n-81)}{364} \tag{2-32}$$

更精确的 E（min）计算式为

$$\begin{aligned} E = 229.2[&0.000075 + 0.001868\cos B_2 - 0.032077\sin B_2 \\ &- 0.014615\cos(2B_2) - 0.04089\sin(2B_2)] \end{aligned} \tag{2-33}$$

式中，B_2 的数值为

$$B_2 = \frac{360°(n-1)}{365} \tag{2-34}$$

采用更精确的 E 计算式，其计算结果如图 2-12 所示。

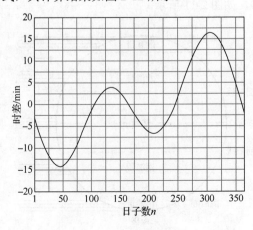

图 2-12　公转时差曲线

以角度表示的太阳时称为太阳时角，用 ω 表示，并规定当天的太阳午时为 0，也是每隔 15° 为 1h，上午为负，下午为正，如上午 11 时，ω 为-15°。

例 2-1　在 25°N、103°E 的昆明地区，2 月 10 日，北京时间为 15:00:00，试求当地的真太阳时。若当地的真太阳时为 15:00:00，试求当时的北京时间。

解　可以先求取 2 月 10 日当天的日子数，再计算当天的公转时差，再根据北京时间将其换算为太阳时间，2 月 10 日的日子数 n 为

$$n = 31 + 10 = 41$$

所以公转时差修正项 E 为

$$E(42) = 229.2[0.000075 + 0.001868\cos B_2 - 0.032077\sin B_2$$
$$- 0.014615\cos(2B_2) - 0.04089\sin(2B_2)]$$
$$= -14.21$$

式中，B_2 的数值为

$$B_2 = \frac{360°(41-1)}{365}$$

因为，当地经度的时差 T_c 为

$$T_c = 4(L_{sta} - L_{loc}) = 4(120 - 103) = 68$$

所以，当北京时间为 15:00:00 时，当地的真太阳时 ω 为

$$太阳时 = 15:00:00 - 00:14.21:00 - 00:68:00 = 13:37:47$$

若太阳时为 15:00:00，此时相当于是将已知太阳时间换算为北京时间，所以北京时间（BJT）的计算值为

$$BJT = 15:00:00 + 00:14.21:00 + 00:68:00 = 16:22:13$$

2.2　太 阳 辐 射

2.2.1　太阳常数及辐射光谱

1. 太阳常数

地球与太阳的平均距离如图 2-13 所示，实际的日地距离与日地平均距离相差不大，与日地平均距离的差值在 1.7% 的范围内，因此这一平均距离 1.495×10^{11}m 习惯上被定义为一个天文单位（AU）。当地球处在这一个天文单位的日地距离时，太阳光线对地球的张角只有 32′（通常在地球上，可将太阳光视为平行光），因此太阳照射到地球大气层上表面空间上各点的太阳辐照度值（被称为太阳常数）基本保持不变，人们通过多种办法来测量此辐照度值（通过火箭、卫星、高空气球等），测得的垂直于太阳光线方向的太阳辐照度值在 1300～1400W/m²。通常太阳常数的值为 1353 W/m² 或 1367 W/m²，用 G_{sc} 表示，无论使用哪个，对太阳能系统的数值计算结果影响都可忽略。

实际每天地球大气层外太阳辐照度随着日地距离的改变而变化，以一年为一个变化周期，可采用式（2-35）进行计算：

非成像太阳能聚光原理与应用

$$G_{on} = G_{sc}\left(1 + 0.033\cos\frac{360°n}{365}\right) \tag{2-35}$$

也可以采用式（2-36）计算：

$$\begin{aligned}G_{on} = G_{sc}[&1.000110+0.034221\cos B_2+0.001280\sin B_2\\&+0.000719\cos(2B_2)+0.000077\sin(2B_2)]\end{aligned} \tag{2-36}$$

地球大气层外太阳辐照度与日子数的关系如图 2-14 所示。

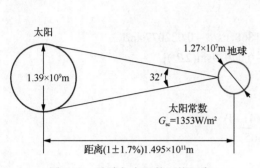

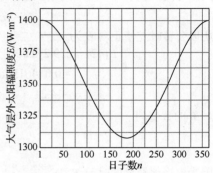

图 2-13　地球与太阳的平均距离　　　　图 2-14　地球大气层外太阳辐照度与日子数的关系

2. 太阳辐射光谱

太阳常数给出了大气层外辐照度的总能量，有时为了应用需要，还需获知太阳常数在各个波段的光谱分布，图 2-15 所示为以 1353W/m² 太阳常数的光谱分布，从图 2-15 中可以看出，太阳光谱包括了紫外线、可见光、红外线三个部分，具体各波段的能量及占比总能的比例见表 2-2。

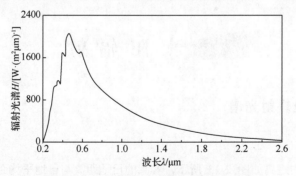

图 2-15　1353W/m² 太阳常数的光谱分布

表 2-2　具体各波段的能量及占比总能的比例

$\lambda/\mu m$	$G_{sc,\lambda}/$ $[W\cdot(m^2\mu m)^{-1}]$	$f_{0-\lambda}$	$\lambda/\mu m$	$G_{sc,\lambda}/$ $[W\cdot(m^2\mu m)^{-1}]$	$f_{0-\lambda}$	$\lambda/\mu m$	$G_{sc,\lambda}/$ $[W\cdot(m^2\mu m)^{-1}]$	$f_{0-\lambda}$
0.24	63.0	0.0014	0.29	482	0.0081	0.34	1074	0.0372
0.25	70.9	0.0019	0.30	514	0.0121	0.35	1093	0.0452
0.26	130	0.0027	0.31	689	0.0166	0.36	1068	0.0532
0.27	232	0.0041	0.32	830	0.0222	0.37	1181	0.0615
0.28	222	0.0056	0.33	1059	0.0293	0.38	1120	0.0700

$\lambda/\mu m$	$G_{sc,\lambda}/$ $[W\cdot(m^2\mu m)^{-1}]$	$f_{0\sim\lambda}$	$\lambda/\mu m$	$G_{sc,\lambda}/$ $[W\cdot(m^2\mu m)^{-1}]$	$f_{0\sim\lambda}$	$\lambda/\mu m$	$G_{sc,\lambda}/$ $[W\cdot(m^2\mu m)^{-1}]$	$f_{0\sim\lambda}$
0.39	1098	0.0782	0.57	1712	0.3191	2.0	103	0.9349
0.40	1429	0.0873	0.58	1715	0.3318	2.2	79	0.9483
0.41	1751	0.0992	0.59	1700	0.3444	2.4	62	0.9586
0.42	1747	0.1122	0.60	1666	0.3568	2.6	48	0.9667
0.43	1639	0.1247	0.62	1602	0.3810	2.8	39	0.9731
0.44	1810	0.1373	0.64	1544	0.4042	3.0	31	0.9783
0.45	2006	0.1514	0.66	1486	0.4266	3.2	22.6	0.9822
0.46	2066	0.1665	0.68	1427	0.4481	3.4	166	0.9850
0.47	2033	0.1817	0.70	1369	0.4688	3.6	13.5	0.9872
0.48	2074	0.1968	0.72	1314	0.4886	3.8	11.1	0.9891
0.49	1950	0.2115	0.75	1235	0.5169	4.0	9.5	0.9906
0.50	1942	0.2260	0.80	1109	0.5602	4.5	5.9	0.9934
0.51	1882	0.2401	0.90	891	0.6337	5.0	3.8	0.9951
0.52	1833	0.2538	1.0	748	0.6949	6.0	1.8	0.9972
0.53	1842	02674	1.2	485	0.7840	7.0	1.0	0.9982
0.54	1783	02808	1.4	337	0.8433	8.0	0.59	0.9988
0.55	1725	0.2938	1.6	245	0.8861	10.0	0.24	0.9994
0.56	1695	0.3065	1.8	159	0.9159	50.0	3.9×10^{-4}	1.0000

注：1）$G_{sc,\lambda}$ 是以 λ 为中心的小波段内的太阳平均辐照度，单位为 $W\cdot(m^2\mu m)^{-1}$。

　　2）$f_{0\sim\lambda}$ 是波长在 $0\sim\lambda$ 的总辐照度占太阳常数的百分数。其中 λ 是波长，单位为 μm。

例 2-2　在恰好为日地平均距离日时，试求地球大气层外接受的太阳光光谱中，紫外线（$\lambda<0.38\mu m$）、可见光（$0.38\mu m<\lambda<0.78\mu m$）、红外线（$\lambda>0.78\mu m$）各占太阳辐照度的百分数，以及此范围内的辐照度。

解　由表 2-2 查出波长 $0.38\mu m$ 和 $0.78\mu m$ 相对应的百分数分别为 0.07 和 0.5429。因此，紫外线占太阳总辐射的 7%，可见光占 47.29%，红外线占 45.71%。将各自的百分数与太阳常数相乘，可得紫外线的辐照度约为 95W/m²，可见光的辐照度约为 640W/m²，红外线的辐照度约为 618W/m²。

2.2.2　太阳辐射和角度及应用

1. 太阳辐射的定义

直射辐射是指直接来自太阳表面，而未发生明显光线路径改变的太阳辐射，也被称为直达辐射、束辐射等。

散射辐射是指接收到的受到大气、云层等影响，太阳光线发生改变的太阳辐射，也被称为扩散辐射或天空辐射。

总辐射是指直射辐射和散射辐射的总和，有时也用来表示太阳光在各个波长下所累计的辐照度总和。

2. 坐标变换与太阳的角度

(1) 坐标变换

太阳能系统中有很多角度计算，并且各角度之间互相约束，为此先构建坐标变换，如图 2-16 所示。在图 2-16 中有空间任意点 p，在 $o_1x_1y_1z_1$ 正交坐标系中的坐标为 (a_1, b_1, c_1)，在 $o_2x_2y_2z_2$ 正交坐标系中的坐标为 (a_2, b_2, c_2)，o_2 在 $o_1x_1y_1z_1$ 正交坐标系中的坐标为 (l, m, n)，因此有下式：

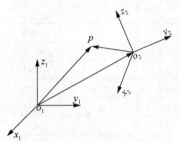

$$\begin{cases} \boldsymbol{o_1o_2} = l\boldsymbol{i}_{x1} + m\boldsymbol{j}_{y1} + n\boldsymbol{k}_{z1} \\ \boldsymbol{i}_{x2} = A_{11}\boldsymbol{i}_{x1} + A_{12}\boldsymbol{j}_{y1} + A_{13}\boldsymbol{k}_{z1} \\ \boldsymbol{j}_{y2} = A_{21}\boldsymbol{i}_{x1} + A_{22}\boldsymbol{j}_{y1} + A_{23}\boldsymbol{k}_{z1} \\ \boldsymbol{k}_{z2} = A_{31}\boldsymbol{i}_{x1} + A_{32}\boldsymbol{j}_{y1} + A_{33}\boldsymbol{k}_{z1} \end{cases} \quad (2\text{-}37)$$

图 2-16 正交坐标系的坐标变换

式中，$\boldsymbol{i}$、$\boldsymbol{j}$、$\boldsymbol{k}$ 分别表示单位向量，下标表示所在的方向；A 表示系数。$o_2x_2y_2z_2$ 坐标系中单位向量彼此正交，所以有

$$\begin{cases} A_{11}^2 + A_{12}^2 + A_{13}^2 = 1 \\ A_{21}^2 + A_{22}^2 + A_{23}^2 = 1 \\ A_{31}^2 + A_{32}^2 + A_{33}^2 = 1 \\ A_{11}A_{21} + A_{12}A_{22} + A_{13}A_{23} = 0 \\ A_{11}A_{31} + A_{12}A_{32} + A_{13}A_{33} = 0 \\ A_{21}A_{31} + A_{22}A_{32} + A_{23}A_{33} = 0 \end{cases} \quad (2\text{-}38)$$

这说明，在 A 的 9 个系数中，需满足这 6 个等式，即 A 的自由度为 3。进一步，在 $o_2x_2y_2z_2$ 坐标系中单位向量做混合积，则有

$$(\boldsymbol{i}_{x2}, \boldsymbol{j}_{y2}, \boldsymbol{k}_{z2}) = (\boldsymbol{i}_{x2} \times \boldsymbol{j}_{y2})\boldsymbol{k}_{z2} = \boldsymbol{k}_{z2}\boldsymbol{k}_{z2} = \begin{vmatrix} A_{11} & A_{12} & A_{13} \\ A_{21} & A_{22} & A_{23} \\ A_{31} & A_{32} & A_{33} \end{vmatrix} = 1 \quad (2\text{-}39)$$

对于 $\boldsymbol{o_1p}$ 有

$$\boldsymbol{o_1p} = \boldsymbol{o_1o_2} + \boldsymbol{o_2p} = \begin{bmatrix} l & m & n \end{bmatrix}\begin{bmatrix} \boldsymbol{i}_{x1} \\ \boldsymbol{j}_{y1} \\ \boldsymbol{k}_{z1} \end{bmatrix} + \begin{bmatrix} a_2 & b_2 & c_2 \end{bmatrix}\begin{bmatrix} \boldsymbol{i}_{x2} \\ \boldsymbol{j}_{y2} \\ \boldsymbol{k}_{z2} \end{bmatrix} \quad (2\text{-}40)$$

$$\begin{bmatrix} a_1 & b_1 & c_1 \end{bmatrix}\begin{bmatrix} \boldsymbol{i}_{x1} \\ \boldsymbol{j}_{y1} \\ \boldsymbol{k}_{z1} \end{bmatrix} = \begin{bmatrix} l & m & n \end{bmatrix}\begin{bmatrix} \boldsymbol{i}_{x1} \\ \boldsymbol{j}_{y1} \\ \boldsymbol{k}_{z1} \end{bmatrix} + \begin{bmatrix} a_2 & b_2 & c_2 \end{bmatrix}\begin{bmatrix} A_{11} & A_{12} & A_{13} \\ A_{21} & A_{22} & A_{23} \\ A_{31} & A_{32} & A_{33} \end{bmatrix}\begin{bmatrix} \boldsymbol{i}_{x1} \\ \boldsymbol{j}_{y1} \\ \boldsymbol{k}_{z1} \end{bmatrix} \quad (2\text{-}41)$$

空间点 p 在 $o_2x_2y_2z_2$ 正交坐标系中的坐标为 (a_2, b_2, c_2) 的显式为

$$\begin{bmatrix} a_2 & b_2 & c_2 \end{bmatrix} = \begin{bmatrix} a_1-l & b_1-m & c_1-n \end{bmatrix} \boldsymbol{A}^{-1} \quad (2\text{-}42)$$

式中，$\boldsymbol{A}^{-1}$ 表示 $\boldsymbol{A}$ 矩阵（$\boldsymbol{A}$ 矩阵由系数 A 的全部元素构成）的逆矩阵。至此也获得了从任意空间任意点 p 在从 $o_1x_1y_1z_1$ 正交坐标系到 $o_2x_2y_2z_2$ 正交坐标系中的坐标获取方法。

（2）太阳位置在坐标系中的表示

1）赤道坐标系，如图 2-17 所示，坐标系的原点位于地球中心点，$o_c x_c$ 为指向太阳正午时刻的经度线方向，$o_c y_c$ 指向正东方向，$o_c z_c$ 指向地轴北方向，其中 $o_c x_c$ 和 $o_c y_c$ 指都在赤道平面内，n_s 为地球中心指向太阳中心的向量，并令日地距离 L 为单位一，因此太阳在赤道坐标系中的位置可表示为

$$\begin{cases} \boldsymbol{n}_s = (\boldsymbol{n}_{xc}, \boldsymbol{n}_{yc}, \boldsymbol{n}_{zc}) \\ \boldsymbol{n}_{xc} = \cos\delta\cos\omega\boldsymbol{i}_{xc} \\ \boldsymbol{n}_{yc} = -\cos\delta\sin\omega\boldsymbol{j}_{yc} \\ \boldsymbol{n}_{zc} = \sin\delta\boldsymbol{k}_{zc} \end{cases} \tag{2-43}$$

2）地平坐标系，如图 2-18 所示，地平坐标系可用理解为将赤道坐标系从地球中心平移到当地的地面位置，然后将坐标系按照顺时针旋转当地的地理纬度值，从而使原来赤道坐标系中的 $o_c x_c$ 方向变为 $o_c x_d$ 指向天顶，原来赤道坐标系中的 $o_c y_c$ 方向变为 $o_c y_d$ 指向当地的正北方向。由坐标变换，有

$$\begin{cases} \boldsymbol{o}_c\boldsymbol{o}_d = \dfrac{R}{L}(\cos\delta\cos\omega\boldsymbol{i}_{xc} - \cos\delta\sin\omega\boldsymbol{j}_{yc} + \sin\delta\boldsymbol{k}_{zc}) \\ \boldsymbol{i}_{xd} = \cos\varphi\boldsymbol{i}_{xc} + 0\boldsymbol{j}_{yc} + \sin\varphi\boldsymbol{k}_{zc} \\ \boldsymbol{j}_{yd} = 0\boldsymbol{i}_{xc} + \boldsymbol{j}_{yc} + 0\boldsymbol{k}_{zc} \\ \boldsymbol{k}_{zd} = -\sin\varphi\boldsymbol{i}_{xc} + 0\boldsymbol{j}_{yc} + \cos\varphi\boldsymbol{k}_{zc} \end{cases} \tag{2-44}$$

式中，R 为地球半径，则系数矩阵 A 为

$$A = \begin{bmatrix} \cos\varphi & 0 & \sin\varphi \\ 0 & 1 & 0 \\ -\sin\varphi & 0 & \cos\varphi \end{bmatrix} \tag{2-45}$$

矩阵 A 的逆矩阵 A^{-1} 为

$$A^{-1} = \begin{bmatrix} \cos\varphi & 0 & -\sin\varphi \\ 0 & 1 & 0 \\ \sin\varphi & 0 & \cos\varphi \end{bmatrix} \tag{2-46}$$

太阳在地平坐标系中的位置可表示为

$$\begin{bmatrix} n_{xd} & n_{yd} & n_{zd} \end{bmatrix} = M \begin{bmatrix} \cos\varphi & 0 & -\sin\varphi \\ 0 & 1 & 0 \\ \sin\varphi & 0 & \cos\varphi \end{bmatrix} \tag{2-47}$$

式中，M 为

$$M = \left[n_{xc}\left(1 - \dfrac{R}{L}\cos\delta\cos\omega\right) \quad n_{yc}\left(1 + \dfrac{R}{L}\cos\delta\cos\omega\right) \quad n_{zc}\left(1 - \dfrac{R}{L}\sin\delta\right) \right] \tag{2-48}$$

由于日地距离远大于地球的半径，太阳在地平坐标系中各分量如下：

$$\begin{cases} n_{xd} = \cos\delta\cos\varphi\cos\omega + \sin\delta\sin\varphi \\ n_{yd} = -\cos\delta\sin\omega \\ n_{zd} = -\cos\delta\sin\varphi\cos\omega + \sin\delta\cos\varphi \end{cases} \tag{2-49}$$

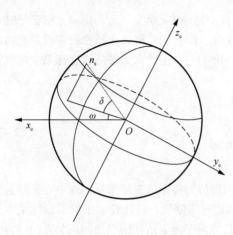

图 2-17　赤道坐标系

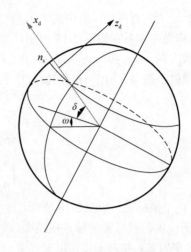

图 2-18　地平坐标系

（3）太阳的角度

太阳高度角（α）：站在地球某地水平地面上的观察者（一般指观察者的脚底心）与太阳中心的连线在水平面上有一条投影线，投影线与连线的夹角称为太阳高度角。

太阳天顶角（θ_z）：观察者和太阳中心的连线，与天顶方向所构成的夹角称为太阳天顶角，太阳天顶角与太阳高度角是互余的。

太阳方位角（γ_s）：太阳高度角在水平地面上的投影线与观察者当地正南方位的夹角称为太阳方位角。规定太阳高度角在水平地面上的投影线为南偏西时，太阳方位角为正；南偏东时，太阳方位角为负；恰好为正南方位时，太阳方位角为0；太阳方位角的变化范围为$-180°\sim+180°$；太阳高度角、太阳天顶角和太阳方位角如图 2-19 所示。

在图 2-19 中，为了与通常的三维坐标保持一致，地平坐标系将 x 方向和 z 方向进行了互换，并将互换后的 x 的正方向指向正南，y 方向保持不变。因此太阳位置单位向量的各分量为

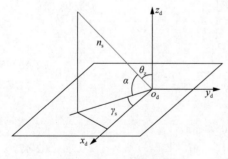

图 2-19　太阳的角度

$$\begin{cases} n_{xd} = \cos\delta\sin\varphi\cos\omega - \sin\delta\cos\varphi \\ n_{yd} = -\cos\delta\sin\omega \\ n_{zd} = \cos\delta\cos\varphi\cos\omega + \sin\delta\sin\varphi \end{cases} \quad (2\text{-}50)$$

天顶方向在新的地平坐标系中表示为$(0,0,1)$，对太阳位置向量与天顶的方向向量进行内积计算有

$$|1||1|\cos\theta_z = \cos\delta\cos\varphi\cos\omega + \sin\delta\sin\varphi \quad (2\text{-}51)$$

所以，太阳高度角的正弦值为

$$\sin\alpha = \cos\delta\cos\varphi\cos\omega + \sin\delta\sin\varphi \quad (2\text{-}52)$$

由式（2-52）中右边可以看出，为了使 α 的值最大，某一天当中 δ 的值是确定的，在某一地点 φ 是确定的，只能将 ω 的值设为0。由此可见，太阳高度角在一天当中，只有在太阳午时取得最大值。这也与人们的生活经验是一致的，太阳在中午时，太阳光线照射到水平地面最陡。

在图 2-19 中，将太阳光线的 y_d 分量与太阳高度角在 $o_dx_dy_d$ 的平面的分量做比值即可获得太阳方位角的正弦值，因此有

$$\sin \gamma_{\mathrm{s}} = \frac{-n_{y\mathrm{d}}}{\cos \alpha} = \frac{\cos \delta \sin \omega}{\cos \alpha} \tag{2-53}$$

式中，$-n_{y\mathrm{d}}$ 为负数是因为太阳方位角规定南偏西为正，而在地平坐标系中，y_{d} 的正方向指向正东。若将太阳光线在 $o_{\mathrm{d}}x_{\mathrm{d}}y_{\mathrm{d}}$ 平面的分量与地平坐标系中正南方向 $(1,0,0)$ 进行内积计算，则有

$$|\cos \alpha||1|\cos \gamma_{\mathrm{s}} = \cos \delta \sin \varphi \cos \omega - \sin \delta \cos \varphi \tag{2-54}$$

因此，太阳方位角的余弦值为

$$\cos \gamma_{\mathrm{s}} = \frac{\cos \delta \sin \varphi \cos \omega - \sin \delta \cos \varphi}{\cos \alpha} \tag{2-55}$$

式（2-55）进一步被改写为

$$\begin{aligned}
\cos \gamma_{\mathrm{s}} &= \frac{\cos \delta \sin \varphi \cos \varphi \cos \omega - \sin \delta \cos^2 \varphi}{\cos \alpha \cos \varphi} \\
&= \frac{\cos \delta \sin \varphi \cos \varphi \cos \omega - \sin \delta (1 - \sin^2 \varphi)}{\cos \alpha \cos \varphi} \\
&= \frac{\cos \delta \sin \varphi \cos \varphi \cos \omega + \sin \delta \sin^2 \varphi - \sin \delta}{\cos \alpha \cos \varphi} \\
&= \frac{\sin \alpha \sin \varphi - \sin \delta}{\cos \alpha \cos \varphi}
\end{aligned} \tag{2-56}$$

关于太阳方位角常见的这些计算公式，在实际的工程应用中，根据需要进行合适的选择从而方便计算。

3. 太阳角度的相关应用

（1）正午时刻太阳高度角和方位角

令太阳高度角的正弦公式中太阳时角为0，有

$$\sin \alpha = \cos \delta \cos \varphi + \sin \delta \sin \varphi = \cos(\varphi - \delta) = \sin[0.5\pi \pm (\varphi - \delta)] \tag{2-57}$$

由式（2-57）可以看出，当地太阳正午时，太阳高度角为90°减去当地纬度与赤纬角的差值，当地纬度与赤纬角刚好相等时，正午的太阳高度角为90°，即太阳光线将垂直照射当地水平面。赤纬角变化范围没有纬度角广泛，因此实际情况分为以下4种情况（以北半球为例进行分类）。

1）当地纬度在北回归线以北。一年中的任意一天，纬度角始终大于赤纬角，在此纬度上不可能出现太阳正午，光线垂直照射当地水平面，在其他时间里更不会出现光线垂直照射当地水平面。一年当中只有在夏至日的正午时，太阳高度角达到最大值，为 $0.5\pi - \varphi + \delta_{\max}$，其中 $\delta_{\max}$ 为 23.43°。

2）当地纬度正好在北回归线上。除夏至日外的一年中任意一天，在北回归线上不能出现太阳正午光线垂直照射当地水平面。只有在夏至日的正午时刻，光线垂直照射当地水平面。

3）当地纬度在北回归线以南。一年当中有两天当地的纬度值恰好等于赤纬角，因此在这两天里，太阳正午光线垂直照射当地水平面，在其他时间里也不会出现光线垂直照射当地水平面。

4）秋分日和春分日。由于在秋分日和春分日赤纬角为 0，正午时刻，太阳高度角与纬度角互余，这说明正午时刻随着地理纬度的增加，太阳的高度角逐渐减小，直到北极点时为0。

（2）日出日落及昼长

1）日出日落是指太阳高度角为 0 时，太阳从当地东边的地平线升起时刻和太阳从西边的地平线落下时刻。因此只要令太阳高度角求解式为 0，就可以得到

$$\cos\omega = -\tan\delta\tan\varphi \tag{2-58}$$

在地面上，当天的日出日落时角存在时，由式（2-58）即可获得日出日落时角，并且日出日落时角是对称的，且在日出时角为负，日落时角为正，分别用 ω_r 和 ω_s 表示。当式（2-58）中的右边的绝对值大于 1 时，表示当地当天日出日落时角不存在，没有日出和日落现象。例如，在夏至日，太阳直射北回归线，在北极圈线和南极圈线上，日出和日落都是 0 时；在北极圈以北的纬度，则不存在日落现象，全部为白昼；在南极圈以南的纬度，则不存在日出现象，全部为极夜。

2）昼长是针对有日出日落的当地日子里而言的，对于极昼和极夜而言，昼长分别为 24h 和 0h。由于地球每转动 15°为 1h，因此只要算出落时角与日出时角的差值，即可获得昼长计算公式

$$N = \frac{1}{15}\times\frac{180}{\pi}(\omega_s - \omega_r) = \frac{2}{15}\times\frac{180}{\pi}\arccos(-\tan\delta\tan\varphi) \tag{2-59}$$

式中，N 表示昼长，单位为 h。

例 2-3 在 25°N、103°E 的昆明地区，2 月 10 日北京时间为 16:22:13 时，试求太阳的高度角和方位角、日落时角和昼长小时数（假设当天为晴天）。

解 2 月 10 日当天的日子数为 41，因此赤纬角为

$$Y = (41-1)\frac{360°}{365}\times\frac{\pi}{180}$$
$$\delta = 0.006918 - 0.399912\cos Y + 0.070257\sin Y - 0.006758\cos 2Y$$
$$+ 0.000907\sin 2Y - 0.002697\cos 3Y + 0.001480\sin 3Y$$
$$= -14.61°$$

由前面的例题可知，当天北京时间为 16:22:13 时的太阳时为 15:00:00，对应的太阳时角为 45°，所以太阳高度角为

$$\sin\alpha = \cos(-14.61°)\cos(25°)\cos(45°) + \sin(-14.61°)\sin(25°) = 0.51$$
$$\alpha = \arcsin(0.51) = 30.90°$$

太阳方位角为

$$\sin\gamma_s = \frac{\cos\delta\sin\omega}{\cos\alpha} = \frac{\cos(-14.61°)\sin(45°)}{\cos(30.90°)} = 0.80$$
$$\gamma_s = \arcsin(0.80) = 52.88°$$

日落时角为

$$\cos\omega = -\tan(-14.61°)\tan(25°) = 0.12$$
$$\omega = \arccos(0.12) = 83.02°$$

昼长小时数为

$$N = \frac{2}{15}\times 83.02 = 11.07(\text{h})$$

（3）当地方位的测量

当知道太阳时、日子数、当地经纬度（通过 GPS 信号很容易获取）时，可以确定当地的方位（有时在要求非常严格的场合，要求太阳能系统的采光口朝向正南），如图 2-20 所示。在图 2-20 中，将一铅垂线竖立于当地地平面上，当太阳照射时，铅垂线在地平面上留下影子（除去太阳直射点纬度的正午时刻），在得知北京时间与当地太阳方位角的前提下，将角度尺与铅垂线在地平面上留下影子线重合，再用角度尺旋转这一时刻的太阳方位角，即可获得当地正南方位。

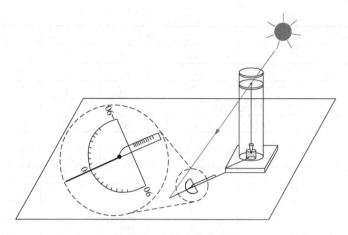

图 2-20 当地方位的测量

实际的测量过程需要在户外进行，为了避免起风导致的铅垂线不断晃动，以及达到正南方位良好的测量效果，可将铅垂线自由浸没在水（或高黏度的油等）中，增加铅垂线竖直向下的稳定性。同时，将整个铅垂线放置在密闭透明的玻璃罩（或透明的塑料罩等）中，避免太阳光所产生的铅垂线投影线受到外界因素的干扰，铅垂线投影线的方向和长度只受到太阳方位角和高度角的影响。

例 2-4 在 2 月 10 日，25°N、103°E 的昆明地区，计算北京时间与太阳方位角的对应关系，试通过旋转铅垂线投影线的方法来确定当地正南方位（假设当天为晴天）。

解 首先，通过当天的日期（获得日子数）、北京时间及地理经度，获得北京时间对应的太阳时角。然后，通过当天的赤纬角、当地纬度再计算太阳高度角，从而获得太阳方位角，也就知道当地铅垂线投影线与正南方向的夹角（当太阳方位角大于 0 为正，小于 0 为负，正午为 0）。最后，采用角度尺旋转铅垂线地面投影线相应角度即可获得当地的正南方向。太阳时为正午时，铅垂线投影线方向为南北向；太阳时为上午时（太阳方位角小于 0），角度尺顺时针旋转方位角数值的绝对值后为当地的南北方向；太阳时为下午时（太阳方位角大于 0），角度尺逆时针旋转方位角数值后即当地的南北方向。

实际进行当地正南方位测量时，往往受到天气因素的影响，有时有太阳光，有时没有太阳光，这就需要计算长时间段内北京时间与太阳方位角的对应关系，而这一对应关系是非线性的，而且不方便计算，因此采用程序计算是一种较好的选择，计算结果见表 2-3。

表 2-3 例 2-4 程序计算结果

年	月	日	经度	纬度	日子数	赤纬角/(°)
2019	2	10	103°E	25°N	41	-14.6139
标准时			太阳时			太阳方位角/(°)
时	分	秒	时	分	秒	
13	0	0	11	37	50	-8.3619
13	0	30	11	38	20	-8.1753
13	1	0	11	38	50	-7.9886
13	1	30	11	39	20	-7.8018

标准时			太阳时			太阳方位角/(°)
时	分	秒	时	分	秒	
13	2	0	11	39	50	−7.6148
13	2	30	11	40	20	−7.4277
13	3	0	11	40	50	−7.2405
13	3	30	11	41	20	−7.0531
13	4	0	11	41	50	−6.8657
13	4	30	11	42	20	−6.6781
13	5	0	11	42	50	−6.4904
13	5	30	11	43	20	−6.3025
13	6	0	11	43	50	−6.1146
13	6	30	11	44	20	−5.9266
13	7	0	11	44	50	−5.7384
13	7	30	11	45	20	−5.5502
13	8	0	11	45	50	−5.3619
13	8	30	11	46	20	−5.1734
13	9	0	11	46	50	−4.9849
13	9	30	11	47	20	−4.7963
13	10	0	11	47	50	−4.6076
13	10	30	11	48	20	−4.4189
13	11	0	11	48	50	−4.23
13	11	30	11	49	20	−4.0411
13	12	0	11	49	50	−3.8521
13	12	30	11	50	20	−3.6631
13	13	0	11	50	50	−3.474
13	13	30	11	51	20	−3.2848
13	14	0	11	51	50	−3.0956
13	14	30	11	52	20	−2.9063
13	15	0	11	52	50	−2.717
13	15	30	11	53	20	−2.5276
13	16	0	11	53	50	−2.3381
13	16	30	11	54	20	−2.1487
13	17	0	11	54	50	−1.9592
13	17	30	11	55	20	−1.7696
13	18	0	11	55	50	−1.5801
13	18	30	11	56	20	−1.3905
13	19	0	11	56	50	−1.2008
13	19	30	11	57	20	−1.0112
13	20	0	11	57	50	−0.8215
13	20	30	11	58	20	−0.6318
13	21	0	11	58	50	−0.4422
13	21	30	11	59	20	−0.2525
13	22	0	11	59	50	−0.0628
13	22	30	12	0	20	0.1269

标准时			太阳时			太阳方位角/（°）
时	分	秒	时	分	秒	
13	23	0	12	0	50	0.3166
13	23	30	12	1	20	0.5063
13	24	0	12	1	50	0.696
13	24	30	12	2	20	0.8857
13	25	0	12	2	50	1.0754
13	25	30	12	3	20	1.265
13	26	0	12	3	50	1.4546
13	26	30	12	4	20	1.6442
13	27	0	12	4	50	1.8338
13	27	30	12	5	20	2.0233
13	28	0	12	5	50	2.2128
13	28	30	12	6	20	2.4022
13	29	0	12	6	50	2.5917
13	29	30	12	7	20	2.781
13	30	0	12	7	50	2.9703
13	30	30	12	8	20	3.1596
13	31	0	12	8	50	3.3488
13	31	30	12	9	20	3.538
13	32	0	12	9	50	3.7271
13	32	30	12	10	20	3.9161
13	33	0	12	10	50	4.1051
13	33	30	12	11	20	4.294
13	34	0	12	11	50	4.4828
13	34	30	12	12	20	4.6715
13	35	0	12	12	50	4.8602
13	35	30	12	13	20	5.0487
13	36	0	12	13	50	5.2372
13	36	30	12	14	20	5.4256
13	37	0	12	14	50	5.6139
13	37	30	12	15	20	5.8021
13	38	0	12	15	50	5.9902
13	38	30	12	16	20	6.1782
13	39	0	12	16	50	6.3661
13	39	30	12	17	20	6.5539
13	40	0	12	17	50	6.7416
13	40	30	12	18	20	6.9291
13	41	0	12	18	50	7.1165
13	41	30	12	19	20	7.3039
13	42	0	12	19	50	7.491
13	42	30	12	20	20	7.6781
13	43	0	12	20	50	7.865
13	43	30	12	21	20	8.0518
13	44	0	12	21	50	8.2385

标准时			太阳时			太阳方位角/(°)
时	分	秒	时	分	秒	
13	44	30	12	22	20	8.425
13	45	0	12	22	50	8.6114
13	45	30	12	23	20	8.7976
13	46	0	12	23	50	8.9837
13	46	30	12	24	20	9.1696
13	47	0	12	24	50	9.3554
13	47	30	12	25	20	9.541
13	48	0	12	25	50	9.7265
13	48	30	12	26	20	9.9118
13	49	0	12	26	50	10.0969
13	49	30	12	27	20	10.2818
13	50	0	12	27	50	10.4666
13	50	30	12	28	20	10.6512
13	51	0	12	28	50	10.8357
13	51	30	12	29	20	11.0199
13	52	0	12	29	50	11.204
13	52	30	12	30	20	11.3879
13	53	0	12	30	50	11.5716
13	53	30	12	31	20	11.7551
13	54	0	12	31	50	11.9384
13	54	30	12	32	20	12.1215
13	55	0	12	32	50	12.3044
13	55	30	12	33	20	12.4871
13	56	0	12	33	50	12.6696
13	56	30	12	34	20	12.8519
13	57	0	12	34	50	13.034
13	57	30	12	35	20	13.2159
13	58	0	12	35	50	13.3976
13	58	30	12	36	20	13.579
13	59	0	12	36	50	13.7603
13	59	30	12	37	20	13.9413
14	0	0	12	37	50	14.1221

由表 2-3 可以看出,若已知当天的标准时间,根据此表的最后一列数值就可以知道将铅垂线如何旋转,从而得到当地的正南方位。若已知当地正南方位,其他方位也可以获知。为了测量结果更加准确,最好选择太阳正午左右,因为实际太阳光到达地球的地表面,需要穿过地球的大气层,大气层会对太阳光线有折射效应,从而导致测量误差。若需要更精确的结果,还需考虑太阳光达到地球所需要的时间(日地距离每天是变化的),以及选择在太阳方位角变化慢的时间进行测量。

样例程序代码:

```
//程序功能:当地正南方位确定,不考虑大气层对太阳光线的折射,若考虑大气层对太阳光线的折射,正午时刻是较为
准确的,即太阳方位角为 0 时,不考虑日地距离的影响
//头文件
```

```c
#include <stdio.h>
#include <math.h>
#include <time.h>
//*********公共部分*******************
//符号常量
#define pi     3.141592653589
#define phairad  (25*(pi/180.0))      //当地纬度
#define jdu_rad  (103*(pi/180.0))     //当地经度
#define nian   2019              //设置实验当天日期即可(公历)
#define yue_   2
#define ri     10
#define miaobuchang 30
#define bz_k_shi    13           //k 开始的标准时间
#define bz_k_fen    00
#define bz_k_miao   00
#define bz_j_shi    14           //j 结束的标准时间
#define bz_j_fen    00
#define bz_j_miao   00
//**************子函数**********
int rzs;                       //日子数
int frzs()
{
    char cf_biaoshi1;               //闰年标识
    //闰年判断
    if((nian%4==0)&& ( (nian%100!=0)||(nian%400==0) )) //普通年4年一闰,世纪年400年一闰
    {
        //是闰年
        printf("%4d 年是闰年\n",nian);
        cf_biaoshi1=1;
    }
    else
    {
        //不是闰年
        printf("%4d 年不是闰年\n",nian);
        cf_biaoshi1=0;
    }
    switch(yue_)                   //此处日子数按照平年计算
    {
        case  1:   if((ri<=31)&&(ri>=1))
                {
                    rzs=ri;
                }
                else
                {
                    printf("ri is error\n");
                    return 0;
                }
                 break;
        case 2: if((ri<=(28+cf_biaoshi1)) && (ri>=1) )
                {
                    rzs=ri+31;
                }
                else
                {
                    printf("ri is error\n");
                    return 0;
                }
                break;
        case 3:   if(  (ri<=31) && (ri>=1) )
```

```
                      { rzs=ri+59+cf_biaoshi1;
                      }
                      else
                      {       printf("ri is error\n");
                              return 0;
                      }
                      break;
          case 4:  if( (ri<=30) && (ri>=1) )
                      { rzs=ri+90+cf_biaoshi1;
                      }
                      else
                      {   printf("ri is error\n");
                          return 0;
                      }
                      break;
          case 5:   if(   (ri<=31) && (ri>=1)  )
                      { rzs=ri+120+cf_biaoshi1;
                      }
                      else
                      {
                          printf("ri is error\n");
                          return 0;
                      }
                      break;
          case 6:   if(   (ri<=30) && (ri>=1)  )
                      { rzs=ri+151+cf_biaoshi1;
                      }
                      else
                      {
                          printf("ri is error\n");
                          return 0;
                      }
                      break;
          case 7:   if(   (ri<=31) && (ri>=1)  )
                      { rzs=ri+181+cf_biaoshi1;
                      }
                      else
                      {
                          printf("ri is error\n");
                          return 0;
                      }
                      break;
          case 8:   if(   (ri<=31) && (ri>=1)   )
                      { rzs=ri+212+cf_biaoshi1;
                      }
                      else
                      {
                        printf("ri is error\n");
                        return 0;
                      }
                      break;
          case 9:   if( (ri<=30) && (ri>=1) )
                      {
                      rzs=ri+243+cf_biaoshi1;
                      }
                      else
                      {
                      printf("ri is error\n");
                          return 0;
```

```
                    }
                    break;
        case 10: if(  (ri<=31) && (ri>=1)  )
                    { rzs=ri+273+cf_biaoshi1;
                    }
                    else
                    {
                        printf("ri is error\n");
                        return 0;
                    }
                    break;
        case 11: if(  (ri<=30) && (ri>=1)  )
                    { rzs=ri+304+cf_biaoshi1;
                    }
                    else
                    {
                        printf("ri is error\n");
                        return 0;
                    }
                    break;
        case 12: if(  (ri<=31) && (ri>=1)  )
                    { rzs=ri+334+cf_biaoshi1;
                    }
                    else
                    {
                        printf("ri is error\n");
                        return 0;
                    }
                    break;
        default:  printf("yue is error\n");  return 0;  break;
    }
    printf("rzs=%3d\n", rzs);
    return 1;
}
//02  计算给定日子数当天的赤纬角
double datadeg[366],datarad[366];
void fdata(int rzs)
{
    int x;
    double B;
    x=rzs;
    B=(x-1)*(360.0/365)*(pi/180);      //B 值是角度,在此要转换为弧度
    datadeg[x]=(180/pi)*(0.006918-0.399912*cos(B)+0.070257*sin(B)-0.006758*cos(2*B)\
        +0.000907*sin(2*B)-0.002697*cos(3*B)+0.00148*sin(3*B));
    printf("n=%3d,  datadeg[%3d]=%8.4f deg  ", x,x,datadeg[x]);
    datarad[x]=datadeg[x]*(pi/180);
    printf("n=%3d,  datarad[%3d]=%8.4f rad\n", x,x,datarad[x]);

    printf("\n");
}
//03 标准时间与太阳时的换算及太阳方位角计算(包含了太阳高度角计算)
int     ty_k_shi;                                      //开始的太阳时
int     ty_k_fen;
int     ty_k_miao;
double  ty_k_rad;                                      //开始时刻太阳时角(弧度制)
int     ty_j_shi;                                      //结束的太阳时
int     ty_j_fen;
int     ty_j_miao;
double  ty_j_rad;
```

```
    int     bz_b_shi;                                    //变化的标准时间
    int     bz_b_fen;
    int     bz_b_miao;
    double  bz_b_rad;
    int     ty_b_shi;                                    //变化的太阳时间
    int     ty_b_fen;
    int     ty_b_miao;
    double  ty_b_rad;
    double  arfarad[24][60][60],arfadeg[24][60][60];    //太阳高度角
    double  gamarad[24][60][60],gamadeg[24][60][60];    //太阳方位角
    int ftimeconversion(int rzs)
    {
        double B,E;
        double ak,ck,dk;
        int fk;
        double aj,cj,dj;
        int fj;
        double ab,cb,db;
        int fb;
        int xxxx,yyyy;                                   //用于控制从开始时间计算到结束时间
        double zjbl1,cf1,cf2,cf3;
        double richushijiaorad,riluoshijiaorad;          //日出和日落时角
        double rctys,rltys;                              //日出太阳时  日落太阳时
        char rctys_h,rctys_m,rctys_s,rltys_h,rltys_m,rltys_s;
        //日出太阳时的时分秒   日落太阳时的时分秒
        char rctys_bzh,rctys_bzm,rctys_bzs,rltys_bzh,rltys_bzm,rltys_bzs;
        //日出标准时间(北京时间)时分秒    日落标准时间(北京时间)时分秒
        B=(rzs-1)*(360.0/365)*(pi/180.0);                //在此要转换为弧度

E=229.2*(0.000075+0.001868*cos(B)-0.032077*sin(B)-0.014615*cos(2*B)-0.04089*sin(2*B));
        printf("E=%8.4f\n", E);
        printf("jingdu_shicha=%8.4ffen\n",4.0*(120.0-jdu_rad*(180.0/pi)));
        //日出日落时角计算
        riluoshijiaorad=acos(-tan(datarad[rzs])*tan(phairad));
        //acos 函数返回的值:-1 到 1 对应 0 到 pi
        richushijiaorad=-riluoshijiaorad;
        rctys=richushijiaorad*(180/pi);
        rltys=riluoshijiaorad*(180/pi);
        printf("日出太阳时角度=%8.4f deg  日落太阳时角度=%8.4f deg\n",rctys, rltys);
        rctys_h=(    (int)( (12+(rctys/15)) *3600  )    )/3600;
        rctys_m=( (    (int)( (12+(rctys/15)) *3600  )    )%3600 )/60;
        rctys_s=(    (int)( (12+(rctys/15)) *3600  )    )%60;
        printf("日出太阳时时间 %2d :%2d :%2d \n",rctys_h, rctys_m, rctys_s);
        rltys_h=(    (int)( (12+(rltys/15)) *3600  )    )/3600;
        rltys_m=( (    (int)( (12+(rltys/15)) *3600  )    )%3600 )/60;
        rltys_s=(    (int)( (12+(rltys/15)) *3600  )    )%60;
        printf("日落太阳时时间  %2d :%2d :%2d \n\n",rltys_h, rltys_m, rltys_s);
        rctys_bzh=(    (int)( (12+(rctys/15))   *3600-60*(E-4.0*(120.0-jdu_rad*(180.0/
pi))) )    )/3600;
        rctys_bzm=( (    (int)( (12+(rctys/15))   *3600-60*(E-4.0*(120.0-jdu_rad*(180.0/
pi))) )    )%3600 )/60;
        rctys_bzs=(    (int)( (12+(rctys/15))   *3600-60*(E-4.0*(120.0-jdu_rad*(180.0/
pi))) )    )%60;
        printf("日出太阳时对应的标准时间(北京时间)     %2d :%2d :%2d \n",rctys_bzh, rctys_bzm,
rctys_bzs);
        rltys_bzh=(    (int)( (12+(rltys/15))   *3600-60*(E-4.0*(120.0-jdu_rad*(180.0/
pi))) )    )/3600;
        rltys_bzm=( (    (int)( (12+(rltys/15))   *3600-60*(E-4.0*(120.0-jdu_rad*(180.0/
```

```
pi)))     )   )%3600 )/60;
        rltys_bzs=(          (int)(   (12+(rltys/15))   *3600-60*(E-4.0*(120.0-jdu_rad*(180.0/
pi)))     )   )%60;
        printf("日落太阳时对应的标准时间(北京时间)    %2d :%2d :%2d \n",rltys_bzh, rltys_bzm,
rltys_bzs);
        printf("\n");
        /*****开始时刻*****/
        ak=bz_k_shi*3600+bz_k_fen*60+bz_k_miao;           //标准时间转化为秒
        ck=ak+60*(E-4.0*(120.0-jdu_rad*(180.0/pi)));      //标准时间对应的为太阳时（用秒表示）
        ty_k_rad=(ck*(1.0/3600.0)-12)*15.0*(pi/180.0);  //太阳时角弧度制,规定正午为0
    if( (ty_k_rad<richushijiaorad) || (ty_k_rad>riluoshijiaorad) )
        {
            printf("                  开始时间(北京时间)   %2d :%2d :%2d\n",
    bz_k_shi,bz_k_fen,bz_k_miao);
            printf("  开始时间不正确,不在日出日落对应的标准时间内\n");
            return 0;
        }
        dk=ck;
        fk=(int)dk;
        ty_k_shi=fk/3600;
        ty_k_fen=(fk%3600)/60;
        ty_k_miao=fk%60;
        printf("%2d:%2d:%2d  ",bz_k_shi,bz_k_fen,bz_k_miao);
        printf("%2d:%2d:%2d\n",ty_k_shi,ty_k_fen,ty_k_miao);
        /*****结束时刻*****/
        aj=bz_j_shi*3600+bz_j_fen*60+bz_j_miao;           //标准时间转化为秒
        cj=aj+60*(E-4.0*(120.0-jdu_rad*(180.0/pi)));      //标准时间对应的为太阳时（用秒表示）
        ty_j_rad=(cj*(1.0/3600.0)-12)*15.0*(pi/180.0);  //太阳时角弧度制,规定正午为0
        if( (ty_j_rad<richushijiaorad) || (ty_j_rad>riluoshijiaorad) )
        {
            printf("     结束时间(北京时间)   %2d :%2d :%2d\n",bz_j_shi,bz_j_fen,
    bz_j_miao);
            printf("结束时间不正确,不在日出日落对应的标准时间内\n");
            return 0;
        }
        dj=cj;
        fj=(int)dj;
        ty_j_shi=fj/3600;
        ty_j_fen=(fj%3600)/60;
        ty_j_miao=fj%60;
        printf("%2d:%2d:%2d  ",bz_j_shi,bz_j_fen,bz_j_miao);
        printf("%2d:%2d:%2d\n\n\n",ty_j_shi,ty_j_fen,ty_j_miao);
        bz_b_shi=bz_k_shi;
        bz_b_fen=bz_k_fen;
        bz_b_miao=bz_k_miao;
        xxxx=1;
        while(xxxx)
        {
            if(bz_b_shi==bz_j_shi)
        {
            if(bz_b_fen==bz_j_fen)
            {
                if(bz_b_miao==bz_j_miao)
                {
                    xxxx=0;
                    yyyy=1;
                }
            }
        }
```

```
             else
             {
                 xxxx=1;
             }    ab=bz_b_shi*3600+bz_b_fen*60+bz_b_miao;        //标准时间转化为秒
             cb=ab+60.0*(E-4.0*(120.0-jdu_rad*(180.0/pi)));      //标准时间对应的为太阳时 (用秒表示)
             ty_b_rad=(cb*(1.0/3600.0)-12)*15.0*(pi/180.0);      //太阳时角弧度制,规定正午为 0
             db=cb;
             fb=(int)db;
             ty_b_shi=fb/3600;
             ty_b_fen=(fb%3600)/60;
             ty_b_miao=fb%60;
             //计算太阳方位角(先获得高度角,再求方位角,并且用余弦形式,因为在得知太阳时角时,余弦形式的函数返
回值唯一确定)
             zjbl1=sin(datarad[rzs])*sin(phairad)+cos(datarad[rzs])*cos(phairad)*cos(ty_b_rad);
             arfarad[bz_b_shi][bz_b_fen][bz_b_miao]=asin(zjbl1);      //asin 函数返回的值:-1 到 1
对应 -0.5pi 到 0.5pi
             arfadeg[bz_b_shi][bz_b_fen][bz_b_miao]=(180/pi)*arfarad[bz_b_shi][bz_b_fen][bz_b_miao];
                 //太阳高度角的正弦形式
             cf1=sin(arfarad[bz_b_shi][bz_b_fen][bz_b_miao])*sin(phairad)-sin(datarad[rzs]);
             cf2=cos(arfarad[bz_b_shi][bz_b_fen][bz_b_miao])*cos(phairad);
             cf3=cf1/cf2;
             //说明:当太阳时角大于 0 时,表示太阳是在当地南偏西的位置,太阳方位角大于 0;当太阳时角等于 0 时,表
示太阳是在当地正南方向的位置,太阳方位角等于 0;当太阳时角小于 0 时,表示太阳是在当地南偏东的位置,太阳方位角小于 0
             if(ty_b_rad>=0)
             {                     gamarad[bz_b_shi][bz_b_fen][bz_b_miao]=acos(cf3);
             }
             else
             {         gamarad[bz_b_shi][bz_b_fen][bz_b_miao]=-acos(cf3);
             }
             gamadeg[bz_b_shi][bz_b_fen][bz_b_miao]=(180/pi)*gamarad[bz_b_shi][bz_b_fen]
[bz_b_miao];
             //屏幕打印输出
     printf("sta          %2d:%2d:%2d              sun              %2d:%2d:%2d
gamadeg=%8.4f\n",bz_b_shi,bz_b_fen,bz_b_miao,ty_b_shi,ty_b_fen,ty_b_miao,gamadeg[bz_b_shi]
[bz_b_fen][bz_b_miao]);
             if(yyyy==1)
             {
                 break;
             }
             bz_b_miao=bz_b_miao+miaobuchang;
             if(bz_b_miao>=60)
             {
                 bz_b_miao=bz_b_miao-60;
                 bz_b_fen =bz_b_fen + 1;
             }
             if(bz_b_fen>=60)
             {
                 bz_b_fen=bz_b_fen-60;
                 bz_b_shi=bz_b_shi+ 1;
             }
             if(bz_b_shi>=24)
             {
                 bz_b_shi=bz_b_shi-24;                     }
         }
     return 1;
     }
     //04 文件输出
     FILE *streamsouth;
     void foutputs(int rzs)
```

```
{    double B,E;
    int x,xxxx,yyyy=0;
    int    ty_out_shi;
    int    ty_out_fen;
    int    ty_out_miao;
    double ty_out_rad;
    double ab_out,cb_out,db_out;
    int fb_out;
    x=rzs;
    streamsouth=fopen( "c://Outputs//outsouth.xls","w+");
    fprintf(streamsouth,"year\tmouth\tdate\n");
    fprintf(streamsouth,"%d\t%d\t%d\n",nian,yue_,ri);
    fprintf(streamsouth,"longitude\tLatitude\n");
    fprintf(streamsouth,"%f\t%f\n",jdu_rad*(180.0/pi),phairad*(180.0/pi));
    fprintf(streamsouth,"rzs\tdatadeg\n");
    fprintf(streamsouth,"%d\t",x);
    fprintf(streamsouth,"%f\n",datadeg[x]);
    fprintf(streamsouth,"Standard time\t\t\t Solar time\t\t\t Solar azimuth(degree)\n");
    fprintf(streamsouth,"Standard  shi\tfen\tmiao\t  Solar  time  shi\tfen\tmiao\tdegree
\n");
    bz_b_shi=bz_k_shi;
    bz_b_fen=bz_k_fen;
    bz_b_miao=bz_k_miao;
    xxxx=1;
    while(xxxx)
    {
        if(bz_b_shi==bz_j_shi)
        {
            if(bz_b_fen==bz_j_fen)
            {
                if(bz_b_miao==bz_j_miao)
                {
                    xxxx=0;
                    yyyy=1;
                }
            }
        }
        else
        {
            xxxx=1;
        }
        B=(x-1)*(360.0/365)*(pi/180.0);       //在此要转换为弧度

E=229.2*(0.000075+0.001868*cos(B)-0.032077*sin(B)-0.014615*cos(2*B)-0.04089*sin(2*B));
ab_out=bz_b_shi*3600+bz_b_fen*60+bz_b_miao;       //标准时间转化为秒
        cb_out=ab_out+60.0*(E-4.0*(120.0-jdu_rad*(180.0/pi)));  //标准时间对应的为太阳时（用
秒表示)
    ty_out_rad=(cb_out*(1.0/3600.0)-12)*15.0*(pi/180.0);              //太阳时角弧度制,规定正午为0
        db_out=cb_out;
        fb_out=(int)db_out;
        ty_out_shi=fb_out/3600;
        ty_out_fen=(fb_out%3600)/60;
        ty_out_miao=fb_out%60;
        //文件打印输出
    fprintf(streamsouth,"%2d\t%2d\t%2d\t%2d\t%2d\t%2d\t%9.4f\n",bz_b_shi,bz_b_fen,bz_b_miao,
ty_out_shi,ty_out_fen,ty_out_miao,gamadeg[bz_b_shi][bz_b_fen][bz_b_miao]);
        if(yyyy==1)
        {
            break;
```

```
        }
        bz_b_miao=bz_b_miao+miaobuchang;
        if(bz_b_miao>=60)
        {
            bz_b_miao=bz_b_miao-60;
            bz_b_fen =bz_b_fen + 1;
        }
        if(bz_b_fen>=60)
        {
            bz_b_fen=bz_b_fen-60;
            bz_b_shi=bz_b_shi+ 1;
        }
        if(bz_b_shi>=24)
        {
            bz_b_shi=bz_b_shi-24;
        }
    }
    fclose(streamsouth);
}
//***************子函数*******
long int  start, finish;                      //计时用
double duration;                              //计时用

//主函数
int main()
{
    int return_a,return_b;
    start=clock();                            //开始计时  毫秒

    return_a=frzs();
    if(return_a==0)
    {
        return 0;
    }
    fdata(rzs);
    return_b=ftimeconversion(rzs);
    if(return_b==0)
    {
        return 0;
    }
    foutputs(rzs);
    finish=clock();                           //结束计时  毫秒
    duration=(double)(finish-start)/1000;     //计算程序运行时间 单位为秒
    printf("计算共用时:%f 秒\n", duration);
    return 0;
}
```

2.2.3　大气层外太阳辐射

在计算实际的太阳能系统所接收到的太阳辐射量时，需要以理论上可能的辐射量作为参考，通常是用大气层外水平面上的辐射量作为参考。在任何地区、任何一天、任何白天时刻，大气层外水平面上的太阳辐照度为

$$G_{\mathrm{o}} = G_{\mathrm{sc}}\left(1+0.033\cos\frac{360^{\circ}n}{365}\right)(\cos\delta\cos\varphi\cos\omega + \sin\delta\sin\varphi) \tag{2-60}$$

为了获得一天内，大气层外水平面上的太阳总辐射量，将式（2-60）进行从日出时刻到日落时刻积分有

$$H_o = G_{sc}\left(1 + 0.033\cos\frac{360°n}{365}\right)\int_{\omega_r\frac{180}{\pi}\frac{3600}{15}}^{\omega_s\frac{180}{\pi}\frac{3600}{15}}\cos\delta\cos\varphi\cos\omega + \sin\delta\sin\varphi\,\mathrm{d}\tau \tag{2-61}$$

式中，ω_r 和 ω_s 的单位均为弧度。其中时角和时间的关系为

$$\begin{cases} \tau = \omega\dfrac{180}{\pi}\dfrac{3600}{15} \\[2mm] \mathrm{d}\tau = \dfrac{180}{\pi}\dfrac{3600}{15}\mathrm{d}\omega \end{cases} \tag{2-62}$$

因此有

$$\begin{aligned} H_o &= G_{sc}\left(1 + 0.033\cos\frac{360°n}{365}\right)\int_{\omega_r}^{\omega_s}(\cos\delta\cos\varphi\cos\omega + \sin\delta\sin\varphi)\frac{180}{\pi}\frac{3600}{15}\mathrm{d}\omega \\ &= 2\frac{180}{\pi}\frac{3600}{15}G_{sc}\left[\left(1 + 0.033\cos\frac{360°n}{365}\right)(\cos\delta\cos\varphi\sin\omega + \omega\sin\delta\sin\varphi)\right]_0^{\omega_s} \\ &= \frac{24\times3600}{\pi}G_{sc}\left(1 + 0.033\cos\frac{360°n}{365}\right)(\cos\delta\cos\varphi\sin\omega_s + \omega_s\sin\delta\sin\varphi) \end{aligned} \tag{2-63}$$

对于任意时间段内 (ω_a, ω_b)，大气层外水平面上接收到的太阳辐射量，可将式（2-63）进行改写：

$$\begin{aligned} I_o &= G_{sc}\left(1 + 0.033\cos\frac{360°n}{365}\right)\int_{\omega_a}^{\omega_b}(\cos\delta\cos\varphi\cos\omega + \sin\delta\sin\varphi)\frac{180}{\pi}\frac{3600}{15}\mathrm{d}\omega \\ &= \frac{180}{\pi}\frac{3600}{15}G_{sc}\left[\left(1 + 0.033\cos\frac{360°n}{365}\right)(\cos\delta\cos\varphi\sin\omega + \omega\sin\delta\sin\varphi)\right]_{\omega_a}^{\omega_b} \\ &= \frac{432G_{sc}\left(100 + 3.3\cos\dfrac{360°n}{365}\right)}{\pi}\left[\cos\delta\cos\varphi(\sin\omega_b - \sin\omega_a) + (\omega_b - \omega_a)\sin\delta\sin\varphi\right] \end{aligned} \tag{2-64}$$

由式（2-63）和式（2-64），可以计算大气层外水平面上不同时间段内的日总辐射量。部分纬度下大气层外月平均日子数当日的太阳辐射量见表 2-4。

表 2-4　部分纬度下大气层外月平均日子数当日的太阳辐射量　　　　（单位：MJ/m^2）

纬度/(°)	1 月	2 月	3 月	4 月	5 月	6 月	7 月	8 月	9 月	10 月	11 月	12 月
65	3.5	8.2	16.7	27.3	36.3	40.6	38.4	30.6	20.3	10.7	4.5	2.3
55	6.1	11.2	19.6	29.3	37.2	40.8	39.0	32.2	22.9	13.6	7.2	4.8
50	9.1	14.2	22.3	31.2	38.1	41.1	39.6	33.7	25.3	16.6	10.2	7.6
45	12.1	17.2	24.8	32.9	38.8	41.3	40.0	35.0	27.5	19.4	13.2	10.5
40	15.1	20.1	27.2	34.3	39.3	41.3	40.2	36.1	29.5	22.1	16.2	13.6
35	18.1	22.8	29.3	35.5	39.5	41.1	40.2	36.9	31.3	24.7	19.1	16.7
30	21.1	25.5	31.2	36.4	39.6	40.7	40.0	37.5	32.9	27.1	22.0	19.7
25	23.9	27.9	32.9	37.1	39.4	40.0	39.6	37.8	34.2	29.3	24.8	22.6
20	26.7	30.2	34.4	37.5	38.9	39.1	38.9	37.8	35.3	31.3	27.4	25.5
15	29.3	32.3	35.5	37.6	38.1	38.0	37.9	37.6	36.1	33.1	29.8	28.2
10	31.7	34.1	36.4	37.5	37.1	36.6	36.7	37.1	36.6	34.6	32.1	30.8
5	33.9	35.7	37.1	37.1	35.9	35.0	35.3	36.3	36.8	35.9	34.1	33.1
0	35.9	37.0	37.4	36.4	34.4	33.2	33.6	35.3	36.8	36.9	36.0	35.3
−5	37.6	38.1	37.5	35.4	32.7	31.1	31.7	34.1	36.5	37.7	37.5	37.3
−10	39.1	38.9	37.3	34.2	30.7	28.9	29.6	32.6	35.9	38.1	38.9	39.0

纬度/°	1月	2月	3月	4月	5月	6月	7月	8月	9月	10月	11月	12月
-15	40.4	39.4	36.8	32.7	28.6	26.5	27.4	30.8	35.0	38.3	39.9	40.4
-20	41.4	39.6	36.0	31.0	26.3	23.9	24.92	28.8	33.9	38.2	40.7	41.7
-25	42.1	39.6	35.0	29.0	23.8	21.3	22.3	26.7	32.5	37.8	41.3	42.6
-30	42.5	39.3	33.7	26.9	21.2	18.5	19.7	24.3	30.9	37.2	41.5	43.3
-35	42.7	38.7	32.1	24.5	18.4	15.7	16.9	21.8	29.0	36.3	41.5	43.8
-40	42.7	37.8	30.3	22.0	15.6	12.8	14.0	19.2	27.0	35.1	41.3	44.0
-45	42.4	36.7	28.3	19.4	12.8	9.9	11.2	16.5	24.7	33.7	40.8	44.0
-50	41.9	35.3	26.1	16.6	9.9	7.1	8.3	13.6	22.2	32.0	40.1	43.8
-55	41.3	33.8	23.6	13.7	7.1	4.5	5.6	10.8	19.6	30.2	39.2	43.5
-60	40.6	32.1	21.0	10.8	4.4	2.1	3.1	7.9	16.8	28.1	38.3	43.2

2.3 水平地面的太阳辐射量

2.3.1 大气层对太阳辐射的影响

太阳光照射到地球表面，必须经过地球的大气层，虽然大气层的厚度相对于地球的半径非常小，但大气层中包含多种物质，对太阳光有吸收、反射、散射等影响，从而影响太阳能系统所接收到的太阳辐射能。

1. 大气质量

到达地面太阳辐射能的大小与光线通过大气层时的路径有关，太阳光线路径越长，吸收、反射、散射的总量可能越多。为了描述太阳光通过大气时的路径，把太阳光线实际通过大气层的厚度与垂直于水平地面的大气层法向厚度之比称作大气质量，用字母 m 表示，如图 2-21 所示。

从图 2-21 中可知，太阳大气质量为

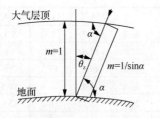

图 2-21　太阳光线在大气层中的路径

$$m = \frac{1}{\cos\theta_z} = \frac{1}{\sin\alpha} \tag{2-65}$$

当太阳在当地的天顶时，大气质量 m 为 1，大气质量刚好为垂直于水平地面的大气层法向厚度，太阳天顶角为 0，太阳高度角为 90°；太阳高度角越小，m 越大，地面上接收到的太阳辐射能可能越小；当太阳高度角接近 0 时，对应于太阳的日出或日落时间段，这时太阳光要经过较厚的大气层才能到达地表，大量的太阳辐射能被吸收，从而在日出或日落时段，人眼直视太阳也不感觉十分刺眼，而在正午时刻，人眼直视太阳，却往往感到不适。

在夏至日时，尽管在北极圈以内会出现极昼，太阳 24h 照射，但太阳的大气质量约为 2.5，所以即使是晴天天气，到达北极圈以内地球的太阳辐射量也依然较小。另外，北极地区很多地方都是白雪皑皑，雪对太阳光的反射率较高，到达的太阳辐射能难以被雪地吸收；再加上从秋分以后到来年的春分，在北极圈以内不同的地方会出现不同时间段的极夜，得不到太阳辐射能的有效补充，从而北极地区十分寒冷。

2. 大气对太阳光的衰减作用

大气层对太阳辐照强度的衰减作用，主要是大气层中的氧气、氮气、水蒸气、灰尘、臭氧、二氧化碳等会使太阳光线改变其传播方向及吸收作用。太阳光中的紫外线主要被臭氧吸收，红外线主要被水蒸气和二氧化碳吸收。因此到达地面的太阳辐射能波长主要在 200～3000nm。

大气层中的云对太阳辐射有着明显的反射和吸收作用，云的形状与大气质量都将直接影响地面太阳辐射，一般难以准确计算，不同云形水平地面接收到的辐射量与晴天相比的比值见表 2-5，在使用时可供参考。例如，当大气质量为 1.1～2.0 时，地面的辐射量仅为晴天时的 17%。

表 2-5 不同云形水平地面接收到的辐射量与晴天相比的比值 （单位：%）

大气质量	绢云	绢层云	高积云	高层云	层积云	层云	乱层云	雾
1.1	85	84	52	41	35	25	15	17
1.5	84	81	51	41	34	25	17	17
2.0	84	78	50	41	34	25	19	17
2.5	83	74	49	41	33	25	21	18
3.0	82	71	47	41	32	24	25	18
3.5	81	68	46	41	31	24	—	18
4.0	80	65	45	41	31	—	—	18
4.5	—	—	—	—	30	—	—	19
5.0	—	—	—	—	29	—	—	19

3. 瑞利散射所形成的天空颜色

地球表面被大气层包围，当太阳光线进入大气后，空气分子和微粒（尘埃、水滴、冰晶等）会将太阳光向四周散射（瑞利散射），主要是气体分子散射。晴朗天空的颜色是由空气分子对入射的太阳光进行选择性散射的结果。散射量与波长有关，波长越短的光，越容易发生散射。太阳光谱中的蓝光（波长为 $0.425\mu m$）和红光（波长为 $0.650\mu m$）相比较，当日光穿过大气层时，被空气分子散射的蓝光比红光多很多，其实紫光的散射也较多，但人眼对紫色不敏感，因此人眼看到晴天的天空是蓝色的。

出现晚霞时，太阳西落位于地平线附近方向。这时太阳光必须在大气层里通过更长的距离才能够到达人们的眼睛。在太阳光进入大气层以后，由于蓝色光的波长比较短，容易被空气分子散射，其中的蓝色光在远处早早地就被散射衰减掉了，在到达人们眼睛的太阳光中已经几乎没有蓝色光。另外，波长较长的红色光尽管不容易被散射，在空气中行进长的距离也会被逐渐散射而来到人们的眼前，因此傍晚的晚霞呈现红色。

4. 大气层对太阳光的折射

大气层对太阳光的折射如图 2-22 所示，在图中假设有一人站在地球的 A 点，若地球按照图示方向转动，且地球没有大气层存在，则在 A 点的人看到最后日落的光线为 BA 光线。由于大气层的存在，太阳光线从大气层外入射到大气层内，由光疏介质到光密介质，从而形成折射现象（其实大气层的折射率是连续变化的，

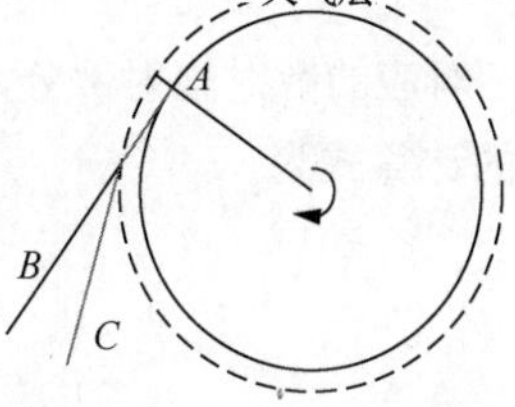

图 2-22 大气层对太阳光的折射

太阳光线在大气层中的路径是一个弯曲的光线，为了简单起见，图 2-22 中只画出了一次折射光线）。因此，大气层的存在让人类可看到太阳的时间更多。

2.3.2 标准晴空模型水平面辐射量计算

对于标准晴空模型，其中十分重要的参数是标准晴空的大气透明度 τ，比较典型的是 Hottle 在 1976 年提出的计算方法，直射辐射大气透明度 τ_b 的计算式为

$$\tau_b = a_0 + a_1 e^{-k/\cos\theta_z} \tag{2-66}$$

式中，a_0、a_1、k 分别为具有 23km 能见度的标准晴空大气物理常数，在当地海拔不超过 2.5km 时，有

$$\begin{cases} a_0 = a_0^* r_0 \\ a_1 = a_1^* r_1 \\ k = k^* r_k \end{cases} \tag{2-67}$$

式中，r_0、r_1、r_k 分别为气候类型修正系数，见表 2-6，另外的参数计算如下：

$$\begin{cases} a_0^* = 0.4237 - 0.00821 \times (6 - A)^2 \\ a_1^* = 0.5055 + 0.00595 \times (6.5 - A)^2 \\ k^* = 0.2711 + 0.01858 \times (2.5 - A)^2 \end{cases} \tag{2-68}$$

式中，A 为当地海拔，单位为 km。相应的散射辐射大气透明度 τ_d 的计算式为

$$\tau_d = 0.2710 - 0.2939\tau_b \tag{2-69}$$

表 2-6 气候类型修正系数

气候类型	r_0	r_1	r_k
亚热带	0.95	0.98	1.02
中等纬度，夏天	0.97	0.99	1.02
高纬度，夏天	0.99	0.99	1.01
中等纬度，夏天	1.03	1.01	1.00

因此，晴空时，当地的地表水平地面上，垂直于太阳光线入射方向上直射辐射辐照度 G_{cnb} 为

$$G_{cnb} = G_{on}\tau_b \tag{2-70}$$

当地地表水平地面直射辐射辐照度 G_{cb} 为

$$G_{cb} = G_{on}\tau_b\cos\theta_z = G_{cnb}\cos\theta_z \tag{2-71}$$

1h 内，当地的地表水平地面直射辐射辐射量 I_{cb} 为

$$I_{cb} = I_{on}\tau_b\cos\theta_z = 3600 G_{cb} \tag{2-72}$$

对应的散射辐射部分，当地水平地面上散射辐照度 G_{cd} 和 1h 内当地水平地面上散射辐射量 I_{cd} 的计算式为

$$\begin{cases} G_{cd} = G_{on}\tau_d\cos\theta_z \\ I_{cd} = I_{on}\tau_d\cos\theta_z = 3600 G_{cd} \end{cases} \tag{2-73}$$

1h 内总的太阳辐射量 I_c 计算式为

$$I_c = I_{cb} + I_{cd}$$ （2-74）

将每个小时内当地水平面内的直射辐射量和散射辐射量加起来，就可得到当地晴天条件下的总辐射量 H_c。

由于大气透明度是太阳天顶角的函数，太阳天顶角是太阳时角的函数，太阳时角又是标准时间的函数，因此在计算每小时的太阳辐照度时，太阳天顶角中的时角应该取这一时间段内的平均值。

例 2-5　在 25°N、103°E 的昆明地区（亚热带气候，海拔约为 1900m），已知 2 月 10 日下午北京时间 16:22:13 的大气透明度为标准晴空的大气透明度，试求在标准晴空 15:52:13 到 16:52:13 之间水平面上的 I_c。

解　由标准晴空模型计算公式有

$$a_0^* = 0.4237 - 0.00821 \times (6-1.9)^2 = 0.2857$$

$$a_1^* = 0.5055 + 0.00595 \times (6.5-1.9)^2 = 0.6314$$

$$k^* = 0.2711 + 0.01858 \times (2.5-1.9)^2 = 0.2778$$

按照亚热带气候，r_0、r_1、r_k 分别为 0.95、0.98、1.02。由前面例子可知，2 月 10 日的赤纬角为 -14.61°，北京时间 16:22:13 的太阳时间为 15:00:00，对应的太阳时角为 45°，太阳天顶角的余弦值（太阳高度角的正弦值）为 0.51，所以直射辐射大气透明度 τ_b 为

$$\tau_b = 0.2857 \times 0.95 + 0.6314 \times 0.98 e^{-0.2778 \times 1.02/0.51} = 0.6264$$

散射辐射大气透明度 τ_d 的计算式为

$$\tau_d = 0.2710 - 0.2939 \times 0.6264 = 0.0869$$

当天大气层外法向辐射功率 G_{on} 为

$$B_2 = \frac{360°(41-1)}{365}$$

$$\begin{aligned} G_{on} &= G_{sc}[1.000110 + 0.034221\cos B_2 + 0.001280\sin B_2 \\ &\quad + 0.000719\cos(2B_2) + 0.000077\sin(2B_2)] \\ &= 1390.29(\text{W/m}^2) \end{aligned}$$

所以，北京时间 16:22:13，当地地面的法向辐射功率 G_{cbn} 为

$$G_{cbn} = G_{on}\tau_b = 1390.29 \times 0.6264 = 870(\text{W/m}^2)$$

对应的水平面上的直射辐射辐照度 G_{cb} 为

$$G_{cb} = G_{cbn}\sin\alpha = 870 \times 0.51 = 444(\text{W/m}^2)$$

对应的水平面上的散射辐射辐照度 G_{cd} 为

$$G_{cd} = G_{on}\tau_d\sin\alpha = 1390.29 \times 0.0869 \times 0.51 = 62(\text{W/m}^2)$$

因此，在标准晴空 15:52:13 到 16:52:13 之间，水平面上的 I_c 为

$$I_{cb} = 3600 G_{cb} = 3600 \times 444 = 1.60(\text{MJ/m}^2)$$

$$I_{cd} = 3600 G_{cd} = 3600 \times 62 = 0.22(\text{MJ/m}^2)$$

$$I_c = I_{cb} + I_{cd} = 1.60 + 0.22 = 1.82(\text{MJ/m}^2)$$

2.3.3 太阳辐射量直散分离计算方法

实际的天气是各种各样的，不能每天都是晴朗天气。有时，在不同的日期中，地面上接收到的总辐射相差很小，但在不同的天气，即使是同一时段，差别也较大。通常每年当地总辐射量具有相对稳定的特性，以至于每个季度，甚至每个月太阳辐射量都相对稳定。因此，在获知当地水平面上总辐射量的基础上，可以推算各小时（或各时段）内的太阳辐射量。当然，各时段内的辐射量计算结果不一定就与真实情况吻合，其代表的是太阳辐射量在各时段内多年平均值的参考值。

这一点在太阳能系统中是非常重要的，特别是太阳能系统设计时，要考虑系统一年运行下来的年采光量，而实际每一天的天气条件具有随机性。为此可采用典型气象年（typical meteorological year，TMY）（典型气象年是指以近 30 年的月平均值为依据，从近 10 年的资料中选取一年各月接近 30 年的平均值。《中国建筑热环境分析专用气象数据集》中详细介绍了典型气象年的构成及数据处理方法来衡量当地的气象资源，昆明地区部分典型气象年数据详见附录 A。

关于在获知当地太阳总辐射量的条件下，计算各时段内的总辐射量方法，已有多种计算模型，并且几乎涉及衡量天气好坏的参数晴空指数。用来描述每个月的月平均晴空指数，是指当月水平面上月平均每一天辐射量与大气层外月平均每一天辐射量的比值。月平均晴空指数计算式为

$$\bar{K}_T = \frac{\bar{H}}{\bar{H}_o} \tag{2-75}$$

某一天的晴空指数是指水平面上当天辐射量与大气层外辐射量的比值，计算式为

$$K_T = \frac{H}{H_o} \tag{2-76}$$

通常 1h 内的晴空指数是指，该小时内水平面上辐射量与大气层外辐射量的比值，计算式为

$$k_T = \frac{I_c}{I_o} \tag{2-77}$$

另外，以标准晴空为基准的 1h 内的晴空指数是指该小时内水平面上辐射量与标准晴空条件下该小时内水平面上辐射量的比值，计算式为

$$k_{Tc} = \frac{I}{I_c} \tag{2-78}$$

通常 I_o 的值要大于 I_c 的值，因此采用式（2-78）计算的小时内的晴空指数值一般大于采用式（2-77）计算的小时内的晴空指数值。

在这些晴空指数作为参数的条件下，很多计算模型可以将水平面上接收到的总辐射分解成直射辐射和散射辐射两个部分，在太阳能应用中具有实际意义。往往太阳能系统的采光面是倾斜的，在倾斜面上对直射辐射和散射辐射采光量的计算方法是不同的（后面的章节将会具体介绍这方面的内容）。另外，在太阳能跟踪聚光系统中，散射辐射是不能够被会聚的，而会聚的往往是来自太阳的直射辐射。

涉及将晴空指数作为衡量参数，并对太阳辐射进行直散分离的计算模型有很多类型（Liu-Jordan，Blue Hill，Massachusetts，Stanhill，Ruth-Chant，Collares-Pereira and Rabl，Orgill-Hollands，Erbs，Reindl，Boes），这些模型在晴空条件下的计算结果与实际情况是比较吻合的，实际天气条件偏离标准晴空，地面接收到的总辐射能减少，计算结果的不确定性增大。比较常见的计算公式有

$$\frac{I_\mathrm{d}}{I} = \begin{cases} 1.0 - 0.249k_\mathrm{T}, & k_\mathrm{T} \leqslant 0.35 \\ 1.557 - 1.84k_\mathrm{T}, & 0.35 \leqslant k_\mathrm{T} < 0.75 \\ 0.177, & k_\mathrm{T} \geqslant 0.75 \end{cases} \tag{2-79}$$

式（2-79）对应模型的曲线图如图 2-23 所示。在图 2-23 中，随着水平地面所接收到的总辐射与大气层外的总辐射的比值的增大，水平地面所接收到的散射辐射 I_d 与水平地面所接收到的总辐射 I 比值呈现逐渐减小的趋势，k_T 为 0.35～0.75 时，这种减小的趋势更明显。

式（2-80）对应模型的曲线图如图 2-24 所示。在图 2-24 中，随着水平地面所接收到的总辐射与标准晴空模型水平地面接收的总辐射的比值的增大，水平地面所接收到的散射辐射与水平地面所接收到的总辐射比值呈现逐渐减小的趋势。k_Tc 与 k_T 的变化趋势类似，但 k_Tc 的值可以大于 1，而 k_T 的值不大于 1。

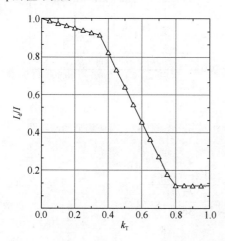

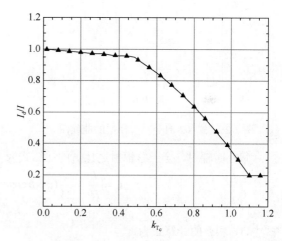

图 2-23 式（2-79）对应模型的曲线图　　　　图 2-24 式（2-80）对应模型的曲线图

$$\frac{I_\mathrm{d}}{I} = \begin{cases} 1.00 - 0.1k_\mathrm{Tc}, & 0 \leqslant k_\mathrm{Tc} < 0.48 \\ 1.11 + 0.0396k_\mathrm{Tc} - 0.789k_\mathrm{Tc}^2, & 0.48 \leqslant k_\mathrm{Tc} < 1.10 \\ 0.20, & k_\mathrm{Tc} \geqslant 1.10 \end{cases} \tag{2-80}$$

$$\frac{H_\mathrm{d}}{H} = \begin{cases} 0.99, & K_\mathrm{T} \leqslant 0.17 \\ 1.188 - 2.272K_\mathrm{T} + 9.473K_\mathrm{T}^2 - 21.865K_\mathrm{T}^3 + 14.648K_\mathrm{T}^4, & 0.17 < K_\mathrm{T} < 0.75 \\ 0.632 - 0.54K_\mathrm{T}, & 0.75 \leqslant K_\mathrm{T} < 0.80 \\ 0.20, & K_\mathrm{T} \geqslant 0.80 \end{cases} \tag{2-81}$$

式（2-81）对应模型的曲线图如图 2-25 所示。

$$\begin{cases} \dfrac{\overline{H}_\mathrm{d}}{\overline{H}} = 0.775 + 0.00606w - (0.505 + 0.00455w)\cos(115°\overline{K}_\mathrm{T} - 103°) \\ w = \omega_\mathrm{s} - 90° \end{cases} \tag{2-82a}$$

式中，角的单位为（°），为方便计算可将式（2-82a）角度转换为弧度，因此有

$$\begin{cases} \dfrac{\overline{H}_d}{\overline{H}} = 0.775 + 0.347w - (0.505 + 0.261w)\cos(2\overline{K}_T - 1.8) \\ w = \omega_s - 0.5\pi \end{cases} \tag{2-82b}$$

式（2-82）对应模型的曲线图如图 2-26 所示。在图 2-26 中，水平面上月平均每日总辐射量 $\overline{H}$ 与大气层外月平均每日总辐射量 $\overline{H}_0$ 之比及太阳的日落时角，都将对水平面上月平均每日散射辐射量 $\overline{H}_d$ 与水平面上月平均每日总辐射量 $\overline{H}$ 之比有影响。

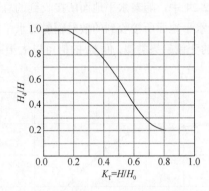

图 2-25　式（2-81）对应模型的曲线图　　　图 2-26　式（2-82）对应模型的曲线图

每小时辐射与全天总辐射之比 r_t 的计算式为

$$r_t = \frac{I}{H} = \frac{\pi}{24}(a + b\cos\omega)\frac{\cos\omega - \cos\omega_s}{\sin\omega_s - \dfrac{2\pi\omega_s}{360°}\cos\omega_s} \tag{2-83}$$

式中，a 和 b 的计算式为

$$\begin{cases} a = 0.409 + 0.5016\sin(\omega_s - 60°) \\ b = 0.6609 - 0.4767\sin(\omega_s - 60°) \end{cases} \tag{2-84}$$

式（2-83）对应模型的曲线图如图 2-27 所示。在图 2-27 中，越偏离正午，单位时间内水平地平面上的总辐射占比全天内水平地平面上的总辐射越少。

每小时散射辐射与全天的散射辐射之比 r_d 的计算式为

$$r_d = \frac{I_d}{H_d} = \frac{\pi}{24}\frac{\cos\omega - \cos\omega_s}{\sin\omega_s - \dfrac{2\pi\omega_s}{360°}\cos\omega_s} \tag{2-85}$$

式（2-85）对应模型的曲线图如图 2-28 所示。在图 2-28 中，散射辐射与直射辐射有类似的变化规律，只在具体的数值上有所不同。

例 2-6　在 25°N、103°E 的昆明地区，已知 2 月 10 日当地水平面上总辐射量是 19.5MJ/m²，试计算北京时间从 15:52:13 到 16:52:13 之间水平面上总辐射量，并计算在此时间段内直射辐射和散射辐射的量。

解　由前面例子可知，2 月 10 日的赤纬角为-14.61°，日落时角为 83.02°（1.4489rad），昼长为 11.07h，所以有

$$a = 0.409 + 0.5016\sin(1.4489 - \pi/3) = 0.6051$$
$$b = 0.6609 - 0.4767\sin(1.4489 - \pi/3) = 0.4745$$

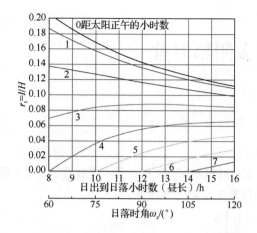

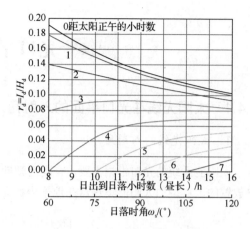

图 2-27 式（2-83）对应模型的曲线图 图 2-28 式（2-85）对应模型的曲线图

北京时间从 15:52:13 到 16:52:13 的中间时间为北京时间 16:22:13，对应的太阳时间为 15:00:00，太阳时角为 45°，所以 r_t 为

$$r_t = \frac{\pi}{24}[0.6051 + 0.4745\cos(0.25\pi)]\frac{\cos(0.25\pi) - \cos(1.4489)}{\sin(1.4489) - 1.4489\cos(1.4489)} = 0.0883$$

因此，北京时间从 15:52:13 到 16:52:13 之间的水平地面上接收到的太阳总辐射量 I 为

$$I = r_t H = 0.0883 \times 19.5 = 1.72(\text{MJ/m}^2)$$

同样，可以计算出 r_d 为

$$r_d = \frac{\pi}{24}\frac{\cos(0.25\pi) - \cos(1.4489)}{\sin(1.4489) - 1.4489\cos(1.4489)} = 0.0939$$

由前面可知，当天大气层外法向辐射功率 G_{on} 为 1390.29，所以大气层外辐射量为

$$H_o = \frac{24 \times 3600 \times 1390.29}{\pi}(\cos\delta\cos\varphi\sin\omega_s + \omega_s\sin\delta\sin\varphi) = 27.4(\text{MJ/m}^2)$$

所以有

$$K_T = \frac{H}{H_o} = \frac{19.5}{27.4} = 0.71$$

$$\frac{H_d}{H} = 1.188 - 2.272K_T + 9.473K_T^2 - 21.865K_T^3 + 14.648K_T^4 = 0.24$$

当天地面上总的接收到的散射辐射量 H_d 为

$$H_d = 0.24H = 0.24 \times 19.5 = 4.77(\text{MJ/m}^2)$$

该小时内的散射辐射量 I_d 为

$$I_d = r_d H_d = 0.0939 \times 4.77 = 0.45(\text{MJ/m}^2)$$

该小时内的直射辐射量 I_b 为

$$I_b = I - I_d = 1.72 - 0.45 = 1.27(\text{MJ/m}^2)$$

综上可知，首先，在已知当天总太阳辐射量的前提条件下，确定该小时内的太阳时角，可以获得该小时内水平面上太阳总辐射量。然后，确定当天的晴空指数，获得当天地面上的全部太阳散射辐射量，从而确定该小时内的太阳散射辐射量。最后，求解该小时内的直射辐射量。

2.4 光口平面太阳辐射量

2.4.1 太阳光线在光口平面的入射角

1. 太阳光线的入射角

太阳能系统的光口根据需要，有固定朝向的，也有时刻跟踪太阳的；有水平放置的，也有倾斜放置的，典型的太阳能集热器在地平坐标系中的位置关系如图 2-29 所示。

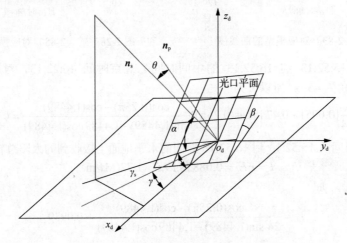

图 2-29 太阳能集热器方位角与倾角

在图 2-29 中，集热器方位角（γ）表示集热器采光面的法线在水平面的投影线与当地正南方的夹角。集热器方位角的度量方法与太阳高度角是相同的。集热器光口平面与当地水平面所形成二面角称为集热器倾角，用 β 表示。θ 为太阳光线在集热器上的入射角，是集热器法线向量 $\boldsymbol{n}_{\mathrm{p}}$ 与太阳光线向量 $\boldsymbol{n}_{\mathrm{s}}$ 的夹角，如果太阳光线垂直照射集热器表面，则太阳光线在集热器上的入射角 θ 的值为 0。

在图 2-29 中，集热器采光光口平面的单位法向量 $\boldsymbol{n}_{\mathrm{p}}$ 各分量在地平坐标系中可以用集热器方位角和倾角表示为

$$\begin{cases} n_{x\mathrm{d}} = \sin\beta\cos\gamma \\ n_{y\mathrm{d}} = -\sin\beta\sin\gamma \\ n_{z\mathrm{d}} = \cos\beta \end{cases} \tag{2-86}$$

在地平坐标系中对 $\boldsymbol{n}_{\mathrm{s}}$ 和 $\boldsymbol{n}_{\mathrm{p}}$ 进行内积，有

$$\boldsymbol{n}_{\mathrm{s}}\boldsymbol{n}_{\mathrm{p}} = |1||1|\cos\theta = (\cos\delta\sin\varphi\cos\omega - \sin\delta\cos\varphi)\sin\beta\cos\gamma$$
$$+ (-\cos\delta\sin\omega)(-\sin\beta\sin\gamma) + (\cos\delta\cos\varphi\cos\omega + \sin\delta\sin\varphi)\cos\beta \tag{2-87a}$$

式（2-87a）为一个不受地理位置、季节、时间、集热器空间位置限制，计算太阳光线在集热器上的入射角公式，对其进行整理，得到

$$\cos\theta = \sin\delta(\sin\varphi\cos\beta - \cos\varphi\sin\beta\cos\gamma)$$
$$+\cos\delta\cos\omega(\cos\varphi\cos\beta + \sin\varphi\sin\beta\cos\gamma) + \cos\delta\sin\beta\sin\gamma\sin\omega \qquad (2\text{-}87\text{b})$$

假如太阳能集热器的方位角 γ 的值为 0，即集热器朝向正南方向放置（在太阳能实际应用系统中，经常采用此安装模式），则式（2-87b）可以简写为

$$\cos\theta = \sin\delta(\sin\varphi\cos\beta - \cos\varphi\sin\beta) + \cos\delta\cos\omega(\cos\varphi\cos\beta + \sin\varphi\sin\beta)$$
$$= \sin\delta\sin(\varphi - \beta) + \cos\delta\cos\omega\cos(\varphi - \beta) \qquad (2\text{-}88)$$

式（2-88）说明朝向当地正南方向的太阳能集热器有了一定的倾角时，相当于降低了集热器所在当地的地理纬度，如图 2-30 所示。

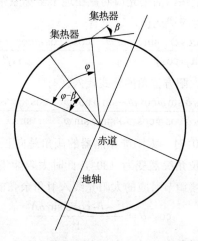

图 2-30　太阳能集热器倾角与纬度的关系

在图 2-30 中可以清楚地看出，当集热器在当地纬度上的倾角为 β 时，太阳光线在集热器上的入射角与将集热器水平放置在比当地纬度小 β 的纬度处的地面上是一样的。

进一步，若集热器的倾角 β 与当地纬度相同，则有

$$\cos\theta = \cos\delta\cos\omega \qquad (2\text{-}89)$$

由此可知，太阳光线在集热器表面的入射角仅仅是赤纬角和时角的函数。

若集热器倾角 β 的值为 0，则集热器与水平面平行，太阳光线在集热器光口平面的入射角也就是天顶角，则也可以得到太阳高度角的计算公式，即

$$\cos\theta = \cos\theta_z = \sin\delta\sin\varphi + \cos\delta\cos\omega\cos\varphi = \sin\alpha$$

该计算式与前面获得的太阳高度角公式完全一样，至此采用两种方法都获得了相同的太阳高度角的计算表达式。

2．太阳能系统跟踪形式

对于聚光型太阳能系统，往往需要跟踪太阳，其目的是减少太阳光线在集热器光口上的入射角，对于有些二维跟踪的太阳能系统，理论上可以使太阳光线在其光口上入射角为 0（实际情况往往难以做到，但可以使太阳光线在系统光口上入射角非常小，以至于对整个系统的采光性能的影响可以忽略不计）。因此，不同的跟踪方式有不同的计算式，常见的具体如下。

1）将集热器的采光平面沿着东西方向放置，每天人为调节一次，确保当地纬度与集热器倾角的差值刚好等于当天的赤纬角，太阳光线在集热器上的入射角为

$$\cos\theta = \sin\delta\sin(\varphi-\beta) + \cos\delta\cos\omega\cos(\varphi-\beta)$$
$$= \sin^2\delta + \cos^2\delta\cos\omega \tag{2-90}$$

由式（2-90）可以看出，当在太阳正午时，太阳光线将垂直照射集热器；太阳光线偏离正午时，太阳光线在集热器上的入射角将增大。

2）为了使太阳光在沿着东西方向放置集热器上有连续最小的入射角，要求集热器沿着东西向的水平轴连续调节，并且使集热器的采光口向量在地平坐标系中的 x 和 z 分量时刻与太阳光线在地平坐标系中的 x 和 z 分量对应成比例，于是有

$$\frac{\cos\delta\sin\varphi\cos\omega - \sin\delta\cos\varphi}{\sin\beta\cos\gamma} = \frac{\cos\delta\cos\varphi\cos\omega + \sin\delta\sin\varphi}{\cos\beta} \tag{2-91}$$

将太阳高度角（或天顶角）和太阳方位角的公式代入，有

$$\tan\beta\cos\gamma = \frac{\cos\delta\sin\varphi\cos\omega - \sin\delta\cos\varphi}{\cos\delta\cos\varphi\cos\omega + \sin\delta\sin\varphi} = \frac{\cos\gamma_s\cos\alpha}{\sin\alpha} = \cos\gamma_s\tan\theta_z \tag{2-92}$$

当太阳方位角在-90°～+90°时，太阳能集热器的倾角是向正南方向的。当太阳方位角不在-90°～+90°时，采光平面的方位角突然变为 180°，此时太阳能集热器的倾角是向正北方向的。集热器沿着东西向的水平轴连续调节对应的太阳光线入射角余弦的平方为

$$\cos^2\theta = \frac{1^2 - (-\cos\delta\sin\omega)^2}{1^2} \tag{2-93a}$$

可以这样理解太阳光线入射角余弦的平方，连续沿着东西向水平轴调节的太阳能集热器，跟踪太阳光线，就确保了集热器采光口单位向量在地平坐标系中的 x 和 z 分量时刻与太阳光线在地平坐标系中的 x 和 z 分量是平行的。太阳光线除正午外有 y 方向分量，而集热器光口法线没有 y 方向分量，因此由式（2-93a），进一步化简，有

$$\cos\theta = \sqrt{1 - (\cos\delta\sin\omega)^2} \tag{2-93b}$$

式（2-93b）中，在正午时，也有太阳光线垂直照射集热器。

3）可以将集热器南北放置，为了使太阳光在沿着南北方向放置的集热器上有连续最小的入射角，这就要求集热器沿着南北向的水平轴连续调节，并且使集热器的采光口向量在地平坐标系中的 y 和 z 分量时刻与太阳光线在地平坐标系中的 y 和 z 分量对应成比例，于是有

$$\frac{-\cos\delta\sin\omega}{-\sin\beta\sin\gamma} = \frac{\cos\delta\cos\varphi\cos\omega + \sin\delta\sin\varphi}{\cos\beta} \tag{2-94}$$

将太阳高度角（或天顶角）和太阳方位角的公式代入有

$$\tan\beta\sin\gamma = \frac{\sin\gamma_s\cos\alpha}{\sin\alpha} = \sin\gamma_s\tan\theta_z \tag{2-95}$$

当太阳方位角在-180°～0°时，太阳能集热器的倾角是向正东方向的，采光平面的方位角为-90°。当太阳方位角在 0°～+180°时，采光平面的方位角突然变为90°，此时太阳能集热器的倾角是向正西方向的。集热器沿着南北向的水平轴连续调节对应的太阳光线入射角余弦的平方为

$$\begin{aligned}
\cos^2\theta &= \frac{1^2 - (\cos\delta\sin\varphi\cos\omega - \sin\delta\cos\varphi)^2}{1^2} \\
&= 1 - (\cos\gamma_s\cos\alpha)^2 \\
&= 1 - (1 - \sin^2\gamma_s)\cos^2\alpha \\
&= 1 - \cos^2\alpha + \sin^2\gamma_s\cos^2\alpha \\
&= \cos^2\theta_z + \cos^2\delta\sin^2\omega
\end{aligned} \tag{2-96a}$$

太阳光线入射角余弦的平方可以理解为，连续沿着南北向水平轴调节的太阳能集热器，跟踪太阳光线，就确保了集热器采光口单位向量在地平坐标系中的 y 和 z 分量时刻与太阳光线在地平坐标系中的 y 和 z 分量是平行的。太阳光线除正午外有 x 方向分量，而集热器光口法线没有 x 方向分量，因此由式（2-96a），进一步化简，有

$$\cos\theta = \sqrt{\cos^2\theta_z + \cos^2\delta\sin^2\omega} \tag{2-96b}$$

4）集热器倾角固定，改变集热器的方位角（让集热器以固定的角度绕着天地轴转动），使集热器的方位角时刻与太阳方位角保持一致，对太阳光线在集热器上的入射角进行改写，则有

$$\begin{aligned}
\cos\theta &= \cos\beta(\sin\delta\sin\varphi + \cos\delta\cos\omega\cos\varphi) \\
&\quad + \sin\beta[(\cos\delta\sin\varphi\cos\omega - \sin\delta\cos\varphi)\cos\gamma + \cos\delta\sin\omega\sin\gamma] \\
&= \cos\beta\sin\alpha + \sin\beta\cos\alpha(\cos\gamma_s\cos\gamma + \cos\alpha\sin\gamma_s\sin\gamma) \\
&= \cos\beta\sin\alpha + \sin\beta\cos\alpha(\cos\gamma_s\cos\gamma + \sin\gamma_s\sin\gamma) \\
&= \cos\theta_z\cos\beta + \sin\theta_z\sin\beta\cos(\gamma_s - \gamma)
\end{aligned} \tag{2-97}$$

当集热器方位角等于太阳方位角时，有

$$\begin{aligned}
\cos\theta &= \cos\theta_z\cos\beta + \sin\theta_z\sin\beta = \cos(\theta_z - \beta) \\
&= \cos(0.5\pi - \alpha - \beta) = \sin(\alpha + \beta)
\end{aligned} \tag{2-98a}$$

由式（2-98a）可以看出，保持合适的倾角，也会取得较好的跟踪效果，使太阳光线在集热器上的入射角较小。

5）当自转轴与地轴平行时，连续调节自转轴跟踪太阳光线。这里将赤道坐标系移动到水平地面上（与将赤道坐标系变换到地面坐标系一样，地球的半径可以忽略不计），原点在当地水平地面上的赤道坐标系中，集热器采光面的 n_g 单位法向量为

$$\begin{cases}
n_g = (n_{xc}, n_{yc}, n_{zc}) \\
n_{xc} = \cos\beta\, i_{xc} \\
n_{yc} = -\dfrac{\omega}{|\omega|}\sin\beta\, j_{yc} \\
n_{zc} = 0k_{zc}
\end{cases} \tag{2-98b}$$

当太阳方位角在 $-180°\sim0°$ 时，太阳能集热器的倾角是偏东方向的。当太阳方位角在 $0°\sim+180°$ 时，太阳能集热器的倾角是偏西方向的。集热器连续沿着地轴调节，对应的太阳光线入射角余弦的平方为

$$\cos^2\theta = \frac{1^2 - \sin^2\delta}{1^2} = \cos^2\delta \tag{2-99}$$

可以这样理解太阳光线入射角余弦的平方，连续沿着地轴调节的太阳能集热器跟踪太阳光线，就确保了集热器采光口单位向量在移动后的赤道坐标系中的 x 和 y 分量时刻与太阳光线在移

动后的赤道坐标系中的 x 和 y 分量是平行的，集热器采光口法线没有 z 方向分量，太阳光线在 z 方向分量为 $\sin\delta$。集热器当地纬度角、方位角、倾角的三角函数关系如图 2-31 所示。

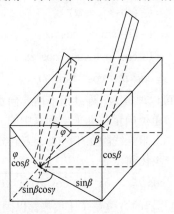

图 2-31　集热器当地纬度角、方位角、倾角的三角函数关系

由图 2-31 可以看出，当集热器采用地轴方式跟踪太阳光线，集热器朝向正南方向时，其倾角刚好为当地纬度角。由三角函数关系有

$$\tan\varphi = \frac{\cos\gamma\sin\beta}{\cos\beta} = \cos\gamma\tan\beta \tag{2-100}$$

6）对于二维跟踪系统，只要使集热器的倾角为太阳天顶角，集热器方位角 γ 与太阳方位角 γ_s 相等，则有

$$\cos\theta = \cos\theta_z\cos\theta_z + \sin\theta_z\sin\theta_z\cos(\gamma_s - \gamma) = 1 \tag{2-101}$$

由式（2-101）可知，在二维跟踪系统下，太阳光线可以始终垂直照射集热器的采光平面。

2.4.2　光口平面的辐射量

1. 直射辐射修正因子

通常太阳能集热器系统，特别是太阳能集热器设计和安装时都有一定的倾角（对于在北半球，通常采光面朝向南安装），因此需要在获知水平面上的太阳辐射量的条件下，对相应的倾斜面上太阳辐射进行计算，对于直射辐射水平面与倾斜面之间转换关系如图 2-32 所示。

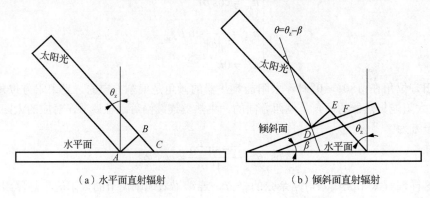

（a）水平面直射辐射　　　　　　　（b）倾斜面直射辐射

图 2-32　直射辐射水平面与倾斜面之间转换关系

在图 2-32 中，太阳光入射到水平面上，其入射角为太阳天顶角 θ_z，垂直于太阳光线的光波面 AB 照射到水平面上的投影为 AC。太阳光入射到倾斜面上，其入射角为 θ，垂直于太阳光线的光波面 DE（DE 的长度与 AB 相等）照射到倾斜面上的投影为 DF。假设太阳光的辐照强度为 G，则由几何关系有

$$\begin{cases} 0.5\pi - \beta = \theta + 0.5\pi - \theta_z \\ \theta = \theta_z - \beta \end{cases} \tag{2-102}$$

由式（2-102）可以看出，当集热器倾角改变时，相当于减小或增大了太阳天顶角 θ_z 的值。由太阳辐射能守恒可知，在 AC 和 DF 面上的辐照强度为

$$\begin{cases} Gl_{AB} = G_{AC}l_{AC} = G_{AC}\dfrac{l_{AB}}{\cos\theta_z} \\ G\cos\theta_z = G_{AC} \end{cases} \tag{2-103}$$

l_{AB} 为图 2-32（a）中法向太阳光的光口宽度，l_{AC} 为法向太阳光口在水平面上的投影宽度。式（2-103）为太阳辐射的"手电筒"效应，受光面与光波面平行时，可获得最大的辐照度，越不平行于光波面，受光面的辐照度就越小。同样，对于倾斜面有

$$G\cos(\theta_z - \beta) = G_{DF} \tag{2-104}$$

因此，通常情况下，太阳天顶角都不为 0，所以集热器采取合适的倾角，在整体上（一年为一个周期）可以有较小太阳光线在其光口面的入射角。

进一步观察太阳光线在水平面和倾斜面上辐照度的计算式可以发现，其表面获得的辐照度强度就是正对太阳光波面的辐照度 G 与此时刻太阳光线在其光口面入射角余弦值的乘积。对于正南倾斜放置的集热器，联立式（2-103）和式（2-104）有

$$R_b = \frac{G_{DF}}{G_{AC}} = \frac{G\cos(\theta_z - \beta)}{G\cos\theta_z} = \frac{\sin\delta\sin(\varphi-\beta) + \cos\delta\cos\omega\cos(\varphi-\beta)}{\sin\delta\sin\varphi + \cos\delta\cos\omega\cos\varphi} \tag{2-105}$$

式中，R_b 为倾斜面上直射辐射与水平面上直射辐射的比值，被称为直射辐射修正因子。特别当正午时，R_b 可被简化为

$$R_b = \frac{\cos(\varphi-\beta-\delta)}{\cos(\varphi-\delta)} \tag{2-106}$$

对于各种跟踪模式，若获知当地太阳能直射辐射资源，由式（2-105）也可以计算其光口面所获得的直射辐射量。前面所介绍的 6 种跟踪模式，其相应的 R_b 计算式为

$$R_b = \frac{\sin^2\delta + \cos^2\delta\cos\omega}{\sin\delta\sin\varphi + \cos\delta\cos\omega\cos\varphi} \tag{2-107}$$

$$R_b = \frac{\sqrt{1-(\cos\delta\sin\omega)^2}}{\sin\delta\sin\varphi + \cos\delta\cos\omega\cos\varphi} \tag{2-108}$$

$$R_b = \frac{\sqrt{\cos^2\theta_z + \cos^2\delta\sin^2\omega}}{\sin\delta\sin\varphi + \cos\delta\cos\omega\cos\varphi} \tag{2-109}$$

$$R_b = \frac{\sin(\alpha+\beta)}{\sin\delta\sin\varphi + \cos\delta\cos\omega\cos\varphi} \tag{2-110}$$

$$R_b = \frac{\cos\delta}{\sin\delta\sin\varphi + \cos\delta\cos\omega\cos\varphi} \tag{2-111}$$

$$R_{b} = \frac{1}{\sin\delta\sin\varphi + \cos\delta\cos\omega\cos\varphi} \tag{2-112}$$

2. 散射辐射可见因子

对于太阳能集热器，往往不仅可以接收到直射辐射，还可以接收到散射辐射，通常主要来自两个方面的散射辐射（通常假设散射辐射是各向同性的，且不考虑来自太阳周边的散射辐射及来自地面周围建筑物等的散射辐射），一个是来自天空的散射辐射，一个是来自当地地面所反射的散射辐射，如图 2-33 所示。

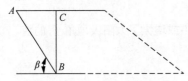

图 2-33　集热器接收散射辐射

在图 2-33 中，单位面积的集热器 AB 放置于水平地面上，倾角为 β，则由角系数（将在后续章节中进行介绍）的完整性有

$$F_{c\text{-}s} + F_{c\text{-}g} = 1 \tag{2-113}$$

式中，c 表示集热器；s 表示天空；g 表示地平面。由于集热器接收来自天空和地平面的散射空间范围很广，远远大于任何一个集热器的尺寸，因此假设天空和地平面相交于很远，夹角为 0，并设巨大的地平面的尺寸为 L。由 3 个封闭面的角系数计算关系式有

$$\begin{cases} F_{c\text{-}s} = \dfrac{l_{AB} + (l_{AB}\cos\beta + L) - L}{2l_{AB}} = \dfrac{1 + \cos\beta}{2} = \cos^{2}\dfrac{\beta}{2} \\[2mm] F_{c\text{-}g} = \dfrac{l_{AB} + L - (l_{AB}\cos\beta + L)}{2l_{AB}} = \dfrac{1 - \cos\beta}{2} = \sin^{2}\dfrac{\beta}{2} \end{cases} \tag{2-114}$$

这里需要说明的是，虽然集热器对天空和地平面的角系数不是对整个天空和地平面求解的（只有部分天空和地平面），但是由图 2-33 可以看到，对于剩下部分的天空和地平面，集热器对其的角系数为 0。因此，虽然集热器对天空和地平面的角系数是对部分天空和地平面求解而获得的，但角系数的数值上是与集热器对整个天空和地平面的角系数相等的。

因此，集热器单位面积的采光面接收到来自天空的散射辐射 I_{csd} 为

$$I_{csd} = I_{sd}A_{s}F_{s\text{-}c} \tag{2-115}$$

式中，I_{sd} 为天空散射辐射量，由角系数的相对性有

$$I_{csd} = I_{sd}A_{s}F_{s\text{-}c} = I_{sd}A_{c}F_{c\text{-}s} = I_{sd}\cos^{2}\frac{\beta}{2} = I_{sd}R_{d} \tag{2-116}$$

式中，A_{s} 为天空面积；A_{c} 为集热器面积；R_{d} 为集热器对天空的角系数，被称为天空可见修正因子，对于放置于水平地面上倾角为 β 的集热器，其值为 $\cos^{2}(0.5\beta)$。

集热器单位面积的采光面接收到来自水平地面的散射辐射 I_{cgd} 为

$$I_{cgd} = \rho_{d}(I_{sd} + I_{b})A_{g}F_{g\text{-}c} \tag{2-117}$$

对于水平地面而言，可以将两部分的辐射能的一部分投送到集热器采光平面（因为地平面可同时接收到来自天空的直射辐射和散射辐射，并部分反射出去），ρ_{d} 为地平面的反射率，普通地面取值为 0.2，积雪取值为 0.7。同样由角系数的相对性有

$$I_{cgd} = \rho_{d}(I_{sd} + I_{b})A_{c}F_{c\text{-}g} = \rho_{d}(I_{sd} + I_{b})\sin^{2}\frac{\beta}{2} = \rho_{d}(I_{sd} + I_{b})R_{p} \tag{2-118}$$

式中，R_{p} 为集热器对地平面的角系数，被称为地平面可见修正因子，对于放置于水平地面上倾角为 β 的集热器，其值为 $\sin^{2}(0.5\beta)$。因此，放置于水平地面上倾角为 β 的太阳能集热器，工作时采

集的总的太阳辐射能 I_T 为

$$I_T = I_b R_b + I_{sd} R_d + \rho_d (I_{sd} + I_b) R_\rho$$

$$= I_b \frac{\sin\delta\sin(\varphi-\beta) + \cos\delta\cos\omega\cos(\varphi-\beta)}{\sin\delta\sin\varphi + \cos\delta\cos\omega\cos\varphi} + I_{sd}\cos^2\frac{\beta}{2} + \rho_d I_{gd}\sin^2\frac{\beta}{2} \tag{2-119}$$

式中，I_{gd} 为当地的地平面太空直射辐射和散射辐射之和，即水平面太阳总辐射，只是需要经地平面反射才部分达到集热器。

3. 每月平均的集热器采光量

对式（2-119）进行扩展，扩展到每一个月平均的集热器采光量有

$$\bar{H}_T = \bar{H}\left(1 - \frac{\bar{H}_d}{\bar{H}}\right)\bar{R}_b + \bar{H}_d\cos^2\frac{\beta}{2} + \rho_d\bar{H}\sin^2\frac{\beta}{2} \tag{2-120}$$

总的月平均修正因子为

$$\bar{R} = \frac{\bar{H}_T}{\bar{H}} = \left(1 - \frac{\bar{H}_d}{\bar{H}}\right)\bar{R}_b + \frac{\bar{H}_d}{\bar{H}}\cos^2\frac{\beta}{2} + \rho_d\sin^2\frac{\beta}{2} \tag{2-121}$$

若在北半球且太阳能集热器朝向正南放置，以月平均日当天代替月平均水平，则直射辐射月平均修正因子近似值为

$$
\bar{R}_b = \frac{\int_{\omega_r\frac{180}{\pi}\frac{3600}{15}}^{\omega_s\frac{180}{\pi}\frac{3600}{15}} \sin\delta\sin(\varphi-\beta) + \cos\delta\cos\omega\cos(\varphi-\beta)\mathrm{d}\tau}{\int_{\omega_r\frac{180}{\pi}\frac{3600}{15}}^{\omega_s\frac{180}{\pi}\frac{3600}{15}} \sin\delta\sin\varphi + \cos\delta\cos\omega\cos\varphi\mathrm{d}\tau}
$$

$$
= \frac{2\frac{180}{\pi}\frac{3600}{15}\int_0^{\omega_s}\sin\delta\sin(\varphi-\beta) + \cos\delta\cos\omega\cos(\varphi-\beta)\mathrm{d}\omega}{2\frac{180}{\pi}\frac{3600}{15}\int_0^{\omega_s}\sin\delta\sin\varphi + \cos\delta\cos\omega\cos\varphi\mathrm{d}\omega}
$$

$$
= \frac{\left[\omega\sin\delta\sin(\varphi-\beta) + \cos\delta\cos(\varphi-\beta)\sin\omega\right]_0^{\omega_s}}{\left[\omega\sin\delta\sin\varphi + \cos\delta\cos\varphi\sin\omega\right]_0^{\omega_s}} \tag{2-122}
$$

式中，ω_s 为

$$\omega_s = \min\begin{bmatrix}\arccos(-\tan\varphi\tan\delta) \\ \arccos(-\tan(\varphi-\beta)\tan\delta)\end{bmatrix} \tag{2-123}$$

ω_s 为集热器光口面上的月平均日的日落时角，之所以要取两者（水平面日落时角和集热器光口日落时角）的最小值，是因为在冬半年，虽然集热器日落时角更大，但太阳都已经落山了，无任何实际意义了。

4. 任意朝向的太阳能集热器采光量

对于任意朝向的太阳能集热器，直射辐射月平均修正因子近似值为（也以月平均日当天代替月平均水平）

$$\begin{cases} \overline{R}_{\mathrm{b}} = \dfrac{\displaystyle\int_{\omega_{\mathrm{rc}}}^{\omega_{\mathrm{sc}}} A + B\sin\omega + C\cos\omega\,\mathrm{d}\omega}{2\displaystyle\int_{0}^{\omega_{\mathrm{s}}} \sin\delta\sin\varphi + \cos\delta\cos\omega\cos\varphi\,\mathrm{d}\omega} \\ A = \sin\delta(\sin\varphi\cos\beta - \cos\varphi\sin\beta\cos\gamma) \\ B = \cos\delta\sin\beta\sin\gamma \\ C = \cos\delta(\cos\varphi\cos\beta + \sin\varphi\sin\beta\cos\gamma) \end{cases} \tag{2-124}$$

式中，ω_{s} 为地平面上的月平均日的日落时角；ω_{rc} 为集热器光口面上的月平均日的日出时角；ω_{sc} 为集热器光口面上的月平均日的日落时角。令式（2-124）中分子被积分函数为 0，可获得日出日落时角为

$$\begin{cases} A + B\sin\omega + C\cos\omega = 0 \\ (C^2 + B^2)\cos^2\omega + 2AC\cos\omega + (A^2 + B^2) = 0 \\ \cos\omega = \dfrac{-AC \pm \sqrt{A^2C^2 - (C^2 + B^2)(A^2 + B^2)}}{C^2 + B^2} \end{cases} \tag{2-125}$$

同样，对于集热器的光口平面而言，日出日落时角也要做出选择，则有

$$\begin{cases} \omega_{\mathrm{rc}} = \max\begin{bmatrix} -\arccos(-\tan\varphi\tan\delta) \\ \arccos\left(\dfrac{-AC - \sqrt{A^2C^2 - (C^2+B^2)(A^2+B^2)}}{C^2 + B^2}\right) \end{bmatrix} \\ \omega_{\mathrm{sc}} = \min\begin{bmatrix} \arccos(-\tan\varphi\tan\delta) \\ \arccos\left(\dfrac{-AC + \sqrt{A^2C^2 - (C^2+B^2)(A^2+B^2)}}{C^2 + B^2}\right) \end{bmatrix} \end{cases} \tag{2-126}$$

式（2-124）~式（2-126）在实际应用过程中，还需进一步结合集热器的实际情况进行判断和化简，从而合理地使用。

例 2-7 在 25°N、103°E 昆明地区，典型气象年数据中水平面各月平均每日总辐射量分别为 14.1MJ/m²、16.2 MJ/m²、19.9 MJ/m²、21.4 MJ/m²、16.4 MJ/m²、15.2 MJ/m²、15.1 MJ/m²、14.6 MJ/m²、13.4 MJ/m²、12.4 MJ/m²、11.3 MJ/m²、11.3 MJ/m²。对于朝向正南放置（γ 为 0）倾斜角 β 为 25° 的太阳能集热器，在太阳时从 12:00:00 到 16:00:00 之间，试求其采光面上所获得的辐射量（假设昆明地区冬季为无雪天气，地平反射率 ρ 取 0.2）。

解 已知月平均每日总太阳辐射量，确定每小时内的太阳时角，再获得每小时内水平面上太阳总辐射量。然后确定月平均每天的晴空指数，获得月平均每日地面上的全部太阳散射辐射量，从而确定每小时内的太阳散射辐射量，最后求解每小时内的直射辐射量。得出这些数据后，再计算直射辐射修正因子、散射辐射可见因子、总辐射修正因子，从而获得倾斜面上的太阳总辐射量。计算过程数据量大，采用程序计算结果见表 2-7。

表 2-7 例 2-7 程序计算结果

月份	离散水平面总辐射量/（MJ/m²）				离散水平面直射辐射量/（MJ/m²）			
	12~13h	13~14h	14~15h	15~16h	12~13h	13~14h	14~15h	15~16h
1	2.19	1.95	1.5	0.95	1.49	1.31	0.98	0.58
2	2.41	2.16	1.71	1.14	1.6	1.41	1.08	0.68

续表

月份	离散水平面总辐射量/（MJ/m²）				离散水平面直射辐射量/（MJ/m²）			
	12～13h	13～14h	14～15h	15～16h	12～13h	13～14h	14～15h	15～16h
3	2.81	2.55	2.06	1.45	1.88	1.68	1.32	0.88
4	2.88	2.63	2.18	1.59	1.86	1.67	1.34	0.94
5	2.12	1.95	1.64	1.23	1.1	0.99	0.8	0.55
6	1.93	1.78	1.5	1.15	0.93	0.83	0.67	0.47
7	1.93	1.78	1.5	1.14	0.94	0.84	0.68	0.47
8	1.93	1.77	1.47	1.09	0.96	0.86	0.68	0.46
9	1.85	1.68	1.38	0.99	0.96	0.85	0.66	0.43
10	1.8	1.62	1.3	0.89	1	0.88	0.67	0.42
11	1.73	1.54	1.2	0.78	1.03	0.9	0.67	0.4
12	1.78	1.57	1.21	0.75	1.13	0.98	0.72	0.42

月份	离散倾斜面总辐射量/（MJ/m²）				离散倾斜面直射辐射量/（MJ/m²）			
	12～13h	13～14h	14～15h	15～16h	12～13h	13～14h	14～15h	15～16h
1	2.69	2.41	1.91	1.27	2.01	1.79	1.39	0.91
2	2.76	2.49	1.99	1.36	1.97	1.76	1.37	0.91
3	3.02	2.74	2.22	1.55	2.11	1.89	1.49	1
4	2.9	2.64	2.16	1.56	1.9	1.7	1.35	0.92
5	2.04	1.87	1.55	1.14	1.05	0.94	0.73	0.49
6	1.82	1.67	1.4	1.05	0.85	0.76	0.59	0.39
7	1.84	1.68	1.41	1.05	0.87	0.78	0.61	0.4
8	1.89	1.72	1.42	1.04	0.95	0.85	0.66	0.43
9	1.9	1.72	1.4	0.99	1.03	0.91	0.7	0.45
10	1.97	1.77	1.42	0.97	1.19	1.05	0.81	0.52
11	2.02	1.81	1.43	0.95	1.34	1.18	0.91	0.58
12	2.19	1.95	1.53	1.01	1.55	1.37	1.06	0.68

月份	离散水平面散射辐射量/（MJ/m²）				离散倾斜面散射辐射量/（MJ/m²）			
	12～13h	13～14h	14～15h	15～16h	12～13h	13～14h	14～15h	15～16h
1	0.7	0.64	0.53	0.37	0.68	0.63	0.52	0.36
2	0.81	0.75	0.63	0.46	0.79	0.73	0.61	0.45
3	0.93	0.86	0.74	0.56	0.91	0.85	0.72	0.55
4	1.02	0.96	0.83	0.66	1	0.94	0.81	0.64
5	1.02	0.96	0.84	0.68	0.99	0.93	0.82	0.66
6	1	0.94	0.83	0.68	0.97	0.92	0.81	0.66
7	0.99	0.94	0.82	0.67	0.96	0.91	0.8	0.65
8	0.96	0.9	0.79	0.63	0.93	0.88	0.77	0.61
9	0.89	0.83	0.72	0.56	0.87	0.81	0.7	0.54
10	0.8	0.74	0.63	0.47	0.78	0.72	0.61	0.46
11	0.7	0.64	0.54	0.38	0.68	0.63	0.52	0.37
12	0.65	0.6	0.49	0.34	0.64	0.58	0.48	0.33

续表

月份	r_t				r_b			
	12～13h	13～14h	14～15h	15～16h	12～13h	13～14h	14～15h	15～16h
1	1.23	1.24	1.27	1.33	1.34	1.37	1.42	1.56
2	1.15	1.15	1.16	1.19	1.23	1.24	1.27	1.33
3	1.08	1.08	1.07	1.07	1.12	1.12	1.13	1.13
4	1.01	1	0.99	0.98	1.02	1.02	1	0.98
5	0.96	0.96	0.95	0.93	0.95	0.94	0.92	0.88
6	0.95	0.94	0.93	0.91	0.92	0.91	0.88	0.83
7	0.95	0.95	0.94	0.92	0.93	0.92	0.9	0.85
8	0.98	0.98	0.97	0.95	0.99	0.98	0.96	0.93
9	1.03	1.02	1.02	1.01	1.07	1.07	1.07	1.06
10	1.09	1.09	1.09	1.1	1.18	1.19	1.21	1.24
11	1.17	1.18	1.19	1.23	1.3	1.32	1.36	1.47
12	1.23	1.24	1.27	1.34	1.38	1.4	1.47	1.63

这里各月的月平均日子数为 17、47、75、105、135、162、198、228、258、288、318、344，且计算过程的初始太阳时角为 7.5°，结束太阳时角为 52.5°。

样例程序代码：

```
//程序功能:计算倾斜面上的太阳辐射量
//头文件
#include <stdio.h>
#include <math.h>
//*********公共部分********************
//符号常量
#define pi   3.141592653589
#define e    2.718281828459
#define phairad 25.0*(pi/180.0)        //地理纬度为25°N
#define batarad 25.0*(pi/180.0)        //采光平面的倾角为25°
int n12[13]={0,17,47,75,105,135,162,198,228,258,288,318,344};
//*********公共部分********************
//*********************子函数***
//计算12个月平均日的赤纬角
double datadeg[366],datarad[366];    //12个月,datarad[0]不用.
void fdata(void)
{
    int n;
    int x;
    double B;
    for (n=1;n<13;n++)//此for循环用于计算太阳赤纬角
        {
            x=n12[n];
            B=(x-1)*(360.0/365)*(pi/180);        //在此要转换为弧度
            datadeg[x]=(180/pi)*(0.006918-0.399912*cos(B)+0.070257*sin(B)-0.006758*cos(2*B)\
                    +0.000907*sin(2*B)-0.002697*cos(3*B)+0.00148*sin(3*B));
//datadeg[x]=23.45*sin(((pi/180)*360*(284+n12[n]))/365);
    printf("n=%3d, datadeg[%3d]=%8.4f deg  ", x,x,datadeg[x]);
    datarad[x]=datadeg[x]*(pi/180);
    printf("n=%3d, datarad[%3d]=%8.4f rad\n", x,x,datarad[x]);
        }
    printf("\n");
```

```
        }
    //计算12个月平均日的大气层外垂直于太阳入射光线太阳辐照度(w/m²)
    double gon_fx_dqcw[366];
    void fx_dqcw(void)
    {   int n;
        int x;
        double B;
        for (n=1;n<13;n++)
        {
            x=n12[n];
            B=(x-1)*(360.0/365)*(pi/180);
            gon_fx_dqcw[x]=1353.0*(1.000110+0.034221*cos(B)+0.001280* sin(B)+0.000719*cos(2*B)+
0.000077*sin(2*B));          //gon_fx_dqcw[x]=1353.0*(1+0.033*cos((x*360/365)*(pi/180)));
            printf("n=%3d,gon_fx_dqcw[%3d]=%4.4f\n", x,x,gon_fx_dqcw[x]);     }
        printf("\n");
    }
    //计算12个月平均日的太阳日落时角和昼长
    double omgarad_set[366],omgadeg_set[366];    //omga 为太阳日落(set)时角
    double dtimeh[366];                          //单位为小时
    void fomgarad_set_dtimeh(void)
    {
        int n;
        int x;
        for (n=1;n<13;n++)
        {
            x=n12[n];
            omgarad_set[x]=acos(-1.0*tan(datarad[x])*tan(phairad));
            omgadeg_set[x]=(180/pi)*omgarad_set[x];
            dtimeh[x]=(2.0/15.0)*omgadeg_set[x];
            printf("n=%3d,omgarad_set[%3d]=%4.2f rad omgadeg_set[%3d]=%6.2f deg dtimeh[%3d]=%4.2f\n",
x,x,omgarad_set[x],x,omgadeg_set[x],x,dtimeh[x]);
        }
        printf("\n");
    }
    //计算12个月平均日的太阳高度角和太阳方位角 (每间隔60分钟计算一次太阳高度角和太阳方位角,从太阳正午到
日落)
    double arfarad[366][425],arfadeg[366][425]; //太阳高度角
    double gamarad[366][425],gamadeg[366][425]; //太阳方位角
    void farfa_gama(void)
    {
        int n;
        int x;
        int fz;//分钟    太阳正午为0分钟
        //double btfz;                          //从太阳正午到日落的半天分钟数
        double zjbl1,zjbl2,zjbl3,zjbl4;  //中间变量,方便程序编写
        for (n=1;n<13;n++)
        {
            x=n12[n];
            fz=30;    //分钟数的起点为太阳时 12:30:00
while(fz<=210) //每60分钟计算一次,并且小于等于15:30:00
{//计算太阳方位角(先获得高度角,再求方位角,并且用余弦形式,因为在得知太阳时角时,余弦形式的函数返回值唯
一确定)
            zjbl1=sin(datarad[x])*sin(phairad) +cos(datarad[x])*cos(phairad) *cos((double)fz*
((2.0*pi)/(24.0*60.0)));
        arfarad[x][fz]=asin(zjbl1);  //asin 函数返回的值:-1 到 1 对应 -0.5pi 到 0.5pi
        rfadeg[x][fz]=(180/pi)*arfarad[x][fz];//余弦形式
        zjbl2=sin(arfarad[x][fz])*sin(phairad)-sin(datarad[x]);
        zjbl3=cos(arfarad[x][fz])*cos(phairad);
        zjbl4=zjbl2/zjbl3;
```

//说明:当太阳时角大于 0 时,表示太阳是在当地南偏西的位置,太阳方位角大于 0;当太阳时角等于 0 时,表示太阳是在当地正南方向的位置,太阳方位角等于 0;当太阳时角小于 0 时,表示太阳是在当地南偏东的位置,太阳方位角小于 0

```
                if(( fz*((2.0*pi)/(24.0*60.0)) )>=0)
                {
                    gamarad[x][fz]=acos(zjbl4);
                }
                else
                {
                    gamarad[x][fz]=-acos(zjbl4);
                }            gamadeg[x][fz]=(180/pi)*gamarad[x][fz];
        printf("n=%3d, arfadeg[%3d][%3d]=%5.2f gamadeg[%3d][%3d]=%5.2f\n", x,x,fz,arfadeg[x]
[fz],x,fz,gamadeg[x][fz]);
                fz=fz+60;
                }
            printf("\n");
        }
}
//计算 12 个月平均日的地面当地太阳入射光线所对应的大气层外水平面一天内太阳辐射量(能量单位为 MJ/m²)
double gon_sp_dqcw[366];
void fgon_sp_dqcw(void)
{
    int n;
    int x;
    for (n=1;n<13;n++)
    {
        x=n12[n];
        gon_sp_dqcw[x]=((24*3600)/(pi*1000000))*gon_fx_dqcw[x]*(cos(phairad)*cos(datarad[x])*
sin(omgarad_set[x])+omgarad_set[x]*sin(phairad)*sin(datarad[x]));
        printf("n=%3d, gon_sp_dqcw[%3d]=%4.2f MJ\n", x,x,gon_sp_dqcw[x]);
    }
    printf("\n");
}
//基于典型气象年的 12 个月平均日的日总辐射值,计算平均每天的直射辐射和散射辐射
double irdz_sp_dm_pjmt[13]={0,14.1,16.2,19.9,21.4,16.4,15.2,\
                        15.1,14.6,13.4,12.4,11.3,11.3};//数据来自典型气象年
double beam_sp_dm_all[366],diffuse_sp_dm_all[366],total_sp_dm_all[366];
double KT_ypjmr[13];      //晴空指数 KT 月平均每日
void fzsfl_sp_dm(void)  //每天的直散分离
{
    int n;
    int x;
    double zjbl1;          //中间变量,方便程序编写
    for (n=1;n<13;n++)
    {
        x=n12[n];
    KT_ypjmr[x]=irdz_sp_dm_pjmt[n]/gon_sp_dqcw[x];
    zjbl1=0.775+0.347*(omgarad_set[x]-pi/2.0)-(0.505+0.261*(omgarad_set[x]-pi/2.0))*cos(2.0*
((irdz_sp_dm_pjmt[n]/gon_sp_dqcw[x])-0.9));
    diffuse_sp_dm_all[x]=irdz_sp_dm_pjmt[n]*zjbl1;
    beam_sp_dm_all[x]=irdz_sp_dm_pjmt[n]-diffuse_sp_dm_all[x];
    total_sp_dm_all[x]=irdz_sp_dm_pjmt[n];
    printf("sp_dm_all  n=%3d,  diffuse[%3d]=%4.2f    beam[%3d]=%5.2f    total[%3d]=%4.2f\n",
x,x,diffuse_sp_dm_all[x],x,beam_sp_dm_all[x],x,total_sp_dm_all[x]);
    }
    printf("\n");
}
//基于典型气象年的 12 个月平均日的日总辐射值,计算逐时的太阳辐射能,每 60 分钟计算一次
double beam_sp_dm[366][425],diffuse_sp_dm[366][425],total_sp_dm[366][425];   //水平面
double rb[366][425],rdt[366][425],rdf[366][425],rt[366][425];
```

```
        double beam_qxm_dm[366][425],diffuse_qxm_dm[366][425],total_qxm_dm[366][425];//倾斜面纯
粹的平板斜面
        double rsjrad_qxm_sn[366][425];//入射角 南北
        void fzsfl_sp_qx_dm_zs(void)    //直散分离 每天的直散分离  逐时  每60分钟计算一次
        {
            int n;
            int x;
            int fz;//分钟   太阳正午为0分钟
            double a,b;
            double zjbl0,zjbl1,zjbl2,zjbl3,zjbl4,zjbl5;
            for (n=1;n<13;n++)
            {
                x=n12[n];
                fz=30;
                while(fz<=210)            //每4分钟计算一次
                {
            //水平面逐时直散分离计算
                    a=0.4090+0.5016*sin(omgarad_set [x]-(pi/3.0));
                    b=0.6609-0.4767*sin(omgarad_set[x]-(pi/3.0));
            zjbl0=cos((double)(fz+0)*(2.0*pi)/1440.0);
            zjbl1=(pi/24.0)*(a+b*zjbl0);
            zjbl2=cos((double)(fz+0)*(2.0*pi)/1440.0)-cos(omgarad_set [x]);
            zjbl3=sin(omgarad_set[x])-omgarad_set[x]*cos(omgarad_set[x]);
            total_sp_dm[x][fz]=irdz_sp_dm_pjmt[n]*(zjbl1*zjbl2/zjbl3);
            diffuse_sp_dm[x][fz]=diffuse_sp_dm_all[x]*(pi/24.0)*(zjbl2/zjbl3);
            beam_sp_dm[x][fz]=total_sp_dm[x][fz]-diffuse_sp_dm[x][fz];
        //将水平面逐时直散分离计算   转移到倾斜面
        zjbl4=cos(phairad-batarad)*cos(datarad[x])*cos((double)(fz+0)*(2.0*pi)/1440.0)+sin
(phairad-batarad)*sin(datarad[x]);
            zjbl5=cos(phairad)*cos(datarad[x])*cos((double)(fz+0)*(2.0*pi)/1440.0)+sin(phairad)*
sin(datarad[x]);
                    rb[x][fz]=zjbl4/zjbl5;
                    if(rb[x][fz]<0)
                    {
                        rb[x][fz]=0;
                    }            beam_qxm_dm[x][fz]=rb[x][fz]*beam_sp_dm[x][fz];
                    rdt[x][fz]=0.5*(1+cos(batarad));
                    rdf[x][fz]=0.5*(1-cos(batarad));
        diffuse_qxm_dm[x][fz]=rdt[x][fz]*diffuse_sp_dm[x][fz]+0.2*rdf[x][fz]*total_sp_dm[x] [fz];
                    total_qxm_dm[x][fz]=beam_qxm_dm[x][fz]+diffuse_qxm_dm[x][fz];
                    rt[x][fz]=total_qxm_dm[x][fz]/total_sp_dm[x][fz];
                    fz=fz+60;
                }
            printf("\n");
            }
        }
        //输出
        FILE *streamexample2_7;    //60分钟一个节点,将水平面总的直射辐射离散(每60分钟一个数据)(1m²的水平面
积)
        void fzsfl_sp_qx_dm_zs_Outputs(void)
        {
            int n;
            int x;
            int fz;//分钟   太阳正午为0分钟
            streamexample2_7=fopen( "c://Outputs//example2_7.xls", "w+" );
            fprintf(streamexample2_7,"离散水平面总辐射量\n");//01
            for (n=1;n<13;n++)
            {
                x=n12[n];
```

```
            fz=30;
            while(fz<=210)                                   //每60分钟计算一次
              {            fprintf(streamexample2_7,"%.2f\t",total_sp_dm[x][fz]);
                fz=fz+60;
              }
            fprintf(streamexample2_7,"\n");
          }
      fprintf(streamexample2_7,"\n");                         //让xls空一行
        fprintf(streamexample2_7,"离散水平面直射辐射量\n");//02
        for (n=1;n<13;n++)
        {
            x=n12[n];
            fz=30;
            while(fz<=210)                                   //每60分钟计算一次
              {            fprintf(streamexample2_7,"%.2f\t",beam_sp_dm[x][fz]);
                fz=fz+60;
              }
            fprintf(streamexample2_7,"\n");
          }
      fprintf(streamexample2_7,"\n");                         //让xls空一行
        fprintf(streamexample2_7,"离散水平面散射辐射量\n");//03
        for (n=1;n<13;n++)
        {
            x=n12[n];
            fz=30;
            while(fz<=210)                                   //每60分钟计算一次
              {            fprintf(streamexample2_7,"%.2f\t",diffuse_sp_dm[x][fz]);
                fz=fz+60;
              }
            fprintf(streamexample2_7,"\n");
          }
      fprintf(streamexample2_7,"\n");                         //让xls空一行
        fprintf(streamexample2_7,"离散倾斜面总辐射量\n");//04
        for (n=1;n<13;n++)
        {
            x=n12[n];
            fz=30;
            while(fz<=210)                                   //每60分钟计算一次
              {            fprintf(streamexample2_7,"%.2f\t",total_qxm_dm[x][fz]);
                fz=fz+60;
              }
            fprintf(streamexample2_7,"\n");
          }
      fprintf(streamexample2_7,"\n");                         //让xls空一行
        fprintf(streamexample2_7,"离散倾斜面直射辐射量\n");//05
        for (n=1;n<13;n++)
        {
            x=n12[n];
            fz=30;
            while(fz<=210)                                   //每60分钟计算一次
              {            fprintf(streamexample2_7,"%.2f\t",beam_qxm_dm[x][fz]);
                fz=fz+60;
              }
            fprintf(streamexample2_7,"\n");
          }
      fprintf(streamexample2_7,"\n");                         //让xls空一行
```

```
        fprintf(streamexample2_7,"离散倾斜面散射辐射量\n");//06
        for (n=1;n<13;n++)
        {
            x=n12[n];
            fz=30;
            while(fz<=210)  //每60分钟计算一次
            {                fprintf(streamexample2_7,"%.2f\t",diffuse_qxm_dm[x][fz]);
                fz=fz+60;
            }
            fprintf(streamexample2_7,"\n");
        }
fprintf(streamexample2_7,"\n");                //让xls空一行
        fprintf(streamexample2_7,"rt\n");      //07
        for (n=1;n<13;n++)
        {
            x=n12[n];
            fz=30;
            while(fz<=210)  //每60分钟计算一次
            {                fprintf(streamexample2_7,"%.2f\t",rt[x][fz]);
                fz=fz+60;
            }
            fprintf(streamexample2_7,"\n");
        }
fprintf(streamexample2_7,"\n");                //让xls空一行
        fprintf(streamexample2_7,"rb\n");      //08
        for (n=1;n<13;n++)
        {
            x=n12[n];
            fz=30;
            while(fz<=210)  //每60分钟计算一次
            {                fprintf(streamexample2_7,"%.2f\t",rb[x][fz]);
                fz=fz+60;
            }
            fprintf(streamexample2_7,"\n");
        }
fprintf(streamexample2_7,"\n");                //让xls空一行
        fprintf(streamexample2_7,"rdt\n");     //09
        for (n=1;n<13;n++)
        {
            x=n12[n];
            fz=30;
            while(fz<=210)  //每60分钟计算一次
            {                fprintf(streamexample2_7,"%.2f\t",rdt[x][fz]);
                fz=fz+60;
            }
            fprintf(streamexample2_7,"\n");
        }
fprintf(streamexample2_7,"\n");                //让xls空一行
        fprintf(streamexample2_7,"rdf\n");     //10
        for (n=1;n<13;n++)
        {
            x=n12[n];
            fz=30;
            while(fz<=210)  //每60分钟计算一次
            {                fprintf(streamexample2_7,"%.2f\t",rdf[x][fz]);
                fz=fz+60;
```

```
        }
        fprintf(streamexample2_7,"\n");
    }
    fprintf(streamexample2_7,"\n");                  //让xls空一行
        fclose(streamexample2_7);
}
//****************子函数*******
//主函数
int main()
{
    fdata();
    fx_dqcw();
    fomgarad_set_dtimeh();
    farfa_gama();
    fgon_sp_dqcw();
    fzsfl_sp_dm();
    fzsfl_sp_qx_dm_zs();
    fzsfl_sp_qx_dm_zs_Outputs();
    return 0;
}
```

2.5 集热器最佳倾角和方位角

2.5.1 集热器放置原则

根据集热器实际使用的需要，应该做到合理设计，使其在使用周期能获得较多的采光量，并且还需要与应用场合相匹配。集热器采光平面上月平均采集到的太阳辐射量是一个多元函数，主要受到月平均晴空指数、当地纬度、赤纬角、地面反射率、集热器倾角和方位角等因素的影响，具体使用集热器时有确切的位置，月平均晴空指数、当地纬度、赤纬角、地面反射率这些参数不能够人为改变，因此设计合适的集热器倾角和方位角可以实现集热器高效进行光热转换，有效利用当地的太阳辐射资源。

对于集热器倾角，在北半球夏半年，倾角小的集热器往往更有益于其获得更多的采光量，在冬半年，倾角大的往往更有益于其获得更多的采光量。对于集热器方位角，希望上午采光口朝向东边，中午采光口朝向南边，下午采光口朝向西边。但在实际的情况下，集热器的安装都有固定的倾角和方位角。因此，选择合适的倾角和方位角就尤为重要。

2.5.2 集热器倾角和方位角

太阳能集热器的方位角改变引起的集热器年采光量变化是较小的，在±30°以内变化是可以被接受的。对于在北半球的太阳能集热器，当太阳能集热器的方位角为0°（朝向正南安装）时采光口可获得最多的太阳辐射能。因此，实际使用中的太阳能集热器，在没有特殊困难的前提条件下，都应该尽可能地使集热器的采光面朝向正南方向安装。

大量的学者研究表明，集热器全年最佳的倾角在当地纬度值附近，但集热器的倾角在当地纬度±20°以内变化，对其全年的采光量影响也不到5%。一般性的原则为：对于全年，集热器的倾角取当地的纬度；对于夏半年，集热器的倾角比当地的纬度小 10°～15°；对于冬半年，集热器

的倾角比当地的纬度大 10°～15°。已有的研究结果给出了在我国一些地区，集热器在不同的方位角时所对应的最佳倾角，见表 2-8，从表中可以看出集热器的方位角在±15°以内变化，在最佳倾角条件下集热器采光口所获得的太阳辐射能与集热器朝向正南放置在最佳倾角条件下采光口所获得的太阳辐射能相差很小。此外，研究指出，集热器的方位角在±2°以内变化、在最佳倾角条件下集热器采光口所获得的太阳辐射能与集热器朝向正南放置、在最佳倾角条件下采光口所获得的太阳辐射能差值可忽略。

表 2-8　集热器在不同的方位角时所对应的最佳倾角

时间		西安（φ=34.3°）		上海（φ=31.17°）		银川（φ=38.48°）		成都（φ=30.67°）	
	$\gamma/(°)$	$\beta_{opt}/(°)$	$\overline{H}_T/(\mathrm{MJ·m^{-2}})$	$\beta_{opt}/(°)$	$\overline{H}_T/(\mathrm{MJ·m^{-2}})$	$\beta_{opt}/(°)$	$\overline{H}_T/(\mathrm{MJ·m^{-2}})$	$\beta_{opt}/(°)$	$\overline{H}_T/(\mathrm{MJ·m^{-2}})$
冬半年	0	50	2107.53	48	2353.15	64.5	3555.67	38.67	1146.72
	±15	48	2077.06	47	2315.45	62.0	3473.17	36.5	1435.39
	±20	46	2049.82	46	2281.62	60.5	3396.94	36	1425.76
夏半年	0	8	3088.36	6	2929.57	13	3809.52	3.5	2501.58
	±15	6	3085.5	4	2927.67	10.5	3797.00	2.5	2501.42
	±20	6	3083.7	4	2926.89	9.5	3790.28	2.5	2501.22
全年	0	26	5001.62	28	5068.15	40.5	6931.69	16.5	3871.15
	±15	22	4968.75	25	5019.56	37.5	6793.54	14.5	3859.97
	±20	20	4941.58	23	4987.92	33.5	6700.36	14	3352.97
	±30	17	4883.69	19	4917.42	27.5	6487.59	10.5	3338.18

时间		昆明（φ=25.01°）		广州（φ=23.13°）		北京（φ=39.8°）		沈阳（φ=41.77°）	
	$\gamma/(°)$	$\beta_{opt}/(°)$	$\overline{H}_T/(\mathrm{MJ·m^{-2}})$	$\beta_{opt}/(°)$	$\overline{H}_T/(\mathrm{MJ·m^{-2}})$	$\beta_{opt}/(°)$	$\overline{H}_T/(\mathrm{MJ·m^{-2}})$	$\beta_{opt}/(°)$	$\overline{H}_T/(\mathrm{MJ·m^{-2}})$
冬半年	0	46	3103	42	2379.4	63.5	3300.5	65.5	2946.89
	±15	43	3051.8	41	2351.1	61	3222.5	63	2873.91
	±20	42	3006.8	40	2327	60	3151.1	62	2806.83
夏半年	0	2	2767.5	1	2498.9	16	3635.86	18.5	3383.59
	±15	2	767.3	1	2498.8	12	3621.31	15	3364.13
	±20	2	2767.4	1	2498.8	11	3613.46	13	3353.53
全年	0	29	5634.02	24	4697.8	40	6559.11	42	6004.25
	±15	27	5577.8	22	4670	38	6428.78	38	5873
	±20	27	5536.8	20	4651.2	34	6339.87	36	5783.45
	±30	20	5446.3	18	4610.9	28	6137.28	29	5579.8

朝向正南安装的太阳能集热器年最佳倾角 β_{opt}，研究发现在一定的条件下满足以下计算关系式：

$$\beta_{opt} = 43.6° + 0.32\varphi - 54.3°K_d \tag{2-127}$$

式中，K_d 表示全年水平地平面上散射辐射与总辐射之比。

2.6 被遮蔽的太阳辐射

2.6.1 建筑物对太阳辐射的遮挡

在日常生活中，建筑物的存在会对周边地面产生不同程度的遮挡，并且随着时间和空间不断

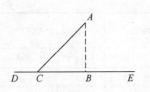

图2-34 建筑物对太阳辐射的遮挡

改变，被遮挡的地面上太阳的直射辐射就不能够直接到达（有时会通过镜面反射到达）。有些地面完全不被遮挡，有些地面部分被遮挡，有些地面几乎被遮挡，有些地面完全被遮挡。常见的建筑物对太阳辐射的遮挡如图2-34所示。在图2-34中，DE为东西向的南面墙，并具有一定的高度，在南面墙的北边 A 点有一太阳能集热器，AB 垂直于南面墙。南面墙的高度越高，南面墙在 A 点就越容易形成影子。

建筑物对地面的遮挡是由太阳的方位角和太阳高度角、建筑物的当地纬度和经度、倾角、方位角、太阳时（或标准时间）等因素决定的，因此对于这方面的问题，都从太阳时角、高度角、方位角、日子数等方面着手分析，并依据三角函数关系获得建筑物影子的长度和方位。

例2-8 在25°N、103°E的昆明地区，假设2月10日北京时间16:22:13是晴天，当地的建筑物与太阳能集热器位置关系如图2-34所示，且南面墙的竖直高度 h 为2m，AB 的距离 d 为3m，试分析此时南面墙形成的影子是否对太阳能集热器形成遮挡。

解 由前面例子可知，2 月 10 日的赤纬角为-14.61°，北京时间 16:22:13 的太阳时间为15:00:00，对应的太阳时角为45°，太阳高度角 α 为30.90°，太阳方位角 γ_s 为52.88°，所以南面墙在地面形成的倾斜影子的长度 L_s 为

$$L_s = h\cot\alpha = 2\times\cot30.90° = 3.34(\text{m})$$

南面墙在地面形成的倾斜影子距离南面墙的长度 L_d 为

$$L_d = L_s\cos\gamma_s = 3.34\times\cos52.88° = 2.02(\text{m})$$

很显然，L_d 的长度小于 AB 的长度，因此不会形成遮挡，在此时刻（2月10日北京时间16:22:13），只要 AB 的距离 d 的值大于2.02m就不会形成遮挡。

2.6.2 太阳能集热器阵列间的遮挡

通常一个大型的太阳能集成系统（如太阳能集热器、光伏阵列、聚光型跟踪系统）由多个单元组成，各个单元组成的总体效果为一个大的矩形，并且每个单元之间有一定的间距，从而消除或减少前后排阵列单元之间的遮挡。如图 2-35 所示，太阳能集热器阵列朝向正南放置，前后排保持合适的距离（BF 的距离），从而有效地减少遮挡。

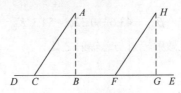

图2-35 太阳能集热器阵列

特别对于朝向正南的太阳能集热器，若前后排集热器阵列之间的间距过大，则前后排集热器阵列之间几乎没有遮挡，但在有限的面积内，所布置的集热器数量减少，在中午时刻由于太阳高度角较大，很多的太阳辐射能直接投送到地面，不能被使用，造成太阳能资源的浪费；若前后排集热器阵列之间的间距过小，则前后排集热器阵列之间就存在有很多遮挡，在有限的面积内，所布置的集热器数量也增多，即使在中午时刻太阳辐射能直接投送到集热器采光面，都没有漏光现象，但这也会导致整个系统的建设成本增加。因此，在阵列式太阳能集成系统的采光效率和经济投入之间，应根据实际情况进行权衡，前后排阵列单元之间需选择合适的间距。

例 2-9 在 25°N、103°E 的昆明地区，假设 2 月 10 日为晴天，当地有两排朝向正南的太阳能集热器位置关系如图 2-35 所示，太阳能集热器的竖直高度 h 为 1.8m，试计算 BF 的距离 d 不低于多少时，全天内不低于 8h 前排太阳能集热器的影子不会对后排太阳能集热器形成遮挡。

解 由前面例子可知，2 月 10 日的赤纬角为 -14.61°，日落时角为 83.02°。要保证 8h 集热器之间的影子不形成遮挡，可以选择在太阳时为 ±45°内，计算前排太阳能集热器最长影子距离集热器的距离，实际前后排安装的集热器距离大于此距离值即可，计算结果见表 2-9。

表 2-9 例 2-9 计算结果

太阳时角/(°)	太阳高度角/(°)	太阳方位角/(°)	L_s/m	L_d/m
0	50.3861	0	1.4898	1.4898
1	50.3741	1.5173	1.4905	1.4899
2	50.3381	3.033	1.4924	1.4903
3	50.2782	4.5452	1.4955	1.4908
4	50.1945	6.0524	1.5	1.4916
5	50.0872	7.5529	1.5057	1.4927
6	49.9564	9.0452	1.5127	1.4939
7	49.8023	10.5277	1.521	1.4954
8	49.6253	11.999	1.5306	1.4971
9	49.4256	13.4576	1.5414	1.4991
10	49.2035	14.9024	1.5535	1.5013
11	48.9595	16.3321	1.5669	1.5037
12	48.694	17.7455	1.5817	1.5064
13	48.4072	19.1416	1.5977	1.5094
14	48.0997	20.5196	1.6151	1.5126
15	47.772	21.8786	1.6337	1.5161
16	47.4244	23.2179	1.6538	1.5198
17	47.0576	24.5368	1.6751	1.5239
18	46.6719	25.8348	1.6979	1.5282
19	46.2678	27.1114	1.7221	1.5328
20	45.846	28.3664	1.7476	1.5378
21	45.4068	29.5994	1.7746	1.543
22	44.9509	30.8102	1.8031	1.5486
23	44.4786	31.9987	1.8331	1.5545
24	43.9905	33.1649	1.8646	1.5608
25	43.4872	34.3087	1.8977	1.5675
26	42.969	35.4303	1.9324	1.5745

太阳时角/(°)	太阳高度角/(°)	太阳方位角/(°)	L_s/m	L_d/m
27	42.4365	36.5298	1.9687	1.582
28	41.8902	37.6073	2.0068	1.5898
29	41.3305	38.6631	2.0467	1.5981
30	40.7579	39.6974	2.0884	1.6069
31	40.1729	40.7105	2.1321	1.6161
32	39.5758	41.7028	2.1777	1.6259
33	38.9672	42.6745	2.2254	1.6362
34	38.3473	43.626	2.2753	1.647
35	37.7167	44.5578	2.3275	1.6585
36	37.0757	45.4702	2.3821	1.6705
37	36.4246	46.3637	2.4393	1.6833
38	35.7639	47.2387	2.4991	1.6967
39	35.0939	48.0955	2.5617	1.7109
40	34.415	48.9347	2.6274	1.726
41	33.7274	49.7567	2.6962	1.7418
42	33.0315	50.5619	2.7684	1.7586
43	32.3276	51.3507	2.8443	1.7764
44	31.616	52.1237	2.924	1.7952
45	30.8969	52.8812	3.0079	1.8152
46	30.1707	53.6236	3.0963	1.8364
47	29.4376	54.3515	3.1896	1.8589
48	28.6979	55.0652	3.2881	1.8829
49	27.9517	55.7651	3.3922	1.9084
50	27.1994	56.4517	3.5025	1.9356
51	26.4411	57.1253	3.6196	1.9647
52	25.6771	57.7863	3.744	1.9958
53	24.9076	58.4352	3.8764	2.0292
54	24.1327	59.0723	4.0178	2.065
55	23.3527	59.6979	4.169	2.1035
56	22.5678	60.3125	4.3311	2.145
57	21.7781	60.9164	4.5053	2.19
58	20.9838	61.5099	4.6931	2.2387
59	20.1851	62.0933	4.8962	2.2916
60	19.382	62.6671	5.1165	2.3493
61	18.5749	63.2315	5.3564	2.4124
62	17.7637	63.7868	5.6186	2.4818
63	16.9487	64.3333	5.9064	2.5583
64	16.13	64.8714	6.224	2.643
65	15.3077	65.4013	6.5762	2.7374
66	14.4819	65.9232	6.9692	2.8431
67	13.6528	66.4376	7.4104	2.9623
68	12.8205	66.9446	7.9096	3.0976
69	11.985	67.4444	8.4792	3.2525

续表

太阳时角/(°)	太阳高度角/(°)	太阳方位角/(°)	L_s/m	L_d/m
70	11.1465	67.9375	9.1354	3.4314
71	10.3052	68.4239	9.8997	3.6405
72	9.461	68.904	10.8016	3.8878
73	8.6141	69.3779	11.8822	4.1849
74	7.7645	69.846	13.2011	4.5484
75	6.9125	70.3084	14.8473	5.0029
76	6.0579	70.7654	16.9608	5.5875
77	5.2011	71.2171	19.7746	6.3671
78	4.3419	71.6638	23.7074	7.4582
79	3.4805	72.1057	29.595	9.0934
80	2.617	72.543	39.3815	11.8141
81	1.7514	72.9758	58.8676	17.2349
82	0.8838	73.4045	116.6811	33.3257
83.0164	0	73.8361	3620767.67	1007973.296

从表 2-9 可知，实际前后排安装的集热器距离大于 1.82m 就不会形成遮挡。从表 2-9 中还可以看出，要实现全天都不遮挡，往往不能满足实际应用需求，需要间隔很大的距离，特别是在日落或日出时。

2.6.3 南立面遮阳窗

在住宅中，通常设有窗户，特别是在南面的竖墙上。在别墅设计中，往往还设计有南立面遮阳窗，遮阳窗基本结构如图 2-36 所示。这样的设计有助于保证建筑的冬暖夏凉，在夏天中午，强烈的太阳光不能照射到室内，避免室内过热；在冬天正午的时候，阳光可以照射到室内，起到加热或消毒的作用。

在图 2-36 中，挑檐是指屋面（或楼面）挑出外墙的一部分，通常在建筑设计过程中，为了保证安全美观、节约材料、施工方便等，一般挑檐宽度不大于 50cm（图 2-36 中的 AB 距离），不仅有益于房屋的采光，还方便做排水，同时对外墙起到保护作用。

例 2-10 在 25°N、103°E 的昆明地区，当地有挑檐宽度为 40cm 朝向正南方向的遮阳窗，如图 2-36 所示，为了确保在每年的 10 月 15 日到下一年的 2 月 15 日，若当天是晴天太阳正午时太阳光能够照射到屋内，在 5 月 15 日到 7 月 15 日，太阳正午时太阳光不能够照射到屋内，试计算 BC 的距离及窗户高度 CD 的值。

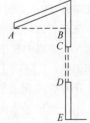

图 2-36 遮阳窗基本结构

解 2 月 15 日、5 月 15 日、7 月 15 日、10 月 15 日对应的日子数分别为 46、135、196、288（表 2-1），对应的赤纬角分别为 -12.95°、18.67°、21.66°、-8.22°，太阳正午时的太阳高度角分别为 52.05°、83.67°、86.66°、56.78°，因此有

$$L_{BC} = L_{AB} \tan 52.05° = 25.64 (\text{cm})$$

$$L_{BD} = L_{AB} \tan 83.67° = 180.40 (\text{cm})$$

所以，窗户高度 CD 的值为 154.76cm。这样的南面窗设计，实现了冬天太阳光在正午时能够到达户内，夏天的正午太阳光不会到达室内。

2.7 太阳辐射量的测量

2.7.1 直射辐射的测量

直射辐射的测量，往往采用直射辐射仪表，常见的直射辐射表如图 2-37 所示。根据测量原理不同将其分为绝对仪器和相对仪器两类。

与同类仪器相比，作为标准仪器进行设计与制造的绝对直射辐射表，具有尽可能完善的设计思想和精准的制造工艺，以及最高的测量精度，但其测量操作比较复杂，不适宜日常的测量工作，只作测量标准使用。绝对直射辐射表都存放在指定地点，对存放环境要求较高。太阳能工程中通常使用的直射辐射表都是相对直射辐射表，通称为直射辐射表。

直射辐射表在使用的过程中会自动跟踪太阳，往往采用地轴跟踪加赤纬角跟踪的模式。一般采用手动调节表盘上的地理纬度值和赤纬角值，其中地理纬度值在安装时就需调节好，赤纬角的数值每天需调

图 2-37　常见的直射辐射表　节一次。

2.7.2 总辐射和散射辐射的测量

总辐射的测量通常采用总辐射表，常见的总辐射表如图 2-38 所示（在后续章节中将介绍其基本工作原理）。总辐射表是太阳能辐射量测量的主要工具，达到待测辐照 99% 数值的响应，响应时间一般要求不大于 60s。总辐射表的玻璃罩由半球形双层石英玻璃构成，双层罩的作用是防止外层罩的红外辐射影响，减少测量误差，但能透过波长为 0.29～3.05μm 的短波，其透过率为常数且接近 0.9，同时玻璃罩还能防风、防灰尘、防内部器件直接与空气进行接触导致的老化。

总辐射表内还包括集热体、干燥器、白色挡板、底座、水准器和接线柱等，此外还有保护玻璃罩。干燥器内装干燥剂与玻璃罩相通，可保持罩内空气干燥。白色挡板能够挡住太阳辐射对其下部加热，又能防止仪器水平面以下的辐射对感应面的影响。底座上通常还设有安装仪器用的固定螺孔及感应面水平的调节螺旋。

由于地表的太阳辐射具有极高的时空变化率，因此用于观测太阳能资源的地点最好与要开展太阳能利用的地点相同，或者与其足够接近，以保证测量的数据具有代表性。观测站点必须选择在总辐射表感应元件的平面上方无任何障碍物的地方，同时应是观测员易于到达的地方。如果达不到此条件，则应选择与障碍物有一定距离，且任何障碍物的影子都不能投在总辐射表感应面的地方。总辐射表不应靠近浅色墙面或其他物体的反射光能够到达的地方，也不应暴露在人工辐射源之下。

对于散射辐射的测量，可以在总辐射表的上部加一个遮光环，确保在测量期间，太阳的辐射不能够直接照射到玻璃罩以内的感应面，此时总辐射表测量的太阳辐射就是散射辐射，如图 2-39 所示。测量散射辐射时，总辐射表上面的遮光环一般也需要人工调整，每天调节一次。在北半球遮光环对应平面的方位一般为正南。

图 2-38　常见的总辐射表　　　　　图 2-39　太阳散射辐射的测量

2.7.3　日照时数的测量

太阳中心从某地东方地平线出现再到进入西方地平线，其直射光线在没有地面物件、云、雾等任何遮挡的条件下，照射到地面所经历的时间，称为可照时数。太阳在一个地方实际照射地面的时间，称为日照时数。日照时数以 h 为单位，可用日照计测定。日照时数与可照时数之比为日照百分率，它可以衡量一个地区的光照条件。

测定日照时数的仪器称为日照计。典型的日照计为暗筒式日照计，它在圆形暗筒上留有小孔。当阳光透过小孔射入筒内时，筒内涂有感光药剂的日照纸上便留下感光迹线，利用感光迹线可计算出日照时数。

聚焦式日照计，利用太阳光经玻璃球折射聚焦，在日照纸上留下烧灼的焦痕，根据焦痕的总长度即可算出日照时数。Foster 日照传感器利用日光使一对硒光电池产生不平衡信号，触发记录器记录。Marvin 日照计由一定的辐射热驱动水银膨胀导致电路闭合来实现自动记录。

光电日照计，根据 1981 年世界气象组织第八届仪器和观测方法委员会的建议，将太阳直射辐射强度 120 W/m^2 作为日照阈值。使用阈值为 120 W/m^2 的直射辐射表作为日照基准仪器，当太阳直射辐射照射到受光元件时，受光元件输出与直射辐射相对应的脉冲电压；当脉冲电压幅度超过阈值电压时，输出时间脉冲，作为日照时数记录下来。

2.8　本章拓展

2.8.1　椭圆方程及轨道方程

椭圆的极坐标方程如图 2-40 所示。在图 2-40 中，极坐标的原点是椭圆的右焦点 O_2，椭圆上任意一点 B 的坐标为(x, y)，椭圆的长半轴长为 a，焦点距离为 $2c$，所以有

$$\frac{r}{BD} = \frac{c}{a} \tag{2-128}$$

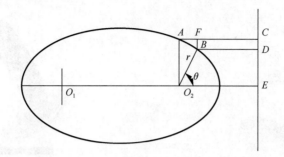

图 2-40 椭圆右焦点为原点的极坐标方程

由椭圆的第二定义有

$$BD = FC = AC - AF = \frac{a^2}{c} - c - r\cos\theta \qquad (2\text{-}129)$$

将式（2-129）代入式（2-128）有

$$r = \frac{c}{a}\left(\frac{a^2}{c} - c - r\cos\theta\right) = a - \frac{c^2}{a} - \frac{cr\cos\theta}{a} = a - \frac{c^2}{a} - er\cos\theta \qquad (2\text{-}130)$$

式中，e 为椭圆的离心率，所以有

$$r = \frac{a - \dfrac{c^2}{a}}{1 + e\cos\theta} = \frac{1}{1 + e\cos\theta}\left(a + c - c - \frac{c^2}{a}\right) = \frac{(a-c)\left(1 + \dfrac{c}{a}\right)}{1 + e\cos\theta} = \frac{r_0(1+e)}{1 + e\cos\theta} \qquad (2\text{-}131)$$

式（2-131）为椭圆的一种极坐标方程，r_0 为 $a{-}c$，正好与式（2-24）结果相吻合。

若选取极坐标的原点是椭圆的左焦点 O_1，采用同样的方法，则椭圆的极坐标方程为

$$r = \frac{\dfrac{b^2}{a}}{1 - e\cos\theta} \qquad b^2 + c^2 = a^2 \qquad (2\text{-}132)$$

对式（2-24）或式（2-131）进行处理（将 r 和 θ 替换为 x 和 y）有

$$\sqrt{x^2 + y^2}\left(1 + \frac{ex}{\sqrt{x^2 + y^2}}\right) = r_0(1+e)$$

$$\sqrt{x^2 + y^2} + ex = \frac{b^2}{a}$$

$$x^2 + y^2 = \left(\frac{b^2}{a} - \frac{cx}{a}\right)^2 = \frac{1}{a^2}(b^4 - 2cb^2x + c^2x^2)$$

进一步化简有

$$\begin{cases} a^2x^2 + a^2y^2 = b^4 - 2cb^2x + c^2x^2 \\ b^2x^2 + 2cb^2x + a^2y^2 = b^4 = b^2(a^2 - c^2) \\ b^2x^2 + 2cb^2x + b^2c^2 + a^2y^2 = b^4 = b^2a^2 \\ b^2(x+c)^2 + a^2y^2 = a^2b^2 \\ \dfrac{(x+c)^2}{a^2} + \dfrac{y^2}{b^2} = 1 \end{cases} \qquad (2\text{-}133)$$

将坐标原点向左平移距离 c（或将椭圆轨迹向右平移 c），有

$$\frac{x^2}{a^2} + \frac{y^2}{b^2} = 1 \tag{2-134}$$

式（2-134）为坐标原点位于椭圆焦距中点、长半轴在 x 轴上的椭圆标准方程。若以椭圆焦距中点为坐标原点，如图 2-41 所示，其极坐标方程可用表示如下：

$$O_2B = \sqrt{(r\cos\theta - c)^2 + (r\sin\theta)^2} = \sqrt{r^2 + c^2 - 2rc\cos\theta} \tag{2-135}$$

$$BD = \frac{a^2}{c} - r\cos\theta \tag{2-136}$$

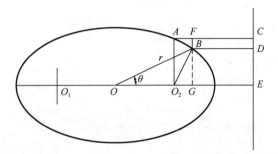

图 2-41　椭圆焦距中点为原点的极坐标方程

由椭圆的第二定义有

$$\begin{cases} \sqrt{r^2 + c^2 - 2rc\cos\theta} = \left(\frac{a^2}{c} - r\cos\theta\right)\frac{c}{a} = a - \frac{cr\cos\theta}{a} \\ a^2r^2 + a^2c^2 - 2rca^2\cos\theta = a^4 - 2cra^2\cos\theta + c^2r^2\cos^2\theta \\ a^2r^2 + a^2c^2 = a^4 + c^2r^2\cos^2\theta \\ r^2(a^2 - c^2\cos^2\theta) = a^4 - a^2c^2 \\ r = \sqrt{\frac{a^4 - a^2c^2}{a^2 - c^2\cos^2\theta}} = \sqrt{\frac{a^2(a^2 - c^2)}{a^2 - c^2\cos^2\theta}} = \frac{ab}{\sqrt{a^2 - c^2\cos^2\theta}} \end{cases} \tag{2-137a}$$

或表示为

$$\begin{cases} a^2r^2 + a^2c^2 = a^4 + c^2r^2\cos^2\theta \\ \cos^2\theta = \frac{a^2(r^2 + c^2 - a^2)}{c^2r^2} = \frac{a^2(r^2 - b^2)}{c^2r^2} \\ \theta = \arccos\frac{a\sqrt{r^2 - b^2}}{cr} \end{cases} \tag{2-137b}$$

式（2-137b）为以椭圆焦距中点为坐标原点的极坐标方程。

2.8.2　日地距离变化规律

单位时间内地球绕日运动的扫面积相等，以近日点为起点，经过时间 τ 之后，地球的扫面积 $S(\tau)$ 为

$$S(\tau) = \frac{r_0 v_0 \tau}{2} \tag{2-138}$$

面积 $S(\tau)$ 也可以表示为

$$S(\tau) = \int_0^{\theta(\tau)} \frac{1}{2} r(\theta) r(\theta) \mathrm{d}\theta = \frac{1}{2} \int_0^{\theta(\tau)} r^2 \mathrm{d}\theta \qquad (2\text{-}139)$$

由椭圆方程得

$$\frac{(r\cos\theta)^2}{a^2} + \frac{(r\sin\theta)^2}{b^2} = 1$$

$$r^2 = \frac{a^2 b^2}{b^2 \cos^2\theta + a^2 \sin^2\theta} \qquad (2\text{-}140)$$

式（2-140）与式（2-137）是等价的，所以有

$$S(\tau) = \frac{1}{2} \int_0^{\theta(\tau)} \frac{a^2 b^2}{b^2 \cos^2\theta + a^2 \sin^2\theta} \mathrm{d}\theta = \frac{a^2 b^2}{2} \int_0^{\theta(\tau)} \frac{1}{b^2 \cos^2\theta + a^2 \sin^2\theta} \mathrm{d}\theta$$

$$= \frac{a^2 b^2}{2} \int_0^{\theta(\tau)} \frac{1}{a^2 \tan^2\theta + b^2} \mathrm{d}\tan\theta = \frac{a^2 b^2}{2} \frac{1}{a^2} \int_0^{\theta(\tau)} \frac{1}{\tan^2\theta + \dfrac{b^2}{a^2}} \mathrm{d}\tan\theta$$

$$= \frac{b^2}{2} \left[\frac{a}{b} \arctan \frac{a\tan\theta}{b} \right]_0^{\theta(\tau)} = \frac{ab}{2} \left[\arctan \frac{a\tan\theta}{b} \right]_0^{\theta(\tau)} \qquad (2\text{-}141)$$

因为正切函数是周期函数，所以有

$$S(\tau) = \begin{cases} \dfrac{ab}{2} \arctan \dfrac{a\tan\theta(\tau)}{b}, & 0 \leqslant \theta(\tau) < \dfrac{\pi}{2} \\[3mm] \dfrac{ab\pi}{4} + \dfrac{ab}{2} \arctan \dfrac{a\tan\left[\theta(\tau) - \dfrac{\pi}{2}\right]}{b}, & \dfrac{\pi}{2} \leqslant \theta(\tau) < \pi \\[3mm] \dfrac{ab\pi}{2} + \dfrac{ab}{2} \arctan \dfrac{a\tan\left[\theta(\tau) - \pi\right]}{b}, & \pi \leqslant \theta(\tau) < \dfrac{3\pi}{2} \\[3mm] \dfrac{3ab\pi}{4} + \dfrac{ab}{2} \arctan \dfrac{a\tan\left[\theta(\tau) - \dfrac{3\pi}{2}\right]}{b}, & \dfrac{3\pi}{2} \leqslant \theta(\tau) \leqslant \pi \end{cases} \qquad (2\text{-}142)$$

进一步有

$$\begin{cases} \tan \dfrac{r_0 v_0 \tau}{ab} = \dfrac{a\tan\theta(\tau)}{b}, & 0 \leqslant \theta(\tau) < \dfrac{\pi}{2} \\[3mm] \tan \dfrac{r_0 v_0 \tau - 0.5 ab\pi}{ab} = \dfrac{a\tan\left[\theta(\tau) - \dfrac{\pi}{2}\right]}{b}, & \dfrac{\pi}{2} \leqslant \theta(\tau) < \pi \\[3mm] \tan \dfrac{r_0 v_0 \tau - ab\pi}{ab} = \dfrac{a\tan\left[\theta(\tau) - \pi\right]}{b}, & \pi \leqslant \theta(\tau) < \dfrac{3\pi}{2} \\[3mm] \tan \dfrac{r_0 v_0 \tau - 1.5 ab\pi}{ab} = \dfrac{a\tan\left[\theta(\tau) - \dfrac{3\pi}{2}\right]}{b}, & \dfrac{3\pi}{2} \leqslant \theta(\tau) \leqslant \pi \end{cases} \qquad (2\text{-}143)$$

联立式（2-137）和式（2-143）就可以得到任意时刻的日地距离关系：

$$
\begin{cases}
\tan\dfrac{r_0 v_0 \tau}{ab} = \dfrac{a\tan\arccos\dfrac{a\sqrt{r^2-b^2}}{cr}}{b} \\[4mm]
\tan\dfrac{r_0 v_0 \tau - 0.5ab\pi}{ab} = \dfrac{a\tan\left[\arccos\dfrac{a\sqrt{r^2-b^2}}{cr}-\dfrac{\pi}{2}\right]}{b} \\[4mm]
\tan\dfrac{r_0 v_0 \tau - ab\pi}{ab} = \dfrac{a\tan\left[\arccos\dfrac{a\sqrt{r^2-b^2}}{cr}-\pi\right]}{b} \\[4mm]
\tan\dfrac{r_0 v_0 \tau - 1.5ab\pi}{ab} = \dfrac{a\tan\left[\arccos\dfrac{a\sqrt{r^2-b^2}}{cr}-\dfrac{3\pi}{2}\right]}{b}
\end{cases}
\tag{2-144}
$$

式中，上述 4 个计算式中的 r 分别在第一、二、三、四象限，在精确计算每天太阳光到达地球所需时间需用到这些计算式。

日地（太阳中心与地球中心的距离）的平均距离（图 2-42）可用下式进行计算：

$$
\begin{aligned}
r &= \frac{1}{\pi}\int_0^\pi \frac{r_0(1+e)}{1+e\cos\theta}\mathrm{d}\theta = \frac{b^2}{\pi a}\int_0^\pi \frac{1}{1+e\cos\theta}\mathrm{d}\theta \\[2mm]
&= \frac{b^2}{\pi a}\frac{2}{1+e}\sqrt{\frac{1+e}{1-e}}\arctan\left[\sqrt{\frac{1-e}{1+e}}\tan\frac{\theta}{2}\right]_0^\pi \\[2mm]
&= \frac{2b^2}{\pi a}\sqrt{\frac{1}{1-e^2}}\arctan\left[\sqrt{\frac{1-e}{1+e}}\tan\frac{\theta}{2}\right]_0^\pi \\[2mm]
&= \frac{2b}{\pi}\arctan\left[\sqrt{\frac{1-e}{1+e}}\tan\frac{\theta}{2}\right]_0^\pi = \frac{2b}{\pi}\frac{\pi}{2} = b
\end{aligned}
\tag{2-145}
$$

当地球恰好处在日地平均距离时，对应的极坐标角度值 θ_{av} 为

$$
\cos\theta_{av} = \left(\frac{b}{a}-1\right)\frac{a}{c} = \frac{b-a}{c} = -\frac{a-b}{\sqrt{a^2-b^2}} = -\sqrt{\frac{a-b}{a+b}}
\tag{2-146}
$$

显然，角度 θ_{av} 的值大于 90°，如图 2-42 所示，其中 EF 和 GO 的距离都为 b（椭圆轨道的短半轴长）。

在图 2-42 中，若地球逆时针绕太阳公转，则地球公转到 A 位置时为春分节气、B 位置时为夏至节气、C 位置时为秋分节气、D 位置时为冬至节气。在 AB 之间、BC 之间、CD 之间、DA 之间都各自还有 5 个节气，因此在冬半年（AC 的右边）每个节气间隔时间长度较夏半年（AC 的左边）时间短，二十四节气的具体时间点见表 2-10。

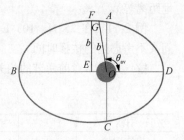

图 2-42 日地平均距离

表 2-10 二十四节气的具体时间点

季节	节气名称	公历日期	太阳黄经
	立春	2月3日~2月5日	315°
	雨水	2月18日~2月20日	330°
春季	惊蛰	3月5日~3月7日	345°
	春分	3月20日~3月22日	0°
	清明	4月4日~4月6日	15°
	谷雨	4月19日~4月21日	30°
	立夏	5月5日~5月7日	45°
	小满	5月20日~5月22日	60°
夏季	芒种	6月5日~6月7日	75°
	夏至	6月21日~6月22日	90°
	小暑	7月6日~7月8日	105°
	大暑	7月22日~7月24日	120°
	立秋	8月7日~8月9日	145°
	处暑	8月22日~8月24日	160°
秋季	白露	9月7日~9月9日	175°
	秋分	9月22日~9月24日	190°
	寒露	10月8日~10月9日	205°
	霜降	10月23日~10月24日	210°
	立冬	11月7日~11月8日	225°
	小雪	11月22日~11月23日	240°
冬季	大雪	12月6日~12月8日	255°
	冬至	12月21日~12月23日	270°
	小寒	1月5日~1月7日	285°
	大寒	1月20日~1月21日	300°

2.8.3 昼长与日出日落时间

在北半球越接近夏季(不包括地球北极到北极圈),白天的时间越来越长,黑夜的时间越来越短;越接近冬季,则有相反的变化,但日出和日落的北京时间则并不遵循此规律,这是因为日出和日落的北京时间不仅受到当地的经纬度影响,还与地球绕日公转的位置有关(如赤纬角和日地距离等)。

例 2-11 在 25°N、103°E 的昆明地区,试计算每天的日落太阳时角、日出和日落的北京时间(不考虑光的传播时间)。

解 采用本章前两节的相关公式计算的日出日落北京时间见表 2-11。

表 2-11 例 2-11 计算结果

日期	日子数	日落时角/(°)	昼长/h	日出北京时间	日落北京时间
1月1日	1	78.5508	10:28:24.37	7:34:2.08	18:2:26.45
1月2日	2	78.5953	10:28:45.76	7:34:18.22	18:3:3.98
1月3日	3	78.6441	10:29:9.15	7:34:33.1	18:3:42.25
1月4日	4	78.697	10:29:34.55	7:34:46.7	18:4:21.25
1月5日	5	78.754	10:30:1.93	7:34:59	18:5:0.93
1月6日	6	78.8152	10:30:31.27	7:35:10	18:5:41.27
1月7日	7	78.8803	10:31:2.55	7:35:19.67	18:6:22.22

续表

日期	日子数	日落时角/(°)	昼长/h	日出北京时间	日落北京时间
1月8日	8	78.9495	10:31:35.74	7:35:28.01	18:7:3.75
1月9日	9	79.0225	10:32:10.81	7:35:35.01	18:7:45.82
1月10日	10	79.0995	10:32:47.74	7:35:40.66	18:8:28.4
1月11日	11	79.1802	10:33:26.5	7:35:44.96	18:9:11.46
1月12日	12	79.2647	10:34:7.05	7:35:47.89	18:9:54.94
1月13日	13	79.3529	10:34:49.37	7:35:49.46	18:10:38.83
1月14日	14	79.4446	10:35:33.42	**7:35:49.65**	18:11:23.07
1月15日	15	79.5399	10:36:19.17	7:35:48.47	18:12:7.64
1月16日	16	79.6387	10:37:6.6	7:35:45.91	18:12:52.51
1月17日	17	79.7409	10:37:55.65	7:35:41.97	18:13:37.62
1月18日	18	79.8465	10:38:46.31	7:35:36.65	18:14:22.96
1月19日	19	79.9552	10:39:38.52	7:35:29.96	18:15:8.48
1月20日	20	80.0672	10:40:32.25	7:35:21.89	18:15:54.14
1月21日	21	80.1823	10:41:27.49	7:35:12.44	18:16:39.93
1月22日	22	80.3004	10:42:24.17	7:35:1.62	18:17:25.79
1月23日	23	80.4214	10:43:22.27	7:34:49.44	18:18:11.71
1月24日	24	80.5453	10:44:21.75	7:34:35.89	18:18:57.64
1月25日	25	80.672	10:45:22.57	7:34:20.99	18:19:43.56
1月26日	26	80.8014	10:46:24.69	7:34:4.74	18:20:29.43
1月27日	27	80.9335	10:47:28.08	7:33:47.15	18:21:15.23
1月28日	28	81.0681	10:48:32.69	7:33:28.23	18:22:0.92
1月29日	29	81.2052	10:49:38.5	7:33:7.98	18:22:46.48
1月30日	30	81.3447	10:50:45.46	7:32:46.42	18:23:31.88
1月31日	31	81.4865	10:51:53.54	7:32:23.55	18:24:17.09
2月1日	32	81.6306	10:53:2.7	7:31:59.4	18:25:2.1
2月2日	33	81.7769	10:54:12.9	7:31:33.96	18:25:46.86
2月3日	34	81.9252	10:55:24.11	7:31:7.25	18:26:31.36
2月4日	35	82.0756	10:56:36.3	7:30:39.29	18:27:15.59
2月5日	36	82.228	10:57:49.43	7:30:10.08	18:27:59.51
2月6日	37	82.3822	10:59:3.44	7:29:39.66	18:28:43.1
2月7日	38	82.5382	11:0:18.34	7:29:8.01	18:29:26.35
2月8日	39	82.696	11:1:34.06	7:28:35.18	18:30:9.24
2月9日	40	82.8554	11:2:50.59	7:28:1.16	18:30:51.75
2月10日	41	83.0164	11:4:7.89	7:27:25.98	18:31:33.87
2月11日	42	83.179	11:5:25.92	7:26:49.66	18:32:15.58
2月12日	43	83.343	11:6:44.66	7:26:12.2	18:32:56.86
2月13日	44	83.5085	11:8:4.08	7:25:33.64	18:33:37.72
2月14日	45	83.6753	11:9:24.13	7:24:53.99	18:34:18.12
2月15日	46	83.8434	11:10:44.8	7:24:13.27	18:34:58.07
2月16日	47	84.0126	11:12:6.07	7:23:31.49	18:35:37.56
2月17日	48	84.1831	11:13:27.89	7:22:48.69	18:36:16.58
2月18日	49	84.3547	11:14:50.24	7:22:4.88	18:36:55.12
2月19日	50	84.5273	11:16:13.1	7:21:20.07	18:37:33.17
2月20日	51	84.7009	11:17:36.43	7:20:34.31	18:38:10.74

日期	日子数	日落时角/(°)	昼长/h	日出北京时间	日落北京时间
2 月 21 日	52	84.8754	11:19:0.21	7:19:47.6	18:38:47.81
2 月 22 日	53	85.0509	11:20:24.42	7:18:59.97	18:39:24.39
2 月 23 日	54	85.2272	11:21:49.04	7:18:11.44	18:40:0.48
2 月 24 日	55	85.4042	11:23:14.04	7:17:22.03	18:40:36.07
2 月 25 日	56	85.5821	11:24:39.39	7:16:31.78	18:41:11.17
2 月 26 日	57	85.7606	11:26:5.09	7:15:40.7	18:41:45.79
2 月 27 日	58	85.9398	11:27:31.09	7:14:48.82	18:42:19.91
2 月 28 日	59	86.1195	11:28:57.38	7:13:56.17	18:42:53.55
3 月 1 日	60	86.2999	11:30:23.95	7:13:2.76	18:43:26.71
3 月 2 日	61	86.4808	11:31:50.77	7:12:8.63	18:43:59.4
3 月 3 日	62	86.6621	11:33:17.81	7:11:13.81	18:44:31.62
3 月 4 日	63	86.8439	11:34:45.08	7:10:18.31	18:45:3.39
3 月 5 日	64	87.0261	11:36:12.55	7:9:22.16	18:45:34.71
3 月 6 日	65	87.2087	11:37:40.18	7:8:25.4	18:46:5.58
3 月 7 日	66	87.3916	11:39:7.98	7:7:28.05	18:46:36.03
3 月 8 日	67	87.5748	11:40:35.92	7:6:30.14	18:47:6.06
3 月 9 日	68	87.7583	11:42:3.99	7:5:31.69	18:47:35.68
3 月 10 日	69	87.942	11:43:32.17	7:4:32.74	18:48:4.91
3 月 11 日	70	88.1259	11:45:0.44	7:3:33.31	18:48:33.75
3 月 12 日	71	88.31	11:46:28.8	7:2:33.43	18:49:2.23
3 月 13 日	72	88.4942	11:47:57.22	7:1:33.13	18:49:30.35
3 月 14 日	73	88.6785	11:49:25.69	7:0:32.44	18:49:58.13
3 月 15 日	74	88.8629	11:50:54.21	6:59:31.38	18:50:25.59
3 月 16 日	75	89.0474	11:52:22.73	6:58:30	18:50:52.73
3 月 17 日	76	89.2318	11:53:51.28	6:57:28.31	18:51:19.59
3 月 18 日	77	89.4163	11:55:19.81	6:56:26.35	18:51:46.16
3 月 19 日	78	89.6007	11:56:48.32	6:55:24.15	18:52:12.47
3 月 20 日	79	89.785	11:58:16.81	6:54:21.73	18:52:38.54
3 月 21 日	80	89.9693	11:59:45.24	6:53:19.14	18:53:4.38
3 月 22 日	81	90.1534	12:1:13.63	6:52:16.38	18:53:30.01
3 月 23 日	82	90.3374	12:2:41.94	6:51:13.51	18:53:55.45
3 月 24 日	83	90.5212	12:4:10.17	6:50:10.54	18:54:20.71
3 月 25 日	84	90.7048	12:5:38.3	6:49:7.51	18:54:45.81
3 月 26 日	85	90.8882	12:7:6.32	6:48:4.45	18:55:10.77
3 月 27 日	86	91.0713	12:8:34.22	6:47:1.39	18:55:35.61
3 月 28 日	87	91.2541	12:10:1.99	6:45:58.35	18:56:0.34
3 月 29 日	88	91.4367	12:11:29.61	6:44:55.38	18:56:24.99
3 月 30 日	89	91.6189	12:12:57.07	6:43:52.49	18:56:49.56
3 月 31 日	90	91.8008	12:14:24.36	6:42:49.72	18:57:14.08
4 月 1 日	91	91.9822	12:15:51.48	6:41:47.09	18:57:38.57
4 月 2 日	92	92.1633	12:17:18.38	6:40:44.65	18:58:3.03
4 月 3 日	93	92.3439	12:18:45.08	6:39:42.41	18:58:27.49
4 月 4 日	94	92.5241	12:20:11.55	6:38:40.41	18:58:51.96
4 月 5 日	95	92.7037	12:21:37.78	6:37:38.68	18:59:16.46

续表

日期	日子数	日落时角/(°)	昼长/h	日出北京时间	日落北京时间
4月6日	96	92.8828	12:23:3.76	6:36:37.24	18:59:41
4月7日	97	93.0614	12:24:29.48	6:35:36.12	19:0:5.6
4月8日	98	93.2394	12:25:54.91	6:34:35.36	19:0:30.27
4月9日	99	93.4168	12:27:20.05	6:33:34.98	19:0:55.03
4月10日	100	93.5935	12:28:44.88	6:32:35.01	19:1:19.89
4月11日	101	93.7695	12:30:9.38	6:31:35.48	19:1:44.86
4月12日	102	93.9449	12:31:33.54	6:30:36.41	19:2:9.95
4月13日	103	94.1195	12:32:57.34	6:29:37.84	19:2:35.18
4月14日	104	94.2933	12:34:20.77	6:28:39.79	19:3:0.56
4月15日	105	94.4663	12:35:43.81	6:27:42.28	19:3:26.09
4月16日	106	94.6384	12:37:6.44	6:26:45.35	19:3:51.79
4月17日	107	94.8097	12:38:28.65	6:25:49.01	19:4:17.66
4月18日	108	94.98	12:39:50.42	6:24:53.3	19:4:43.72
4月19日	109	95.1494	12:41:11.72	6:23:58.24	19:5:9.96
4月20日	110	95.3178	12:42:32.54	6:23:3.86	19:5:36.4
4月21日	111	95.4851	12:43:52.87	6:22:10.18	19:6:3.05
4月22日	112	95.6514	12:45:12.67	6:21:17.22	19:6:29.89
4月23日	113	95.8165	12:46:31.94	6:20:25.01	19:6:56.95
4月24日	114	95.9805	12:47:50.65	6:19:33.57	19:7:24.22
4月25日	115	96.1433	12:49:8.77	6:18:42.93	19:7:51.7
4月26日	116	96.3048	12:50:26.29	6:17:53.1	19:8:19.39
4月27日	117	96.465	12:51:43.19	6:17:4.11	19:8:47.3
4月28日	118	96.6238	12:52:59.43	6:16:15.99	19:9:15.42
4月29日	119	96.7813	12:54:15.01	6:15:28.74	19:9:43.75
4月30日	120	96.9373	12:55:29.89	6:14:42.39	19:10:12.28
5月1日	121	97.0918	12:56:44.05	6:13:56.97	19:10:41.02
5月2日	122	97.2447	12:57:57.47	6:13:12.49	19:11:9.96
5月3日	123	97.3961	12:59:10.13	6:12:28.96	19:11:39.09
5月4日	124	97.5458	13:0:21.98	6:11:46.42	19:12:8.4
5月5日	125	97.6938	13:1:33.02	6:11:4.87	19:12:37.89
5月6日	126	97.84	13:2:43.22	6:10:24.33	19:13:7.55
5月7日	127	97.9845	13:3:52.54	6:9:44.82	19:13:37.36
5月8日	128	98.127	13:5:0.96	6:9:6.36	19:14:7.32
5月9日	129	98.2676	13:6:8.46	6:8:28.95	19:14:37.41
5月10日	130	98.4062	13:7:14.99	6:7:52.63	19:15:7.62
5月11日	131	98.5428	13:8:20.55	6:7:17.38	19:15:37.93
5月12日	132	98.6773	13:9:25.09	6:6:43.25	19:16:8.34
5月13日	133	98.8096	13:10:28.6	6:6:10.22	19:16:38.82
5月14日	134	98.9397	13:11:31.04	6:5:38.32	19:17:9.36
5月15日	135	99.0675	13:12:32.38	6:5:7.56	19:17:39.94
5月16日	136	99.1929	13:13:32.6	6:4:37.95	19:18:10.55
5月17日	137	99.3159	13:14:31.65	6:4:9.5	19:18:41.15
5月18日	138	99.4365	13:15:29.52	6:3:42.21	19:19:11.73
5月19日	139	99.5545	13:16:26.18	6:3:16.1	19:19:42.28

日期	日子数	日落时角/(°)	昼长/h	日出北京时间	日落北京时间
5 月 20 日	140	99.67	13:17:21.59	6:2:51.17	19:20:12.76
5 月 21 日	141	99.7828	13:18:15.73	6:2:27.43	19:20:43.16
5 月 22 日	142	99.8929	13:19:8.58	6:2:4.88	19:21:13.46
5 月 23 日	143	100.0002	13:20:0.08	6:1:43.54	19:21:43.62
5 月 24 日	144	100.1046	13:20:50.23	6:1:23.4	19:22:13.63
5 月 25 日	145	100.2062	13:21:38.98	6:1:4.47	19:22:43.45
5 月 26 日	146	100.3049	13:22:26.33	6:0:46.74	19:23:13.07
5 月 27 日	147	100.4005	13:23:12.23	6:0:30.23	19:23:42.46
5 月 28 日	148	100.493	13:23:56.65	6:0:14.94	19:24:11.59
5 月 29 日	149	100.5824	13:24:39.57	6:0:0.86	19:24:40.43
5 月 30 日	150	100.6687	13:25:20.97	5:59:47.99	19:25:8.96
5 月 31 日	151	100.7517	13:26:0.82	5:59:36.33	19:25:37.15
6 月 1 日	152	100.8314	13:26:39.09	5:59:25.88	19:26:4.97
6 月 2 日	153	100.9078	13:27:15.76	5:59:16.63	19:26:32.39
6 月 3 日	154	100.9808	13:27:50.8	5:59:8.59	19:26:59.39
6 月 4 日	155	101.0504	13:28:24.19	5:59:1.74	19:27:25.93
6 月 5 日	156	101.1165	13:28:55.91	5:58:56.08	19:27:51.99
6 月 6 日	157	101.1791	13:29:25.94	5:58:51.6	19:28:17.54
6 月 7 日	158	101.238	13:29:54.26	5:58:48.29	19:28:42.55
6 月 8 日	159	101.2934	13:30:20.85	5:58:46.15	19:29:7
6 月 9 日	160	101.3452	13:30:45.68	**5:58:45.16**	19:29:30.84
6 月 10 日	161	101.3932	13:31:8.76	5:58:45.31	19:29:54.07
6 月 11 日	162	101.4376	13:31:30.04	5:58:46.6	19:30:16.64
6 月 12 日	163	101.4782	13:31:49.53	5:58:49	19:30:38.53
6 月 13 日	164	101.515	13:32:7.2	5:58:52.51	19:30:59.71
6 月 14 日	165	101.548	13:32:23.05	5:58:57.11	19:31:20.16
6 月 15 日	166	101.5772	13:32:37.05	5:59:2.79	19:31:39.84
6 月 16 日	167	101.6025	13:32:49.22	5:59:9.52	19:31:58.74
6 月 17 日	168	101.624	13:32:59.53	5:59:17.3	19:32:16.83
6 月 18 日	169	101.6416	13:33:7.98	5:59:26.09	19:32:34.07
6 月 19 日	170	101.6553	13:33:14.56	5:59:35.9	19:32:50.46
6 月 20 日	171	101.6651	13:33:19.27	5:59:46.68	19:33:5.95
6 月 21 日	172	101.671	13:33:22.11	5:59:58.43	19:33:20.54
6 月 22 日	173	101.673	13:33:23.06	6:0:11.12	19:33:34.18
6 月 23 日	174	101.6711	13:33:22.14	6:0:24.74	19:33:46.88
6 月 24 日	175	101.6653	13:33:19.34	6:0:39.25	19:33:58.59
6 月 25 日	176	101.6556	13:33:14.68	6:0:54.63	19:34:9.31
6 月 26 日	177	101.6419	13:33:8.13	6:1:10.87	19:34:19
6 月 27 日	178	101.6244	13:32:59.73	6:1:27.93	19:34:27.66
6 月 28 日	179	101.6031	13:32:49.47	6:1:45.79	19:34:35.26
6 月 29 日	180	101.5778	13:32:37.37	6:2:4.42	19:34:41.79
6 月 30 日	181	101.5488	13:32:23.41	6:2:23.81	19:34:47.22
7 月 1 日	182	101.5159	13:32:7.64	6:2:43.91	19:34:51.55
7 月 2 日	183	101.4793	13:31:50.04	6:3:4.71	19:34:54.75

续表

日期	日子数	日落时角/(°)	昼长/h	日出北京时间	日落北京时间
7月3日	184	101.4388	13:31:30.65	6:3:26.17	19:34:56.82
7月4日	185	101.3947	13:31:9.46	6:3:48.27	**19:34:57.73**
7月5日	186	101.3469	13:30:46.5	6:4:10.99	19:34:57.49
7月6日	187	101.2954	13:30:21.79	6:4:34.28	19:34:56.07
7月7日	188	101.2403	13:29:55.34	6:4:58.12	19:34:53.46
7月8日	189	101.1816	13:29:27.17	6:5:22.49	19:34:49.66
7月9日	190	101.1194	13:28:57.3	6:5:47.36	19:34:44.66
7月10日	191	101.0537	13:28:25.76	6:6:12.68	19:34:38.44
7月11日	192	100.9845	13:27:52.56	6:6:38.45	19:34:31.01
7月12日	193	100.9119	13:27:17.73	6:7:4.62	19:34:22.35
7月13日	194	100.836	13:26:41.29	6:7:31.17	19:34:12.46
7月14日	195	100.7568	13:26:3.26	6:7:58.07	19:34:1.33
7月15日	196	100.6743	13:25:23.68	6:8:25.29	19:33:48.97
7月16日	197	100.5887	13:24:42.56	6:8:52.81	19:33:35.37
7月17日	198	100.4999	13:23:59.93	6:9:20.59	19:33:20.52
7月18日	199	100.408	13:23:15.83	6:9:48.6	19:33:4.43
7月19日	200	100.3131	13:22:30.28	6:10:16.82	19:32:47.1
7月20日	201	100.2152	13:21:43.3	6:10:45.23	19:32:28.53
7月21日	202	100.1144	13:20:54.92	6:11:13.79	19:32:8.71
7月22日	203	100.0108	13:20:5.18	6:11:42.48	19:31:47.66
7月23日	204	99.9044	13:19:14.11	6:12:11.27	19:31:25.38
7月24日	205	99.7952	13:18:21.71	6:12:40.15	19:31:1.86
7月25日	206	99.6834	13:17:28.05	6:13:9.07	19:30:37.12
7月26日	207	99.569	13:16:33.13	6:13:38.03	19:30:11.16
7月27日	208	99.4521	13:15:36.99	6:14:7	19:29:43.99
7月28日	209	99.3326	13:14:39.66	6:14:35.95	19:29:15.61
7月29日	210	99.2108	13:13:41.16	6:15:4.87	19:28:46.03
7月30日	211	99.0865	13:12:41.54	6:15:33.73	19:28:15.27
7月31日	212	98.96	13:11:40.81	6:16:2.52	19:27:43.33
8月1日	213	98.8313	13:10:39.01	6:16:31.21	19:27:10.22
8月2日	214	98.7003	13:9:36.16	6:16:59.79	19:26:35.95
8月3日	215	98.5673	13:8:32.29	6:17:28.24	19:26:0.53
8月4日	216	98.4322	13:7:27.45	6:17:56.54	19:25:23.99
8月5日	217	98.2951	13:6:21.64	6:18:24.68	19:24:46.32
8月6日	218	98.156	13:5:14.9	6:18:52.65	19:24:7.55
8月7日	219	98.0151	13:4:7.25	6:19:20.43	19:23:27.68
8月8日	220	97.8724	13:2:58.73	6:19:48.01	19:22:46.74
8月9日	221	97.7278	13:1:49.36	6:20:15.37	19:22:4.73
8月10日	222	97.5816	13:0:39.17	6:20:42.51	19:21:21.68
8月11日	223	97.4337	12:59:28.18	6:21:9.42	19:20:37.6
8月12日	224	97.2842	12:58:16.42	6:21:36.1	19:19:52.52
8月13日	225	97.1332	12:57:3.91	6:22:2.52	19:19:6.43
8月14日	226	96.9806	12:55:50.69	6:22:28.69	19:18:19.38
8月15日	227	96.8266	12:54:36.77	6:22:54.6	19:17:31.37

日期	日子数	日落时角/(°)	昼长/h	日出北京时间	日落北京时间
8 月 16 日	228	96.6712	12:53:22.16	6:23:20.26	19:16:42.42
8 月 17 日	229	96.5144	12:52:6.92	6:23:45.64	19:15:52.56
8 月 18 日	230	96.3563	12:50:51.05	6:24:10.76	19:15:1.81
8 月 19 日	231	96.197	12:49:34.57	6:24:35.61	19:14:10.18
8 月 20 日	232	96.0365	12:48:17.5	6:25:0.2	19:13:17.7
8 月 21 日	233	95.8748	12:46:59.88	6:25:24.51	19:12:24.39
8 月 22 日	234	95.7119	12:45:41.72	6:25:48.56	19:11:30.28
8 月 23 日	235	95.548	12:44:23.03	6:26:12.35	19:10:35.38
8 月 24 日	236	95.383	12:43:3.85	6:26:35.88	19:9:39.73
8 月 25 日	237	95.217	12:41:44.18	6:26:59.16	19:8:43.34
8 月 26 日	238	95.0501	12:40:24.05	6:27:22.19	19:7:46.24
8 月 27 日	239	94.8822	12:39:3.47	6:27:44.98	19:6:48.45
8 月 28 日	240	94.7135	12:37:42.46	6:28:7.54	19:5:50
8 月 29 日	241	94.5439	12:36:21.05	6:28:29.87	19:4:50.92
8 月 30 日	242	94.3734	12:34:59.24	6:28:51.99	19:3:51.23
8 月 31 日	243	94.2022	12:33:37.06	6:29:13.9	19:2:50.96
9 月 1 日	244	94.0302	12:32:14.52	6:29:35.62	19:1:50.14
9 月 2 日	245	93.8576	12:30:51.63	6:29:57.15	19:0:48.78
9 月 3 日	246	93.6842	12:29:28.41	6:30:18.52	18:59:46.93
9 月 4 日	247	93.5102	12:28:4.88	6:30:39.72	18:58:44.6
9 月 5 日	248	93.3355	12:26:41.04	6:31:0.79	18:57:41.83
9 月 6 日	249	93.1603	12:25:16.93	6:31:21.72	18:56:38.65
9 月 7 日	250	92.9845	12:23:52.54	6:31:42.54	18:55:35.08
9 月 8 日	251	92.8081	12:22:27.9	6:32:3.25	18:54:31.15
9 月 9 日	252	92.6313	12:21:3	6:32:23.89	18:53:26.89
9 月 10 日	253	92.4539	12:19:37.88	6:32:44.45	18:52:22.33
9 月 11 日	254	92.2761	12:18:12.53	6:33:4.97	18:51:17.5
9 月 12 日	255	92.0979	12:16:46.98	6:33:25.45	18:50:12.43
9 月 13 日	256	91.9192	12:15:21.23	6:33:45.92	18:49:7.15
9 月 14 日	257	91.7402	12:13:55.3	6:34:6.39	18:48:1.69
9 月 15 日	258	91.5608	12:12:29.2	6:34:26.88	18:46:56.08
9 月 16 日	259	91.3811	12:11:2.95	6:34:47.4	18:45:50.35
9 月 17 日	260	91.2011	12:9:36.54	6:35:7.99	18:44:44.53
9 月 18 日	261	91.0208	12:8:10	6:35:28.65	18:43:38.65
9 月 19 日	262	90.8403	12:6:43.34	6:35:49.41	18:42:32.75
9 月 20 日	263	90.6595	12:5:16.56	6:36:10.28	18:41:26.84
9 月 21 日	264	90.4785	12:3:49.69	6:36:31.28	18:40:20.97
9 月 22 日	265	90.2973	12:2:22.72	6:36:52.44	18:39:15.16
9 月 23 日	266	90.116	12:0:55.68	6:37:13.77	18:38:9.45
9 月 24 日	267	89.9345	11:59:28.57	6:37:35.29	18:37:3.86
9 月 25 日	268	89.7529	11:58:1.42	6:37:57.01	18:35:58.43
9 月 26 日	269	89.5713	11:56:34.21	6:38:18.97	18:34:53.18
9 月 27 日	270	89.3895	11:55:6.97	6:38:41.18	18:33:48.15
9 月 28 日	271	89.2078	11:53:39.72	6:39:3.65	18:32:43.37

日期	日子数	日落时角/(°)	昼长/h	日出北京时间	日落北京时间
9 月 29 日	272	89.026	11:52:12.46	6:39:26.4	18:31:38.86
9 月 30 日	273	88.8442	11:50:45.21	6:39:49.45	18:30:34.66
10 月 1 日	274	88.6624	11:49:17.97	6:40:12.83	18:29:30.8
10 月 2 日	275	88.4808	11:47:50.78	6:40:36.53	18:28:27.31
10 月 3 日	276	88.2992	11:46:23.61	6:41:0.6	18:27:24.21
10 月 4 日	277	88.1177	11:44:56.52	6:41:25.02	18:26:21.54
10 月 5 日	278	87.9364	11:43:29.49	6:41:49.84	18:25:19.33
10 月 6 日	279	87.7553	11:42:2.55	6:42:15.05	18:24:17.6
10 月 7 日	280	87.5744	11:40:35.72	6:42:40.67	18:23:16.39
10 月 8 日	281	87.3937	11:39:8.99	6:43:6.73	18:22:15.72
10 月 9 日	282	87.2133	11:37:42.4	6:43:33.22	18:21:15.62
10 月 10 日	283	87.0332	11:36:15.96	6:44:0.16	18:20:16.12
10 月 11 日	284	86.8535	11:34:49.67	6:44:27.57	18:19:17.24
10 月 12 日	285	86.6741	11:33:23.58	6:44:55.45	18:18:19.03
10 月 13 日	286	86.4951	11:31:57.67	6:45:23.82	18:17:21.49
10 月 14 日	287	86.3166	11:30:31.98	6:45:52.69	18:16:24.67
10 月 15 日	288	86.1386	11:29:6.52	6:46:22.06	18:15:28.58
10 月 16 日	289	85.9611	11:27:41.32	6:46:51.93	18:14:33.25
10 月 17 日	290	85.7841	11:26:16.38	6:47:22.33	18:13:38.71
10 月 18 日	291	85.6078	11:24:51.74	6:47:53.25	18:12:44.99
10 月 19 日	292	85.4321	11:23:27.41	6:48:24.69	18:11:52.1
10 月 20 日	293	85.2571	11:22:3.41	6:48:56.67	18:11:0.08
10 月 21 日	294	85.0828	11:20:39.76	6:49:29.18	18:10:8.94
10 月 22 日	295	84.9094	11:19:16.49	6:50:2.23	18:9:18.72
10 月 23 日	296	84.7367	11:17:53.63	6:50:35.81	18:8:29.44
10 月 24 日	297	84.565	11:16:31.18	6:51:9.93	18:7:41.11
10 月 25 日	298	84.3941	11:15:9.18	6:51:44.58	18:6:53.76
10 月 26 日	299	84.2243	11:13:47.66	6:52:19.76	18:6:7.42
10 月 27 日	300	84.0555	11:12:26.64	6:52:55.47	18:5:22.11
10 月 28 日	301	83.8878	11:11:6.13	6:53:31.71	18:4:37.84
10 月 29 日	302	83.7212	11:9:46.18	6:54:8.46	18:3:54.64
10 月 30 日	303	83.5559	11:8:26.82	6:54:45.71	18:3:12.53
10 月 31 日	304	83.3918	11:7:8.05	6:55:23.47	18:2:31.52
11 月 1 日	305	83.229	11:5:49.93	6:56:1.72	18:1:51.65
11 月 2 日	306	83.0677	11:4:32.48	6:56:40.44	18:1:12.92
11 月 3 日	307	82.9078	11:3:15.72	6:57:19.63	18:0:35.35
11 月 4 日	308	82.7494	11:1:59.69	6:57:59.28	17:59:58.97
11 月 5 日	309	82.5926	11:0:44.43	6:58:39.36	17:59:23.79
11 月 6 日	310	82.4374	10:59:29.95	6:59:19.87	17:58:49.82
11 月 7 日	311	82.284	10:58:16.3	7:0:0.79	17:58:17.09
11 月 8 日	312	82.1323	10:57:3.51	7:0:42.09	17:57:45.6
11 月 9 日	313	81.9825	10:55:51.62	7:1:23.76	17:57:15.38
11 月 10 日	314	81.8347	10:54:40.64	7:2:5.79	17:56:46.43
11 月 11 日	315	81.6888	10:53:30.64	7:2:48.13	17:56:18.77

日期	日子数	日落时角/(°)	昼长/h	日出北京时间	日落北京时间
11 月 12 日	316	81.5451	10:52:21.63	7:3:30.79	17:55:52.42
11 月 13 日	317	81.4035	10:51:13.65	7:4:13.73	17:55:27.38
11 月 14 日	318	81.2641	10:50:6.75	7:4:56.92	17:55:3.67
11 月 15 日	319	81.127	10:49:0.96	7:5:40.34	17:54:41.3
11 月 16 日	320	80.9923	10:47:56.31	7:6:23.97	17:54:20.28
11 月 17 日	321	80.8601	10:46:52.84	7:7:7.78	17:54:0.62
11 月 18 日	322	80.7304	10:45:50.59	7:7:51.73	17:53:42.32
11 月 19 日	323	80.6033	10:44:49.59	7:8:35.81	17:53:25.4
11 月 20 日	324	80.4789	10:43:49.89	7:9:19.97	17:53:9.86
11 月 21 日	325	80.3573	10:42:51.52	7:10:4.19	17:52:55.71
11 月 22 日	326	80.2386	10:41:54.52	7:10:48.44	17:52:42.96
11 月 23 日	327	80.1227	10:40:58.92	7:11:32.69	17:52:31.61
11 月 24 日	328	80.0099	10:40:4.77	7:12:16.89	17:52:21.66
11 月 25 日	329	79.9002	10:39:12.09	7:13:1.02	17:52:13.11
11 月 26 日	330	79.7936	10:38:20.93	7:13:45.05	17:52:5.98
11 月 27 日	331	79.6903	10:37:31.33	7:14:28.93	17:52:0.26
11 月 28 日	332	79.5902	10:36:43.31	7:15:12.64	17:51:55.95
11 月 29 日	333	79.4936	10:35:56.92	7:15:56.13	17:51:53.05
11 月 30 日	334	79.4004	10:35:12.18	7:16:39.38	17:51:51.56
12 月 1 日	335	79.3107	10:34:29.14	7:17:22.34	**17:51:51.48**
12 月 2 日	336	79.2246	10:33:47.83	7:18:4.98	17:51:52.81
12 月 3 日	337	79.1422	10:33:8.27	7:18:47.26	17:51:55.53
12 月 4 日	338	79.0635	10:32:30.5	7:19:29.15	17:51:59.65
12 月 5 日	339	78.9886	10:31:54.55	7:20:10.61	17:52:5.16
12 月 6 日	340	78.9176	10:31:20.45	7:20:51.6	17:52:12.05
12 月 7 日	341	78.8505	10:30:48.22	7:21:32.09	17:52:20.31
12 月 8 日	342	78.7873	10:30:17.91	7:22:12.03	17:52:29.94
12 月 9 日	343	78.7282	10:29:49.52	7:22:51.4	17:52:40.92
12 月 10 日	344	78.6731	10:29:23.08	7:23:30.16	17:52:53.24
12 月 11 日	345	78.6221	10:28:58.62	7:24:8.27	17:53:6.89
12 月 12 日	346	78.5753	10:28:36.15	7:24:45.7	17:53:21.85
12 月 13 日	347	78.5327	10:28:15.7	7:25:22.41	17:53:38.11
12 月 14 日	348	78.4944	10:27:57.3	7:25:58.36	17:53:55.66
12 月 15 日	349	78.4603	10:27:40.95	7:26:33.53	17:54:14.48
12 月 16 日	350	78.4305	10:27:26.66	7:27:7.88	17:54:34.54
12 月 17 日	351	78.4051	10:27:14.45	7:27:41.38	17:54:55.83
12 月 18 日	352	78.384	10:27:4.33	7:28:14	17:55:18.33
12 月 19 日	353	78.3673	10:26:56.32	7:28:45.7	17:55:42.02
12 月 20 日	354	78.355	10:26:50.42	7:29:16.45	17:56:6.87
12 月 21 日	355	78.3471	10:26:46.63	7:29:46.23	17:56:32.86
12 月 22 日	356	78.3437	10:26:44.96	7:30:15.01	17:56:59.97
12 月 23 日	357	78.3446	10:26:45.41	7:30:42.76	17:57:28.17
12 月 24 日	358	78.35	10:26:47.98	7:31:9.46	17:57:57.44
12 月 25 日	359	78.3598	10:26:52.68	7:31:35.07	17:58:27.75

日期	日子数	日落时角/(°)	昼长/h	日出北京时间	日落北京时间
12月26日	360	78.3739	10:26:59.49	7:31:59.57	17:58:59.06
12月27日	361	78.3925	10:27:8.41	7:32:22.94	17:59:31.35
12月28日	362	78.4155	10:27:19.44	7:32:45.16	18:0:4.6
12月29日	363	78.4428	10:27:32.56	7:33:6.2	18:0:38.76
12月30日	364	78.4745	10:27:47.77	7:33:26.05	18:1:13.82
12月31日	365	78.5105	10:28:5.04	7:33:44.68	18:1:49.72

从计算结果的列表中可以看出，日出最早是在 6 月 9 日（日子数为 160），北京时间为 5:58:45.16，不是夏至日；日落最晚在 7 月 4 日（日子数为 185），北京时间为 19:34:57.73，也不是夏至日；日出最晚在 1 月 14 日（日子数为 14），北京时间为 7:35:49.65，不是冬至日；日落最早是在 12 月 1 日（日子数为 355），北京时间为 17:51:51.48，也不是冬至日。

第3章 太阳能利用基础光学

到达太阳能利用装置的太阳辐射能，往往需经过具体的部件才能进行能量转换和传递，被转换后的太阳能以热能、电能、化学能等形式存在。在太阳辐射能被进行转换和传递过程中，各部件的光学性能直接影响整个太阳能系统的利用效率。本章先介绍光学的基本原理，然后介绍太阳能光热转换器件的基本工作原理、能量传输、过程分析等内容。

3.1 费 马 原 理

3.1.1 光学基本概念

1. 光的概念

光的本质是一种处于特定频段的光子流，是电磁波的一部分。光在真空中以约为 $3 \times 10^8 \text{m/s}$ 的速度进行传播，其中可见光的波长较小，但具有非常高的频率。光具有波粒二象性，光的波动性与粒子性是光子在不同条件下的表现。正是因为光具有波粒二象性，所以通常将光学分为几何光学、波动光学（也称为物理光学）、量子光学。

波动性突出表现为其传播过程，粒子性突出表现为物体的电磁辐射与吸收、光子与物质的相互作用。频率越高波长越短能量越大的光子其粒子性越显著，反之波长越长能量越低的光子则波动性越显著。根据波动的概念，光强正比于光波振幅平方；根据粒子的概念，光强正比于光子流密度。所以，光波振幅平方与光子流密度成正比。根据光的粒子学说，光是以光速运动着的粒子流，其能量与频率成正比。

2. 光线与波面

光线用于描述光的传播方向，光线是光的传播方向形象的图形表示，借助光线，用几何作图的方法确定光的传播过程，因而称为几何光学（或光线光学、高斯光学）。光线的集合称为光束，相互平行的光线称为平行光束，同一点发出或相反地会聚于一点的光线被称为同心光束。光在传播过程中，各相位相同点的轨迹是波面，平行光束的波面是平面，同心光束的波面是球面。光线、波面的具体的几何表示如图3-1所示。从图3-1中可以发现光线上点的切线就是光在该点的传播方向。

3. 光的度量

光的度量包括辐射度量和光度度量两个方面。辐射度量主要是从能量角度来度量，光度度量主要从光角度来度量，人眼对不同波长光的视觉灵敏度也不一样。人眼对光感觉的强弱不仅取决于光源辐射能量的大小，同时取决于眼睛对辐射波长的视觉灵敏度。

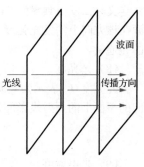

图 3-1　光线、波面的具体的几何表示

（1）辐射通量

单位时间内所通过的辐射能为辐射通量 Φ_e，其表示为

$$\Phi_e = \frac{\mathrm{d}Q_e}{\mathrm{d}\tau} \tag{3-1}$$

式中，Q_e 表示辐射能。

（2）辐射强度

辐射强度 I_e 表示在给定传输方向上的单位立体角内光源发出的辐射通量，表示为

$$I_e = \frac{\mathrm{d}\Phi_e}{\mathrm{d}\Omega} \tag{3-2}$$

式中，Ω 表示立体角，单位为球面度，用 sr 表示。

（3）辐射亮度

辐射亮度 L_e 表示光源在垂直其辐射传输方向上单位表面积、单位立体角内发出的辐射通量，表示为

$$L_e = \frac{\mathrm{d}^2\Phi_e}{\mathrm{d}S\mathrm{d}\Omega\cos\theta} = \frac{\mathrm{d}I_e}{\mathrm{d}S\cos\theta} \tag{3-3}$$

（4）辐射出射度

辐射出射度 M_e 表示离开光源表面单位面元的辐射通量，表示为

$$M_e = \frac{\mathrm{d}\Phi_e}{\mathrm{d}S} \tag{3-4}$$

式中，光源表面往往对应的是半球空间。

（5）辐射照度

辐射照度 E_e 表示单位面元被照射的辐射通量，表示为

$$E_e = \frac{\mathrm{d}\Phi_e}{\mathrm{d}S} \tag{3-5}$$

（6）光通量

单位时间内通过 $\mathrm{d}S$ 面积的光量，称为该 $\mathrm{d}S$ 面积的光通量 Φ_v。Φ_v 可表示为

$$\Phi_v = \frac{\mathrm{d}Q_v}{\mathrm{d}\tau} \tag{3-6}$$

式中，Q_v 表示光量，Q_v 的单位是 lm·s，其中 lm 表示流明，因此光通量的单位就是流明。

（7）发光强度

发光强度 I_v 描述点光源的发光强弱，以点光源在指定方向上的立体角元内所发出的光通量来度量，表示为

$$I_v = \frac{\mathrm{d}\Phi_v}{\mathrm{d}\Omega} \tag{3-7}$$

发光强度单位为坎德拉（cd），是光度量中最基本的单位，是国际单位制中的一个基本单位。

其定义为：发出频率为 540×10^{12}Hz 的单色辐射，在给定方向上辐射强度为（1/683）W/sr 时，光源在该方向上的发光强度，规定为 1cd。因此 1lm 是发光强度为 1cd 的均匀点光源在 1sr 内发出的光通量。

（8）光亮度

光亮度 L_v 表示为光源表面的某一点面元在一给定方向上的发光强度与该面元在垂直于该方向的平面上的正射投影面积之比，表示为

$$L_v = \frac{\mathrm{d}I_v}{\mathrm{d}S \cos\theta} \tag{3-8}$$

（9）光出射度

光出射度 M_v 表示为光源上每单位面积向半个空间（2π 球面度）内发出的光通量，表示为

$$M_v = \frac{\mathrm{d}\Phi_{v,\Omega}}{\mathrm{d}S} \tag{3-9}$$

（10）光照度

光照度 E_v 表示照射到元面积 $\mathrm{d}S$ 的光通量与该 $\mathrm{d}S$ 面积之比，表示为

$$E_v = \frac{\mathrm{d}\Phi_v}{\mathrm{d}S} \tag{3-10}$$

光照度的单位是流明每平方米，称为勒克斯（lx）。

3.1.2 费马原理及变分方程

法国科学家费马指出，光在空间两指定点传播的实际路径是使其光程取极值（他指出光在空间两指定点传播的实际路径是使其光程取极值的路径，这个极值可能是最大值、最小值、恒定值，甚至是函数的拐点）的路径，即光沿光程为极值的路径进行传播，光实际传播时的这一性质称为费马原理。

在数学上费马原理可用变分方程表示为

$$\delta \int_A^B n \mathrm{d}l = 0 \tag{3-11}$$

式中，δ 表示变分，积分的上下限表示光从 A 点传播到 B 点；n 表示光所在的介质的折射率；l 为介质中传播的路程。通常所用的光程 L 就是指介质的折射率与光在介质中所走的几何路程之积，光程 L 可以表示为

$$L = nl \tag{3-12}$$

光程在光的折射应用中非常重要，介质的折射率不同，往往获得不同传播效果。费马原理称为平稳时间原理，即光沿着所需时间为平稳的路径传播。其中，平稳是数学上的微分概念，可以理解为一阶导数为 0。

3.2 几何光学基本定律

3.2.1 光的直线传播

光在同一种均匀介质中沿直线传播，如物体的影子、小孔成像、日食、月食都是由光的直线传播形成的。在非均匀介质中，光线会因折射发生弯曲，如在海边或沙漠地区有时出现的海市蜃楼幻景。

　　通常光直线传播定律是独立的，不同方向的光线相遇时，彼此之间的传播互不影响，相遇前后的传播方向和强度都保持原来的传播方向和强度。当然，若光的传播方向正好改变为原来的反方向，光就会沿着原路返回，因而光的传播是可逆的。光从一点直线传播到另一点是满足费马原理的，因为两点之间直线距离最短。

3.2.2　光的表面反射

　　光的表面反射如图 3-2 所示，光在 xy 平面的 A 点，经过 xz 平面的 C 点反射后到达 B 点，光从 A 点到达 B 点所经历的光程 L 为

$$L = nAC + nCB$$
$$= n\sqrt{(x_C - x_A)^2 + (y_C - y_A)^2 + (z_C - z_A)^2} + n\sqrt{(x_B - x_C)^2 + (y_B - y_C)^2 + (z_B - z_C)^2}$$
$$= n\sqrt{(x_C - x_A)^2 + y_A{}^2 + z_C{}^2} + n\sqrt{(x_B - x_C)^2 + y_B{}^2 + z_C{}^2}$$

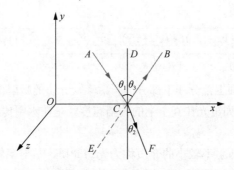

图 3-2　光的反射与折射

　　由费马原理可知，要使光程 L 为极值，则光程 L 的偏导数为 0，所以有

$$\frac{\partial L}{\partial z_C} = n\frac{z_C}{\sqrt{(x_A - x_C)^2 + y_A{}^2 + z_C{}^2}} + n\frac{z_C}{\sqrt{(x_B - x_C)^2 + y_B{}^2 + z_C{}^2}} = 0 \tag{3-13}$$

$$\frac{\partial L}{\partial x_C} = n\frac{x_C - x_A}{\sqrt{(x_A - x_C)^2 + y_A{}^2 + z_C{}^2}} - n\frac{x_B - x_C}{\sqrt{(x_B - x_C)^2 + y_B{}^2 + z_C{}^2}} = 0 \tag{3-14}$$

　　由式（3-13）可知，z_C 必须为 0，说明点 C 也在 xy 平面内，也就是光发生反射时，入射光线 AC、法线 CD、反射光线 CB 在同一平面内。式（3-14）可被改写成如下形式：

$$\sin\theta_1 = \sin\theta_3 \tag{3-15}$$

　　也就是，当光线发生反射时，反射角等于入射角。另外也可以说，A 点的像为 E 点，E 点到 B 点的最短距离为 EB，且线段 EB 经过点 C。

　　光的反射还可以分为镜面反射和漫反射。当光线照射在镜子等光滑反射表面上时，会按照某一方向进行反射，称为镜面反射；而照射在墙壁等表面较为粗糙的物体上时，光线会向各个方向反射，称为漫反射。

　　在生活中，光的反射被广泛应用，日常生活中所用的镜子，运用的就是镜面反射的原理，而投影幕布应用的则是漫反射原理。在现代光学中，镜面反射仍然被广泛应用于激光共振腔、光控开关等领域。

　　镜面反射的镜面还可以分为两种，即平面镜和曲面镜。平面镜的反射面为水平面，从同一方

向入射的平行光将沿着同一方向平行反射回去。曲面镜的表面为曲面，又分为两种，一种为凸面镜，另一种为凹面镜。凸面镜可以发散光线，凹面镜可以会聚光线。在太阳能聚光利用领域，运用的大多数是凹面镜。

3.2.3 光的折射

当光波从一种介质传播到另一种具有不同折射率的介质时，会发生折射现象，其入射角与折射角之间的关系，可以用折射定律来描述。折射定律是由荷兰物理学家斯涅耳发现并命名的，又称为斯涅耳定律。

光从一种介质斜向进入另一种不同的介质时，光的前进方向会改变，这种现象称为光的折射，光的折射如图 3-2 所示，光在 xy 平面的 A 点，经过 xz 平面的 C 点折射后到达 F 点，光从 A 点到达 F 点所经历的光程 L 为

$$L = n_1 AC + n_2 CF$$
$$= n_1 \sqrt{(x_C - x_A)^2 + (y_C - y_A)^2 + (z_C - z_A)^2} + n_2 \sqrt{(x_F - x_C)^2 + (y_F - y_C)^2 + (z_F - z_C)^2}$$
$$= n_1 \sqrt{(x_C - x_A)^2 + y_A{}^2 + z_C{}^2} + n_2 \sqrt{(x_F - x_C)^2 + y_F{}^2 + z_C{}^2}$$

式中，n_1 和 n_2 分别为 xz 平面上部分和下部分的折射率（介质的折射率 n 等于光在真空中的速度与光在介质中的速度之比，如黄光在真空中的传播速度约是在水中传播速度的 1.33 倍，所以水对黄光的折射率约为 1.33）。

假设 n_1 小于 n_2，通常折射率较小的介质称为光疏介质，折射率较大的介质称为光密介质。由费马原理可知，要使得光程 L 为极值，则光程 L 的偏导数为 0，所以有

$$\frac{\partial L}{\partial z_C} = n_1 \frac{z_C}{\sqrt{(x_A - x_C)^2 + y_A{}^2 + z_C{}^2}} + n_2 \frac{z_C}{\sqrt{(x_F - x_C)^2 + y_F{}^2 + z_C{}^2}} = 0 \tag{3-16}$$

$$\frac{\partial L}{\partial x_C} = n_1 \frac{x_C - x_A}{\sqrt{(x_A - x_C)^2 + y_A{}^2 + z_C{}^2}} - n_2 \frac{x_F - x_C}{\sqrt{(x_F - x_C)^2 + y_F{}^2 + z_C{}^2}} = 0 \tag{3-17}$$

由式（3-16）可知，z_C 必须为 0，说明点 C 也在 xy 平面内，也就是光发生折射时，入射光线 AC、法线 CD、折射光线 CF 在同一平面内。式（3-17）可被改写成如下形式：

$$n_1 \sin\theta_1 = n_2 \sin\theta_2 \tag{3-18}$$

式（3-18）为斯涅耳定律，可以看出，入射光线和折射光线分别位于法线的两侧。

当光从光密介质传输到光疏介质时，折射角大于入射角；当折射角增大到 90° 时，若再增加入射角，则折射光线消失，从而形成全反射，全反射的临界角为

$$\theta_2 = \arcsin\frac{n_1}{n_2} \tag{3-19}$$

棱镜和透镜能利用折射来改变光行进的方向，同时物质的折射率会随光波长的改变而有变化，因此不同光折射的角度也不同，这个现象称为色散，也是棱镜能将白光分成其组合元素的一串光谱颜色的原因。光的折射在我们的生活中随处可见，它使水面下的物件看起来比实际上近。

3.3 菲涅耳公式

3.3.1 反射与透射振幅

当光从空气中通过透明介质的界面时，入射光将被分为反射光和折射光两部分，斯涅耳定律和反射定律决定了它们的方向，而这两部分光的强度和振动需要用电磁理论来分析，如图 3-3 所示。

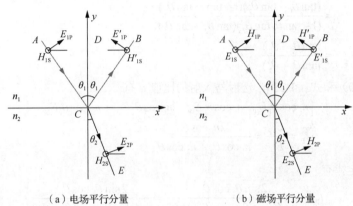

（a）电场平行分量 　　　　　（b）磁场平行分量

图 3-3　光在界面上的反射与透射

光是一种电磁波，电磁波又是横波，在介质界面上反射和折射时，平行于入射面的分量用 P 表示，垂直于入射面的分量用 S 表示，P 分量与 S 分量的行为是不同的。P 分量与 S 分量是互相垂直的，与光的传播方向一起构成右手螺旋定则。

在图 3-3（a）中，为了满足在界面处电磁场是连续的，对于电场平行分量的振幅，有

$$E_{1P} \cos\theta_1 - E'_{1P} \cos\theta_1 = E_{2P} \cos\theta_2 \tag{3-20}$$

磁场部分为

$$H_{1S} + H'_{1S} = H_{2S} \tag{3-21}$$

而 H_S 与 E_P 之间的关系有

$$H_S = -\sqrt{\frac{\varepsilon_0 \varepsilon_r}{\mu_0 \mu_r}} E_P \tag{3-22}$$

透明介质 μ_r 的值为 1，因此有

$$\begin{cases} \sqrt{\dfrac{\varepsilon_0 \varepsilon_{r1}}{\mu_0 \mu_{r1}}} E_{1P} + \sqrt{\dfrac{\varepsilon_0 \varepsilon_{r1}}{\mu_0 \mu_{r1}}} E'_{1P} = \sqrt{\dfrac{\varepsilon_0 \varepsilon_{r2}}{\mu_0 \mu_{r2}}} E_{2P} \\ \sqrt{\varepsilon_{r1}} E_{1P} + \sqrt{\varepsilon_{r1}} E'_{1P} = \sqrt{\varepsilon_{r2}} E_{2P} \\ n_1 E_{1P} + n_1 E'_{1P} = n_2 E_{2P} \end{cases} \tag{3-23}$$

联立式（3-20）和式（3-23），关于反射与入射的比值 r_P 有

$$n_1 \cos\theta_2 E_{1P} + n_1 \cos\theta_2 E'_{1P} = n_2 \cos\theta_1 E_{1P} - n_2 \cos\theta_1 E'_{1P}$$

$$r_P = \frac{E'_{1P}}{E_{1P}} = \frac{n_2 \cos\theta_1 - n_1 \cos\theta_2}{n_1 \cos\theta_2 + n_2 \cos\theta_1} \tag{3-24}$$

结合斯涅耳定律有

$$
\begin{aligned}
r_P &= \frac{\sin\theta_1 \cos\theta_1 - \sin\theta_2 \cos\theta_2}{\sin\theta_1 \cos\theta_1 + \sin\theta_2 \cos\theta_2} \\
&= \frac{\sin\theta_1 \cos\theta_1 (\cos^2\theta_2 + \sin^2\theta_2) - \sin\theta_2 \cos\theta_2 (\sin^2\theta_1 + \cos^2\theta_1)}{\sin\theta_1 \cos\theta_1 (\cos^2\theta_2 + \sin^2\theta_2) + \sin\theta_2 \cos\theta_2 (\sin^2\theta_1 + \cos^2\theta_1)} \\
&= \frac{(\sin\theta_1 \cos\theta_2 - \cos\theta_1 \sin\theta_2)(\cos\theta_1 \cos\theta_2 - \sin\theta_1 \sin\theta_2)}{(\cos\theta_1 \cos\theta_2 + \sin\theta_1 \sin\theta_2)(\cos\theta_1 \sin\theta_2 + \sin\theta_1 \cos\theta_2)} \\
&= \frac{(\tan\theta_1 - \tan\theta_2)(1 - \tan\theta_1 \tan\theta_2)}{(1 + \tan\theta_1 \tan\theta_2)(\tan\theta_2 + \tan\theta_1)} \\
&= \frac{\tan(\theta_1 - \theta_2)}{\tan(\theta_1 + \theta_2)}
\end{aligned} \tag{3-25}
$$

联立式（3-20）和式（3-23），透射与入射的比值 t_P 有

$$
\begin{cases}
n_1 \cos\theta_1 E_{1P} + n_1 \cos\theta_1 E'_{1P} = n_1 \cos\theta_2 E_{2P} + n_2 \cos\theta_1 E_{2P} \\
t_P = \dfrac{E_{2P}}{E_{1P}} = \dfrac{2n_1 \cos\theta_1}{n_1 \cos\theta_2 + n_2 \cos\theta_1}
\end{cases} \tag{3-26}
$$

结合斯涅耳定律有

$$t_P = \frac{2\sin\theta_2 \cos\theta_1}{\sin\theta_2 \cos\theta_2 + \sin\theta_1 \cos\theta_1} = \frac{2\sin\theta_2 \cos\theta_1}{\sin(\theta_1 + \theta_2)\cos(\theta_1 - \theta_2)} \tag{3-27}$$

对于图 3-3（b）中磁场部分的振幅有

$$H_{1P} \cos\theta_1 - H'_{1P} \cos\theta_1 = H_{2P} \cos\theta_2 \tag{3-28}$$

电场部分为

$$E_{1S} + E'_{1S} = E_{2S} \tag{3-29}$$

而 H_P 与 E_S 之间的关系有

$$H_P = -\sqrt{\frac{\varepsilon_0 \varepsilon_r}{\mu_0 \mu_r}} E_S \tag{3-30}$$

因此有

$$\sqrt{\frac{\varepsilon_0 \varepsilon_{r1}}{\mu_0 \mu_{r1}}} E_{1S} \cos\theta_1 - \sqrt{\frac{\varepsilon_0 \varepsilon_{r1}}{\mu_0 \mu_{r1}}} E'_{1S} \cos\theta_1 = \sqrt{\frac{\varepsilon_0 \varepsilon_{r2}}{\mu_0 \mu_{r2}}} E_{2S} \cos\theta_2 \tag{3-31}$$

$$n_1 \cos\theta_1 E_{1S} - n_1 \cos\theta_1 E'_{1S} = n_2 \cos\theta_2 E_{2S}$$

联立式（3-29）和式（3-31），关于反射与入射比值 r_S 有

$$
\begin{cases}
n_2 \cos\theta_2 E_{1S} + n_2 \cos\theta_2 E'_{1S} = n_1 \cos\theta_1 E_{1S} - n_1 \cos\theta_1 E'_{1S} \\
r_S = \dfrac{E'_{1S}}{E_{1S}} = \dfrac{n_1 \cos\theta_1 - n_2 \cos\theta_2}{n_2 \cos\theta_2 + n_1 \cos\theta_1}
\end{cases} \tag{3-32}
$$

结合斯涅耳定律有

$$r_S = \frac{n_1 \cos\theta_1 - n_2 \cos\theta_2}{n_2 \cos\theta_2 + n_1 \cos\theta_1} = \frac{\sin\theta_2 \cos\theta_1 - \sin\theta_1 \cos\theta_2}{\sin\theta_1 \cos\theta_1 + \sin\theta_2 \cos\theta_2} = -\frac{\sin(\theta_1 - \theta_2)}{\sin(\theta_1 + \theta_2)} \tag{3-33}$$

联立式（3-29）和式（3-31），透射与入射的比值 t_S 有

$$\begin{cases} n_1 \cos\theta_1 E_{1S} + n_1 \cos\theta_1 E_{1S} = n_2 \cos\theta_2 E_{2S} + n_1 \cos\theta_1 E_{2S} \\ t_S = \dfrac{E_{2S}}{E_{1S}} = \dfrac{2n_1 \cos\theta_1}{n_2 \cos\theta_2 + n_1 \cos\theta_1} \end{cases} \tag{3-34}$$

结合斯涅耳定律有

$$t_S = \frac{2\sin\theta_2 \cos\theta_1}{\sin\theta_1 \cos\theta_2 + \sin\theta_2 \cos\theta_1} = \frac{2\sin\theta_2 \cos\theta_1}{\sin(\theta_1 + \theta_2)} \tag{3-35}$$

3.3.2 反射率和透射率

光强与振幅的平方成正比，所以反射率和透射率的计算如下：

$$R_P = r_P^2 = \frac{\tan^2(\theta_1 - \theta_2)}{\tan^2(\theta_1 + \theta_2)} \tag{3-36}$$

$$R_S = r_S^2 = \frac{\sin^2(\theta_1 - \theta_2)}{\sin^2(\theta_1 + \theta_2)} \tag{3-37}$$

$$T_P = \frac{n_2}{n_1} t_P^2 = \frac{4n_2 \sin^2\theta_2 \cos^2\theta_1}{n_1 \sin^2(\theta_1 + \theta_2)\cos^2(\theta_1 - \theta_2)} \tag{3-38}$$

$$T_S = \frac{n_2}{n_1} t_S^2 = \frac{4n_2 \sin^2\theta_2 \cos^2\theta_1}{n_1 \sin^2(\theta_1 + \theta_2)} \tag{3-39}$$

式中，R_P、R_S、T_P、T_S 分别为平行分量的反射率、垂直分量的反射率、平行分量的透射率、垂直分量的透射率。

3.4 光的吸收与透射

3.4.1 反射引起的透射率

光线入射到透明或半透明材料上时，一部分光被反射，一部分光被吸收，其余部分经过折射后穿透出去，这一现象称为光的透射。透射率是指透过后的光通量与入射的光通量的比值，通常用 τ 来表示。透射率代表了光透过能力的强弱。

透明物体对于不同波长光线的透射率是不同的，如玻璃对于太阳光中近红外热射线的透过率较高，但对室内墙顶、地面、家具等发射的远红外长波热射线却可以有效阻挡，故可产生明显的温室效应。玻璃还具有耐腐蚀、抗冲刷、易清洗等特点，玻璃无疑是一种符合太阳能集热器需求的透明材料。

常见的平板太阳能集热器如图 3-4 所示，太阳光到达太阳能集热器采光口表面后，先经过盖层玻璃的反射、吸收、透射，再到达流体管和吸热板进行光热转换。在这个过程中，太阳光的入射角，玻璃的折射率、厚度及消光系数等因素都会对反射和吸收产生影响。

光在光滑的玻璃界面上的反射与折射如图 3-5 所示，反射率 ρ 则是菲涅耳公式中两个互相垂直的偏振反射分量 R_P、R_S 的平均值，所以有

$$\rho = \frac{R_P + R_S}{2} = \frac{\tan^2(\theta_1 - \theta_2)}{2\tan^2(\theta_1 + \theta_2)} + \frac{\sin^2(\theta_1 - \theta_2)}{2\sin^2(\theta_1 + \theta_2)} \tag{3-40}$$

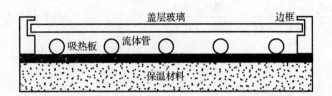

图 3-4　太阳能集热器

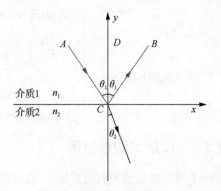

图 3-5　光在光滑的玻璃界面上的反射与折射

当入射角 θ_1 接近 $0°$ 时，则有

$$\rho = \lim_{\theta_1,\theta_2 \to 0} \left(\frac{\tan^2(\theta_1-\theta_2)}{2\tan^2(\theta_1+\theta_2)} + \frac{\sin^2(\theta_1-\theta_2)}{2\sin^2(\theta_1+\theta_2)} \right) = \lim_{\theta_1,\theta_2 \to 0} \left(\frac{\theta_1-\theta_2}{\theta_1+\theta_2} \right)^2 \tag{3-41}$$

此时的斯涅耳定律可以表示为

$$n_1\theta_1 = n_2\theta_2 \tag{3-42}$$

所以有

$$\rho = \lim_{\theta_1 \to 0} \left(\frac{\theta_1 - \dfrac{\theta_1 n_1}{n_2}}{\theta_1 + \dfrac{\theta_1 n_1}{n_2}} \right)^2 = \left(\frac{1-\dfrac{n_1}{n_2}}{1+\dfrac{n_1}{n_2}} \right)^2 = \left(\frac{n_2-n_1}{n_2+n_1} \right)^2 \tag{3-43}$$

这也是入射角 θ_1 为 $0°$ 时的界面反射率，其可以表示为

$$\rho(0°) = \frac{(n_2-n_1)^2}{(n_2+n_1)^2} \tag{3-44}$$

若介质 1 为空气（折射率近似为 1），则有

$$\rho(0°) = \left(\frac{n_2-1}{n_2+1} \right)^2 \tag{3-45}$$

例 3-1　在图 3-5 中，设玻璃对太阳辐射的平均折射率为 1.526，试求当入射角为 $0°$、$50°$、$80°$ 时直射辐射在玻璃上的反射率。

解　当入射角为 $0°$ 时，反射率为

$$\rho(0°) = \left(\frac{n_2-1}{n_2+1} \right)^2 = \left(\frac{1.526-1}{1.526+1} \right)^2 = 0.043$$

当入射角为 $50°$ 时，由斯涅耳公式有

$$\theta_2 = \arcsin \frac{\sin\theta_1 \times n_2}{n_1} = \arcsin \frac{\sin 50° \times 1}{1.526} = 30.132°$$

所以入射角为 $50°$ 时的反射率为

$$\rho(50°) = \frac{R_P + R_S}{2} = \frac{\tan^2(50°-30.132°)}{2\tan^2(50°+30.132°)} + \frac{\sin^2(50°-30.132°)}{2\sin^2(50°+30.132°)} = 0.061$$

当入射角为 $80°$ 时，由斯涅耳公式有

$$\theta_2 = \arcsin\frac{\sin\theta_1 \times n_2}{n_1} = \arcsin\frac{\sin 80° \times 1}{1.526} = 40.192°$$

所以入射角为 80° 时的反射率为

$$\rho(80°) = \frac{R_P + R_S}{2} = \frac{\tan^2(80° - 40.192°)}{2\tan^2(80° + 40.192°)} + \frac{\sin^2(80° - 40.192°)}{2\sin^2(80° + 40.192°)} = 0.392$$

可以发现，随着入射角的增大，其反射率也增加，因此在太阳能系统设计时，需考虑太阳光入射角对系统采光特性的影响。对于正南放置的太阳能热水器，在早晚时即便太阳能资源非常好，也难以将水加热，就是因为早晚时太阳的入射角大。对太阳辐射平均折射率为 1.526 的玻璃，在各个入射角下，反射率见表 3-1。

表 3-1　例 3-1 计算结果

入射角/(°)	入射角/rad	折射角/rad	折射角/(°)	反射率
0	0	0	0	0.043362
1	0.017453	0.011437	0.655289	0.043362
2	0.034907	0.022872	1.310464	0.043362
3	0.05236	0.034303	1.965411	0.043362
4	0.069813	0.045728	2.620016	0.043362
5	0.087266	0.057145	3.274165	0.043363
6	0.10472	0.068552	3.927741	0.043364
7	0.122173	0.079947	4.580631	0.043365
8	0.139626	0.091328	5.232718	0.043368
9	0.15708	0.102693	5.883885	0.043372
10	0.174533	0.11404	6.534014	0.043378
11	0.191986	0.125367	7.182988	0.043385
12	0.20944	0.136671	7.830687	0.043395
13	0.226893	0.147951	8.476991	0.043408
14	0.244346	0.159205	9.121777	0.043425
15	0.261799	0.17043	9.764923	0.043445
16	0.279253	0.181624	10.4063	0.043471
17	0.296706	0.192785	11.0458	0.043502
18	0.314159	0.203911	11.68327	0.043539
19	0.331613	0.215	12.31859	0.043584
20	0.349066	0.226049	12.95164	0.043638
21	0.366519	0.237055	13.58227	0.0437
22	0.383972	0.248018	14.21036	0.043774
23	0.401426	0.258933	14.83577	0.043859
24	0.418879	0.269799	15.45835	0.043959
25	0.436332	0.280613	16.07797	0.044073
26	0.453786	0.291374	16.69447	0.044204
27	0.471239	0.302077	17.30773	0.044353
28	0.488692	0.312721	17.91757	0.044524
29	0.506145	0.323302	18.52387	0.044718
30	0.523599	0.333819	19.12644	0.044937
31	0.541052	0.344269	19.72516	0.045184

入射角/(°)	入射角/rad	折射角/rad	折射角/(°)	反射率
32	0.558505	0.354648	20.31984	0.045463
33	0.575959	0.364954	20.91032	0.045776
34	0.593412	0.375184	21.49645	0.046127
35	0.610865	0.385335	22.07805	0.04652
36	0.628319	0.395403	22.65494	0.046958
37	0.645772	0.405387	23.22695	0.047448
38	0.663225	0.415282	23.7939	0.047993
39	0.680678	0.425086	24.35561	0.048598
40	0.698132	0.434794	24.91188	0.049271
41	0.715585	0.444405	25.46253	0.050017
42	0.733038	0.453914	26.00736	0.050844
43	0.750492	0.463318	26.54618	0.05176
44	0.767945	0.472614	27.07878	0.052772
45	0.785398	0.481797	27.60496	0.053891
46	0.802851	0.490865	28.12451	0.055126
47	0.820305	0.499814	28.63721	0.056489
48	0.837758	0.508639	29.14285	0.057992
49	0.855211	0.517337	29.64122	0.059648
50	0.872665	0.525904	30.13208	0.061473
51	0.890118	0.534336	30.61521	0.063482
52	0.907571	0.54263	31.09039	0.065694
53	0.925025	0.55078	31.55738	0.068127
54	0.942478	0.558784	32.01595	0.070804
55	0.959931	0.566636	32.46585	0.073747
56	0.977384	0.574333	32.90686	0.076982
57	0.994838	0.58187	33.33872	0.080539
58	1.012291	0.589244	33.7612	0.084447
59	1.029744	0.59645	34.17404	0.088743
60	1.047198	0.603483	34.57701	0.093463
61	1.064651	0.610339	34.96985	0.098649
62	1.082104	0.617014	35.35232	0.104348
63	1.099557	0.623504	35.72417	0.110611
64	1.117011	0.629805	36.08515	0.117493
65	1.134464	0.635911	36.43502	0.125057
66	1.151917	0.641819	36.77353	0.133371
67	1.169371	0.647525	37.10045	0.142512
68	1.186824	0.653024	37.41552	0.152564
69	1.204277	0.658312	37.71852	0.163621
70	1.22173	0.663386	38.00921	0.175786
71	1.239184	0.66824	38.28736	0.189174
72	1.256637	0.672872	38.55275	0.203916
73	1.27409	0.677278	38.80517	0.220153
74	1.291544	0.681453	39.0444	0.238046

入射角/(°)	入射角/rad	折射角/rad	折射角/(°)	反射率
75	1.308997	0.685395	39.27025	0.257774
76	1.32645	0.6891	39.4825	0.279537
77	1.343904	0.692564	39.68099	0.303559
78	1.361357	0.695785	39.86553	0.330094
79	1.37881	0.698759	40.03595	0.359427
80	1.396263	0.701485	40.1921	0.391878
81	1.413717	0.703958	40.33384	0.427811
82	1.43117	0.706178	40.46102	0.467638
83	1.448623	0.708142	40.57353	0.511829
84	1.466077	0.709848	40.67127	0.560919
85	1.48353	0.711294	40.75413	0.61552
86	1.500983	0.712479	40.82204	0.676336
87	1.518436	0.713402	40.87492	0.744177
88	1.53589	0.714062	40.91274	0.81998
89	1.553343	0.714458	40.93544	0.904831
90	1.570796	0.71459	40.94301	1

由于实际的玻璃有一定的厚度，并存在上下两个反射界面，光线在两个界面上都存在反射。假定玻璃的吸收率为 0，并且只考虑单层玻璃在只有反射损失的情况下的透射率，对偏振的两个分量分别进行处理，如图 3-6 所示。

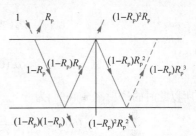

由菲涅耳公式可知，在玻璃的上下界面的偏振平行分量的反射率是一样的，在图 3-6 中直射辐射光线第一次到达上界面时，反射的份额为 R_P，入射份额即到达下界面处的份额，为 $1-R_P$；在下界面处有 $(1-R_P)(1-R_P)$ 透射出去，有 $R_P(1-R_P)$ 被反射到达上界面处；在上界面处 $R_P(1-R_P)(1-R_P)$ 透射出去，有 $R_P R_P(1-R_P)$ 被反射到达下界面处；同样再在下界面处有 $R_P R_P(1-R_P)(1-R_P)$ 透射出去，有 $R_P R_P R_P(1-R_P)$ 被反射到达上界面处，如此循环往复。因此从在下界面处透射出去总的光的份额为

图 3-6 光在单层玻璃上的反射与透射

$$\tau_r = (1-R_P)^2 \sum_{n=0}^{\infty} R_P^{2n} \qquad (3\text{-}46)$$

式（3-46）为一个等比数列，所以偏振平行分量在下界面的透射比例为

$$\tau_{\rho P} = \lim_{n \to \infty} (1-R_P)^2 \frac{1-R_P^{2n}}{1-R_P^2} = \frac{(1-R_P)^2}{1-R_P^2} = \frac{1-R_P}{1+R_P} \qquad (3\text{-}47)$$

同样，在玻璃的上下界面的偏振垂直分量的反射率也是相等的，所以有

$$\tau_{\rho S} = \lim_{n \to \infty} (1-R_S)^2 \frac{1-R_S^{2n}}{1-R_S^2} = \frac{(1-R_S)^2}{1-R_S^2} = \frac{1-R_S}{1+R_S} \qquad (3\text{-}48)$$

总的反射导致的玻璃透射率 τ_ρ 的值为两个相互垂直的偏振透射分量 $\tau_{\rho P}$、$\tau_{\rho S}$ 的平均值，所以有

$$\tau_\rho = \frac{\tau_{\rho P} + \tau_{\rho S}}{2} \qquad (3\text{-}49)$$

若对于有 N 层玻璃盖板，总的反射导致的玻璃透射率 $\tau_{\rho N}$ 的值，采用同样的方法计算可以得到

$$\tau_{\rho N} = \frac{1}{2}\left[\frac{1-R_{\mathrm{P}}}{1+(2N-1)R_{\mathrm{P}}} + \frac{1-R_{\mathrm{S}}}{1+(2N-1)R_{\mathrm{S}}}\right] \tag{3-50}$$

例 3-2　在图 3-4 中，假设平板太阳能集热器有双层透明玻璃，玻璃对太阳辐射的平均折射率为 1.526，当入射角为 0°、60°、85°时直射辐射在双层玻璃上，不考虑玻璃对光的吸收作用，试求此时玻璃的透射率。

解　当入射角为 0° 时，反射率 $\rho_{\mathrm{P}}(0°)$ 和 $\rho_{\mathrm{S}}(0°)$ 为

$$\rho_{\mathrm{P}}(0°) = \rho_{\mathrm{S}}(0°) = \left(\frac{n_2-1}{n_2+1}\right)^2 = \left(\frac{1.526-1}{1.526+1}\right)^2 = 0.043$$

所以此时的透射率 $\tau_{\rho 2}(0°)$ 为

$$\tau_{\rho 2}(0°) = \frac{1}{2}\left(\frac{1-0.043}{1+(2\times2-1)\times0.043} + \frac{1-0.043}{1+(2\times2-1)\times0.043}\right) = 0.847$$

当入射角为 60°时，由斯涅耳公式有

$$\theta_2 = \arcsin\frac{\sin\theta_1 \times n_2}{n_1} = \arcsin\frac{\sin 60° \times 1}{1.526} = 34.577°$$

所以入射角为 60°时的反射率 $\rho_{\mathrm{P}}(60°)$ 和 $\rho_{\mathrm{S}}(60°)$ 分别为

$$\rho_{\mathrm{P}}(60°) = \frac{\tan^2(60°-34.577°)}{\tan^2(60°+34.577°)} = 0.0014$$

$$\rho_{\mathrm{S}}(60°) = \frac{\sin^2(60°-34.577°)}{\sin^2(60°+34.577°)} = 0.185$$

所以此时的透射率 $\tau_{\rho 2}(60°)$ 为

$$\tau_{\rho 2}(60°) = \frac{1}{2}\left(\frac{1-0.0014}{1+(2\times2-1)\times0.0014} + \frac{1-0.185}{1+(2\times2-1)\times0.185}\right) = 0.759$$

当入射角为 85°时，由斯涅耳公式有

$$\theta_2 = \arcsin\frac{\sin\theta_1 \times n_2}{n_1} = \arcsin\frac{\sin 85° \times 1}{1.526} = 40.754°$$

所以入射角为 85°时的反射率 $\rho_{\mathrm{P}}(85°)$ 和 $\rho_{\mathrm{S}}(85°)$ 分别为

$$\rho_{\mathrm{P}}(85°) = \frac{\tan^2(85°-40.754°)}{\tan^2(85°+40.754°)} = 0.492$$

$$\rho_{\mathrm{S}}(85°) = \frac{\sin^2(85°-40.754°)}{\sin^2(85°+40.754°)} = 0.739$$

所以此时的透射率 $\tau_{\rho 2}(85°)$ 为

$$\tau_{\rho 2}(85°) = \frac{1}{2}\left(\frac{1-0.492}{1+(2\times2-1)\times0.492} + \frac{1-0.739}{1+(2\times2-1)\times0.739}\right) = 0.143$$

3.4.2　吸收引起的透射率

吸收在物理学上是指光子的电磁能会转换成其他形式能量（如热能）的过程。光传导的过程中，光线的吸收通常称为衰减。一个原子的价电子在两个不同能级之间进行转换，在这个过程中

光子将被摧毁，被吸收的能量会以辐射能或热能的形式再释放出来。

吸收率是物体吸收多少入射光的占比，当然不是所有的光子都被吸收，有些是被反射或透射取代。一束单色光照射在吸收介质表面，在通过一定厚度的介质后，由于介质吸收了一部分光能，透射光的强度就要减弱。被吸收的辐射量与介质中局部辐射量和辐射经过介质的距离成正比，即

$$\mathrm{d}I = -IK\mathrm{d}x \tag{3-51}$$

式中，K 被称为消光系数，单位为 m^{-1}，在太阳光谱内通常被认为是常数，如超白玻璃的消光系数约为 $4\mathrm{m}^{-1}$。假设透明材料的厚度为 L，由图 3-5 中可以看出，沿透明材料实际积分路径为 0 到 $L\cos^{-1}\theta_2$，所以有

$$\begin{cases} \int_{I_0}^{I} \dfrac{\mathrm{d}I}{I} = \int_0^{L/\cos\theta_2} -K\mathrm{d}x \\[2mm] \ln \dfrac{I}{I_0} = -K\dfrac{L}{\cos\theta_2} \\[2mm] \dfrac{I}{I_0} = \mathrm{e}^{-KL/\cos\theta_2} \end{cases} \tag{3-52}$$

式中，I_0 为透明材料入射到上表面的辐射；I 为透明材料出射到下表面的辐射。可以发现，到达出射下表面的辐射 I 就不再被透明材料吸收，所以 I 与入射上表面的辐射 I_0 的比值就是透射率，所以有

$$\tau_{\mathrm{a}} = \mathrm{e}^{-KL/\cos\theta_2} \tag{3-53}$$

这就是因为吸收导致的透射率。同时考虑反射和吸收所造成的损失，就可以得到面盖的实际性能。采用光线追迹法能够得到单层玻璃的透射率、反射率、吸收率，其偏振平行分量的透射率 τ_{Pa}、反射率 ρ_{Pa}、吸收率 α_{Pa} 分别为

$$\tau_{\mathrm{Pa}} = \frac{\tau_{\mathrm{a}}(1-r_{\mathrm{P}})^2}{1-(r_{\mathrm{P}}\tau_{\mathrm{a}})^2} = \tau_{\mathrm{a}}\left(\frac{1-r_{\mathrm{P}}}{1+r_{\mathrm{P}}}\right)\left[\frac{1-r_{\mathrm{P}}^2}{1-(r_{\mathrm{P}}\tau_{\mathrm{a}})^2}\right] \tag{3-54}$$

$$\rho_{\mathrm{Pa}} = \rho_{\mathrm{P}} + \frac{(1-\rho_{\mathrm{P}})^2\tau_{\mathrm{a}}^2\rho_{\mathrm{P}}}{1-(\rho_{\mathrm{P}}\tau_{\mathrm{a}})^2} = \rho_{\mathrm{P}}(1+\tau_{\mathrm{a}}\tau_{\mathrm{Pa}}) \tag{3-55}$$

$$\alpha_{\mathrm{Pa}} = (1-\tau_{\mathrm{a}})\left(\frac{1-\rho_{\mathrm{P}}}{1-\rho_{\mathrm{P}}\tau_{\mathrm{a}}}\right) \tag{3-56}$$

类似的计算式有偏振垂直分量的透射率 τ_{Sa}、反射率 ρ_{Sa}、吸收率 α_{Sa}。实际的面盖透射率 τ、反射率 ρ、吸收率 α 分别为

$$\tau = \frac{\tau_{\mathrm{Pa}} + \tau_{\mathrm{Sa}}}{2} \tag{3-57}$$

$$\rho = \frac{\rho_{\mathrm{Pa}} + \rho_{\mathrm{Sa}}}{2} \tag{3-58}$$

$$\alpha = \frac{\alpha_{\mathrm{Pa}} + \alpha_{\mathrm{Sa}}}{2} \tag{3-59}$$

至此也获得了太阳能集热器由于玻璃盖板的存在，投射的太阳辐射能中三个分量（太阳光的反射、透射、吸收）的具体计算方法。在实际的太阳能系统中，具体的采光量可以使用式（3-57）～式（3-59）进行计算。

第 4 章　非成像太阳能聚光理论

非成像太阳能聚光器具有不需跟踪装置、系统静态运行、易于集成构建、运行状态稳定等优点，特别适合于中低温用热需求。本章从非成像聚光的概念、应用领域及研究进展开始介绍，紧接着讲述非成像聚光器的基本工作原理，然后针对太阳能利用中常见的非成像太阳能聚光器的面形结构和光学特性进行具体阐述。

4.1　非成像太阳能光学基本原理

4.1.1　非成像光学概念及研究内容

非成像光学是光学的一个分支，是关注提高光学系统能量传输效率和改善目标表面能量分布的光学。在光学系统设计中，以系统的能量传输作为主要的关注点，一般不考虑相差对系统性能的影响。

非成像光学研究内容主要是针对光学系统中光能传递的有效控制，主要包括能量收集和能量分布两个方面的研究。能量收集通常是指太阳能的高效利用，也就是如何设计聚光器的结构面形，将太阳光能有效收集到吸收体表面，通常非成像太阳能聚光器被称为复合抛物聚光器（compound parabolic concentrator，CPC），这也是本书重点介绍的内容非成像太阳能光学。通常 CPC 主要由反射器和吸收体组成。

另外，在 LED 照明、灯光设计、显示系统等领域，关注的是如何设计光学系统的结构，将点光源（或线光源和面光源）发出的光，按照要求高效投射到指定的区域。通常，当光源发出的光到达指定区域时，还要求表面能流呈现均匀分布、光程趋于极限值、系统结构的材料少、易于加工制造等。

4.1.2　非成像光学基本原理

1. 边缘光线原理

边缘光线原理是指边缘光线（或极端光线）经相关曲面作用后能到达目标区域边缘，而在边缘光线以内的光线经相关的曲面作用后能投射在目标区域的内部。边缘光线原理如图 4-1 所示，在图 4-1 中，光波面 CE 上的边缘光线 ED 入射到 CPC 的面形 BD 上，边缘光线 ED（ED 与竖线的夹角为 θ）被面形 BD 反射后到达吸收体的边缘点 A。同时还满足光波面 CE 上的任意光线 FG

（FG 与竖线的夹角也为 θ）入射到 CPC 的面形 BD 上，任意光线 FG 被面形 BD 反射后也能到达吸收体的边缘 A 点。

基于 CPC 边缘光线的光学特性，若任意光线 IG（IG 与竖线的夹角小于 θ）入射到 CPC 的面形 BD 上，任意光线 IG 被面形 BD 反射到达 H 点，H 点就一定在吸收体表面上，从而实现了在任意入射光线与竖线的夹角小于 θ 时，CPC 的面形就可以将该任意光线会聚到吸收体的表面。

2．光线等程原理

光线等程原理是指同一光波面内发出的平行边缘光（在太阳能利用中，因为日地距离甚远，也远大于太阳的直径，所以在忽略地球大气层对太阳光折射影响条件下，经常将到达地球表面的太阳光当作平行光处理），经过 CPC 反射面反射后都到达吸收体的边缘点，则该光波面内的平行光束的光线从发出点到边缘点走的光程是相等的。光线等程原理的本质还是费马原理，同一光波面所有光线的光程为恒定值。

具体的光线等程原理也如图 4-1 所示，在图 4-1 中，光波面 CE 上平行于边缘光线 ED 任意入射光线，从发出之后都被 CPC 反射到吸收体的边缘 A 点，即光程 ED 和光程 DA 的和与任意光程 FG（FG 平行于 ED）和光程 GA 的和是相等的。

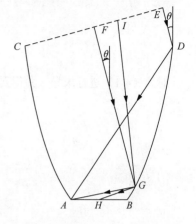

图 4-1　边缘光线原理和光线等程原理

4.2　板形吸收体标准 CPC

4.2.1　上平板形吸收体 CPC

1．几何计算法

上平板形吸收体的 CPC 结构如图 4-2 所示，假设图 4-2 中光波面 PS 发出的平行光，经过 CPC 面形 QF$_2$ 反射后到达上平板吸收体的边缘 F$_1$ 点（如入射光线 SQ 和反射光线 QF$_1$，入射光线 RE 和反射光线 EF$_1$，入射光线 SQ 和 RE 与光波面 PS 垂直），根据光线等程原理，若存在这样的 CPC 面形，则光程 SQ 与 QF$_1$ 的和与光程 RE 与 EF$_1$ 的和相等。

延长 SQ 到 SV，使 QF$_1$ 与 QV 相等；延长 RE 到 RW，使 EF$_1$ 与 EW 相等，由此可知 WV 是与光波面 PS 平行的，QV 和 EW 是与 WV 垂直的，这时可以发现面形 QF$_2$ 上所有的点到定直线 WV 的距离与到定点 F$_1$ 的距离相等，这恰好与平面内抛物线的定义相同，因此 CPC 面形 QF$_2$ 是存在的，并且 QF$_2$ 是抛物线的一部分，点 F$_1$ 是该抛物线的焦点。同样，由对称性可知点 F$_2$ 是抛物线 PF$_1$ 的焦点。

如图 4-2 所示，抛物线 UOF$_2$EQ 在坐标系 xOy 和 x'O'y' 下，具有不同的数学表达式，y' 与 y 的夹角为 θ_a，该角称为 CPC 的接收半角。设平板吸收体的长度 F$_1$F$_2$ 为 L，F$_1$O 长度为 f，在 xOy 坐标系中，抛物线方程为

$$\begin{cases} p = 2f \\ y = \dfrac{1}{2p}x^2 = \dfrac{x^2}{4f} \end{cases} \tag{4-1}$$

式中，p 为焦准距（图 4-2 中 F_1 点到直线 WV 的距离），由图 4-2 得抛物线上点 F_2 的在 xOy 坐标系中的坐标（可看作 F_1F_2 分别在 x 轴上和 y 轴上的投影）为

$$\begin{cases} x = L\cos\theta_a \\ y = f - L\sin\theta_a \end{cases} \tag{4-2}$$

同理可得，O' 点坐标为

$$\begin{cases} x = \dfrac{L}{2}\cos\theta_a \\ y = f - \dfrac{L}{2}\sin\theta_a \end{cases} \tag{4-3}$$

对式（4-1）进行求导，并得到 F_2 点处的斜率为

$$\frac{x}{2f} = \frac{L\cos\theta_a}{2f} \tag{4-4}$$

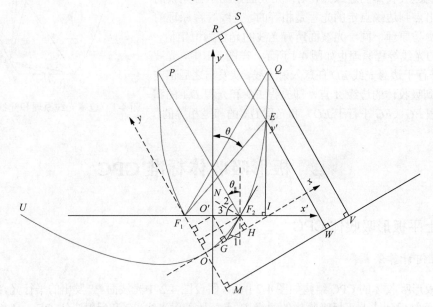

图 4-2 上平板形吸收体的 CPC 结构几何计算法

在图 4-2 中，与 y 轴（抛物线的轴线）平行的光线在 F_2 点反射后到达焦点 F_1，F_2N 是点 F_2 处的法线，F_2G 是点 F_2 处的切线，于是由几何关系可得到

$$\begin{cases} \angle 2 = \angle 3 = \dfrac{0.5\pi - \theta_a}{2} \\ \angle 3 + \angle F_1F_2G = \angle 1 + \angle F_1F_2G = 0.5\pi \\ \angle 1 = \angle 3 \end{cases}$$

抛物线上 F_2 点的切线与 x 轴正半轴的夹角为 $\angle F_2GH$，即

$$\angle F_2GH = 0.5\pi - (\angle 1 + \theta_a) = 0.5\pi - \left(\frac{0.5\pi - \theta_a}{2} + \theta_a\right) = \frac{0.5\pi - \theta_a}{2} \tag{4-5}$$

因此，抛物线上 F_2 点的斜率又可写作

$$\tan\angle F_2 GH = \tan\frac{0.5\pi - \theta_a}{2}$$

$$= \cot\left(0.5\pi - \frac{0.5\pi - \theta_a}{2}\right)$$

$$= \cot\left(\frac{\pi}{4} + \frac{\theta_a}{2}\right) \tag{4-6}$$

可见，式（4-4）与式（4-6）是等同的，则有

$$\cot\left(\frac{\pi}{4} + \frac{\theta_a}{2}\right) = \frac{L\cos\theta_a}{2f} \tag{4-7}$$

进一步可得 f 的表达式为

$$f = \frac{L\cos\theta_a}{2\cot\left(\dfrac{\pi}{4} + \dfrac{\theta_a}{2}\right)} \tag{4-8}$$

将式（4-8）代入式（4-1）得到

$$y = \frac{\cot\left(\dfrac{\pi}{4} + \dfrac{\theta_a}{2}\right)}{2L\cos\theta_a} x^2 \tag{4-9}$$

以 O' 点为基点，对 $x'O'y'$ 坐标系逆时针旋转角度 θ_a，再沿 $O'O$ 方向平移，最终得到 xOy 坐标系下的坐标：

$$\begin{bmatrix} x \\ y \end{bmatrix} = \begin{bmatrix} \cos\theta_a & \sin\theta_a \\ -\sin\theta_a & \cos\theta_a \end{bmatrix}\begin{bmatrix} x' \\ y' \end{bmatrix} + \begin{bmatrix} 0.5L\cos\theta_a \\ f - 0.5L\sin\theta_a \end{bmatrix} \tag{4-10a}$$

$$\begin{cases} x = \cos\theta_a x' + \sin\theta_a y' + \dfrac{L}{2}\cos\theta_a \\ y = -\sin\theta_a x' + \cos\theta_a y' + f - \dfrac{L}{2}\sin\theta_a \end{cases} \tag{4-10b}$$

将式（4-10b）代入式（4-1）可知，抛物线方程又可写为

$$-\sin\theta_a x' + \cos\theta_a y' + f - \frac{L}{2}\sin\theta_a = \frac{\left(\cos\theta_a x' + \sin\theta_a y' + \dfrac{L}{2}\cos\theta_a\right)^2}{4f} \tag{4-11}$$

如图 4-2 所示，在 $x'O'y'$ 坐标系下，平行于抛物线轴线的光线照射到抛物线上任意点 E 被反射后，总能到达焦点 F_1，反射光线与 y' 轴的夹角为 θ，其取值范围为

$$\theta_a \leqslant \theta \leqslant 0.5\pi$$

在 F_2 点时，θ 的值为 0.5π 是容易理解的，另外为使 CPC 面形的采光口 PQ 最大化（在太阳能实际利用中，往往采光口的宽度越大越有益于系统综合性能的提升），CPC 面形的点 P 和 Q 处切线垂直于 x' 轴，所以 θ 的最小值为 θ_a。

在 $x'O'y'$ 坐标系下，抛物线上任意一点 $E(x', y')$，其 x' 与 y' 的关系可以写成

$$\begin{cases} \dfrac{y'}{\dfrac{L}{2} + x'} = \tan(0.5\pi - \theta) = \cot\theta \\ y' = \cot\theta\left(\dfrac{L}{2} + x'\right) \end{cases} \tag{4-12}$$

将式（4-12）代入式（4-11），有

$$-\sin\theta_a x' + \cos\theta_a \cot\theta\left(\frac{L}{2}+x'\right) + f - \frac{L}{2}\sin\theta_a$$

$$= \frac{\left[\cos\theta_a x' + \sin\theta_a \cot\theta\left(\frac{L}{2}+x'\right) + \frac{L}{2}\cos\theta_a\right]^2}{4f}$$ (4-13)

$$4f\left[x'(\cos\theta_a \cot\theta - \sin\theta_a) + \frac{L}{2}(\cos\theta_a \cot\theta - \sin\theta_a) + f\right]$$

$$= \left[x'(\sin\theta_a \cot\theta + \cos\theta_a) + \frac{L}{2}(\sin\theta_a \cot\theta + \cos\theta_a)\right]^2$$

令

$$A = \sin\theta_a \cot\theta + \cos\theta_a$$
$$B = \cos\theta_a \cot\theta - \sin\theta_a$$

则式（4-13）被简化为

$$4f\left(x'B + \frac{L}{2}B + f\right) = \left(x'A + \frac{L}{2}A\right)^2$$

$$4Bfx' + 2BfL + 4f^2 = x'^2 A^2 + x'LA^2 + \frac{L^2}{4}A^2$$ (4-14)

$$A^2 x'^2 + (LA^2 - 4Bf)x' + \frac{A^2 L^2}{4} - 2BfL - 4f^2 = 0$$

由此可知，式（4-14）是一个关于 x' 的一元二次方程组，求解 x' 得

$$x' = \frac{4Bf - LA^2 \pm \sqrt{(LA^2 - 4Bf)^2 - 4A^2\left(\frac{A^2 L^2}{4} - 2BfL - 4f^2\right)}}{2A^2}$$

$$= \frac{4Bf - LA^2 \pm \sqrt{(LA^2 - 4Bf)^2 - A^2(A^2 L^2 - 8BfL - 16f^2)}}{2A^2}$$

$$= \frac{4Bf - LA^2 \pm \sqrt{16B^2 f^2 + 16A^2 f^2}}{2A^2} = \frac{4Bf - LA^2 \pm 4f\sqrt{A^2 + B^2}}{2A^2}$$ (4-15)

因为

$$\sqrt{A^2 + B^2} = \sqrt{(\sin\theta_a \cot\theta + \cos\theta_a)^2 + (\cos\theta_a \cot\theta - \sin\theta_a)^2}$$

$$= \sqrt{(\sin\theta_a \cot\theta)^2 + \cos^2\theta_a + 2\sin\theta_a \cot\theta \cos\theta_a + (\cos\theta_a \cot\theta)^2 - 2\cos\theta_a \cot\theta \sin\theta_a + \sin^2\theta_a}$$

$$= \sqrt{1 + \cot^2\theta} = \frac{1}{\sin\theta}$$

所以式（4-15）有

$$x' = \frac{4Bf - LA^2 \pm 4f\sqrt{A^2 + B^2}}{2A^2}$$

$$= \frac{4Bf - LA^2 \pm 4f\dfrac{1}{\sin\theta}}{2A^2}$$

$$= \frac{(4Bf - LA^2)\sin\theta \pm 4f}{2A^2 \sin\theta}$$ (4-16)

$$x_1' = \frac{(4Bf - LA^2)\sin\theta + 4f}{2A^2\sin\theta} = \frac{2f(1 + B\sin\theta)}{A^2\sin\theta} - \frac{L}{2}$$

$$x_2' = \frac{(4Bf - LA^2)\sin\theta - 4f}{2A^2\sin\theta} = \frac{2f(B\sin\theta - 1)}{A^2\sin\theta} - \frac{L}{2}$$

因为

$$B\sin\theta = (\cos\theta_a \cot\theta - \sin\theta_a)\sin\theta$$
$$= \cos\theta_a \cos\theta - \sin\theta_a \sin\theta$$
$$= \cos(\theta + \theta_a) < 1$$

所以式（4-14）只有一个解，即

$$x' = \frac{2f(1 + B\sin\theta)}{A^2\sin\theta} - \frac{L}{2} \tag{4-17a}$$

将式（4-8）代入式（4-17a）有

$$x' = \frac{2f(1 + B\sin\theta)}{A^2\sin\theta} - \frac{L}{2} = \frac{\dfrac{L\cos\theta_a(1 + B\sin\theta)}{\cot\left(\dfrac{\pi}{4} + \dfrac{\theta_a}{2}\right)}}{A^2\sin\theta} - \frac{L}{2} \tag{4-17b}$$

又

$$\cos\theta_a = \sin\left(\frac{\pi}{2} + \theta_a\right) = \sin\left[2\left(\frac{\pi}{4} + \frac{\theta_a}{2}\right)\right]$$
$$= 2\sin\left(\frac{\pi}{4} + \frac{\theta_a}{2}\right)\cos\left(\frac{\pi}{4} + \frac{\theta_a}{2}\right)$$

则式（4-17b）可以被简写为

$$x' = \frac{2L\sin\left(\dfrac{\pi}{4} + \dfrac{\theta_a}{2}\right)\cos\left(\dfrac{\pi}{4} + \dfrac{\theta_a}{2}\right)\dfrac{\sin\left(\dfrac{\pi}{4} + \dfrac{\theta_a}{2}\right)}{\cos\left(\dfrac{\pi}{4} + \dfrac{\theta_a}{2}\right)}(1 + B\sin\theta)}{A^2\sin\theta} - \frac{L}{2}$$

$$= \frac{2L\sin^2\left(\dfrac{\pi}{4} + \dfrac{\theta_a}{2}\right)(1 + B\sin\theta)}{A^2\sin\theta} - \frac{L}{2}$$

$$= \frac{2L\dfrac{1 - \cos\left(\dfrac{\pi}{2} + \theta_a\right)}{2}(1 + B\sin\theta)}{A^2\sin\theta} - \frac{L}{2}$$

$$= \frac{L(1 + \sin\theta_a)(1 + B\sin\theta)}{A^2\sin\theta} - \frac{L}{2} \tag{4-17c}$$

将 A、B 代入式（4-17c）得

$$x' = \frac{L(1+\sin\theta_a)[1+(\cos\theta_a\cot\theta-\sin\theta_a)\sin\theta]}{(\sin\theta_a\cot\theta+\cos\theta_a)^2\sin\theta} - \frac{L}{2}$$

$$= \frac{L(1+\sin\theta_a)(1+\cos\theta_a\cot\theta\sin\theta-\sin\theta_a\sin\theta)}{(\sin\theta_a\cos\theta+\cos\theta_a\sin\theta)(\sin\theta_a\cot\theta+\cos\theta_a)} - \frac{L}{2}$$

$$= \frac{L(1+\sin\theta_a)(1+\cos\theta_a\cos\theta-\sin\theta_a\sin\theta)}{\sin(\theta+\theta_a)(\sin\theta_a\cot\theta+\cos\theta_a)} - \frac{L}{2}$$

$$= \frac{L\sin\theta(1+\sin\theta_a)[1+\cos(\theta+\theta_a)]}{\sin(\theta+\theta_a)(\sin\theta_a\cos\theta+\cos\theta_a\sin\theta)} - \frac{L}{2}$$

$$= \frac{L\sin\theta(1+\sin\theta_a)[1+\cos(\theta+\theta_a)]}{\sin(\theta+\theta_a)\sin(\theta+\theta_a)} - \frac{L}{2}$$

$$= \frac{L\sin\theta(1+\sin\theta_a)[1+\cos(\theta+\theta_a)]}{\sin^2(\theta+\theta_a)} - \frac{L}{2}$$

$$= \frac{L\sin\theta(1+\sin\theta_a)[1+\cos(\theta+\theta_a)]}{1-\cos^2(\theta+\theta_a)} - \frac{L}{2}$$

$$= \frac{L\sin\theta(1+\sin\theta_a)[1+\cos(\theta+\theta_a)]}{[1+\cos(\theta+\theta_a)][1-\cos(\theta+\theta_a)]} - \frac{L}{2}$$

$$= \frac{L\sin\theta(1+\sin\theta_a)}{1-\cos(\theta+\theta_a)} - \frac{L}{2} \tag{4-18a}$$

需要说明的是，式（4-18a）是表示上平板形吸收体 CPC 右边抛物线面形横坐标的计算式，对于左边面形，由于是对称的，因此只要将右边面形的横坐标数值取相反数即可。

式（4-18a）为 $x'O'y'$ 坐标系下，抛物线以参数 θ 为变量的 x' 坐标方程。将式（4-18a）代入式（4-12）有

$$y' = \cot\theta\left[\frac{L}{2} + \frac{L\sin\theta(1+\sin\theta_a)}{1-\cos(\theta+\theta_a)} - \frac{L}{2}\right]$$

$$= \frac{L\cos\theta(1+\sin\theta_a)}{1-\cos(\theta+\theta_a)} \tag{4-18b}$$

式（4-18b）为 $x'O'y'$ 坐标系下，抛物线以参数 θ 为变量的 y' 坐标方程。若将 O' 向左移动到 F_1 点，则有

$$\begin{cases} x' = \dfrac{L\sin\theta(1+\sin\theta_a)}{1-\cos(\theta+\theta_a)} \\ y' = \dfrac{L\cos\theta(1+\sin\theta_a)}{1-\cos(\theta+\theta_a)} \end{cases} \tag{4-18c}$$

2．物理模型法

上平板形吸收体的 CPC 结构物理模型法如图 4-3 所示，在图 4-3 中，点 O 和点 F 是上平板形吸收体的两个边缘点。上平板形吸收体 CPC 面形的接收半角为 θ_a，入射光线经过 CPC 面形上的任意一点 H 反射后到达 O 点，入射光线 GH 与 y 轴夹角为 θ_a，EH 是点 H 处的法线，吸收体 OF 的长度为 L，OH 长为 t。

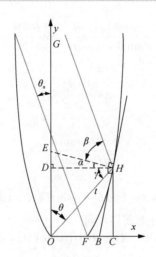

图 4-3　上平板形吸收体的 CPC 结构物理模型法

由几何关系有

$$\theta_a + \alpha + \beta = \frac{\pi}{2} \tag{4-19}$$

在 $\triangle HDO$ 中

$$\theta + \gamma = \frac{\pi}{2} \tag{4-20}$$

结合式（4-19）和式（4-20）得

$$\theta_a + \beta + \alpha = \theta + \gamma \tag{4-21}$$

根据光线反射定律得

$$\beta = \alpha + \gamma \tag{4-22}$$

将式（4-22）代入式（4-21）中得

$$\theta_a + \alpha + \gamma + \alpha = \theta + \gamma \tag{4-23}$$

则有

$$\alpha = \frac{\theta - \theta_a}{2}$$

又因 $\angle EHB$ 和 $\angle CHD$ 都是 0.5π，且 $\angle DHB$ 为公共角，所以 $\angle BHC$ 的值为 α。CPC 面形上任意点 H 的斜率为

$$\tan \angle HBC = \cot \angle BHC = \cot \alpha = \cot \frac{\theta - \theta_a}{2} \tag{4-24}$$

抛物线上任意点 H 的导数为

$$\begin{cases} x = t \sin \theta \\ y = t \cos \theta \end{cases}$$

$$\frac{\mathrm{d}y}{\mathrm{d}x} = \frac{\mathrm{d}y / \mathrm{d}t}{\mathrm{d}x / \mathrm{d}t} = \frac{t' \cos \theta - t \sin \theta}{t' \sin \theta + t \cos \theta} \tag{4-25}$$

结合式（4-24）和式（4-25）得到

$$\frac{t'\cos\theta - t\sin\theta}{t'\sin\theta + t\cos\theta} = \cot\frac{\theta - \theta_a}{2}$$

为使公式简洁，令

$$\cot\frac{\theta - \theta_a}{2} = A \tag{4-26}$$

故

$$\frac{t'\cos\theta - t\sin\theta}{t'\sin\theta + t\cos\theta} = A \tag{4-27}$$

对式（4-27）进行变形得到

$$t'(\cos\theta - A\sin\theta) - t(\sin\theta + A\cos\theta) = 0 \tag{4-28a}$$

对式（4-28a）两边同时除以 $\cos\theta$ 并对其移项得

$$t'(1 - A\tan\theta) - t(\tan\theta + A) = 0$$

$$t' - t\frac{\tan\theta + A}{1 - A\tan\theta} = 0 \tag{4-28b}$$

将式（4-26）代入式（4-28b）得到

$$t' - t\frac{\tan\theta + \cot\dfrac{\theta - \theta_a}{2}}{1 - \cot\dfrac{\theta - \theta_a}{2}\tan\theta} = 0 \tag{4-29}$$

把式（4-29）中的余切用正切表示，则有

$$t' - t\frac{\tan\theta + \tan\left(\dfrac{\pi - \theta + \theta_a}{2}\right)}{1 - \tan\left(\dfrac{\pi - \theta + \theta_a}{2}\right)\tan\theta} = 0 \tag{4-30}$$

因为

$$\frac{\tan\theta + \tan\left(\dfrac{\pi - \theta + \theta_a}{2}\right)}{1 - \tan\left(\dfrac{\pi - \theta + \theta_a}{2}\right)\tan\theta} = \tan\left(\theta + \frac{\pi - \theta + \theta_a}{2}\right)$$

所以式（4-30）变形为

$$t' - t\tan\left(\theta + \frac{\pi - \theta + \theta_a}{2}\right) = 0 \tag{4-31}$$

对式（4-31）进行分离变量得

$$\frac{1}{t}dt = \tan\left(\theta + \frac{\pi - \theta + \theta_a}{2}\right)d\theta$$

$$= 2\tan\left(\theta + \frac{\pi - \theta + \theta_a}{2}\right)d\left(\theta + \frac{\pi - \theta + \theta_a}{2}\right) \tag{4-32}$$

对式（4-32）两边进行积分得

$$\ln Ct = -2\ln\left|\cos\frac{\theta+\pi+\theta_a}{2}\right|$$

$$= \ln\left|\cos\frac{\theta+\pi+\theta_a}{2}\right|^{-2} \tag{4-33}$$

式中，C 为任意常数，对式（4-33）整理得到

$$Ct = \left|\cos\frac{\theta+\pi+\theta_a}{2}\right|^{-2} = \frac{1}{\cos^2\dfrac{\theta+\pi+\theta_a}{2}}$$

$$= \frac{2}{1+\cos(\theta+\pi+\theta_a)} = \frac{2}{1-\cos(\theta+\theta_a)} \tag{4-34}$$

边界条件：当 θ 为 0.5π 时，t 为 L。将其代入式（4-34）得

$$CL = \frac{2}{1-\cos(0.5\pi+\theta_a)}$$

$$C = \frac{2}{L(1+\sin\theta_a)} \tag{4-35}$$

将式（4-35）代入式（4-34）得

$$\frac{2}{L(1+\sin\theta_a)}t = \frac{2}{1-\cos(\theta+\theta_a)}$$

$$t = \frac{L(1+\sin\theta_a)}{1-\cos(\theta+\theta_a)} \tag{4-36}$$

故得平板吸收体复合抛物面形的数学表达式为

$$\begin{cases} x = \dfrac{L(1+\sin\theta_a)}{1-\cos(\theta+\theta_a)}\sin\theta \\[3mm] y = \dfrac{L(1+\sin\theta_a)}{1-\cos(\theta+\theta_a)}\cos\theta \end{cases}$$

由此可以看到，采用物理模型法与几何计算法所得到的上平板形吸收体 CPC 面形方程的结构是完全一致的。

4.2.2　下平板形吸收体 CPC

有时为了高效利用太阳辐射能，降低系统的热损失，采用下平板形吸收体 CPC，其结构如图 4-4 所示。图 4-4 中吸收体 F_1F_2 的下表面作为吸收面，很显然对于边缘光线 HE（HE 与 y 轴的夹角为 θ_a）经过下平板形吸收体 CPC 右边面形 $OGJED$ 反射后，需要到达 F_1 点。

由上平板形吸收体 CPC 右边面形可知，在 xOy 坐标系中，下平板形吸收体 CPC 右边面形 $GJED$ 的表达式为

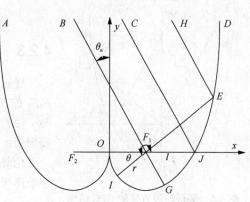

图 4-4　下平板形吸收体的 CPC 结构

$$\begin{cases} x = \dfrac{l\sin\theta(1+\sin\theta_a)}{1-\cos(\theta+\theta_a)} + \dfrac{L}{2} \\ y = \dfrac{l\cos\theta(1+\sin\theta_a)}{1-\cos(\theta+\theta_a)} \end{cases}, \quad \theta_a < \theta < \pi - \theta_a \tag{4-37}$$

式中，l 为 JF_1 的长度；L 为吸收体 F_1F_2 的长度。下平板形吸收体 CPC 右边面形 OG 需满足从 F_1 点发出的光线被其反射后仍然回到 F_1 点，对于面形 OG 上的任意一点 I 有（将 F_1 点设置为 xOy 坐标系的原点）

$$\begin{cases} r\cos\theta = x \\ r\sin\theta = y \\ \tan\theta = y/x \end{cases}, \quad \pi < \theta < \dfrac{3\pi}{2} + \theta_a \tag{4-38a}$$

式中，r 为面形 OG 上任意一点 I 与 F_1 点的距离；θ 为 $\angle JF_1I$。很显然这是圆弧的方程，这也是圆弧的光学性质，从圆弧的圆心发出的光，被圆弧反射后，依然通过圆弧的圆心。式（4-38a）可被改写为

$$x^2 + y^2 = r^2, \quad \pi < \theta < \dfrac{3\pi}{2} + \theta_a \tag{4-38b}$$

在 xOy 坐标系有

$$\left(x - \dfrac{L}{2}\right)^2 + y^2 = r^2 \tag{4-38c}$$

可以发现，r 与 f 的值是相等的，并且为 L 的 $\dfrac{1}{2}$：

$$r = f = \dfrac{L}{2} \tag{4-39}$$

结合图 4-2 及式（4-3）～式（4-5）有

$$f = \dfrac{l\cos\theta_a}{2\tan\dfrac{0.5\pi - \theta_a}{2}} = \dfrac{l\cos\theta_a}{2}\dfrac{1+\sin\theta_a}{\cos\theta_a} = \dfrac{l(1+\sin\theta_a)}{2} \tag{4-40a}$$

也可以写为

$$l = \dfrac{2f}{1+\sin\theta_a} = \dfrac{L}{1+\sin\theta_a} \tag{4-40b}$$

4.2.3　竖板形吸收体 CPC

竖板形吸收体 CPC 如图 4-5 所示。在图 4-5 中，吸收体 F_1F_2 的左右表面作为吸收面，很显然对于边缘光线 HE（HE 与 y 轴的夹角为 θ_a）经过竖板形吸收体 CPC 右边面形 F_2AJED 反射后，需要到达 F_1 点。

由竖板形吸收体 CPC 右边面形可知，在 xF_1y 坐标系中，竖板形吸收体 CPC 右边面形 $AJED$ 的表达式为

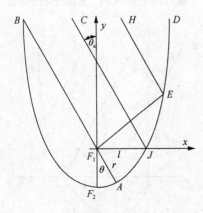

图 4-5　竖板形吸收体的 CPC 结构

$$\begin{cases} x = \dfrac{l\sin\theta(1+\sin\theta_a)}{1-\cos(\theta+\theta_a)} \\ y = \dfrac{l\cos\theta(1+\sin\theta_a)}{1-\cos(\theta+\theta_a)} \end{cases}, \quad \theta_a < \theta < \pi - \theta_a \tag{4-41}$$

式中，l 为 JF_1 的长度；L 为吸收体 F_1F_2 的长度。竖板形吸收体 CPC 右边面形 F_2A 需满足从 F_1 点发出的光线被其反射后仍然回到 F_1 点，由下平板形吸收体面形可知，面形 F_2A 是一个圆弧，即

$$x^2 + y^2 = r^2, \quad \frac{3\pi}{2} < \theta < \frac{3\pi}{2} + \theta_a \tag{4-42}$$

可以发现，r、f、L 的值是相等的，即

$$r = f = L \tag{4-43}$$

结合图 4-2 及式（4-3）～式（4-5），同样有

$$f = \frac{l\cos\theta_a}{2\tan\dfrac{0.5\pi-\theta_a}{2}} \tag{4-44}$$

4.2.4　三角形吸收体 CPC

三角形吸收体的 CPC 结构如图 4-6 所示。在图 4-6 中，吸收体 $F_3F_1F_2$ 的左右表面作为吸收面，很显然对于边缘光线 HE（HE 与 y 轴的夹角为 θ_a）经过三角形吸收体 CPC 右边面形 F_2JED 反射后，需要到达 F_1 点。

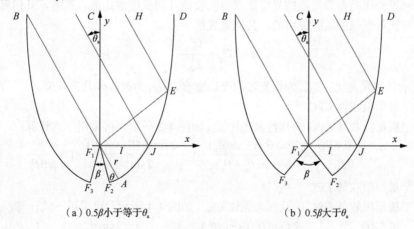

（a）0.5β 小于等于 θ_a　　　　　　　　（b）0.5β 大于 θ_a

图 4-6　三角形吸收体的 CPC 结构

由下平板形吸收体（或竖板形吸收体）CPC 右边面形可知，在 xF_1y 坐标系中［图 4-6（a）中 0.5β 小于等于 θ_a］，三角形吸收体 CPC 右边面形 $AJED$ 的表达式为

$$\begin{cases} x = \dfrac{l\sin\theta(1+\sin\theta_a)}{1-\cos(\theta+\theta_a)} \\ y = \dfrac{l\cos\theta(1+\sin\theta_a)}{1-\cos(\theta+\theta_a)} \end{cases}, \quad \theta_a < \theta < \pi - \theta_a \tag{4-45}$$

式中，l 为 JF_1 的长度，L 为吸收体 F_1F_2（或 F_1F_3）的长度。三角形吸收体 CPC 右边面形 F_2A 需满足从 F_1 点发出的光线被其反射后仍然回到 F_1 点，由下平板形吸收体的面形可知，面形 F_2A 是一个圆弧，即

$$x^2 + y^2 = r^2 , \quad \frac{3\pi}{2} + \frac{\beta}{2} < \theta < \frac{3\pi}{2} + \theta_a \tag{4-46}$$

同样有

$$r = f = L \tag{4-47}$$

$$f = \frac{l \cos\theta_a}{2\tan\dfrac{0.5\pi - \theta_a}{2}} \tag{4-48}$$

若 0.5β 大于 θ_a［图 4-6（b）］，则三角形吸收体 CPC 右边面形 F_2JED 表达式为

$$\begin{cases} x = \dfrac{l\sin\theta(1+\sin\theta_a)}{1-\cos(\theta+\theta_a)} \\[3mm] y = \dfrac{l\cos\theta(1+\sin\theta_a)}{1-\cos(\theta+\theta_a)} \end{cases}, \quad \theta_a < \theta < \pi - \frac{\beta}{2}, 0.5\beta > \theta_a \tag{4-49}$$

4.2.5 板形标准 CPC 基本特性

1. 几何聚光比

二维几何聚光比是指聚光器的光口宽度与吸收体几何长度的比值。通常，几何聚光比越大，吸收体表面可获得更强的太阳辐射能，其计算式如下：

$$C_g = \frac{L_{aper}}{L_{abs}} \tag{4-50}$$

式中，C_g 表示几何聚光比；L_{aper} 为聚光器的光口宽度；L_{abs} 为吸收体几何长度。

（1）上平板形吸收体 CPC

对于上平板形吸收体 CPC 的几何聚光比 C_{up} 如图 4-2 所示，可采用下式计算：

$$C_{up} = \frac{0.5PQ}{0.5F_1F_2} = \frac{2\sin\theta_a(1+\sin\theta_a)}{1-\cos(\theta_a+\theta_a)} - 1 = \frac{2\sin\theta_a(1+\sin\theta_a)}{2\sin^2\theta_a} - 1 = \frac{1}{\sin\theta_a} \tag{4-51}$$

（2）下平板形吸收体 CPC

对于下平板形吸收体 CPC 的几何聚光比 C_{down} 如图 4-4 所示，可采用下式计算：

$$C_{down} = \frac{0.5AD}{f} = \left[f + \frac{2f\sin\theta_a(1+\sin\theta_a)}{(1+\sin\theta_a)(1-\cos(\theta_a+\theta_a))} \right] / f = 1 + \frac{2\sin\theta_a}{2\sin^2\theta_a} = 1 + \frac{1}{\sin\theta_a} \tag{4-52a}$$

虽然下平板形吸收体 CPC 的几何聚光比 C_{down} 较大，但实际应用时，部分太阳辐射能也会会聚到下平板形吸收体的上表面。在图 4-4 中，若入射光线的入射角恰好为 θ_a（实际情况不限于此值），AB 光口内的入射光线不能到达吸收体的下表面，而到达吸收体的上表面。AB 的长度与 F_1F_2 相同，此时有效的几何聚光比为

$$C_{down} = \frac{0.5BD}{f} = \frac{1}{\sin\theta_a} \tag{4-52b}$$

（3）竖板形吸收体 CPC

对于下平板形吸收体 CPC 的几何聚光比 C_{shu} 如图 4-5 所示，可采用下式计算：

$$C_{shu} = \frac{0.5BD}{r} = \left\{ \frac{2f\sin\theta_a(1+\sin\theta_a)}{(1+\sin\theta_a)(1-\cos(\theta_a+\theta_a))} \right\} / r = \frac{2\sin\theta_a}{2\sin^2\theta_a} = \frac{1}{\sin\theta_a} \qquad (4\text{-}53)$$

（4）三角形吸收体 CPC

对于下平板形吸收体 CPC 的几何聚光比 C_{san} 如图 4-6 所示，与竖板形吸收体相等，则有

$$C_{san} = C_{shu} = \frac{1}{\sin\theta_a} \qquad （4\text{-}54）$$

2．面形高度

（1）上平板形吸收体 CPC

CPC 面形的高度是指其采光口与吸收体最低点的纵坐标距离。对于上平板形吸收体 CPC 的高度 h_{up} 如图 4-2 所示，可采用下式计算：

$$h_{up} = \frac{L(1+\sin\theta_a)}{1-\cos(\theta_a+\theta_a)}\cos\theta_a = \frac{L(1+\sin\theta_a)}{2\sin^2\theta_a}\cos\theta_a = \frac{L}{2}(1+C_{up})\cot\theta_a \qquad （4\text{-}55）$$

（2）下平板形吸收体 CPC

对于下平板形吸收体 CPC 的高度 h_{down} 如图 4-4 所示，可采用下式计算：

$$h_{down} = 0.5L + \frac{L}{1-\cos(\theta_a+\theta_a)}\cos\theta_a = 0.5L + \frac{L\cos\theta_a}{2\sin^2\theta_a} = \frac{L}{2}(1+C_{down}\cot\theta_a) \qquad （4\text{-}56）$$

（3）竖板形吸收体 CPC

竖板形吸收体 CPC 的高度 h_{shu} 如图 4-5 所示，与下平板形吸收体 CPC 的高度相等，则有

$$h_{shu} = \frac{L}{2}(1+C_{down}\cot\theta_a) \qquad （4\text{-}57）$$

（4）三角形吸收体 CPC

三角形吸收体 CPC 的高度 h_{san} 如图 4-6 所示，可采用下式计算：

$$h_{san} = \frac{L}{2}(1+C_{down}\cot\theta_a) - \left(L - L\cos\frac{\beta}{2}\right) = \frac{L}{2}(C_{down}\cot\theta_a - 1) + L\cos\frac{\beta}{2} \qquad （4\text{-}58）$$

3．面形长度

（1）上平板形吸收体 CPC

上平板形吸收体 CPC 的面形长度 L_{arc} 如图 4-7 所示，在坐标系 xOy 中，显然 $\angle F_1F_2R$ 的值为 θ_a，F_2 点的坐标为（$L\cos\theta_a$，$f-L\sin\theta_a$），F_1Q 的长度为

$$F_1Q = \frac{h_{up}}{\cos\theta_a} \qquad （4\text{-}59）$$

所以，EF_1 的长度为

$$EF_1 = F_1Q\sin 2\theta_a \qquad （4\text{-}60）$$

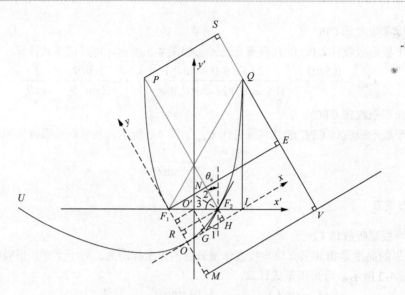

图 4-7 上平板形吸收体的 CPC 的弧长

因此，坐标系 xOy 中 Q 点的坐标为 $(EF_1, f+QF_1\cos2\theta_\mathrm{a})$。由弧长公式有

$$L_\mathrm{arc} = \int_{L\cos\theta_\mathrm{a}}^{EF_1} \sqrt{1+\left(\frac{x}{2f}\right)^2}\,\mathrm{d}x = 2f\left\{\frac{1}{4f}\sqrt{1+\left(\frac{x}{2f}\right)^2}+\frac{1}{2}\ln\left[\frac{1}{2f}+\sqrt{1+\left(\frac{x}{2f}\right)^2}\right]\right\}\Bigg|_{L\cos\theta_\mathrm{a}}^{EF_1} \tag{4-61a}$$

（2）下平板形吸收体 CPC

下平板形吸收体 CPC 的面形长度 L_arc 如图 4-8 所示，由 IG 和 GD 两部分组成。由上平板形吸收体 CPC 的面形长度可知，在坐标系 xGy 中 D 点的横坐标为 EF_1。由弧长公式有

$$L_{IG} = \int_0^{EF_1} \sqrt{1+\left(\frac{x}{2f}\right)^2}\,\mathrm{d}x = 2f\left\{\frac{1}{4f}\sqrt{1+\left(\frac{x}{2f}\right)^2}+\frac{1}{2}\ln\left[\frac{1}{2f}+\sqrt{1+\left(\frac{x}{2f}\right)^2}\right]\right\}\Bigg|_0^{EF_1} \tag{4-61b}$$

由于 GD 部分是一段圆弧，可采用下式计算：

$$L_{GD} = r\left(\frac{\pi}{2}+\theta_\mathrm{a}\right) \tag{4-62}$$

（3）竖板形吸收体 CPC

竖板形吸收体 CPC 的面形长度 L_arc 如图 4-9 所示，由 F_2A 和 AD 两部分组成。由下平板形吸收体 CPC 的面形长度可知，在坐标系 xAy 中 D 点的横坐标为 KF_1。由弧长公式有

$$L_{AD} = \int_0^{KF_1} \sqrt{1+\left(\frac{x}{2r}\right)^2}\,\mathrm{d}x = 2r\left\{\frac{1}{4r}\sqrt{1+\left(\frac{x}{2r}\right)^2}+\frac{1}{2}\ln\left[\frac{1}{2r}+\sqrt{1+\left(\frac{x}{2r}\right)^2}\right]\right\}\Bigg|_0^{KF_1} \tag{4-63}$$

由于 F_2A 部分是一段圆弧，可采用下式计算：

$$L_{F_2A} = r\theta_\mathrm{a} \tag{4-64}$$

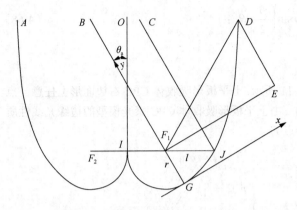

图 4-8 下平板形吸收体的 CPC 的弧长

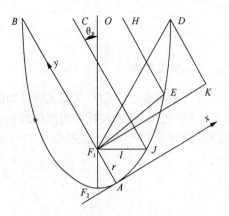

图 4-9 竖板形吸收体 CPC 的弧长

（4）三角形吸收体 CPC

三角形吸收体 CPC 的面形长度 L_{arc} 如图 4-10 所示，在 xAy 坐标系中［图 4-10（a）中 0.5β 小于等于 θ_a］，三角形吸收体 CPC 右边面形由 F_2A 和 AD 两部分组成。由下平板形吸收体 CPC 的面形长度可知，在坐标系 xAy 中 D 点的横坐标为 KF_1。由弧长公式有

$$L_{AD} = \int_0^{KF_1} \sqrt{1+\left(\frac{x}{2r}\right)^2}\, \mathrm{d}x = 2r\left\{\frac{1}{4r}\sqrt{1+\left(\frac{x}{2r}\right)^2} + \frac{1}{2}\ln\left[\frac{1}{2r}+\sqrt{1+\left(\frac{x}{2r}\right)^2}\right]\right\}\Bigg|_0^{KF_1} \quad (4\text{-}65)$$

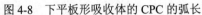

（a）0.5β 小于等于 θ_a   （b）0.5β 大于 θ_a

图 4-10 三角形吸收体 CPC 的弧长

由于 F_2A 部分是一段圆弧，可采用下式计算：

$$L_{F_2A} = r\theta_a - 0.5r\beta \quad (4\text{-}66)$$

在 xAy 坐标系中［图 4-10（b）中 0.5β 大于 θ_a］，三角形吸收体 CPC 右边面形只有 F_2D，由弧长公式有

$$L_{F_2D} = \int_\gamma^{KF_1} \sqrt{1+\left(\frac{x}{2r}\right)^2}\, \mathrm{d}x = 2r\left\{\frac{1}{4r}\sqrt{1+\left(\frac{x}{2r}\right)^2} + \frac{1}{2}\ln\left[\frac{1}{2r}+\sqrt{1+\left(\frac{x}{2r}\right)^2}\right]\right\}\Bigg|_\gamma^{KF_1} \quad (4\text{-}67)$$

式中，γ 为

$$\gamma = r\sin\left(\frac{\beta}{2} - \theta_a\right) \tag{4-68}$$

4．聚光特性

上平板形吸收体 CPC 的聚光特性如图 4-11 所示，上平板形吸收体 CPC 右边面形上任意一点 E，当入射光线 VE 以入射角 θ_a 照射到 E 点时，由上平板形吸收体 CPC 聚光模型的边缘光线性质可知，此时反射光线将到达吸收体 F_1F_2 的端点 F_1。

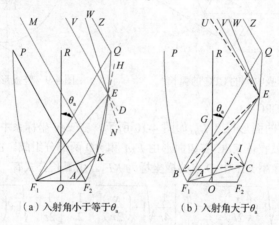

（a）入射角小于等于 θ_a 　　　　（b）入射角大于 θ_a

图 4-11　上平板形吸收体 CPC 的聚光特性

若入射光线 WE 以入射角小于 θ_a 照射到 CPC 面形上的 E 点时 [图 4-11（a）]，由反射定律可知，此时反射光线将到达吸收体 F_1F_2 端点 F_1 的右端，如 A 点。有时，当入射光线 VE 以入射角非常小照射到 E 点时，需要多次反射才能到达吸收体上。例如，当入射光线 WE 的反射光线为 EK 时，由反射定律可知在 ROF_2 坐标系中，F_1E 的斜率小于 EK 斜率（EK 是有助于达到吸收体的，假设此时 K 在 CPC 右边面形上），将 VE 平移到 MK（MK 为 K 点的边缘光线），$\angle MKE$ 的值大于等于 $\angle VEH$（在 E 点分别延长 KE 到 KH、延长 VE 到 VD、延长 WE 到 WN，则 $\angle MKE$ 的值等于 $\angle VEH$，由反射定律有 $\angle VEH$ 的值不小于 $\angle VEW$），显然 K 点的边缘光线为 MK，所以此时的反射光线 KA 更有益到达吸收体。

若入射光线 UE 以入射角大于 θ_a（入射角不太大于 θ_a）照射到 CPC 面形上 E 点时[图 4-11（b）]，由反射定律可知，此时反射光线将到达 CPC 左边面形上，如 B 点。B 点的反射光线将到达不了吸收体 F_1F_2 上，而是到达 CPC 右边面形上，如 C 点。这是因为在 ROF_2 坐标系中，F_1E 的斜率小于等于 F_1Q 的斜率，所以 BE 的斜率一定小于 F_1Q 的斜率（而 B 点的边缘光线为 GB，GB 平行于 F_1Q，GB 的反射光线为 BF_2），由反射定律可知，反射光线 BC 一定在 CPC 右边面形上。

对 C 点进行同样的分析，可发现反射光线 CJ 将朝着离吸收体 F_1F_2 越来越远的方向传递，如此循环往复，最终的反射光线将从 CPC 面形的采光口 PQ 逃逸，入射光线 UE 是无效光线。若 UE 以入射角大于 θ_a 较多照射，有可能会出现经过 CPC 面形很少次或一次反射后，反射光线就从 CPC 面形的采光口 PQ 逃逸。

总之，基于边缘光线原理所构建的上平板形吸收体 CPC 面形，当入射光线正好以接收半角照射到 CPC 面形的表面时，反射后的光线到达吸收体的边缘点；当入射光线小于接收半角照射到 CPC 面形的表面时，反射后的光线最终都达到吸收体表面；当入射光线大于接收半角照射到

CPC 面形的表面时，反射后的光线最终都从 CPC 面形的采光口逃逸。这就是 CPC 面形聚光性质，对入射光线的入射角具有确定的选择性，不大于接收半角入射光线最终能被吸收体接收，否则就不能被吸收体接收。

对于下平板形吸收体 CPC、竖板形吸收体 CPC、三角形吸收体 CPC 也具有类似的性质，也是以其自身的接收半角为界限，对入射光线具有确定的选择性，如图 4-12～图 4-14 所示。

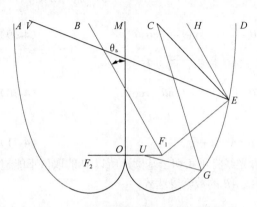

图 4-12　下平板形吸收体 CPC 的聚光特性

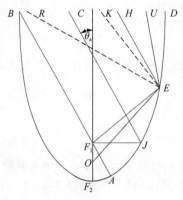

图 4-13　竖板形吸收体 CPC 的聚光特性

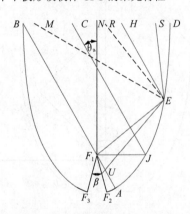

（a）0.5β 小于等于 θ_a

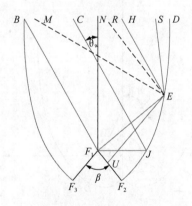

（b）0.5β 大于 θ_a

图 4-14　三角形吸收体 CPC 的聚光特性

4.3　圆形吸收体标准 CPC

4.3.1　圆形吸收体 CPC 面形

1．几何计算法

圆形吸收体 CPC 的吸收体呈圆管形，这种类型的聚光器常用在太阳能光热利用技术中，如图 4-15 所示。在图 4-15（a）中，AB 为 CPC 的第一段曲面，边缘光线 S_0B 与 y 轴的夹角为接收

半角 θ_a。在 AB 曲面上，光线 S_1D 与圆管相切于点 N 入射，到达反射面上的点 D 后，被反射到圆管并与其相切于点 N。从几何上满足这一光学性质的曲线 AB 是以半径为 r 的基圆的渐开线，则 BN 等于其弧长。

在图 4-15（a）中，设渐开线 AB 上任一点为 $D(x,y)$，点 D 横坐标等于 ON 及 ND 在 x 轴的投影之和，其中 ON 为基圆半径 r，ND 的长度为 $r\theta$，另外任一点 D 的入射角都不会超过其接收半角 θ_a，则有

$$x(\theta) = r\cos\left(\theta - \frac{\pi}{2}\right) + r\theta\sin\left(\theta - \frac{\pi}{2}\right) = r\sin\theta - r\theta\cos\theta \tag{4-69}$$

点 D 纵坐标等于 ND 在 y 轴的投影减去 ON 在 y 轴的投影，所以有

$$y(\theta) = -\left[r\theta\cos\left(\theta - \frac{\pi}{2}\right) - r\sin\left(\theta - \frac{\pi}{2}\right)\right] = -r\theta\sin\theta - r\cos\theta \tag{4-70}$$

令

$$U(\theta) = r\theta, \qquad 0 \leqslant \theta < 0.5\pi + \theta_a \tag{4-71}$$

式中，θ 的值若大于 $0.5\pi+\theta_a$，则入射角为 θ_a 的边缘光线将不相切于基圆，所以 θ 的取值不能超过此值。式（4-69）~式（4-71）为 CPC 第一段曲线 AB 的数学表达式。

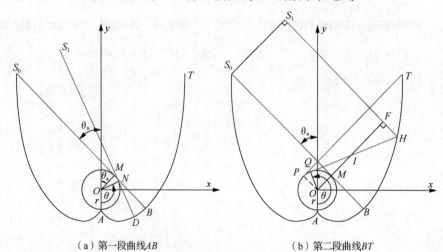

（a）第一段曲线 AB （b）第二段曲线 BT

图 4-15　圆形吸收体 CPC 面形几何计算法

图 4-15（b）所示第二段曲线 BT 为点 H 的轨迹，在边缘光线 S_1H 的照射下，CPC 的反射光线需到达基圆的边缘点，即反射光线 HQ 与基圆相切于 Q 点。在边缘点 M（$\angle AOM$ 的值为 $0.5\pi+\theta_a$）的边缘光线 S_0MB 的照射下，反射光线 BM 与基圆相切于 M 点，因此由几何关系有

$$\angle IOQ = \theta - \frac{\pi}{2} - \theta_a \tag{4-72}$$

$$IQ = r\tan\left(\theta - \frac{\pi}{2} - \theta_a\right) \tag{4-73}$$

与边缘光线 S_0B 平行的光 S_1H 照射在曲面 BT 上（S_0 和 S_1 在同一光波面上），在点 H 处反射到圆形吸收体上并与其相切于点 Q，所走的光程比在点 B 处反射所走的光程长小弧长 MQ（这是圆形吸收体边缘点不固定导致的光程差，从 M 点到 Q 点所构成的边缘点轨迹刚好为小弧长 MQ，所以光程的增加量为小弧长 MQ），即

$$S_0M + 2BM = S_1F + FH + HQ - r\left(\theta - \frac{\pi}{2} - \theta_a\right) \tag{4-74}$$

由图 4-15（b）可知

$$S_0M = S_1F \tag{4-75}$$

$$HQ = IH + IQ \tag{4-76}$$

$$BM = r\left(\frac{\pi}{2} + \theta_a\right) \tag{4-77}$$

所以有

$$HQ + FH = 2BM + r\left(\theta - \frac{\pi}{2} - \theta_a\right) \tag{4-78}$$

进一步有

$$IH + IQ + FH = 2r\left(\frac{\pi}{2} + \theta_a\right) + r\left(\theta - \frac{\pi}{2} - \theta_a\right)$$

$$= r\left(\theta + \frac{\pi}{2} + \theta_a\right) \tag{4-79}$$

在 $\triangle HFI$ 中，

$$HF = IH\cos\angle IHF \tag{4-80}$$

由几何知识可知，$\triangle OQI$ 与 $\triangle HFI$ 相似，则有

$$\angle IOQ = \angle IHF = \theta - \frac{\pi}{2} - \theta_a \tag{4-81}$$

因此可得到一个关于 IH 的方程，即

$$IH + r\tan\angle IOQ + IH\cos\angle IOQ = r\left(\theta + \frac{\pi}{2} + \theta_a\right)$$

$$IH = \frac{r\left(\theta + \frac{\pi}{2} + \theta_a\right) - r\tan\angle IOQ}{1 + \cos\angle IOQ} \tag{4-82}$$

于是，QH 的长度可以表示为

$$QH = IH + IQ = \frac{r\left(\theta + \frac{\pi}{2} + \theta_a\right) - r\tan\angle IOQ}{1 + \cos\angle IOQ} + r\tan\angle IOQ$$

$$= IH + IQ = \frac{r\left(\theta + \frac{\pi}{2} + \theta_a\right) - r\tan\left(\theta - \frac{\pi}{2} - \theta_a\right)}{1 + \cos\left(\theta - \frac{\pi}{2} - \theta_a\right)} + r\tan\left(\theta - \frac{\pi}{2} - \theta_a\right) \tag{4-83}$$

在图 4-15（b）中，点 H 的横坐标等于 QH 在 x 轴的投影减去 OQ 在 x 轴的投影，即

$$x(\theta) = QH\cos(\theta - \pi) - OQ\sin(\theta - \pi)$$

$$= -\cos\theta\left[\frac{r\left(\theta + \frac{\pi}{2} + \theta_a\right) - r\tan\left(\theta - \frac{\pi}{2} - \theta_a\right)}{1 + \cos\left(\theta - \frac{\pi}{2} - \theta_a\right)} + r\tan\left(\theta - \frac{\pi}{2} - \theta_a\right)\right] + r\sin\theta$$

$$= \left[\frac{r\left(\theta + \dfrac{\pi}{2} + \theta_a\right) + r\cot(\theta - \theta_a)}{1 + \sin(\theta - \theta_a)} - r\cot(\theta - \theta_a)\right](-\cos\theta) + r\sin\theta \qquad （4\text{-}84a）$$

将式（4-84a）进一步化简有

$$x(\theta) = \left[r\cot(\theta - \theta_a) - \frac{r\left(\theta + \dfrac{\pi}{2} + \theta_a\right) + r\cot(\theta - \theta_a)}{1 + \sin(\theta - \theta_a)}\right]\cos\theta + r\sin\theta$$

$$= \left[r\frac{\cot(\theta - \theta_a)[1 + \sin(\theta - \theta_a)]}{1 + \sin(\theta - \theta_a)} - \frac{r\left(\theta + \dfrac{\pi}{2} + \theta_a\right) + r\cot(\theta - \theta_a)}{1 + \sin(\theta - \theta_a)}\right]\cos\theta + r\sin\theta \qquad （4\text{-}84b）$$

$$= -\frac{r\left[\theta + \dfrac{\pi}{2} + \theta_a - \cos(\theta - \theta_a)\right]}{1 + \sin(\theta - \theta_a)}\cos\theta + r\sin\theta$$

点 H 的纵坐标 y 等于 QH 在 y 轴的投影与 OQ 在 y 轴投影之和，即
$$y(\theta) = QH\sin(\theta - \pi) + OQ\cos(\theta - \pi)$$

$$= \left[\frac{r\left(\theta + \dfrac{\pi}{2} + \theta_a\right) - r\tan\left(\theta - \dfrac{\pi}{2} - \theta_a\right)}{1 + \cos\left(\theta - \dfrac{\pi}{2} - \theta_a\right)} + r\tan\left(\theta - \dfrac{\pi}{2} - \theta_a\right)\right](-\sin\theta) - r\cos\theta$$

$$= \left[\frac{r\left(\theta + \dfrac{\pi}{2} + \theta_a\right) + r\cot(\theta - \theta_a)}{1 + \sin(\theta - \theta_a)} - r\cot(\theta - \theta_a)\right](-\sin\theta) - r\cos\theta \qquad （4\text{-}85a）$$

将式（4-85a）进一步化简有

$$y(\theta) = -r\sin\theta\left\{ \frac{\left(\theta + \dfrac{\pi}{2} + \theta_a\right) + \cot(\theta - \theta_a) - \cot(\theta - \theta_a)[1 + \sin(\theta - \theta_a)]}{1 + \sin(\theta - \theta_a)}\right\} - r\cos\theta$$

$$= -\left[\frac{r\left(\theta + \dfrac{\pi}{2} + \theta_a\right) - r\cos(\theta - \theta_a)}{1 + \sin(\theta - \theta_a)}\right]\sin\theta - r\cos\theta \qquad （4\text{-}85b）$$

令

$$U(\theta) = \frac{r\left(\theta + \dfrac{\pi}{2} + \theta_a\right) - r\cos(\theta - \theta_a)}{1 + \sin(\theta - \theta_a)}, \quad 0.5\pi + \theta_a \leqslant \theta \leqslant 1.5\pi - \theta_a \qquad （4\text{-}86）$$

式中，θ 的最大值为 $1.5\pi-\theta_a$ 是为了使圆形吸收体 CPC 面形的采光口最大化。因此圆形吸收体 CPC 面形的数学表达式归纳为

$$\begin{cases} x(\theta) = r\sin\theta - U(\theta)\cos\theta \\ y(\theta) = -U(\theta)\sin\theta - r\cos\theta \end{cases} \tag{4-87a}$$

$$U(\theta) = \begin{cases} r\theta, & 0 \leqslant \theta < 0.5\pi + \theta_a \\ \dfrac{r\left(\theta + \dfrac{\pi}{2} + \theta_a\right) - r\cos(\theta - \theta_a)}{1 + \sin(\theta - \theta_a)}, & 0.5\pi + \theta_a \leqslant \theta \leqslant 1.5\pi - \theta_a \end{cases} \tag{4-87b}$$

2. 物理模型法

圆形吸收体 CPC 面形的物理模型法如图 4-16 所示。在图 4-16 中，AB 为 CPC 的第一段曲面，边缘光线 S_0B 与 y 轴的夹角为接收半角 θ_a。在 AB 曲面上，光线 S_1D 与圆管相切于点 N 入射，到达反射面上的点 D 后，被反射到圆管并与其相切于点 N。

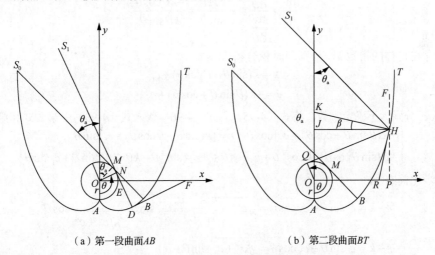

（a）第一段曲面 AB （b）第二段曲面 BT

图 4-16 圆形吸收体 CPC 面形物理模型法

设点 D 的坐标为 (x,y)，DF 为 D 的切线，S_1D 与圆的切点为点 N，则有

$$\angle DEF = \frac{\pi}{2} - \left(\theta - \frac{\pi}{2}\right) \tag{4-88}$$

$$\angle DFx = \angle DEF + \frac{\pi}{2} = \frac{\pi}{2} - \left(\theta - \frac{\pi}{2}\right) + \frac{\pi}{2} = \frac{3}{2}\pi - \theta \tag{4-89}$$

点 D 的斜率为

$$\frac{dy}{dx} = \tan(\pi - \angle DFx) = -\tan\angle DFx = -\tan\left(\frac{3}{2}\pi - \theta\right) = -\cot\theta \tag{4-90}$$

入射光线相切于圆管点 N 坐标可表示为

$$\begin{cases} x_N = r\cos\left(\theta - \dfrac{\pi}{2}\right) = r\sin\theta \\ y_N = r\sin\left(\theta - \dfrac{\pi}{2}\right) = -r\cos\theta \end{cases} \tag{4-91}$$

则 ND 斜率还可表示为

$$k_{ND} = \frac{y - y_N}{x - x_N} = \frac{y - (-r\cos\theta)}{x - r\sin\theta} = \frac{y + r\cos\theta}{x - r\sin\theta} \tag{4-92}$$

因 DN 与 DF 垂直，所以有

$$\begin{cases} -\cot\theta \dfrac{y + r\cos\theta}{x - r\sin\theta} = -1 \\[2mm] \dfrac{-\cos\theta}{\sin\theta} \dfrac{y + r\cos\theta}{x - r\sin\theta} = -1 \\[2mm] \cos\theta(y + r\cos\theta) = \sin\theta(x - r\sin\theta) \\[1mm] y\cos\theta + r(\cos^2\theta + \sin^2\theta) = x\sin\theta \\[1mm] y\cos\theta + r = x\sin\theta \end{cases} \tag{4-93}$$

对 D 的斜率进行改写，即

$$\frac{\mathrm{d}y}{\mathrm{d}x} = \frac{\dfrac{\mathrm{d}y}{\mathrm{d}\theta}}{\dfrac{\mathrm{d}x}{\mathrm{d}\theta}} = -\frac{\cos\theta}{\sin\theta} = \frac{-k\theta\cos\theta}{k\theta\sin\theta} \tag{4-94}$$

假设存在这样的常数 k，分别同时积分得

$$x = k(\sin\theta - \theta\cos\theta) + c_1 \tag{4-95}$$

$$y = -k(\theta\sin\theta + \cos\theta) + c_2 \tag{4-96}$$

式中，c_1、c_2 分别为不确定常数，将式（4-95）和式（4-96）代入式（4-93）中第 3 式和第 4 式，得

$$\begin{cases} [-k(\theta\sin\theta + \cos\theta) + c_2]\cos\theta + r = [k(\sin\theta - \theta\cos\theta) + c_1]\sin\theta \\[1mm] -k\theta\sin\theta\cos\theta - k\cos^2\theta + c_2\cos\theta + r = k\sin^2\theta - k\theta\cos\theta\sin\theta + c_1\sin\theta \end{cases} \tag{4-97a}$$

进一步化简有

$$r - k = c_1\sin\theta - c_2\cos\theta = \sqrt{c_1^2 + c_2^2}\left(\frac{c_1}{\sqrt{c_1^2 + c_2^2}}\sin\theta - \frac{c_2}{\sqrt{c_1^2 + c_2^2}}\cos\theta \right)$$

$$r - k = c_1\sin\theta - c_2\cos\theta = \sqrt{c_1^2 + c_2^2}\sin(\theta - \alpha) \tag{4-97b}$$

式中，$r-k$ 为确定的常数，等式右边为变量，要使等式两边成立，则有

$$c_1 = c_2 = 0 \tag{4-98}$$

所以

$$k = r \tag{4-99}$$

可得该段曲线的解析解为

$$x = r(\sin\theta - \theta\cos\theta) \tag{4-100a}$$

$$y = -r(\theta\sin\theta + \cos\theta) \tag{4-100b}$$

对于第一段曲线 AB 的求解，除利用垂直线段之间的关系来求解外，还可以根据圆与其渐开线之间的性质来求解，其过程如下。

DN 线段的长度等于 θ 对应圆形吸收体的弧度

$$|DN| = \overset{\frown}{AN}$$

即

$$(x - r\sin\theta)^2 + (y + r\cos\theta)^2 = (r\theta)^2 \tag{4-101}$$

联立式（4-93）和式（4-101），求解得

$$\begin{cases} x_1 = r(\sin\theta + \theta\cos\theta) \\ x_2 = r(\sin\theta - \theta\cos\theta) \end{cases} \tag{4-102}$$

对 θ 求导数，即

$$\begin{cases} x_1' = r(2\cos\theta - \theta\sin\theta) \\ x_2' = r(\theta\sin\theta) \end{cases} \tag{4-103}$$

在 $0 \leqslant \theta \leqslant 0.5\pi$ 区间有

$$x_1' = r(2\cos\theta - \theta\sin\theta) \tag{4-104}$$

x_1' 在区间内不恒大于 0，即动点 D 的横坐标在区间内振荡，不满足要求。

$$x_2' = r(\theta\sin\theta) \geqslant 0 \tag{4-105}$$

满足动点 D 的坐标变化，即 x 坐标恒增，满足要求。

因此，动点 D 的横坐标为

$$x = r(\sin\theta - \theta\cos\theta) \tag{4-106a}$$

动点 D 的纵坐标为

$$y = -r(\theta\sin\theta + \cos\theta) \tag{4-106b}$$

对于第二段曲面 BT 部分，在图 4-16（b）中光线照射到曲面上的任意点 H 经反射后需要到达 Q 点，S_1H 为入射光线，HQ 为反射光线，Q 点为反射光线与圆的切点，KH 为点 H 的法线，JH 与 y 轴垂直且交于点 J，FP 与 x 轴垂直且交于点 P，由几何关系知

$$\angle JHQ = \angle QOJ = \theta - \pi \tag{4-107}$$

反射角等于入射角时，有

$$\angle S_1HK = \frac{\pi}{2} - \theta_a - \beta = \angle KHQ \tag{4-108}$$

$\angle JKQ$ 又可写为

$$\angle JHQ = \angle KHQ - \beta = \left(\frac{\pi}{2} - \theta_a - \beta\right) - \beta = \frac{\pi}{2} - \theta_a - 2\beta \tag{4-109}$$

所以有

$$\begin{cases} \theta - \pi = \dfrac{\pi}{2} - \theta_a - 2\beta \\ \beta = \dfrac{\dfrac{3\pi}{2} - \theta - \theta_a}{2} \end{cases} \tag{4-110}$$

在图 4-16（b）中，设 QH 的长度为 $u(\theta)$，于是动点 H 的坐标方程可表示为

$$\begin{cases} x = r\sin\theta - u(\theta)\cos\theta \\ y = -r\cos\theta - u(\theta)\sin\theta \end{cases} \tag{4-111}$$

式中，u 为 θ 的函数，r 是圆管半径，点 H 处的斜率可以表示为 $\angle RHP$ 的余切值，因此可得到下式：

$$\frac{\mathrm{d}y}{\mathrm{d}x} = \cot\angle RHP \tag{4-112}$$

由于有角度关系

$$\beta + \angle JHR = \angle JHR + \angle RHP = \frac{\pi}{2} \tag{4-113}$$

因此有

$$\frac{\mathrm{d}y}{\mathrm{d}x} = \cot \angle RHP = \cot \beta = \cot \frac{\dfrac{3\pi}{2} - \theta - \theta_\mathrm{a}}{2}$$

$$= \cot \left(\pi - \frac{\dfrac{\pi}{2} + \theta + \theta_\mathrm{a}}{2} \right) = -\cot \frac{0.5\pi + \theta + \theta_\mathrm{a}}{2} \tag{4-114}$$

对式（4-114）求导得

$$\frac{\mathrm{d}y}{\mathrm{d}x} = \frac{r \sin \theta - u' \sin \theta - u \cos \theta}{r \cos \theta - u' \cos \theta + u \sin \theta} \tag{4-115}$$

因此有

$$\frac{r \sin \theta - u' \sin \theta - u \cos \theta}{r \cos \theta - u' \cos \theta + u \sin \theta} + \cot \frac{0.5\pi + \theta + \theta_\mathrm{a}}{2} = 0 \tag{4-116}$$

对式（4-116）改写，则有

$$r \sin \theta - u' \sin \theta - u \cos \theta + (r \cos \theta - u' \cos \theta + u \sin \theta) \cot \frac{0.5\pi + \theta + \theta_\mathrm{a}}{2} = 0$$

合并同类项并化简得

$$u' \left[\sin \theta + \cos \theta \cot \frac{0.5\pi + \theta + \theta_\mathrm{a}}{2} \right] = r \left(\sin \theta + \cos \theta \cot \frac{0.5\pi + \theta + \theta_\mathrm{a}}{2} \right)$$

$$+ u \sin \theta \cot \frac{0.5\pi + \theta + \theta_\mathrm{a}}{2} - u \cos \theta$$

等式两边同时除以公共的多项式可得

$$u' = r + u \frac{\sin \theta \cot \dfrac{0.5\pi + \theta + \theta_\mathrm{a}}{2} - \cos \theta}{\sin \theta + \cos \theta \cot \dfrac{0.5\pi + \theta + \theta_\mathrm{a}}{2}}$$

对上式中的 $\dfrac{\sin \theta \cot \dfrac{0.5\pi + \theta + \theta_\mathrm{a}}{2} - \cos \theta}{\sin \theta + \cos \theta \cot \dfrac{0.5\pi + \theta + \theta_\mathrm{a}}{2}}$ 同时除以 $\cos \theta$ 得

$$u' = r + u \frac{\tan \theta \cot \dfrac{0.5\pi + \theta + \theta_\mathrm{a}}{2} - 1}{\tan \theta + \cot \dfrac{0.5\pi + \theta + \theta_\mathrm{a}}{2}}$$

式中

$$\cot \frac{0.5\pi + \theta + \theta_\mathrm{a}}{2} = \tan \left(\frac{\pi}{2} - \frac{0.5\pi + \theta + \theta_\mathrm{a}}{2} \right) = \tan \frac{0.5\pi - \theta - \theta_\mathrm{a}}{2}$$

所以有

$$u' = r + u \frac{\tan \theta \tan \dfrac{0.5\pi - \theta - \theta_\mathrm{a}}{2} - 1}{\tan \theta + \tan \dfrac{0.5\pi - \theta - \theta_\mathrm{a}}{2}}$$

因为

$$\frac{\tan\theta\tan\dfrac{0.5\pi-\theta-\theta_a}{2}-1}{\tan\theta+\tan\dfrac{0.5\pi-\theta-\theta_a}{2}}=\frac{1}{\dfrac{\tan\theta+\tan\dfrac{0.5\pi-\theta-\theta_a}{2}}{\tan\theta\tan\dfrac{0.5\pi-\theta-\theta_a}{2}-1}}=-\frac{1}{\tan\left(\theta+\dfrac{0.5\pi-\theta-\theta_a}{2}\right)}$$

$$=-\frac{1}{\tan\dfrac{0.5\pi+\theta-\theta_a}{2}}=-\frac{1}{\tan\left[\dfrac{\pi}{2}-\left(\dfrac{0.5\pi-\theta+\theta_a}{2}\right)\right]}$$

$$=-\frac{1}{\cot\dfrac{0.5\pi-\theta+\theta_a}{2}}=\tan\dfrac{\theta-0.5\pi-\theta_a}{2}$$

所以有

$$\frac{\mathrm{d}u}{\mathrm{d}\theta}-u\tan\frac{\theta-0.5\pi-\theta_a}{2}=r \tag{4-117}$$

这是一个关于 θ 的线性非齐次微分方程，基本形式如下：

$$\frac{\mathrm{d}y}{\mathrm{d}x}+P(x)y=Q(x)$$

其通解为

$$y=\mathrm{e}^{-\int P(x)\mathrm{d}x}\left[\int Q(x)\mathrm{e}^{\int P(x)\mathrm{d}x}\mathrm{d}x+c\right]$$

所以式（4-117）的通解为

$$u(\theta)=\mathrm{e}^{-\int-\tan\frac{\theta-0.5\pi-\theta_a}{2}\mathrm{d}\theta}\left(\int r\mathrm{e}^{\int-\tan\frac{\theta-0.5\pi-\theta_a}{2}\mathrm{d}\theta}\mathrm{d}\theta+c\right)$$

$$=\mathrm{e}^{2\int\tan\frac{\theta-0.5\pi-\theta_a}{2}\mathrm{d}\left(\frac{\theta-0.5\pi-\theta_a}{2}\right)}\left[\int r\mathrm{e}^{-2\int\tan\frac{\theta-0.5\pi-\theta_a}{2}\mathrm{d}\left(\frac{\theta-0.5\pi-\theta_a}{2}\right)}\mathrm{d}\theta+c\right]$$

$$=\mathrm{e}^{-2\ln\left|\cos\frac{\theta-0.5\pi-\theta_a}{2}\right|}\left(\int r\mathrm{e}^{2\ln\left|\cos\frac{\theta-0.5\pi-\theta_a}{2}\right|}\mathrm{d}\theta+c\right)$$

$$=\frac{1}{\cos^2\dfrac{\theta-0.5\pi-\theta_a}{2}}\left(\int r\cos^2\frac{\theta-0.5\pi-\theta_a}{2}\mathrm{d}\theta+c\right)$$

$$=\frac{2}{1+\sin(\theta-\theta_a)}\left(\frac{r\theta-r\cos(\theta-\theta_a)}{2}+c\right) \tag{4-118}$$

面形 BT 在 B 点处面形是连续的，当 θ 为 $0.5\pi+\theta_a$ 时，u 为 $r(0.5\pi+\theta_a)$，所以有

$$u(\theta)=r(0.5\pi+\theta_a)$$

$$=\frac{2}{1+\sin(0.5\pi+\theta_a-\theta_a)}\left[\frac{r(0.5\pi+\theta_a)-r\cos(0.5\pi+\theta_a-\theta_a)}{2}+c\right]$$

$$=\frac{2}{1+\cos(\theta_a-\theta_a)}\left[\frac{r(0.5\pi+\theta_a)+r\sin(\theta_a-\theta_a)}{2}+c\right]$$

$$=\left[\frac{r(0.5\pi+\theta_a)}{2}+c\right] \tag{4-119}$$

$$c = \frac{r(0.5\pi + \theta_a)}{2}$$

所以有

$$
\begin{aligned}
u(\theta) &= \frac{2}{1+\sin(\theta-\theta_a)}\left[\frac{r\theta - r\cos(\theta-\theta_a)}{2} + c\right] \\
&= \frac{2}{1+\sin(\theta-\theta_a)}\left[\frac{r\theta - r\cos(\theta-\theta_a)}{2} + \frac{r(0.5\pi+\theta_a)}{2}\right] \\
&= \frac{r\left[(\theta+\theta_a+0.5\pi) - \cos(\theta-\theta_a)\right]}{1+\sin(\theta-\theta_a)}
\end{aligned}
\tag{4-120}
$$

因此，同样可得圆形吸收体第二段曲线方程为

$$
\begin{cases}
x = r\sin\theta - \dfrac{r\left[(\theta+\theta_a+0.5\pi) - \cos(\theta-\theta_a)\right]}{1+\sin(\theta-\theta_a)}\cos\theta \\[4mm]
y = -r\cos\theta - \dfrac{r\left[(\theta+\theta_a+0.5\pi) - \cos(\theta-\theta_a)\right]}{1+\sin(\theta-\theta_a)}\sin\theta
\end{cases}
,\quad 0.5\pi+\theta_a \leqslant \theta \leqslant 1.5\pi-\theta_a
$$

对式（4-117）还可以这样求解，令

$$u = \frac{w}{\cos^2 z}$$

式中，u、w 分别为关于 θ 的函数，所以有

$$
\begin{cases}
\mathrm{d}u = \dfrac{1}{\cos^2 z}\mathrm{d}w + \dfrac{2w\sin z}{\cos^3 z}\mathrm{d}z \\[3mm]
\dfrac{\mathrm{d}u}{\mathrm{d}z} - \dfrac{2w\sin z}{\cos^3 z} = \dfrac{1}{\cos^2 z}\dfrac{\mathrm{d}w}{\mathrm{d}z} \\[3mm]
\dfrac{\mathrm{d}u}{\mathrm{d}z} - \dfrac{2w}{\cos^2 z}\dfrac{\sin z}{\cos z} = \dfrac{1}{\cos^2 z}\dfrac{\mathrm{d}w}{\mathrm{d}z}
\end{cases}
\tag{4-121}
$$

式中

$$z = \frac{\theta - 0.5\pi - \theta_a}{2}$$

对上式等号两边同时求导得

$$\mathrm{d}\theta = 2\mathrm{d}z$$

因此原式可写成一个关于 $\mathrm{d}z$ 的方程，即

$$\frac{\mathrm{d}u}{2\mathrm{d}z} - u\tan z - r = 0$$

变形后有

$$\frac{\mathrm{d}u}{\mathrm{d}z} - 2u\tan z = 2r$$

$$\frac{\mathrm{d}u}{\mathrm{d}z} - 2\frac{w}{\cos^2 z}\frac{\sin z}{\cos z} = 2r \tag{4-122}$$

对比式（4-121）和式（4-122）有

$$2r = \frac{1}{\cos^2 z}\frac{\mathrm{d}w}{\mathrm{d}z}$$

这是一个可分离变量的方程，于是移项得

$$\frac{1}{2r}\mathrm{d}w = \cos^2 z\mathrm{d}z = \frac{1+\cos 2z}{2}\mathrm{d}z$$

上式两边同时积分得

$$\frac{w}{2r} = \frac{1}{2}z + \frac{\sin 2z}{4} + c$$

边界条件：当 θ 为 $0.5\pi+\theta_a$ 时，w 为 $r(0.5\pi+\theta_a)$，z 为 0，所以可获得常数 c 为

$$c = \frac{0.5\pi+\theta_a}{2}$$

因此 w 可表示为

$$w = 2r\left(\frac{1}{2}z + \frac{\sin 2z}{4} + \frac{0.5\pi+\theta_a}{2}\right)$$

将 w 替换为 u 有

$$\frac{u\cos^2 z}{2r} = \frac{1}{2}z + \frac{\sin 2z}{4} + \frac{0.5\pi+\theta_a}{2}$$

$$\frac{u(1+\cos 2z)}{4r} = \frac{1}{2}z + \frac{\sin 2z}{4} + \frac{0.5\pi+\theta_a}{2}$$

$$u = \frac{4r\left(\dfrac{1}{2}z + \dfrac{\sin 2z}{4} + \dfrac{0.5\pi+\theta_a}{2}\right)}{1+\sin(\theta-\theta_a)}$$

$$= \frac{r\left[2z + \dfrac{\sin 2z}{1} + \pi + 2\theta_a\right]}{1+\sin(\theta-\theta_a)}$$

将 z 全部替换后有

$$u = \frac{r\left[\theta - \dfrac{\pi}{2} - \theta_a + \sin\left(\theta - \dfrac{\pi}{2} - \theta_a\right) + \pi + 2\theta_a\right]}{1+\sin(\theta-\theta_a)}$$

$$= \frac{r\left[\theta + \dfrac{\pi}{2} + \theta_a + \sin\left(\theta - \dfrac{\pi}{2} - \theta_a\right)\right]}{1+\sin(\theta-\theta_a)}$$

$$= \frac{r\left[\theta + \dfrac{\pi}{2} + \theta_a - \sin\left(\dfrac{\pi}{2} - (\theta-\theta_a)\right)\right]}{1+\sin(\theta-\theta_a)}$$

$$= \frac{r\left[(\theta + \theta_a + 0.5\pi) - \cos(\theta-\theta_a)\right]}{1+\sin(\theta-\theta_a)}$$

同样，这里也获得了相同的 u 的表达式。

3. 微分几何法

（1）弧长参数曲线

在曲线 $r(s)$（图 4-17）上，$\alpha(s)$ 是 $r(s)$ 的单位切向量，其中 s 表示弧长，这是因为曲线的弧长为

$$ds = r'(t)dt \qquad (4\text{-}123)$$

这里的 t 为曲线参数方程中的参数，假如式（4-123）中曲线的参数方程的参数 t 恰好为弧长 s，因此可以得到

$$\boldsymbol{\alpha}(s) = \boldsymbol{r}'(s) \equiv 1 \qquad (4\text{-}124)$$

所以，$\boldsymbol{\alpha}(s)$ 为 $\boldsymbol{r}(s)$ 的单位切向量。在图 4-17 中有

$$\left| \frac{d\boldsymbol{\alpha}(s)}{ds} \right| = \lim_{\Delta s \to 0} \left| \frac{d\boldsymbol{\alpha}(s+\Delta s) - \boldsymbol{\alpha}(s)}{\Delta s} \right| = \lim_{\Delta s \to 0} 2 \left| \frac{\sin \frac{\Delta\theta}{2}}{\Delta s} \right| = \lim_{\Delta s \to 0} \left| \frac{\Delta\theta}{\Delta s} \right| = \kappa(s)\boldsymbol{\beta}(s) \qquad (4\text{-}125)$$

显然，单位向量 $\boldsymbol{\beta}(s)$ 与向量 $\boldsymbol{\alpha}(s)$ 是互相垂直的，$\kappa(s)$ 为向量 $\boldsymbol{\beta}(s)$ 的系数。

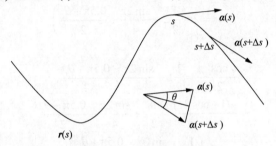

图 4-17　弧长作为参数的曲线

（2）渐伸线

微分几何学以光滑曲线（或曲面）作为研究对象，对于圆形吸收体 CPC 曲线方程的推导，将以曲线的弧线长、曲线上任一点的切线等概念作为理论依据。在推导 CPC 曲线方程之前，先介绍渐伸线（也被称为渐开线）与渐屈线之间的对应关系。在图 4-18 中假设在曲线 G_1 和 G_2 之间存在一个对应关系，即在曲线 G_1 上任意一点的切线与曲线 G_2 上对应点的法线是重合的，则称曲线 G_2 是 G_1 的渐伸线，同时称曲线 G_1 是 G_2 的渐屈线。

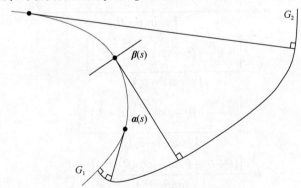

图 4-18　渐伸线与渐屈线

在图 4-18 中，已知曲线 G_1 的方程是一个以弧长 s 为参数的表达式 $\boldsymbol{r}(s)$，则 G_1 的渐伸线 G_2 的参数方程可以表示为

$$\boldsymbol{J}(s) = \boldsymbol{r}(s) + (c-s)\boldsymbol{\alpha}(s) \qquad (4\text{-}126)$$

式中，c 是任意的常数，下面根据渐伸线与渐屈线之间的对应关系来证明式（4-126），在图 4-18

中假设

$$\boldsymbol{J}_1(s) = \boldsymbol{r}(s) + \lambda(s)\boldsymbol{a}(s) \tag{4-127}$$

式中，$\boldsymbol{J}_1(s)$为曲线G_1的渐伸线，$\boldsymbol{a}(s)$为曲线G_1的单位切向量，那么$\boldsymbol{a}(s)$也是曲线$\boldsymbol{J}_1(s)$的单位法向量，对式（4-127）求导可得

$$\boldsymbol{J}_1'(s) = \boldsymbol{r}'(s) + \lambda'(s)\boldsymbol{a}(s) + \lambda(s)\boldsymbol{a}'(s) \tag{4-128}$$

$\boldsymbol{\beta}(s)$为曲线G_1的单位主法向量，因此有

$$\begin{aligned}
\boldsymbol{J}_1'(s) &= \boldsymbol{a}(s) + \lambda'(s)\boldsymbol{a}(s) + \lambda(s)\boldsymbol{a}'(s) \\
&= \left[1 + \lambda'(s)\right]\boldsymbol{a}(s) + \lambda(s)\boldsymbol{a}'(s) \\
&= \left[1 + \lambda'(s)\right]\boldsymbol{a}(s) + \lambda(s)\kappa(s)\boldsymbol{\beta}(s)
\end{aligned} \tag{4-129}$$

将式（4-129）方程左右两边与$\boldsymbol{a}(s)$做点乘得到

$$\boldsymbol{J}_1'(s) \cdot \boldsymbol{a}(s) = \left[1 + \lambda'(s)\right]\boldsymbol{a}(s)\boldsymbol{a}(s) + \lambda(s)\kappa(s)\boldsymbol{\beta}(s)\boldsymbol{a}(s) \tag{4-130}$$

因为

$$\begin{cases}
\boldsymbol{J}_1'(s) \cdot \boldsymbol{a}(s) = 0 \\
\boldsymbol{a}(s)\boldsymbol{a}(s) = 1 \\
\boldsymbol{\beta}(s)\boldsymbol{a}(s) = 0
\end{cases} \tag{4-131}$$

所以

$$1 + \lambda'(s) = 0 \tag{4-132}$$

因此有

$$\lambda(s) = c - s \tag{4-133}$$

即式（4-126）得到证明。

（3）圆形吸收体CPC面形的微分几何方法求解

根据渐开线与渐屈线之间的函数关系式，对圆形吸收体CPC面形方程进行求解。在图4-19中，同样在接收半角为θ_a时，将圆形吸收体CPC右边面形分为AB和BT两个部分。

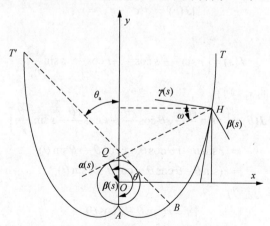

图4-19 圆形吸收体CPC面形微分几何法

对于第一段曲线AB部分，以θ为参数圆的参数方程，则有

$$r = r\left(\cos\left(\theta - \frac{\pi}{2}\right), r\sin\left(\theta - \frac{\pi}{2}\right)\right)$$

$$= (r\sin\theta, -r\cos\theta) \tag{4-134}$$

对式（4-134）求导得

$$r' = (r\cos\theta, r\sin\theta) \tag{4-135}$$

弧长 s 与参数 θ 的关系为

$$\frac{\mathrm{d}s}{\mathrm{d}\theta} = |r'(\theta)| = \sqrt{(r^2\cos^2\theta + r^2\sin^2\theta)} = r$$

对式（4-135）和式（4-136）进行如下改写：

$$r = \left(r\sin\frac{s}{r}, -r\cos\frac{s}{r}\right) \tag{4-136}$$

$$\boldsymbol{\alpha}(s) = r' = \left(r\frac{1}{r}\cos\frac{s}{r}, r\frac{1}{r}\sin\frac{s}{r}\right)$$

$$= \left(\cos\frac{s}{r}, \sin\frac{s}{r}\right) \tag{4-137}$$

式中，$\boldsymbol{\alpha}(s)$ 表示圆的单位切向量。根据渐伸线方程有

$$\boldsymbol{J}(s) = \boldsymbol{r}(s) + (c - s)\boldsymbol{\alpha}(s)$$

$$= \left(r\sin\frac{s}{r}, -r\cos\frac{s}{r}\right) + (c - s)\left(\cos\frac{s}{r}, \sin\frac{s}{r}\right)$$

$$= \left(r\sin\frac{s}{r} + (c - s)\cos\frac{s}{r}, -r\cos\frac{s}{r} + (c - s)\sin\frac{s}{r}\right) \tag{4-138}$$

边界条件为

$$s = 0, |\boldsymbol{J}(s)| = r$$

则式（4-138）为

$$\boldsymbol{J}(s) = (0 + c, -r + 0)$$

$$|\boldsymbol{J}(s)| = \sqrt{(c^2 + r^2)} = r \tag{4-139}$$

所以 c 的值为 0，于是有

$$\boldsymbol{J}(s) = \left(r\sin\frac{s}{r} - s\cos\frac{s}{r}, -r\cos\frac{s}{r} - s\sin\frac{s}{r}\right) \tag{4-140}$$

用 $r\theta$ 替换式（4-140）中的 s，则有

$$\boldsymbol{J}(\theta) = \left(r\sin\frac{r\theta}{r} - r\theta\cos\frac{r\theta}{r}, -r\cos\frac{r\theta}{r} - s\sin\frac{r\theta}{r}\right)$$

$$= (r\sin\theta - r\theta\cos\theta, -r\cos\theta - r\theta\sin\theta)$$

$$= r(\sin\theta - \theta\cos\theta, -\cos\theta - \theta\sin\theta)$$

因此第一段曲线面形数学方程为

$$\begin{cases} x = r(\sin\theta - \theta\cos\theta) \\ y = r(-\cos\theta - \theta\sin\theta) \end{cases}$$

对于第二段曲线 BT，设曲线以 s 为参数的方程为

$$\boldsymbol{J}(s) = \boldsymbol{r}(s) - \lambda(s)\boldsymbol{\alpha}(s) \tag{4-141}$$

对式（4-141）求导得

$$J'(s) = \alpha(s) - \lambda'(s)\alpha(s) - \lambda(s)\alpha'(s) \qquad (4\text{-}142)$$

式中，$J'(s)$ 为曲线 $J(s)$ 的切向量。在式（4-142）左右两边同时乘以向量 $\gamma(s)$ 得

$$J'(s)\gamma(s) = [1 - \lambda'(s)]\alpha(s)\gamma(s) - \lambda(s)\frac{1}{r}\beta(s)\gamma(s) = 0 \qquad (4\text{-}143)$$

式中，

$$\alpha'(s) = \frac{1}{r}\beta(s)$$

式中，$\beta(s)$ 称为圆的单位主法向量；$\gamma(s)$ 为曲线 $J(s)$ 的主法向量。结合图 4-19 可知，$\gamma(s)$ 与 $\alpha(s)$ 的夹角为 ω，$\beta(s)$ 与 $\gamma(s)$ 的夹角为 $\omega+0.5\pi$，而 $J'(s)$ 与 $\gamma(s)$ 相互垂直，因此式（4-143）可化简为

$$[1 - \lambda'(s)]\cos\omega - \frac{\lambda}{r}\cos\left(\frac{\pi}{2} + \omega\right) = 0$$

$$[1 - \lambda'(s)]\cos\omega + \frac{\lambda}{r}\sin\omega = 0 \qquad (4\text{-}144)$$

式（4-144）两边同时除以 $\cos\omega$，并对其化简为

$$r\lambda'(s) - \lambda(s)\tan\omega = r \qquad (4\text{-}145)$$

又因为

$$\frac{\mathrm{d}\lambda}{\mathrm{d}s} = \frac{\mathrm{d}\lambda}{\mathrm{d}\theta}\frac{\mathrm{d}\theta}{\mathrm{d}s} = \frac{\mathrm{d}\lambda}{\mathrm{d}\theta}\frac{1}{r} \qquad (4\text{-}146)$$

则有

$$\frac{\mathrm{d}\lambda}{\mathrm{d}\theta} - \lambda(\theta)\tan\omega = r \qquad (4\text{-}147)$$

由式（4-109）和式（4-110）可得

$$
\begin{aligned}
\omega &= \frac{\pi}{2} - \theta_a - 2\beta + \beta = 0.5\pi - \theta_a - \frac{1.5\pi - \theta - \theta_a}{2} \\
&= \frac{\pi}{2} - \frac{2\theta_a}{2} - \frac{1.5\pi - \theta - \theta_a}{2} \\
&= 0.5(\theta - \theta_a - 0.5\pi)
\end{aligned}
\qquad (4\text{-}148)
$$

所以有

$$\frac{\mathrm{d}\lambda}{\mathrm{d}\theta} - \tan[0.5(\theta - \theta_a - 0.5\pi)]\lambda(\theta) = r \qquad (4\text{-}149)$$

可以看到，假设式（4-141）是存在的，进一步很显然可看出式（4-149）与式（4-117）是一样的，并且还可以获知 λ 的物理意义就是 QH 的线段长度，关于此方程的求解，前述内容已进行详细介绍。

4.3.2　圆形吸收体 CPC 基本特性

1. 几何聚光比

二维圆形吸收体 CPC 的几何聚光比 C_{cir}，如图 4-15 所示，可采用下式计算：

$$C_{\text{cir}} = \frac{S_{\text{o}}T}{2\pi r}$$

$$= \frac{r\sin(1.5\pi - \theta_{\text{a}})}{\pi r} - \frac{r\left(1.5\pi - \theta_{\text{a}} + \dfrac{\pi}{2} + \theta_{\text{a}}\right) - r\cos(1.5\pi - \theta_{\text{a}} - \theta_{\text{a}})}{\pi r[1 + \sin(1.5\pi - \theta_{\text{a}} - \theta_{\text{a}})]}\cos(1.5\pi - \theta_{\text{a}})$$

$$= \frac{-\cos\theta_{\text{a}}}{\pi} + \frac{2\pi r + r\sin 2\theta_{\text{a}}}{\pi r(1 - \cos 2\theta_{\text{a}})}\sin\theta_{\text{a}}$$

$$= \frac{-\cos\theta_{\text{a}}}{\pi} + \frac{2\pi + \sin 2\theta_{\text{a}}}{2\pi \sin\theta_{\text{a}}}$$

$$= \frac{-\cos\theta_{\text{a}}}{\pi} + \frac{2\pi}{2\pi \sin\theta_{\text{a}}} + \frac{2\sin\theta_{\text{a}}\cos\theta_{\text{a}}}{2\pi \sin\theta_{\text{a}}}$$

$$= \frac{1}{\sin\theta_{\text{a}}} \tag{4-150}$$

2. 面形高度

圆形吸收体 CPC 面形的高度从图 4-15 中可看出，在渐开线 AB 段 y 的值是先下降再上升的，AB 段 y 点的最低值通过其参数方程导数获得，即

$$y'(\theta) = [-r\theta\sin\theta - r\cos\theta]' = -r\sin\theta - r\theta\cos\theta - r(-\sin\theta) = -r\theta\cos\theta \tag{4-151}$$

式中，当 θ 取值为 0.5π 时，有

$$y_{\min} = r\theta\sin\theta - r\cos\theta = -0.5\pi r \tag{4-152}$$

在图 4-15 中的采光口处，y 的值为

$$y_{\text{T}} = -r\cos(1.5\pi - \theta_{\text{a}}) - r\frac{1.5\pi - \theta_{\text{a}} + \dfrac{\pi}{2} + \theta_{\text{a}} - \cos(1.5\pi - \theta_{\text{a}} - \theta_{\text{a}})}{1 + \sin(1.5\pi - \theta_{\text{a}} - \theta_{\text{a}})}\sin(1.5\pi - \theta_{\text{a}})$$

$$= r\sin\theta_{\text{a}} + \frac{2\pi r + r\sin 2\theta_{\text{a}}}{1 - \cos 2\theta_{\text{a}}}\cos\theta_{\text{a}}$$

$$= r\sin\theta_{\text{a}} + r\frac{2\pi + \sin 2\theta_{\text{a}}}{2\sin^2\theta_{\text{a}}}\cos\theta_{\text{a}} \tag{4-153a}$$

进一步化简有

$$y_{\text{T}} = r\sin\theta_{\text{a}} + r\frac{\pi + \sin\theta_{\text{a}}\cos\theta_{\text{a}}}{\sin^2\theta_{\text{a}}}\cos\theta_{\text{a}}$$

$$= r\sin\theta_{\text{a}} + r\pi\frac{1}{\sin\theta_{\text{a}}}\cot\theta_{\text{a}} + r\frac{1}{\sin\theta_{\text{a}}}\cos^2\theta_{\text{a}}$$

$$= r\left(\frac{1}{C_{\text{cir}}} + \pi C_{\text{cir}}\cot\theta_{\text{a}} + C_{\text{cir}}\cos^2\theta_{\text{a}}\right) \tag{4-153b}$$

所以圆形吸收体 CPC 面形的高度 h_{cir} 为

$$h_{\text{cir}} = |y_{\min}| + y_{\text{T}} = r\left(\frac{1}{C_{\text{cir}}} + \pi C_{\text{cir}}\cot\theta_{\text{a}} + C_{\text{cir}}\cos^2\theta_{\text{a}}\right) + 0.5\pi r \tag{4-154}$$

3. 面形长度

圆形吸收体 CPC 面形长度 L_{arc} 如图 4-15 所示，由 L_{AB} 和 L_{BT} 两部分组成，在坐标系 xOy 中 L_{AB} 为

$$L_{AB} = \int_0^{0.5\pi+\theta_a} \sqrt{a^2+b^2}\,\mathrm{d}\theta = \int_0^{0.5\pi+\theta_a} r\theta\,\mathrm{d}\theta = r\frac{(0.5\pi+\theta_a)^2}{2} \tag{4-155a}$$

式中，

$$\begin{cases} a = (r\sin\theta - r\theta\cos\theta)' = r(\cos\theta - \cos\theta + \theta\sin\theta) = r\theta\sin\theta \\ b = (-r\theta\sin\theta - r\cos\theta)' = r(-\sin\theta - \theta\cos\theta + \sin\theta) = -r\theta\cos\theta \end{cases} \tag{4-155b}$$

对于 L_{BT} 部分，有

$$L_{BT} = \int_{0.5\pi+\theta}^{1.5\pi-\theta_a} \sqrt{c^2+d^2}\,\mathrm{d}\theta \tag{4-156a}$$

式中，

$$\begin{cases} c = \left[r\sin\theta - \dfrac{r\left(\theta+\dfrac{\pi}{2}+\theta_a\right) - r\cos(\theta-\theta_a)}{1+\sin(\theta-\theta_a)}\cos\theta \right]' \\[6mm] d = \left[-r\cos\theta - \dfrac{r(\theta+\dfrac{\pi}{2}+\theta_a) - r\cos(\theta-\theta_a)}{1+\sin(\theta-\theta_a)}\sin\theta \right]' \end{cases} \tag{4-156b}$$

化简有

$$L_{BT} = \sqrt{2}r\int_{0.5\pi+\theta_a}^{1.5\pi-\theta_a}\left[\frac{0.5\pi+\theta_a+\theta}{[1+\sin(\theta-\theta_a)]^{3/2}} - \frac{\cos(\theta-\theta_a)}{[1+\sin(\theta-\theta_a)]^{3/2}} \right]\mathrm{d}\theta \tag{4-156c}$$

令 φ 为 $\theta-\theta_a$，则有

$$L_{BT} = \sqrt{2}r\int_{0.5\pi}^{1.5\pi-2\theta_a}\left[\frac{0.5\pi+2\theta_a+\varphi}{(1+\sin\varphi)^{3/2}} - \frac{\cos\varphi}{(1+\sin\varphi)^{3/2}} \right]\mathrm{d}\varphi$$

$$= \sqrt{2}r(S_{2,1} - S_{2,2}) \tag{4-156d}$$

式中，曲线 BT 的长度 L_{BT} 分解为两部分积分，其中

$$S_{2,1} = \int_{0.5\pi}^{1.5\pi-2\theta_a} \frac{0.5\pi+2\theta_a+\varphi}{(1+\sin\varphi)^{3/2}}\mathrm{d}\varphi \tag{4-157}$$

对式（4-157）进行改写，则有

$$S_{2,1} = S_{2,1,1} + S_{2,1,2} \tag{4-158}$$

式中，$S_{2,1,1}$ 表达式为

$$S_{2,1,1} = \int_{0.5\pi}^{1.5\pi-2\theta_a} \frac{0.5\pi+2\theta_a}{(1+\sin\varphi)^{3/2}}\mathrm{d}\varphi$$

$$= (0.5\pi+2\theta_a)\int_{0.5\pi}^{1.5\pi-2\theta_a} (1+\sin\varphi)^{-3/2}\mathrm{d}\varphi \tag{4-159a}$$

式中

$$\int_{0.5\pi}^{1.5\pi-2\theta_a} (1+\sin\varphi)^{-3/2} \, \mathrm{d}\varphi = \int_{0.5\pi}^{1.5\pi-2\theta_a} \left[\left(\cos\frac{\varphi}{2} + \sin\frac{\varphi}{2} \right)^2 \right]^{-3/2} \mathrm{d}\varphi$$

$$= \int_{0.5\pi}^{1.5\pi-2\theta_a} \left(\cos\frac{\varphi}{2} + \sin\frac{\varphi}{2} \right)^{-3} \mathrm{d}\varphi = \int_{0.5\pi}^{1.5\pi-2\theta_a} \left[\sqrt{2} \left(\frac{\sqrt{2}}{2}\cos\frac{\varphi}{2} + \frac{\sqrt{2}}{2}\sin\frac{\varphi}{2} \right) \right]^{-3} \mathrm{d}\varphi$$

$$= \frac{\sqrt{2}}{4} \int_{0.5\pi}^{1.5\pi-2\theta_a} \left[\cos\left(\frac{\varphi}{2} - \frac{\pi}{4} \right) \right]^{-3} \mathrm{d}\varphi = \frac{\sqrt{2}}{4} \int_{0.5\pi}^{1.5\pi-2\theta_a} 2\cos^{-3}\left(\frac{\varphi}{2} - \frac{\pi}{4} \right) \mathrm{d}\left(\frac{\varphi}{2} - \frac{\pi}{4} \right)$$

$$= \frac{\sqrt{2}}{4} \left[\sec\left(\frac{\varphi}{2} - \frac{\pi}{4} \right) \tan\left(\frac{\varphi}{2} - \frac{\pi}{4} \right) + \ln\left| \sec\left(\frac{\varphi}{2} - \frac{\pi}{4} \right) + \tan\left(\frac{\varphi}{2} - \frac{\pi}{4} \right) \right| \right] \Bigg|_{0.5\pi}^{1.5\pi-2\theta_a}$$

$$= \frac{\sqrt{2}}{4} \left[\frac{\sin\left(\dfrac{\varphi}{2} - \dfrac{\pi}{4} \right)}{\cos^2\left(\dfrac{\varphi}{2} - \dfrac{\pi}{4} \right)} + \ln\left| \tan\left(\frac{\varphi}{4} + \frac{\pi}{8} \right) \right| \right] \Bigg|_{0.5\pi}^{1.5\pi-2\theta_a}$$

$$= \frac{\sqrt{2}}{4} (0.5\pi+2\theta_a) \left(\frac{\cos\theta_a}{\sin^2\theta_a} + \ln|\cot 0.5\theta_a| \right) \tag{4-159b}$$

式（4-158）中，$S_{2,1,2}$ 表达式为

$$S_{2,1,2} = \int_{0.5\pi}^{1.5\pi-2\theta_a} \frac{\varphi}{(1+\sin\varphi)^{3/2}} \, \mathrm{d}\varphi \tag{4-160a}$$

对式（4-160a）计算较难，采用高斯-勒让德的公式得到其数值解。把式（4-160a）中的积分上下限进行换元为(-1,1)，因此令

$$\begin{cases} m = 0.5(1.5\pi - 2\theta_a - 0.5\pi) = 0.5(\pi - 2\theta_a) \\ n = 0.5(1.5\pi - 2\theta_a + 0.5\pi) = 0.5(2\pi - 2\theta_a) \end{cases} \tag{4-160b}$$

所以有

$$\varphi = mu + n = 0.5(\pi-2\theta_a)u + 0.5(2\pi-2\theta_a) \tag{4-160c}$$

则式（4-160c）可以写作

$$S_{2,1,2} = 0.5(\pi-2\theta_a)\int_{-1}^{1} f(u)\mathrm{d}u \tag{4-160d}$$

式中，被积函数 $f(u)$ 为

$$f(u) = \frac{0.5(\pi-2\theta_a)u + 0.5(2\pi-2\theta_a)}{\{1+\sin[0.5(\pi-2\theta_a)u + 0.5(2\pi-2\theta_a)]\}^{3/2}}$$

采用高斯-勒让德积分公式求解，即

$$S_{2,1,2} \approx \sum_{i=0}^{4} A_i f(u_i) = A_0 f(u_0) + A_1 f(u_1) + A_2 f(u_2) + A_3 f(u_3) + A_4 f(u_4) \tag{4-160e}$$

式中，计算参数 A_0 为 0.9061798，u_0 为 0.2369269；A_1 为-0.9061798，u_1 为 0.2369269；A_2 为 0.5384693，u_2 为 0.4786287；A_3 为-0.5384693，u_3 为 0.4786287；A_4 为 0，u_4 为 0.5688889。

式（4-156d）中的 $S_{2,2}$ 计算式为

$$S_{2,2} = \int_{0.5\pi}^{1.5\pi-2\theta_a} \frac{\cos\varphi}{(1+\sin\varphi)^{3/2}} \, \mathrm{d}\varphi = \left[-2(1+\sin\varphi)^{-1/2} \right]_{0.5\pi}^{1.5\pi-2\theta_a}$$

$$= \sqrt{2}\left(1 - \frac{\sqrt{2}}{\sqrt{1-\cos 2\theta_a}}\right) = \sqrt{2}\left(1 - \sqrt{\frac{2}{1-\cos 2\theta_a}}\right) = \sqrt{2}\left(1 - \frac{1}{\sqrt{\dfrac{1-\cos 2\theta_a}{2}}}\right)$$

$$= \sqrt{2}\left(1 - \frac{1}{\sin\theta_a}\right) = \sqrt{2}(1 - \csc\theta_a) \tag{4-161}$$

因此基于以上计算式，只需知道 CPC 的接收半角 θ_a、圆管半径 r，便能求出圆形吸收体 CPC 单边总弧长 L_{arc}。

$$L_{arc} = L_{AB} + L_{BT} = L_{AB} + \sqrt{2}r(S_{2,1}-S_{2,2}) = L_{AB} + \sqrt{2}r(S_{2,1,1}+S_{2,1,2}-S_{2,2})$$

$$= r\frac{(0.5\pi+\theta_a)^2}{2} + \sqrt{2}r\left[\frac{\sqrt{2}}{4}(0.5\pi+2\theta_a)\left(\frac{\cos\theta_a}{\sin^2\theta_a} + \ln|\cot 0.5\theta_a|\right)\right]$$

$$+ \int_{0.5\pi}^{1.5\pi-2\theta_a} \frac{\varphi}{(1+\sin\varphi)^{3/2}} \, \mathrm{d}\varphi - \sqrt{2}(1-\csc\theta_a) \tag{4-162}$$

4. 聚光特性

圆形吸收体 CPC 的聚光特性如图 4-20 所示，在图 4-20（a）中，对于 AB 面形上的任意一点 D，入射光线 ED 最大入射角（ED 与 OF 的夹角，其中 E 为 ED 在圆上的切点，N 在 ED 上）为 θ_a，而 ED 又是面形 AB 在 D 点的法线，所以反射光线 DN 与 ED 是共线的。由反射定律可知，若 D 点的入射光线 FD 的入射角小于 θ_a，则反射光线 DC 一定在 ED 的左边，这是有益于到达圆形吸收体表面被吸收的。当然也有可能反射光线 DC 依然到达 AB 面形上，同样来分析，再被 AB 面形反射后，又趋于到达圆形吸收体表面被吸收。

在图 4-20（b）中圆形吸收体 CPC 右边面形 BT 上任意一点 H，当入射光线 VH 以入射角 θ_a 照射到 H 点时，由圆形吸收体 CPC 聚光模型的边缘光线性质可知，此时反射光线将相切于圆形吸收体到达点 Q。

当入射光线 UH 以入射角大于 θ_a 照射到 CPC 面形上 H 点时［图 4-20（b）］，由反射定律可知，此时反射光线将到达 CPC 左边面形上，如 L 点。L 点的反射光线将到达不了圆形吸收体上，而是趋于朝向光口方向，并最终从光口离开（有可能在一次就离开了光口，如 LK 反射光线，也有可能在 CPC 的面形多次反射再离开）。这是因为 L 点的边缘光线 FL 的反射光线 LR 相切于圆形吸收体于 R 点，在 UOG 坐标系中，LH 的斜率大于 LR 的斜率，所以 LK 的斜率一定大于 LF 的斜率。

当入射光线 WH 以入射角小于 θ_a 照射到 CPC 面形上的 H 点时［图 4-20（b）］，由反射定律可知，此时反射光线将到达圆形吸收体，如 J 点。有时，当入射光线 aH 以入射角非常小照射到 H 点时，需要多次反射才能到达吸收体上。当入射光线 aH 的反射光线为 Hb 时，由反射定律可知在 UOG 坐标系中，HQ 的斜率小于 Hb 斜率（Hb 是有助于到达吸收体的，此时假设 b 在 CPC 右边面形上），将 VH 平移到 bc（bc 为 b 点的边缘光线），$\angle cbH$ 的值大于等于 $\angle VHe$（在 H 点分别延长 He 到 e、延长 Hg 到 g、延长 Hf 到 f，则 $\angle VHe$ 的值等于 $\angle cbH$，由反射定律有 $\angle VHe$ 的值不小于 $\angle cbH$），很显然 b 点的边缘光线为 cb，所以此时的反射光线 bd 更有益到达吸收体。

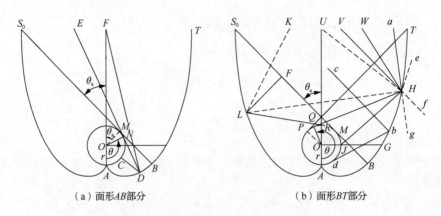

（a）面形AB部分　　　　　　　　（b）面形BT部分

图 4-20　圆形吸收体 CPC 的聚光特性

　　总之，基于边缘光线原理所构建的圆形吸收体 CPC 面形，当入射光线正好以接收半角照射到 CPC 面形的表面时，反射后的光线相切到达圆形吸收体；当入射光线小于接收半角照射到 CPC 面形表面时，反射后的光线最终都到达圆形吸收体表面；当入射光线大于接收半角照射到 CPC 面形表面时，反射后的光线最终都从 CPC 面形的采光口逃逸。这与板形吸收体 CPC 面形的聚光性质类似，对入射光线的入射角具有确定的选择性，不大于接收半角的入射光线最终能被吸收体接收，否则就不能被吸收体接收。

4.4　标准 CPC 的几何画法

4.4.1　标准 CPC 画法原理

　　由于标准的 CPC 面形多由抛物线、圆弧、渐开线、广义渐伸线等组成，而这些曲线几乎有其自身的几何画法，为了较为直观地获得聚光器面形，可以采用几何绘制方法获得聚光器面形。当然，标准 CPC 的几何画法都源于这些基本图形的画法，或者是其画法的变形，例如，抛物线的一般画法如图 4-21 所示。

　　在图 4-21 中，一定直线固定在水平面上（通常定直线用直尺代替），同一平面内还有一定点 F（F 不在定直线上）。将一三角直尺 AEB 靠在直线上，三角直尺上有一细线，其长度为 EB，其中 B 点是固定的，将细线的自由端 E 点固定在 F 点，再沿着 BE 方向拉直细线（例如拉直点为 D），再将三角直尺 AEB 的 AE 边沿着定直线滑动（滑动过程中，DF 和 BD 是拉直的），此时 D 点在平面上留下的轨迹 l 就是抛物线，这是因为同一平面内 ED 的长度等于 DF 的长度，即满足了抛物线的定义，平面内到定直线和到定点距离相等点的集合。

图 4-21　抛物线的一般画法

4.4.2 标准 CPC 面形几何画法

1．上平板形吸收体 CPC

上平板形吸收体 CPC 几何画法如图 4-22 所示。在图 4-22 中，确定好吸收体的长度 F_1F_2 和接收半角 θ_a 之后，画出斜线 AF_2（QF_1 也是类似的），使 AF_2 向左与竖线的夹角为 θ_a，使水平线 AQ 的长度为 F_1F_2 的 $\csc\theta_a$ 倍。在 A 点放直尺 AS，使 AS 与 AQ 的夹角也为 θ_a。

接下来使一条细线的长度恰好为 F_1F_2 与 AF_2 长度之和，一端固定在 F_1 点，另一自由端放置在 A 点，并恰好在 F_2 点使直线全部被拉直（沿着吸收体 F_1F_2）。让细绳的自由端沿着 AS 方向移动，并保持移动的过程中上边的直线与原来的 AF_2 始终平行（如 CB 平行于 AF_2），细绳剩下的部分保持与 F_2 始终处于拉直状态（如 CB 与 BF_2 的和始终与 F_1F_2 与 AF_2 的和相等），直到 A 点移动到 S 点，此时动点 B 的轨迹即为吸收体的长度 F_1F_2 并以接收半角为 θ_a 的 CPC 面形右半部分，同样的方法也可以绘制出 CPC 面形的左半部分。

2．下平板形吸收体 CPC

下平板形吸收体 CPC 几何画法如图 4-23 所示。在图 4-23 中，确定好吸收体的长度 F_1F_2 和接收半角 θ_a 之后，画出斜线 BF_1，使 BF_1 向左与竖线 OM 的夹角为 θ_a，使等腰梯形 F_1F_2AD 的水平线 AD 的长度为 F_1F_2 的 $1+\csc\theta_a$ 倍。在 B 点放一直尺 BU，使 BU 与 BD 的夹角也为 θ_a。

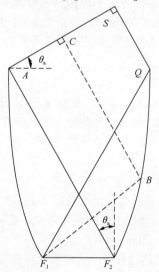

图 4-22 上平板形吸收体 CPC 画法

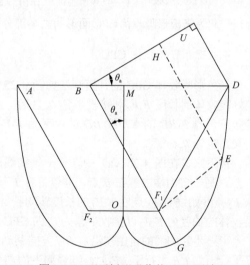

图 4-23 下平板形吸收体 CPC 画法

接下来使一条细线的长度恰好为 BF_1 与 $2OF_1$ 长度之和，一端固定在 F_1 点，另一自由端放置在 B 点，并恰好在 F_1 点使直线全部被拉直（沿着吸收体 F_1O）。让细线从 O 点开始绕着 F_1 点以 OF_1 的长度转动到 G 点，使 BG 与竖线 OM 的夹角为 θ_a。OG 为下平板形吸收体的长度为 F_1F_2 并以接收半角为 θ_a 的 CPC 面形的右边第一部分。

下一步让细绳的自由端沿着 BU 方向移动，并保持移动的过程中上边的直线与原来的 BF_1 始终平行（如 HE 平行于 BF_1），细绳剩下的部分保持与 F_1 始终处于拉直状态（如 HE 与 EF_1 的和始终与 BF_1 与 $2F_1G$ 的和相等），直到 B 点移动到 U 点，此时动点 E 的轨迹为下平板形吸收体长度为 F_1F_2 并以接收半角为 θ_a 的 CPC 面形的右边第二部分。OG 和 GD 合在一起为下平板形吸收体 CPC 面形的右半部分，采用同样的方法也可以绘制出 CPC 面形的左半部分。

3. 竖板形吸收体 CPC

竖板形吸收体 CPC 的几何画法如图 4-24 所示。在图 4-24 中，确定好吸收体长度 F_1F_2 和接收半角 θ_a 后，画出斜线 BF_1，使 BF_1 向左与竖线 CF_2 的夹角为 θ_a，使等腰三角形 F_1BD 的水平线 BD 的长度为 F_1F_2 的 $2\csc\theta_a$ 倍。在 B 点放直尺 BU，使 BU 与 BD 的夹角也为 θ_a。

接下来使一条细线的长度恰好为 BF_1 与 $2F_1F_2$ 长度之和，一端固定在 F_1 点，另一自由端放置在 B 点，并恰好在 F_1 点使直线全部被拉直（沿着吸收体 F_1F_2）。让细线从 F_2 点开始绕着 F_1 点以 F_1F_2 的长度转动到 A 点，使 BA 与竖线 CF_2 的夹角为 θ_a。AF_2 为竖板形吸收体的长度 F_1F_2 并以接收半角为 θ_a 的 CPC 面形右边第一部分。

下一步让细绳的自由端沿着 BU 方向移动，并保持移动的过程中上边的直线与原来的 BF_1 始终平行（如 KE 平行于 BF_1），细绳剩下的部分保持与 F_1 始终处于拉直状态（如 KE 与 EF_1 的和始终与 BF_1 与 $2F_1F_2$ 的和相等），直到 B 点移动到 U 点，此时动点 E 的轨迹是吸收体的长度 F_1F_2 并以接收半角为 θ_a 的 CPC 面形右边第二部分。F_2A 和 AD

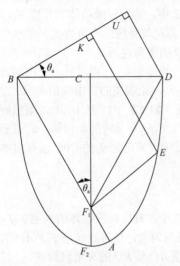

图 4-24　竖板形吸收体 CPC 的几何画法

合在一起为竖板形吸收体 CPC 面形的右半部分，用同样的方法也可以绘制出 CPC 面形的左半部分。

4. 三角形吸收体 CPC

三角形吸收体 CPC 的几何画法如图 4-25 所示。在图 4-25（a）中（0.5β 小于等于 θ_a），确定好吸收体的长度 F_1F_2 和接收半角 θ_a 之后，画出斜线 BF_1，使 BF_1 与竖线 NF_1 的夹角为 θ_a，使等腰三角形 F_1BD 的水平线 BD 的长度为 F_1F_2 的 $2\csc\theta_a$ 倍。在 B 点放一直尺 BU，使 BU 与 BD 的夹角也为 θ_a。

接下来，在图 4-25（a）中，使一条细线的长度恰好为 BF_1 与 $2F_1F_2$ 长度之和，一端固定在 F_1 点，另一自由端放置在 B 点，并恰好在 F_1 点使直线全部被拉直（沿着吸收体 F_1F_2）。让细线从 F_2 点开始绕着 F_1 点以 F_1F_2 的长度转动到 A 点，使 BA 与竖线 NF_1 的夹角为 θ_a。AF_2 为三角形吸收体的长度为 F_1F_2 以接收半角为 θ_a 的 CPC 面形右边第一部分。

下一步让细绳的自由端沿着 BU 方向移动，并保持移动的过程中上边的直线与原来的 BF_1 始终平行（如 KE 平行于 BF_1），细绳剩下的部分保持与 F_1 始终处于拉直状态（如 KE 与 EF_1 的和始终与 BF_1 与 $2F_1F_2$ 的和相等），直到 B 点移动到 U 点，此时动点 E 的轨迹为三角形吸收体的长度为 F_1F_2 并以接收半角为 θ_a 的 CPC 面形右边第二部分。F_2A 和 AD 合在一起为三角形吸收体 CPC 面形的右半部分，同样也可以绘制出 CPC 面形左半部分。

在图 4-25（b）中（0.5β 大于 θ_a），确定好吸收体的长度 F_1F_2 和接收半角 θ_a 之后，画出斜线 BF_1，使 BF_1 与竖线 NF_1 的夹角为 θ_a，也使等腰三角形 F_1BD 的水平线 BD 的长度为 F_1F_2 的 $2\csc\theta_a$ 倍。在 B 点放直尺 BU，使 BU 与 BD 的夹角也为 θ_a。

在图 4-25（b）中，过 F_2 点向 BU 作垂线，交 BU 于 S 点，接下来使一条细线的长度恰好为 SF_2 与 F_1F_2 长度之和，一端固定在 F_1 点，另一自由端放置在 S 点，并恰好在 F_2 点使直线全部被拉直（沿着吸收体 F_1F_2）。下一步让细绳的自由端从 S 点开始沿着 BU 方向移动，并保持移动的过程中上边的直线与原来的 SF_2 始终平行（如 KE 平行于 SF_2），细绳剩下的部分保持与 F_1 始终处于拉直状态（如 KE 与 EF_1 的和始终与 SF_2 与 F_1F_2 的和相等），直到 B 点移动到 U 点，此时动点 E 的轨迹 F_2D 为三角形吸收体的长度为 F_1F_2 并以接收半角为 θ_a 的 CPC 面形的右半部分，用同样的方法也可以绘制出 CPC 面形的左半部分。

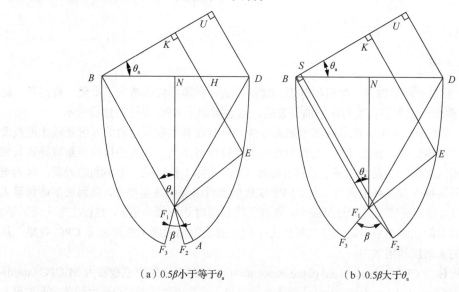

（a）0.5β 小于等于 θ_a （b）0.5β 大于 θ_a

图 4-25 三角形吸收体 CPC 的几何画法

5. 圆形吸收体 CPC

圆形吸收体 CPC 的几何画法如图 4-26 所示。在图 4-26 中，确定好圆形吸收体的半径 r 和接收半角 θ_a 之后，画出斜线 BM，使 BM 与竖线 GF 的夹角为 θ_a，并且 BM 和 DN 分别上相切基圆于点 M 和点 N，使等腰三角形 GBD 的水平线 BD 的长度为基圆周长的 $\csc\theta_a$ 倍。在 B 点放直尺 BU，使 BU 与 BD 的夹角为 θ_a。

图 4-26 中，接下来使一条细线的长度恰好为 BM、$2AM$ 圆弧、NM 圆弧长度之和，一端固定在 N 点，另一自由端放置在 B 点，并恰好在 A 点使直线全部被拉直（沿着圆形吸收体）。让细线从 A 点开始时刻相切于圆形吸收体展开直到 C 点，使 CM 与竖线 FG 的夹角为 θ_a。AC 为圆形吸收体以接收半角为 θ_a 的 CPC 面形右边第一部分。

下一步让细绳的自由端沿着 BU 方向移动，并保持移动的过程中上边的直线与原来的 BM 始终平行（如 KE 平行于 BM），细绳剩下的部分始终保持与圆形吸收体处于相切的拉直状态，直到 B 点移动到 U 点，此时动点 E 的轨迹为圆形吸收体以接收半角为 θ_a 的 CPC 面形右边第二部分。AC 和 CD 合在一起为圆形吸收体 CPC 面形的右半部分，用同样的方法也可以绘制出 CPC 面形的左半部分。

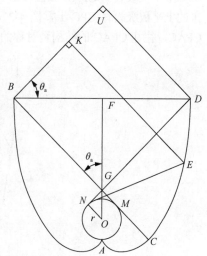

图 4-26 圆形吸收体 CPC 的几何画法

4.5 新型结构的 CPC

4.5.1 CPAC

1. CPAC 介绍

标准 CPC 的聚光面是曲面,给机械制造、运输安装、保障维修等带来了不便。特别是,标准 CPC 的反射曲面一般采用高反射率的曲面玻璃,这也增加了 CPC 系统的建设成本。

标准 CPC 对太阳的入射光线具有强烈的选择性,只有在其接收半角内的入射光线才能被会聚,最终到达吸收体表面。标准 CPC 接收半角也不能设计得太大,太大的接收半角将导致其聚光比的下降,难以实现用热温度的需求。这在标准 CPC 实际工作时是一个不利的因素,因为难以确保当地的天气每天都是标准天气(太阳辐照度从早上日出开始逐渐增大,直到正午达到最大值,到达正午后太阳辐照度又开始逐渐减小,直到傍晚日落时达到最小值),往往上午(或下午)天气好,中午的太阳辐照度不一定大。这就使上午较大的太阳辐照度不能被标准 CPC 收集,从而降低了系统的太阳能利用效率。

因此一种被称为 CPAC〔compound plane concentrator,在有些文献中也被称为 M-CPC(multi-sectioned compound parabolic concentrator)〕聚光器被提出,这是一种采用多个平面代替曲面的聚光器。这种 CPAC 易于制作(有时会损失很小的光学效率)、在同样的采光口条件下其接收半角较标准 CPC 大、到达吸收体表面的能流分布也较标准 CPC 均匀、相比标准 CPC 反射面耗材更少等。

2. 上平板吸收体 CPAC

上平板吸收体 CPAC 如图 4-27 所示。在图 4-27 中上平板吸收体 CPAC 每一段的端点都在原来的上平板吸收体 CPC 上,图 4-27 中由线段 *BC*、*CD*、*DE* 组成的右半部 CPAC 就是一种 3 段 CPAC,往往 CPAC 的结构是对称的,在特殊应用时也可被设计成非对称结构。

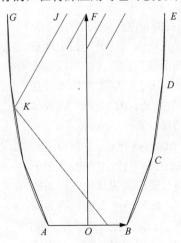

图 4-27 上平板吸收体 CPAC

对于上平板吸收体 CPAC 的构建有多种方法，CPAC 构建方法直接决定 CPAC 系统的性能。在图 4-27 的 *FOB* 坐标系中，可以采用等横向间距的方法构建 CPAC，也就是 *BC*、*CD*、*DE* 段的横坐标增量是一样的，对于一个 *N* 段的上平板吸收体 CPAC，各段较大的端点横坐标为

$$x_i = x_B + i\frac{x_E - x_B}{N}, \qquad i = 1, 2, \cdots, N-1, N \qquad (4\text{-}163)$$

式中，*i* 为 CPAC 的段号，连接着 *B* 点的为第 1 段，连接着 *E* 点的为第 *N* 段。将坐标 x_i 代入上平板形吸收体标准 CPC 的参数方程就可以确定 y_i 的值，有了 CPAC 各段的坐标就可以确定 CPAC 的面形。

与之相对应的还有采用等纵向间距的方法构建 CPAC，也就是 *BC*、*CD*、*DE* 段的纵坐标增量是一样的，这样就可以先确定 y_i 的值，再确定 x_i 的值。类似的构建 CPAC 面形的方法还包括等角度法、等弧长、等转动角等。但这些构建方法往往具有人为性，构建好的 CPAC 的光学性能具有随机性。

为了获得 CPAC 较好的光学性能，通常采用程序计算的方法来构建 CPAC。首先，确定标准 CPC 中的参数 θ 的值就可以确定 CPAC 的每个坐标，从而确定 CPAC 的整个面形，如式（4-18）；其次，在 CPAC 的光口（如图 4-27 中的 *EG*）分布多条入射光线（足够密集，通常均匀分布），然后跟踪每条入射光线（如图 4-27 中的 *JK* 光线）的反射、到达吸收体、从光口逃逸等情况；再次，改变 CPAC 光口处的入射光线的角度（通常从 0 到 0.5π，步长足够小），计算入射光线与 CPAC 面形作用的路径行为；最后，统计光线性能参数，这样就获得了一个 CPAC 的性能。对整个面形进行这样的计算与比较分析，就可以得到光学性能优化的 CPAC，下面就是采用这种方法构建 CPAC 面形的样例程序。

样例程序代码：

```
//程序功能:新能源系统性能计算,即计算上平板形吸收体的 CPC-A 的坐标,上平板吸收体的中心为坐标原点,由于对
称性,程序只计算了右半部的面形
//头文件
#include "common.h"          //公共部分文件
#include "erfenfa.h"         //二分法求解头文件
#include "ddz.h"             //上平板吸收体标准 CPC 端点值计算
#include "fjd.h"             //光口分节点计算
#include "frsj.h"            //光口分入射角计算
#include "fmx.h"             //CPC-A 分面形计算
#include "rsjcl.h"           //入射角处理
#include "ddgx.h"            //计算光线到达吸收体情况
//*********定义变量***********
int         n2,m2;
double      es,es_jy=0;
double      sum[n_rsj+1]={0.0};
int         chen1234;
FILE *streamgon_cpca;
//*********定义变量***********
//*********子函数************
void fchuli(void)            //处理函数
{
    es=0;
    ffmx(setarad[1],setarad[2],setarad[3],setarad[4],setarad[5]);        //分面形
    n2=1;//n2=1 表示 0 度开始
    while(n2<=n_rsj)             //分入射角
    {
        frsjcl(n2);             //对入射角 x_rsj_gk[n2] 进行处理   无返回值
```

```
            sum[n2]=0;                        //存储在某一个入射角条件下,采光口处能够到达吸收体表面的光线有效条
数(不一定为整数,因为受到反射,投射,吸收的影响)
            m2=1;
            while(m2<=n_jd)                   //分节点
            {
                    fddgx();                  //计算到达光线(不一定为整数,因为与反射率等有关系)
                    m2++;
            }
            es=es+sum[n2]*100/n_jd*1.0;
            n2++;
    }
    if(    (es/n_rsj)>=es_jy)
    {
            es_jy=es/n_rsj;
    fprintf(streamgon_cpca,"%f\t%f\t%f\t%f\t%f\t",setarad[1]*zj,setarad[2]*zj,setarad[3]*zj,
setarad[4]*zj,setarad[5]*zj);
    fprintf(streamgon_cpca,"%f\t%f\t%f\t%f\t%f\t%f\t%f\t%f\t%f\t%f\n",x_mx[1],y_mx[1],x_mx[2],
y_mx[2],x_mx[3],y_mx[3],x_mx[4],y_mx[4],x_mx[5],y_mx[5]);
            for(chen1234=1;chen1234<=n_rsj;chen1234++)
            {
    fprintf(streamgon_cpca,"\t\t\t\t\t\t\t\t\t\t\t\t\t\t%f\t%f\n",x_rsj_gk[chen1234]*(180/
pi),sum[chen1234]*100/(n_jd*1.0));          //分母的意义:每个节点一条光线
            }
            fprintf(streamgon_cpca,"\t\t\t\t\t\t\t\t\t\t\t\t\t\t\t%f\n",es_jy);
    printf("%8.4f  %8.4f  %8.4f  %8.4f  %8.4f\n",setarad[1]*zj,setarad[2]*zj,setarad[3]*zj,
setarad[4]*zj,setarad[5]*zj);
            printf("%6.3f%%\n\n",es_jy);
    }
}
int main(void)
{
    streamgon_cpca=fopen("c://Outputs//CPC_A_6N.xls","w+");
    fprintf(streamgon_cpca,"n_rsj\tn_jd\n");
    fprintf(streamgon_cpca,"%d\t%d\n",n_rsj,n_jd);      //打印表头说明  入射角数与节点数

    fddz();                                             //端点值计算
    ffjd();                                             //分节点计算
    ffrsj();                                            //分入射角计算
    setadeg[1]=90-bc_setadeg;
    while(  setadeg[1]> arfadeg )                       //setarad的端点值丢弃,因为不可能是最优解
    {
            setadeg[2]=setadeg[1]-bc_setadeg;
            while(   setadeg[2]>arfadeg   )
            {
                    setadeg[3]=setadeg[2]-bc_setadeg;
                    while(  setadeg[3]>arfadeg   )
                    {
                            setadeg[4]=setadeg[3]-bc_setadeg;
                            while(   setadeg[4]>arfadeg    )
                            {
                                    setadeg[5]=setadeg[4]-bc_setadeg;
                                    while(   setadeg[5]>arfadeg    )
                                    {
                                            setarad[1]=setadeg[1]*zh;
                                            setarad[2]=setadeg[2]*zh;
                                            setarad[3]=setadeg[3]*zh;
                                            setarad[4]=setadeg[4]*zh;
                                            setarad[5]=setadeg[5]*zh;
                                            fchuli();
```

```
                                    setadeg[5]=setadeg[5]-bc_setadeg;
                            }
                        setadeg[4]=setarad[4]-bc_setadeg;
                    }
                setadeg[3]=setadeg[3]-bc_setadeg;
            }
        setadeg[2]=setadeg[2]-bc_setadeg;
    }
    setadeg[1]=setadeg[1]-bc_setadeg;
    }
    fclose(streamgon_cpca);
    return 0;
}
#ifndef _common_H
#define _common_H
#include <stdio.h>
#include <stdlib.h>    //stdlib 头文件即 standard library 标准库函数头文件,包含了 C、C++语言的最
常用的系统函数,如 rand、exit 等
#include <math.h>
//程序公共的常量及变量在此定义
#define      pi           3.141592653589
#define      ee           2.718281828459
#define      zh           (pi/180.0)             //角度转换为弧度算符
#define      zj           (180.0/pi)             //弧度转换为角度算符
#define      arfadeg      30.0                   //提前定义 CFMODIFY01      接收半角
#define      arfarad      (arfadeg*zh)           //提前定义 CFMODIFY01      接收半角
#define      l_ban        40.0                   //提前定义 CFMODIFY02      单位为 mm  ban 板定
义上平板吸收体的宽度
#define      n_jd         10000                  //提前定义 CFMODIFY03      表示光口处有 n_jd 个节
点,其中左端点和右端点为固定节点,活动的节点个数为 n_jd-2 个
#define      n_rsj        91                     //提前定义 CFMODIFY04      入射角的总个数    入射
角范围 0-0.5*pi 从左到右
#define      rou          1.00                   //提前定义 CFMODIFY05      面形反射面反射率
#define      tou          1.00                   //提前定义 CFMODIFY06
#define      xsh          1.00                   //提前定义 CFMODIFY06
#define      bc_setadeg   10                     //提前定义 CFMODIFY07      分面形所用的步长
#define      bc_setarad   (bc_setadeg*zh)        //提前定义 CFMODIFY07      分面形所用的步长

    extern      int          n2,m2;
    extern      double       es,es_jy;           //同一个面形下,各入射角 efficient sum    jy 表
示 ji yi
    extern      double       sum[n_rsj+1];       //在某一个入射角条件下,采光口处能够到达吸收体表
面的光线有效条数(不一定为整数,因为受到反射、投射、吸收的影响)
#endif
#ifndef _ddgx_H
#define _ddgx_H
#include "common.h"                              //公共文件
#include "ddz.h"
#include "frsj.h"
#include "fjd.h"
void fddgx(void);
#endif
//程序功能:计算光线到达吸收体情况
#include "ddgx.h"
#include "fs.h"
void fddgx(void)
{
    double     cf01,cf02,cf03;
    //double    distance11;                      //保存计算的点到直线距离
```

```
        double    x_valueofyis0;
        //tan(0.5*pi-x_rsj_gk[n2])*(x-x_jd_gk[m2])+yd_pwx-y=0; //点斜式   入射光线方程
        cf01=tan(0.5*pi-x_rsj_gk[n2]);
        cf02=-1.0;
        cf03=tan(0.5*pi-x_rsj_gk[n2])*(0.0-x_jd_gk[m2])+yd_pwx;
        //计算这个直线在纵坐标为 0 时,x 的值。若 x 的值在正负 0.5*l_ban 之间,则与平板吸收体相交,此时认为能够
达到吸收体
        x_valueofyis0=-cf03/cf01;
        if(   (x_valueofyis0>=-0.5*l_ban) && (x_valueofyis0<=0.5*l_ban)   )
        {
            sum[n2]=sum[n2]+pow(rou,0)*tou;        //tou 有效透射率
        }
        else   //计算光线与线段的交点   并判断是哪个线段
        {
            f01fs(cf01,cf02,cf03);                 //第一次反射处理 11
        }
    }
#ifndef _ddz_H
#define _ddz_H
#include "common.h"                          //公共部分文件
extern double  setarad_d_pwx,xd_pwx,yd_pwx;
//extern double  setarad_d_jkx,xd_jkx,yd_jkx;
//extern double  setarad_d_wzx,xd_wzx,yd_wzx;     //未知 wei zhi
void fddz(void);
#endif
//程序功能:上平板吸收体标准 CPC 端点值计算
#include "ddz.h"
double  setarad_d_pwx,xd_pwx,yd_pwx;
//double  setarad_d_jkx,xd_jkx,yd_jkx;
//double  setarad_d_wzx,xd_wzx,yd_wzx;                  //未知 wei zhi
void fddz(void) //duan dian zhi
{
    double u;
    //上平板吸收体的参数方程   端点处的值
    setarad_d_pwx=arfarad;
    u=l_ban*(1.0+sin(arfarad))/(1-cos(setarad_d_pwx+arfarad));
    xd_pwx=sin(setarad_d_pwx)*u-0.5*l_ban;
    yd_pwx=cos(setarad_d_pwx)*u;
    printf("xd_pwx=%12.8f  yd_pwx=%12.8f \n",xd_pwx,yd_pwx);

}
#ifndef _fjd_H
#define _fjd_H
#include "common.h"                               //公共部分文件
#include "ddz.h"
#define     gkkdjxz     0.00                       //光口宽度减小值 单位:mm
extern int     n_cf01;                             //移动的节点
extern double  x_jd_gk[n_jd+1];                    //gk guangkou 光口
void ffjd(void);
#endif
//程序功能:计算标准上平板吸收体 CPC 光口处的节点值
#include "fjd.h"                                   //光口分节点计算
//02 fen jie dian fjd 光口分节点
//#define n_jd        4              //CFMODIFY03    //表示光口处有 n_jd 个节点,其中左端点
和右端点为固定节点,活动的节点个数为 n_jd-2 个
int     n_cf01;                                    //移动的节点
double  x_jd_gk[n_jd+1];                           //gk guangkou 光口
void ffjd(void)
{
```

```
    double duanchang;                                    //每段长
    duanchang=2.0*xd_pwx/n_jd;
    //分节点进行计算
    n_cf01=1;
    while(n_cf01<=n_jd)
    {
        x_jd_gk[n_cf01]=(n_cf01-1)*duanchang-xd_pwx+0.5*duanchang;
        //x_jd_gk[n_cf01]=(n_cf01-1)*(        ( 2.0*(xd_wzx-gkkdjxz) )/(n_jd-1)        )
-xd_wzx+gkkdjxz;    //光口从左向右   n_jd 个节点只有 n_jd-1 段   第一个节点为左端点值
        printf("x_jd_gk[%4d]=%8.4f\n",n_cf01,x_jd_gk[n_cf01]);
        n_cf01++;
    }
    printf("\n");
}
#ifndef _fmx_H
#define _fmx_H
#include "common.h"                                    //公共部分文件
extern double x_mx[11],y_mx[11];
extern double setadeg[11];
extern double setarad[11];
void ffmx(double cfa01, double cfa02, double cfa03, double cfa04, double cfa05);
#endif
//程序功能:计算标准平板形吸收体 CPC_A 的面形
#include "fmx.h"                                        //fen mian xing
double x_mx[11],y_mx[11];                               //从 x_mx[1],y_mx[1]  开始使用
double setadeg[11];                      //从 setadeg[1]      开始使用
double setarad[11];                      //从 setarad[1]      开始使用
void ffmx(double cfa01, double cfa02, double cfa03, double cfa04, double cfa05)
{
    char i;
    double j[11],u;
    j[1]=cfa01;   j[2]=cfa02;   j[3]=cfa03;   j[4]=cfa04;   j[5]=cfa05;
    for(i=1;i<6;i++)                      //此处的 6 表示的是 CPC-A 的单边维数
    {
        u=l_ban*(1.0+sin(arfarad))/(1-cos(j[i]+arfarad));

        x_mx[i]=sin(j[i])*u-0.5*l_ban;
        y_mx[i]=cos(j[i])*u;

    }
}
#ifndef _frsj_H
#define _frsj_H

#include "common.h"                      //公共部分文件
extern int      n_rsj_bh;                //变化的入射角  bian hua ru she jiao
extern double   x_rsj_gk[n_rsj+1];       //guang kou
void ffrsj(void);
#endif
//程序功能:计算标准上平板吸收体 CPC 光口处平均分配的入射角
#include "frsj.h"                        //fen ru she jiao
int     n_rsj_bh;                        //变化的入射角  bian hua ru she jiao
double  x_rsj_gk[n_rsj+1];               //其值为弧度制
void ffrsj(void)
{
    //分入射角
    n_rsj_bh=1;
    while(n_rsj_bh<=n_rsj)
    {
```

```
                //入射角共 n_rsj 个值,所以有 n_rsj-1 段    且第一个节点为0,最后一个为90°
                x_rsj_gk[n_rsj_bh]=(n_rsj_bh-1)*(   (0.5*pi)/(n_rsj-1)   );
                printf("x_rsj_gk[%3d]=%8.4f rad  %8.4f deg\n",n_rsj_bh,x_rsj_gk[n_rsj_bh],x_rsj_
gk[n_rsj_bh]*(180/pi));
                n_rsj_bh++;
            }
        printf("*************************************************************\n\n\n");
    }
    #ifndef _fs_H
    #define _fs_H
    #include "common.h"                    //公共文件
    extern double x_jdzb,y_jdzb;           //交点坐标
    extern double zjdzb_x,zjdzb_y,jyzjdzb_x,jyzjdzb_y;    //真交点坐标
    extern int    xianduanhao,jxianduanhao;
    extern double xianduanfxt;             //线段的法线斜率
    extern double fsgxt;                   //反射光线的斜率
    extern double jls,jln,jzx,jzy;
    void fjdzb(double cfa, double cfb, double cfc, double cfd, double cfe, double cff);
    void fzhen01(double cf01, double cf02, double cf03);void fzhen(double cf01, double cf02,
double cf03);
    void ffsgxt(double cf01, double cf02, double cf03);    //fan she guang xian 反射光线斜率
    void f01fs(double cf01, double cf02, double cf03);
    void f02fs(double cf01, double cf02, double cf03, double cf04, double cf05);
    void f03fs(double cf01, double cf02, double cf03, double cf04, double cf05);
    void f04fs(double cf01, double cf02, double cf03, double cf04, double cf05);
    void f05fs(double cf01, double cf02, double cf03, double cf04, double cf05);
    void f06fs(double cf01, double cf02, double cf03, double cf04, double cf05);
    void f07fs(double cf01, double cf02, double cf03, double cf04, double cf05);
    void f08fs(double cf01, double cf02, double cf03, double cf04, double cf05);
    void f09fs(double cf01, double cf02, double cf03, double cf04, double cf05);
    void chazhao01(double cf01, double cf02, double cf03);
    void chazhao02(double cf01, double cf02, double cf03);
    #endif
    //程序功能:对反射光线进行处理
    #include "fs.h"
    #include "ddzxjl.h"
    #include "fmx.h"
    #include "ddz.h"
    //平面两直线交点坐标计算
    double x_jdzb,y_jdzb; //jiao dian zuo biao
    void fjdzb(double cfa, double cfb, double cfc, double cfd, double cfe, double cff)
    {
        y_jdzb=(cfa*cff-cfc*cfd)/(cfb*cfd-cfa*cfe);
        x_jdzb=-1.0*(cfb*y_jdzb+cfc)/cfa;
    }
    //寻找真正的交点坐标及线段标号
    double zjdzb_x,zjdzb_y,jyzjdzb_x,jyzjdzb_y;                //真交点坐标  ji yi 记忆
    int    xianduanhao,jxianduanhao=1;
    double xianduanfxt;                                       //线段的法线斜率
    void fzhen01(double cf01, double cf02, double cf03)        //zhen 真
    {
        double cf04,cf05,cf06;
        double x_mx_61,x_mx_62,x_mx_63,x_mx_64,x_mx_65;
        double y_mx_61,y_mx_62,y_mx_63,y_mx_64,y_mx_65;
        x_mx_61=x_mx[1];x_mx_62=x_mx[2];x_mx_63=x_mx[3];x_mx_64=x_mx[4];x_mx_65=x_mx[5];
        y_mx_61=y_mx[1];y_mx_62=y_mx[2];y_mx_63=y_mx[3];y_mx_64=y_mx[4];y_mx_65=y_mx[5];
        //分面形得到的 12 个线段方程   线段方程从左到右如下
        //01 号线段方程   横坐标取值范围  [-xd_pwx,-x_mx_65)
        //y-y_mx_65=( (y_mx_65-yd_wzx)/(-x_mx_65-(-xd_wzx)) )*(x-(-x_mx_65));
```

```
cf04=( (y_mx_65-yd_pwx)/(-x_mx_65-(-xd_pwx)) );
cf05=-1.0;
cf06=( (y_mx_65-yd_pwx)/(-x_mx_65-(-xd_pwx)) )*(0-(-x_mx_65))+y_mx_65;

//fjdzb(2,3,-13,2,1,-7);                        //06  获得 x_jdzb  y_jdzb
fjdzb(cf01,cf02,cf03,cf04,cf05,cf06);            //06  获得 x_jdzb  y_jdzb
if( ((x_jdzb>=-xd_pwx) && (x_jdzb<-x_mx_65)) )
{
    zjdzb_x=x_jdzb;
    zjdzb_y=y_jdzb;
    xianduanfxt=-1.0/cf04;                       //线段的法线斜率
    xianduanhao=1;
}
//02 号线段方程   横坐标取值范围  [-x_mx_65,-x_mx_64)
//y-y_mx_64=( (y_mx_65-y_mx_64)/(-x_mx_65-(-x_mx_64)) )*(x-(-x_mx_64));
cf04=( (y_mx_65-y_mx_64)/(-x_mx_65-(-x_mx_64)) );
cf05=-1.0;
cf06=( (y_mx_65-y_mx_64)/(-x_mx_65-(-x_mx_64)) )*(0-(-x_mx_64))+y_mx_64;
fjdzb(cf01,cf02,cf03,cf04,cf05,cf06);            //06  获得 x_jdzb  y_jdzb
if( ((x_jdzb>=-x_mx_65) && (x_jdzb<-x_mx_64)) )
{
    zjdzb_x=x_jdzb;
    zjdzb_y=y_jdzb;
    xianduanfxt=-1/cf04;
    xianduanhao=2;
}
//03 号线段方程   横坐标取值范围  [-x_mx_64,-x_mx_63)
//y-y_mx_63=( (y_mx_64-y_mx_63)/(-x_mx_64-(-x_mx_63)) )*(x-(-x_mx_63));
cf04=( (y_mx_64-y_mx_63)/(-x_mx_64-(-x_mx_63)) );
cf05=-1.0;
cf06=( (y_mx_64-y_mx_63)/(-x_mx_64-(-x_mx_63)) )*(0-(-x_mx_63))+y_mx_63;
fjdzb(cf01,cf02,cf03,cf04,cf05,cf06);//06  获得 x_jdzb  y_jdzb
if( ((x_jdzb>=-x_mx_64) && (x_jdzb<-x_mx_63)) )
{
    zjdzb_x=x_jdzb;
    zjdzb_y=y_jdzb;
    xianduanfxt=-1/cf04;
    xianduanhao=3;
}
//04 号线段方程   横坐标取值范围  [-x_mx_63,-x_mx_62)
//y-y_mx_62=( (y_mx_63-y_mx_62)/(-x_mx_63-(-x_mx_62)) )*(x-(-x_mx_62));
cf04=( (y_mx_63-y_mx_62)/(-x_mx_63-(-x_mx_62)) );
cf05=-1.0;
cf06=( (y_mx_63-y_mx_62)/(-x_mx_63-(-x_mx_62)) )*(0-(-x_mx_62))+y_mx_62;
fjdzb(cf01,cf02,cf03,cf04,cf05,cf06); //06  获得 x_jdzb  y_jdzb
if( ((x_jdzb>=-x_mx_63) && (x_jdzb<-x_mx_62)) )
{
    zjdzb_x=x_jdzb;
    zjdzb_y=y_jdzb;
    xianduanfxt=-1/cf04;
    xianduanhao=4;
}
//05 号线段方程   横坐标取值范围  [-x_mx_62,-x_mx_61)
//y-y_mx_61=( (y_mx_62-y_mx_61)/(-x_mx_62-(-x_mx_61)) )*(x-(-x_mx_61));
cf04=( (y_mx_62-y_mx_61)/(-x_mx_62-(-x_mx_61)) );
cf05=-1.0;
cf06=( (y_mx_62-y_mx_61)/(-x_mx_62-(-x_mx_61)) )*(0-(-x_mx_61))+y_mx_61;
fjdzb(cf01,cf02,cf03,cf04,cf05,cf06); //06  获得 x_jdzb  y_jdzb
if( ((x_jdzb>=-x_mx_62) && (x_jdzb<-x_mx_61)) )
```

```
    {
        zjdzb_x=x_jdzb;
        zjdzb_y=y_jdzb;
        xianduanfxt=-1/cf04;
        xianduanhao=5;
    }
//06 号线段方程   横坐标取值范围  [-x_mx_61,-0.5*l_ban)
//y-0=( (y_mx_61-0)/(-x_mx_61-(-0.5*l_ban)) )*(x-(-0.5*l_ban));
cf04=( (y_mx_61-0)/(-x_mx_61-(-0.5*l_ban)) );
cf05=-1.0;
cf06=( (y_mx_61-0)/(-x_mx_61-(-0.5*l_ban)) )*(0-(-0.5*l_ban))+0;
fjdzb(cf01,cf02,cf03,cf04,cf05,cf06); //06  获得 x_jdzb y_jdzb
if( ((x_jdzb>=-x_mx_61) && (x_jdzb<-0.5*l_ban)) )
    {
        zjdzb_x=x_jdzb;
        zjdzb_y=y_jdzb;
        xianduanfxt=-1/cf04;
        xianduanhao=6;
    }
//07 号线段方程   横坐标取值范围  [0.5*l_ban,x_mx_61)
//y-y_mx_61=( (y_mx_61-0)/(x_mx_61-0.5*l_ban) )*(x-x_mx_61);
cf04=( (y_mx_61-0)/(x_mx_61-0.5*l_ban) );
cf05=-1.0;
cf06=( (y_mx_61-0)/(x_mx_61-0.5*l_ban) )*(0-x_mx_61)+y_mx_61;
fjdzb(cf01,cf02,cf03,cf04,cf05,cf06); //06  获得 x_jdzb y_jdzb
if( ((x_jdzb>=0.5*l_ban) && (x_jdzb<=x_mx_61)) )
    {
        zjdzb_x=x_jdzb;
        zjdzb_y=y_jdzb;
        xianduanfxt=-1/cf04;
        xianduanhao=7;
    }
//08 号线段方程   横坐标取值范围  [x_mx_61,x_mx_62)
//y-y_mx_62=( (y_mx_62-y_mx_61)/(x_mx_62-x_mx_61) )*(x-x_mx_62);
cf04=( (y_mx_62-y_mx_61)/(x_mx_62-x_mx_61) );
cf05=-1.0;
cf06=( (y_mx_62-y_mx_61)/(x_mx_62-x_mx_61) )*(0-x_mx_62)+y_mx_62;
fjdzb(cf01,cf02,cf03,cf04,cf05,cf06); //06  获得 x_jdzb y_jdzb
if( ((x_jdzb>=x_mx_61) && (x_jdzb<=x_mx_62)) )
    {
        zjdzb_x=x_jdzb;
        zjdzb_y=y_jdzb;
        xianduanfxt=-1/cf04;
        xianduanhao=8;
    }
//09 号线段方程   横坐标取值范围  [x_mx_62,x_mx_63)
//y-y_mx_63=( (y_mx_63-y_mx_62)/(x_mx_63-x_mx_62) )*(x-x_mx_63);
cf04=( (y_mx_63-y_mx_62)/(x_mx_63-x_mx_62) );
cf05=-1.0;
cf06=( (y_mx_63-y_mx_62)/(x_mx_63-x_mx_62) )*(0-x_mx_63)+y_mx_63;
fjdzb(cf01,cf02,cf03,cf04,cf05,cf06); //06  获得 x_jdzb y_jdzb
if( ((x_jdzb>=x_mx_62) && (x_jdzb<=x_mx_63)))
    {
        zjdzb_x=x_jdzb;
        zjdzb_y=y_jdzb;
        xianduanfxt=-1/cf04;
        xianduanhao=9;
    }
//10 号线段方程   横坐标取值范围  [x_mx_63,x_mx_64)
```

```
//y-y_mx_64=( (y_mx_64-y_mx_63)/(x_mx_64-x_mx_63) )*(x-x_mx_64);
cf04=( (y_mx_64-y_mx_63)/(x_mx_64-x_mx_63) );
cf05=-1.0;
cf06=( (y_mx_64-y_mx_63)/(x_mx_64-x_mx_63) )*(0-x_mx_64)+y_mx_64;
fjdzb(cf01,cf02,cf03,cf04,cf05,cf06);//06  获得x_jdzb  y_jdzb
if( ((x_jdzb>=x_mx_63) && (x_jdzb<=x_mx_64)) )
{
     zjdzb_x=x_jdzb;
     zjdzb_y=y_jdzb;
     xianduanfxt=-1/cf04;
     xianduanhao=10;
}
//11 号线段方程    横坐标取值范围  [x_mx_64,x_mx_65)
//y-y_mx_65=( (y_mx_65-y_mx_64)/(x_mx_65-x_mx_64) )*(x-x_mx_65);
cf04=( (y_mx_65-y_mx_64)/(x_mx_65-x_mx_64) );
cf05=-1.0;
cf06=( (y_mx_65-y_mx_64)/(x_mx_65-x_mx_64) )*(0-x_mx_65)+y_mx_65;
fjdzb(cf01,cf02,cf03,cf04,cf05,cf06);//06  获得x_jdzb  y_jdzb
if( ((x_jdzb>=x_mx_64) && (x_jdzb<=x_mx_65)) )
{
     zjdzb_x=x_jdzb;
     zjdzb_y=y_jdzb;
     xianduanfxt=-1/cf04;
     xianduanhao=11;
}
//12 号线段方程    横坐标取值范围  [x_mx_65,xd_wzx]
//y-yd_wzx=( (yd_wzx-y_mx_65)/(xd_wzx-x_mx_65) )*(x-xd_wzx);
cf04=( (yd_pwx-y_mx_65)/(xd_pwx-x_mx_65) );
cf05=-1.0;
cf06=( (yd_pwx-y_mx_65)/(xd_pwx-x_mx_65) )*(0-xd_pwx)+yd_pwx;
fjdzb(cf01,cf02,cf03,cf04,cf05,cf06);//06  获得x_jdzb  y_jdzb
if( ((x_jdzb>=x_mx_65) && (x_jdzb<=xd_pwx)) )
{
     zjdzb_x=x_jdzb;
     zjdzb_y=y_jdzb;
     xianduanfxt=-1/cf04;
     xianduanhao=12;
}
jxianduanhao=xianduanhao;
}
void chazhao01(double cf01, double cf02, double cf03) //左边线段
{
   double cf04,cf05,cf06;
   double x_mx_61,x_mx_62,x_mx_63,x_mx_64,x_mx_65;
   double y_mx_61,y_mx_62,y_mx_63,y_mx_64,y_mx_65;
   //double jls,jln,jzx,jzy;  //距离小 ju li small    距离新  ju li new   记真 x(上一次与
CPC-A 面的交点) ji zhen
   x_mx_61=x_mx[1];x_mx_62=x_mx[2];x_mx_63=x_mx[3];x_mx_64=x_mx[4];x_mx_65=x_mx[5];
   y_mx_61=y_mx[1];y_mx_62=y_mx[2];y_mx_63=y_mx[3];y_mx_64=y_mx[4];y_mx_65=y_mx[5];
   //01 号线段方程    横坐标取值范围  [-xd_pwx,-x_mx_65)
   //y-y_mx_65=( (y_mx_65-yd_pwx)/(-x_mx_65-(-xd_pwx)) )*(x-(-x_mx_65));
   cf04=( (y_mx_65-yd_pwx)/(-x_mx_65-(-xd_pwx)) );
   cf05=-1.0;
   cf06=( (y_mx_65-yd_pwx)/(-x_mx_65-(-xd_pwx)) )*(0-(-x_mx_65))+y_mx_65;
   fjdzb(cf01,cf02,cf03,cf04,cf05,cf06);//06  获得x_jdzb  y_jdzb
   if( ((x_jdzb>=-xd_pwx) && (x_jdzb<-x_mx_65)) && (jxianduanhao!=1) )
   {
         zjdzb_x=x_jdzb;
         zjdzb_y=y_jdzb;
```

```
                xianduanfxt=-1.0/cf04;                    //线段的法线斜率
                xianduanhao=1;
        }
//02 号线段方程    横坐标取值范围  [-x_mx_65,-x_mx_64)
//y-y_mx_64=( (y_mx_65-y_mx_64)/(-x_mx_65-(-x_mx_64)) )*(x-(-x_mx_64));
cf04=( (y_mx_65-y_mx_64)/(-x_mx_65-(-x_mx_64)) );
cf05=-1.0;
cf06=( (y_mx_65-y_mx_64)/(-x_mx_65-(-x_mx_64)) )*(0-(-x_mx_64))+y_mx_64;
fjdzb(cf01,cf02,cf03,cf04,cf05,cf06);      //06  获得 x_jdzb  y_jdzb
if(  ((x_jdzb>=-x_mx_65) && (x_jdzb<-x_mx_64)) && (jxianduanhao!=2) )
{
        zjdzb_x=x_jdzb;
        zjdzb_y=y_jdzb;
        xianduanfxt=-1/cf04;
        xianduanhao=2;
}
//03 号线段方程    横坐标取值范围  [-x_mx_64,-x_mx_63)
//y-y_mx_63=( (y_mx_64-y_mx_63)/(-x_mx_64-(-x_mx_63)) )*(x-(-x_mx_63));
cf04=( (y_mx_64-y_mx_63)/(-x_mx_64-(-x_mx_63)) );
cf05=-1.0;
cf06=( (y_mx_64-y_mx_63)/(-x_mx_64-(-x_mx_63)) )*(0-(-x_mx_63))+y_mx_63;
fjdzb(cf01,cf02,cf03,cf04,cf05,cf06); //06  获得 x_jdzb  y_jdzb
if(  ((x_jdzb>=-x_mx_64) && (x_jdzb<-x_mx_63)) && (jxianduanhao!=3) )
{
        zjdzb_x=x_jdzb;
        zjdzb_y=y_jdzb;
        xianduanfxt=-1/cf04;
        xianduanhao=3;
}
//04 号线段方程    横坐标取值范围  [-x_mx_63,-x_mx_62)
//y-y_mx_62=( (y_mx_63-y_mx_62)/(-x_mx_63-(-x_mx_62)) )*(x-(-x_mx_62));
cf04=( (y_mx_63-y_mx_62)/(-x_mx_63-(-x_mx_62)) );
cf05=-1.0;
cf06=( (y_mx_63-y_mx_62)/(-x_mx_63-(-x_mx_62)) )*(0-(-x_mx_62))+y_mx_62;
fjdzb(cf01,cf02,cf03,cf04,cf05,cf06); //06  获得 x_jdzb  y_jdzb
if(  ((x_jdzb>=-x_mx_63) && (x_jdzb<-x_mx_62)) && (jxianduanhao!=4) )
{
        zjdzb_x=x_jdzb;
        zjdzb_y=y_jdzb;
        xianduanfxt=-1/cf04;
        xianduanhao=4;
}
//05 号线段方程    横坐标取值范围  [-x_mx_62,-x_mx_61)
//y-y_mx_61=( (y_mx_62-y_mx_61)/(-x_mx_62-(-x_mx_61)) )*(x-(-x_mx_61));
cf04=( (y_mx_62-y_mx_61)/(-x_mx_62-(-x_mx_61)) );
cf05=-1.0;
cf06=( (y_mx_62-y_mx_61)/(-x_mx_62-(-x_mx_61)) )*(0-(-x_mx_61))+y_mx_61;
fjdzb(cf01,cf02,cf03,cf04,cf05,cf06); //06  获得 x_jdzb  y_jdzb
if(  ((x_jdzb>=-x_mx_62) && (x_jdzb<-x_mx_61)) && (jxianduanhao!=5) )
{
        zjdzb_x=x_jdzb;
        zjdzb_y=y_jdzb;
        xianduanfxt=-1/cf04;
        xianduanhao=5;
}
//06 号线段方程    横坐标取值范围  [-x_mx_61,-0.5*l_ban)
//y-0=( (y_mx_61-0)/(-x_mx_61-(-0.5*l_ban)) )*(x-(-0.5*l_ban));
cf04=( (y_mx_61-0)/(-x_mx_61-(-0.5*l_ban)) );
cf05=-1.0;
```

```
cf06=( (y_mx_61-0)/(-x_mx_61-(-0.5*l_ban)) )*(0-(-0.5*l_ban))+0;
fjdzb(cf01,cf02,cf03,cf04,cf05,cf06);//06 获得 x_jdzb y_jdzb
if( ((x_jdzb>=-x_mx_61) && (x_jdzb<-0.5*l_ban)) && (jxianduanhao!=6) )
{
        zjdzb_x=x_jdzb;
        zjdzb_y=y_jdzb;
        xianduanfxt=-1/cf04;
        xianduanhao=6;
}
}
void chazhao02(double cf01, double cf02, double cf03) //右边线段
{
    double cf04,cf05,cf06;
    double x_mx_61,x_mx_62,x_mx_63,x_mx_64,x_mx_65;
    double y_mx_61,y_mx_62,y_mx_63,y_mx_64,y_mx_65;
    x_mx_61=x_mx[1];x_mx_62=x_mx[2];x_mx_63=x_mx[3];x_mx_64=x_mx[4];x_mx_65=x_mx[5];
    y_mx_61=y_mx[1];y_mx_62=y_mx[2];y_mx_63=y_mx[3];y_mx_64=y_mx[4];y_mx_65=y_mx[5];
    //07 号线段方程  横坐标取值范围 [0.5*l_ban,x_mx_61)
    //y-y_mx_61=( (y_mx_61-0)/(x_mx_61-0.5*l_ban) )*(x-x_mx_61);
    cf04=( (y_mx_61-0)/(x_mx_61-0.5*l_ban) );
    cf05=-1.0;
    cf06=( (y_mx_61-0)/(x_mx_61-0.5*l_ban) )*(0-x_mx_61)+y_mx_61;
    fjdzb(cf01,cf02,cf03,cf04,cf05,cf06);//06 获得 x_jdzb y_jdzb
    if( ((x_jdzb>=0.5*l_ban) && (x_jdzb<=x_mx_61)) && (jxianduanhao!=7) )
    {
            zjdzb_x=x_jdzb;
            zjdzb_y=y_jdzb;
            xianduanfxt=-1/cf04;
            xianduanhao=7;
    }
    //08 号线段方程  横坐标取值范围 [x_mx_61,x_mx_62)
    //y-y_mx_62=( (y_mx_62-y_mx_61)/(x_mx_62-x_mx_61) )*(x-x_mx_62);
    cf04=( (y_mx_62-y_mx_61)/(x_mx_62-x_mx_61) );
    cf05=-1.0;
    cf06=( (y_mx_62-y_mx_61)/(x_mx_62-x_mx_61) )*(0-x_mx_62)+y_mx_62;
    fjdzb(cf01,cf02,cf03,cf04,cf05,cf06);//06 获得 x_jdzb y_jdzb
    if( ((x_jdzb>=x_mx_61) && (x_jdzb<=x_mx_62)) && (jxianduanhao!=8) )
    {
            zjdzb_x=x_jdzb;
            zjdzb_y=y_jdzb;
            xianduanfxt=-1/cf04;
            xianduanhao=8;
    }
    //09 号线段方程  横坐标取值范围 [x_mx_62,x_mx_63)
    //y-y_mx_63=( (y_mx_63-y_mx_62)/(x_mx_63-x_mx_62) )*(x-x_mx_63);
    cf04=( (y_mx_63-y_mx_62)/(x_mx_63-x_mx_62) );
    cf05=-1.0;
    cf06=( (y_mx_63-y_mx_62)/(x_mx_63-x_mx_62) )*(0-x_mx_63)+y_mx_63;
    fjdzb(cf01,cf02,cf03,cf04,cf05,cf06);//06 获得 x_jdzb y_jdzb
    if( ((x_jdzb>=x_mx_62) && (x_jdzb<=x_mx_63)) && (jxianduanhao!=9) )
    {
            zjdzb_x=x_jdzb;
            zjdzb_y=y_jdzb;
            xianduanfxt=-1/cf04;
            xianduanhao=9;
    }
    //10 号线段方程  横坐标取值范围 [x_mx_63,x_mx_64)
    //y-y_mx_64=( (y_mx_64-y_mx_63)/(x_mx_64-x_mx_63) )*(x-x_mx_64);
    cf04=( (y_mx_64-y_mx_63)/(x_mx_64-x_mx_63) );
```

```
        cf05=-1.0;
        cf06=( (y_mx_64-y_mx_63)/(x_mx_64-x_mx_63) )*(0-x_mx_64)+y_mx_64;
        fjdzb(cf01,cf02,cf03,cf04,cf05,cf06);//06  获得 x_jdzb  y_jdzb
        if( ((x_jdzb>=x_mx_63) && (x_jdzb<=x_mx_64)) && (jxianduanhao!=10) )
        {
                zjdzb_x=x_jdzb;
                zjdzb_y=y_jdzb;
                xianduanfxt=-1/cf04;
                xianduanhao=10;
        }
        //11 号线段方程     横坐标取值范围  [x_mx_64,x_mx_65)
        //y-y_mx_65=( (y_mx_65-y_mx_64)/(x_mx_65-x_mx_64) )*(x-x_mx_65);
        cf04=( (y_mx_65-y_mx_64)/(x_mx_65-x_mx_64) );
        cf05=-1.0;
        cf06=( (y_mx_65-y_mx_64)/(x_mx_65-x_mx_64) )*(0-x_mx_65)+y_mx_65;
        fjdzb(cf01,cf02,cf03,cf04,cf05,cf06);//06  获得 x_jdzb  y_jdzb
        if( ((x_jdzb>=x_mx_64) && (x_jdzb<=x_mx_65)) && (jxianduanhao!=11) )
        {
                zjdzb_x=x_jdzb;
                zjdzb_y=y_jdzb;
                xianduanfxt=-1/cf04;
                xianduanhao=11;
        }
        //12 号线段方程     横坐标取值范围  [x_mx_65,xd_pwx]
        //y-yd_wpw=( (yd_wpw-y_mx_65)/(xd_wpw-x_mx_65) )*(x-xd_pwx);
        cf04=( (yd_pwx-y_mx_65)/(xd_pwx-x_mx_65) );
        cf05=-1.0;
        cf06=( (yd_pwx-y_mx_65)/(xd_pwx-x_mx_65) )*(0-xd_pwx)+yd_pwx;
        fjdzb(cf01,cf02,cf03,cf04,cf05,cf06);//06  获得 x_jdzb  y_jdzb
        if( ((x_jdzb>=x_mx_65) && (x_jdzb<=xd_pwx)) && (jxianduanhao!=12) )
        {
                zjdzb_x=x_jdzb;
                zjdzb_y=y_jdzb;
                xianduanfxt=-1/cf04;
                xianduanhao=12;
        }
}
void fzhen(double cf01, double cf02, double cf03, double cf07, double cf08)    //zhen 真
{
    double cf001,cf002,cf003;
    cf001=cf01;
    cf002=cf02;
    cf003=cf03;
    xianduanhao=0;
    ///判断线段号==100,表明光线已经从光口逃逸,见本子函数最后//++++++++++处
    if(jxianduanhao!=100)
    {
        chazhao01(cf001,cf002,cf003);
        chazhao02(cf001,cf002,cf003);
        //fzhen01(cf001,cf002,cf003);
    }
    //+++++++++++
    if( (xianduanhao==0) ) //判断线段号仍然为 0,表明光线与面形的交点在光口之外
    {
        xianduanhao=100;
    }
    jxianduanhao=xianduanhao;

}
```

```
//获得反射光线斜率
double fsgxt;                              //反射光线的斜率
void ffsgxt(double cf01, double cf02, double cf03)        //反射光线斜率
{
    static int ii=0;
    double rsseta;
    double gyhrx,gyhry;
    double fsmfxseta;
    double gyhfsmfxx,gyhfsmfxy;
    double fsgxtx,fsgxty;
    rsseta=atan(-cf01/cf02);            //获取入射光线与x轴正半轴夹角
    gyhrx=cos(rsseta);                  //入射光线归一化方向向量的x轴分量
    gyhry=sin(rsseta);                  //入射光线归一化方向向量的y轴分量
    fsmfxseta=atan(xianduanfxt);        //获取反射面法线x轴正半轴夹角
    gyhfsmfxx=cos(fsmfxseta);           //反射面法线归一化方向向量的x轴分量
    gyhfsmfxy=sin(fsmfxseta);           //反射面法线归一化方向向量的y轴分量
fsgxtx=(1-2*pow(gyhfsmfxx,2))*gyhrx-2*gyhfsmfxx*gyhfsmfxy*gyhry;
fsgxty=-2*gyhfsmfxx*gyhfsmfxy*gyhrx+(1-2*pow(gyhfsmfxy,2))*gyhry;
    fsgxt=fsgxty/fsgxtx;
}
//11 第一次反射处理(光口入射光线)
void f01fs(double cf01, double cf02, double cf03)
{   double   x_valueofyis0;
    double   chenf_01,chenf_02,chenf_03;
    //光线与面形的交点坐标获取
    fzhen01(cf01,cf02,cf03);
    //反射光线斜率获取
    ffsgxt(cf01,cf02,cf03);
    //计算这个直线在纵坐标为0时x的值。若x的值在正负0.5*l_ban之间,则与平板吸收体相交,此时认为能够
到达吸收体
    x_valueofyis0=l_ban;

        //反射光线方程  fsgxt*(x-zjdzb_x)-y+zjdzb_y=0
        chenf_01=fsgxt;
        chenf_02=-1.0;
        chenf_03=fsgxt*(0-zjdzb_x)+zjdzb_y;
        x_valueofyis0=-chenf_03/chenf_01;
    if(  (x_valueofyis0>=-0.5*l_ban) && (x_valueofyis0<=0.5*l_ban)  )
    {
    sum[n2]=sum[n2]+pow(rou,1)*tou;         }
    else
    {        f02fs(chenf_01,chenf_02,chenf_03,zjdzb_x,zjdzb_y);//第二次反射处理 12
    }
}
//12 第二次反射处理
void f02fs(double cf01, double cf02, double cf03, double cf04, double cf05)
{
    double   x_valueofyis0a;
    double   chenfa_01,chenfa_02,chenfa_03;
    //光线与面形的交点坐标获取
        fzhen(cf01,cf02,cf03,cf04,cf05);         //反射光线斜率获取
        ffsgxt(cf01,cf02,cf03);
        //计算这个直线在纵坐标为0时x的值。若x的值在正负0.5*l_ban之间,则与平板吸收体相交,此时认为
能够到达吸收体
        x_valueofyis0a=l_ban;
        if(xianduanhao<100)
        {
            //反射光线方程  fsgxt*(x-zjdzb_x)-y+zjdzb_y=0
            chenfa_01=fsgxt;
```

```
                    chenfa_02=-1.0;
                    chenfa_03=fsgxt*(0-zjdzb_x)+zjdzb_y;
                    x_valueofyis0a=-chenfa_03/chenfa_01;
            }
            if(   (x_valueofyis0a>=-0.5*l_ban) && (x_valueofyis0a<=0.5*l_ban)   )
            {
                    sum[n2]=sum[n2]+pow(rou,2)*tou;
            }
            else
            {
                    f03fs(chenfa_01,chenfa_02,chenfa_03,zjdzb_x,zjdzb_y); //第三次反射处理 13
            }
    }
//13 第三次反射处理
void f03fs(double cf01, double cf02, double cf03, double cf04, double cf05)
{
    double   x_valueofyis0b;
    double   chenfb_01,chenfb_02,chenfb_03;
    if(xianduanhao<100)
    {
            //光线与面形的交点坐标获取
            //printf("x=%8.4f   x=%8.4f \n\n",cf04,cf05);
            fzhen(cf01,cf02,cf03,cf04,cf05);
            //反射光线斜率获取
            ffsgxt(cf01,cf02,cf03);
            //计算这个直线在纵坐标为 0 时 x 的值。若 x 的值在正负 0.5*l_ban 之间, 则与平板吸收体相交, 此时认为
能够到达吸收体
            x_valueofyis0b=l_ban;
            if(xianduanhao<100)
            {
                    //反射光线方程   fsgxt*(x-zjdzb_x)-y+zjdzb_y=0
                    chenfb_01=fsgxt;
                    chenfb_02=-1.0;
                    chenfb_03=fsgxt*(0-zjdzb_x)+zjdzb_y;
                    x_valueofyis0b=-chenfb_03/chenfb_01;
            }
            if(   (x_valueofyis0b>=-0.5*l_ban) && (x_valueofyis0b<=0.5*l_ban)   )
            {
                    sum[n2]=sum[n2]+pow(rou,3)*tou;
            }
            else
            {
                    f04fs(chenfb_01,chenfb_02,chenfb_03,zjdzb_x,zjdzb_y);
//第四次反射处理 14
            }
    }
}
//14 第四次反射处理
void f04fs(double cf01, double cf02, double cf03, double cf04, double cf05)
{
    double   x_valueofyis0c;
    double   chenfc_01,chenfc_02,chenfc_03;
    if(xianduanhao<100)
    {
            //光线与面形的交点坐标获取
            //printf\"x=%8.4f   x=%8.4f \n\n",cf04,cf05);
            fzhen(cf01,cf02,cf03,cf04,cf05);                        //反射光线斜率获取
            ffsgxt(cf01,cf02,cf03);
            //计算这个直线在纵坐标为 0 时 x 的值。若 x 的值在正负 0.5*l_ban 之间, 此时认为
```

能够到达吸收体

```
                x_valueofyis0c=l_ban;
                if(xianduanhao<100)
                {
                        //反射光线方程  fsgxt*(x-zjdzb_x)-y+zjdzb_y=0
                        chenfc_01=fsgxt;
                        chenfc_02=-1.0;
                        chenfc_03=fsgxt*(0-zjdzb_x)+zjdzb_y;
                        x_valueofyis0c=-chenfc_03/chenfc_01;
                }
                if(   (x_valueofyis0c>=-0.5*l_ban) && (x_valueofyis0c<=0.5*l_ban)   )
                {
                        sum[n2]=sum[n2]+pow(rou,4)*tou;
                }
                else
                {
                        f05fs(chenfc_01,chenfc_02,chenfc_03,zjdzb_x,zjdzb_y);
//第五次反射处理 15
                }
        }
}
//15 第五次反射处理
void f05fs(double cf01, double cf02, double cf03, double cf04, double cf05)
{
    double  x_valueofyis0d;
    double  chenfd_01,chenfd_02,chenfd_03;

    if(xianduanhao<100)
    {
            //光线与面形的交点坐标获取
            //printf("x=%8.4f  x=%8.4f \n\n",cf04,cf05);
            fzhen(cf01,cf02,cf03,cf04,cf05);                //反射光线斜率获取
            ffsgxt(cf01,cf02,cf03);
            //计算这个直线在纵坐标为 0 时 x 的值。若 x 的值在正负 0.5*l_ban 之间，则与平板吸收体相交,此时认
```

为能够到达吸收体

```
                x_valueofyis0d=l_ban;
                if(xianduanhao<100)
                {
                        //反射光线方程  fsgxt*(x-zjdzb_x)-y+zjdzb_y=0
                        chenfd_01=fsgxt;
                        chenfd_02=-1.0;
                        chenfd_03=fsgxt*(0-zjdzb_x)+zjdzb_y;
                        x_valueofyis0d=-chenfd_03/chenfd_01;
                }
                if(   (x_valueofyis0d>=-0.5*l_ban) && (x_valueofyis0d<=0.5*l_ban)   )
                {
                        sum[n2]=sum[n2]+pow(rou,5)*tou;
                }
                else
                {
                        f06fs(chenfd_01,chenfd_02,chenfd_03,zjdzb_x,zjdzb_y);
//第六次反射处理 16
                }
        }
}
//16 第六次反射处理
void f06fs(double cf01, double cf02, double cf03, double cf04, double cf05)
{
    double  x_valueofyis0e;
```

```
        double  chenfe_01,chenfe_02,chenfe_03;

        if(xianduanhao<100)
        {
                //光线与面形的交点坐标获取
                //printf("x=%8.4f  x=%8.4f \n\n",cf04,cf05);
                fzhen(cf01,cf02,cf03,cf04,cf05);
                //反射光线斜率获取
                ffsgxt(cf01,cf02,cf03);
                //计算这个直线在纵坐标为 0 时 x 的值。若 x 的值在正负 0.5*l_ban 之间,则与平板吸收体相交,此时认为
能够到达吸收体
                x_valueofyis0e=l_ban;
                if(xianduanhao<100)
                {
                        //反射光线方程  fsgxt*(x-zjdzb_x)-y+zjdzb_y=0
                        chenfe_01=fsgxt;
                        chenfe_02=-1.0;
                        chenfe_03=fsgxt*(0-zjdzb_x)+zjdzb_y;
                        x_valueofyis0e=-chenfe_03/chenfe_01;
                }

                if(   (x_valueofyis0e>=-0.5*l_ban) && (x_valueofyis0e<=0.5*l_ban)   )
                {
                        sum[n2]=sum[n2]+pow(rou,6)*tou;
                }
                else
                {
                        f07fs(chenfe_01,chenfe_02,chenfe_03,zjdzb_x,zjdzb_y);
        //第七次反射处理 17
                }
        }
}
//17 第七次反射处理
void f07fs(double cf01, double cf02, double cf03, double cf04, double cf05)
{
        double  x_valueofyis0f;
        double  chenff_01,chenff_02,chenff_03;

        if(xianduanhao<100)
        {
                //光线与面形的交点坐标获取
                //printf("x=%8.4f  x=%8.4f \n\n",cf04,cf05);
                fzhen(cf01,cf02,cf03,cf04,cf05);
                //反射光线斜率获取
                ffsgxt(cf01,cf02,cf03);
                //计算这个直线在纵坐标为 0 时 x 的值。若 x 的值在正负 0.5*l_ban 之间,则与平板吸收体相交,此时认为
能够到达吸收体
                x_valueofyis0f=l_ban;
                if(xianduanhao<100)
                {
                        //反射光线方程  fsgxt*(x-zjdzb_x)-y+zjdzb_y=0
                        chenff_01=fsgxt;
                        chenff_02=-1.0;
                        chenff_03=fsgxt*(0-zjdzb_x)+zjdzb_y;
                        x_valueofyis0f=-chenff_03/chenff_01;
                }
                if(   (x_valueofyis0f>=-0.5*l_ban) && (x_valueofyis0f<=0.5*l_ban)   )
                {
                        sum[n2]=sum[n2]+pow(rou,7)*tou;
```

```
        }
        else
        {
            f08fs(chenff_01,chenff_02,chenff_03,zjdzb_x,zjdzb_y);
//第八次反射处理 18
        }
    }
}
//18 第八次反射处理
void f08fs(double cf01, double cf02, double cf03, double cf04, double cf05)
{
    double  x_valueofyis0g;
    double  chenfg_01,chenfg_02,chenfg_03;

    if(xianduanhao<100)
    {
        //光线与面形的交点坐标获取
        //printf("x=%8.4f  x=%8.4f \n\n",cf04,cf05);
        fzhen(cf01,cf02,cf03,cf04,cf05);
        //反射光线斜率获取
        ffsgxt(cf01,cf02,cf03);
        //计算这个直线在纵坐标为 0 时 x 的值。若 x 的值在正负 0.5*l_ban 之间,则与平板吸收体相交,此时认为
能够到达吸收体
        x_valueofyis0g=l_ban;
        if(xianduanhao<100)
        {
            //反射光线方程  fsgxt*(x-zjdzb_x)-y+zjdzb_y=0
            chenfg_01=fsgxt;
            chenfg_02=-1.0;
            chenfg_03=fsgxt*(0-zjdzb_x)+zjdzb_y;
            x_valueofyis0g=-chenfg_03/chenfg_01;
        }
        if(   (x_valueofyis0g>=-0.5*l_ban) && (x_valueofyis0g<=0.5*l_ban)   )
        {
            sum[n2]=sum[n2]+pow(rou,8)*tou;
        }
        else
        {
            f09fs(chenfg_01,chenfg_02,chenfg_03,zjdzb_x,zjdzb_y);
//第九次反射处理 19
        }
    }
}
//19 第九次反射处理
void f09fs(double cf01, double cf02, double cf03, double cf04, double cf05)
{
    double  x_valueofyis0h;
    double  chenfh_01,chenfh_02,chenfh_03;
    if(xianduanhao<100)
    {
        //光线与面形的交点坐标获取
        //printf("x=%8.4f  x=%8.4f \n\n",cf04,cf05);
        fzhen(cf01,cf02,cf03,cf04,cf05);
        //反射光线斜率获取
        ffsgxt(cf01,cf02,cf03);
        //计算这个直线在纵坐标为 0 时 x 的值。若 x 的值在正负 0.5*l_ban 之间,则与平板吸收体相交,此时认为
能够到达吸收体
        x_valueofyis0h=l_ban;
        if(xianduanhao<100)
```

```
        {
                //反射光线方程  fsgxt*(x-zjdzb_x)-y+zjdzb_y=0
                chenfh_01=fsgxt;
                chenfh_02=-1.0;
                chenfh_03=fsgxt*(0-zjdzb_x)+zjdzb_y;
                x_valueofyis0h=-chenfh_03/chenfh_01;
        }
        if(   (x_valueofyis0h>=-0.5*l_ban) && (x_valueofyis0h<=0.5*l_ban)   )
        {
                sum[n2]=sum[n2]+pow(rou,9)*tou;
        }
        else
        {
                sum[n2]=sum[n2]+0;
                printf("fanshe chuli N not enough");
                while(1);
        }
    }
}
#ifndef _rsjcl_H
#define _rsjcl_H
#include "common.h"                          //公共部分文件
#include "frsj.h"
void frsjcl(int n2);
#endif
//程序功能:对入射角进行处理  0°和90°,防止出现斜率无穷大
#include "rsjcl.h"
void frsjcl(int n2)
{
    if(x_rsj_gk[n2]<0.00000001)               //判断光线是否垂直入射
    {
        x_rsj_gk[n2]=0.00001*(pi/180.0);      //入射角默认为弧度制
    }
    if(  (0.5*pi-x_rsj_gk[n2])<0.00000001  )  //判断光线是否平行
    {
        x_rsj_gk[n2]=0.5*pi-0.00001*(pi/180.0);  //入射角默认为弧度制
}}
```

3．圆形吸收体 CPAC

圆形吸收体 CPAC 如图 4-28 所示。与上平板吸收体 CPAC 一样。图 4-28 中每一段的端点都在原来的标准圆形吸收体 CPC 上。图 4-28 中由线段 AB、BC、CE 组成的右半部 CPAC 就是一种 3 段圆形吸收体 CPAC。

与上平板吸收体 CPAC 构建方法类似，圆形吸收体 CPAC 的构建也有多种方法包括等横纵向间距、等纵向间距、等角度法、等弧长、等转动角等。同样，这些构建方法往往具有人为性。构建好的 CPAC 的光学性能具有随机性。

通常采用程序计算的方法来构建圆形吸收体 CPAC。也可获得较好的光学性能的圆形吸收体 CPAC。构建过程同上平板形吸收体 CPAC。只是在程序计算过程中圆形吸收体 CPAC 面形计算更为复杂，因为标准的圆形吸收体 CPC 面形有两种曲线方程，并且标准圆形吸收体 CPC 的 y 方向，先随着 x 增大而减小，再随 x 增大而增大，这就需要分类计算。下面就是圆形吸收体 CPAC 几何面形构建的样例程序。

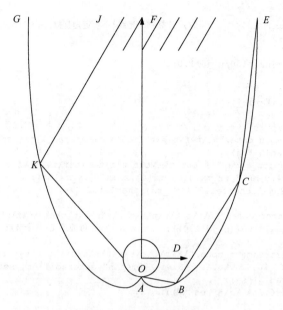

图 4-28　圆形吸收体 CPAC

样例程序代码：

//程序功能:新能源系统性能计算,即计算圆形吸收体的 CPC-A 的坐标,圆形吸收体的圆心为坐标原点 由于对称性,程序只计算了基圆右半部的面形,程序最多处理 9 次反射,一般能满足要求

```
//头文件
#include "common.h"                    //公共部分文件
#include "erfenfa.h"                   //二分法求解头文件
#include "ddz.h"                       //圆形吸收体标准 CPC 端点值计算
#include "fjd.h"                       //光口分节点计算
#include "frsj.h"                      //光口分入射角计算
#include "fmx.h"                       //CPC-A 分面形计算
#include "rsjcl.h"                     //入射角处理
#include "ddgx.h"                      //计算光线到达吸收体情况
//*********定义变量**************
int        n2,m2;                      //提前定义  用于分角度  分节点
double     es,es_jy=0;                 //同一个面形下,各入射角效率之和
efficient sum
double     sum[n_rsj+1]={0.0};
int        chenfei1234;
FILE *streamgon_cpca;
//*********定义变量**************
//*********子函数**************
void fchuli(void)                      //处理函数
{
    es=0;
    ffmx(setarad[1],setarad[2],setarad[3],setarad[4],setarad[5]);    //分面形
    n2=1;                                                            //n2=1 表示 0 度开始
    while(n2<=n_rsj)                                                 //分入射角
    {
        //printf("@@ x_rsj_gk[%3d]=%8.4f rad %8.4f deg\n",n2,x_rsj_gk[n2], x_rsj_gk[n2]*
(180/pi));
        frsjcl(n2);              //对入射角   x_rsj_gk[n2] 进行处理  无返回值
        sum[n2]=0;              //存储在某一个入射角条件下,采光口处能够到达吸收体表面的光线有效条
数(不一定为整数,因为受到反射,投射,吸收的影响)
        m2=1;
        while(m2<=n_jd)        //分节点
```

```
                {
                        fddgx();                    // 计算到达光线(不一定为整数,因为与反射率等有关系)
                        m2++;
                }
                es=es+sum[n2]*100/n_jd*1.0;
                n2++;
        }
        if(    (es/n_rsj)>=es_jy   )
        {
                es_jy=es/n_rsj;
        fprintf(streamgon_cpca,"%f\t%f\t%f\t%f\t%f\t",setarad[1]*zj,setarad[2]*zj,setarad[3]*
zj,setarad[4]*zj,setarad[5]*zj);
        fprintf(streamgon_cpca,"%f\t%f\t%f\t%f\t%f\t%f\t%f\t%f\t%f\t%f\n",x_mx[1],y_mx[1],
x_mx[2],y_mx[2],x_mx[3],y_mx[3],x_mx[4],y_mx[4],x_mx[5],y_mx[5]);
        for(chenfei1234=1;chenfei1234<=n_rsj;chenfei1234++)
                {
                fprintf(streamgon_cpca,"\t\t\t\t\t\t\t\t\t\t\t\t\t%f\t%f\n",x_rsj_gk[chenfei1234]*
(180/pi),sum[chenfei1234]*100/(n_jd*1.0));         //分母的意义:每个节点一条光线
                }
                fprintf(streamgon_cpca,"\t\t\t\t\t\t\t\t\t\t\t\t\t\t%f\n",es_jy);
        printf("%8.4f  %8.4f  %8.4f  %8.4f  %8.4f\n",setarad[1]*zj,setarad[2]*zj,setarad[3]*
zj,setarad[4]*zj,setarad[5]*zj);
                printf("%6.3f%%\n\n",es_jy);
        }
}
//*********子函数*********
//*********主函数*********
int main(void)
{ streamgon_cpca=fopen("c://Outputs//CPC_A_6N.xls","w+");
    fprintf(streamgon_cpca,"n_rsj\tn_jd\n");
    fprintf(streamgon_cpca,"%d\t%d\n",n_rsj,n_jd);           //打印表头说明  入射角数与节点数
    fddz();                                                  //端点值计算
    ffjd();                                                  //分节点计算
    ffrsj();                                                 //分入射角计算
    setarad[1]=bc_setarad;
    while(   setarad[1]< 134.4*zh  ) //setarad 的端点值丢弃,因为不可能是最优解   //考虑到 setadeg
大于此值 CPC-A 的面形与吸收体相交  134.4
        {
                setarad[2]=setarad[1]+bc_setarad;
    while(     setarad[2]<(270*zh-arfarad)   )
                {
                        setarad[3]=setarad[2]+bc_setarad;
                        while(   setarad[3]<(270*zh-arfarad)    )
                        {
                                setarad[4]=setarad[3]+bc_setarad;
                                while(    setarad[4]<(270*zh-arfarad)     )
                                {
                                        setarad[5]=setarad[4]+bc_setarad;
                                        while(     setarad[5]<(270*zh-arfarad)      )
                                        {
                                                fchuli();
                setarad[5]=setarad[5]+bc_setarad;
                                        }
                                        setarad[4]=setarad[4]+bc_setarad;
                                }
                                setarad[3]=setarad[3]+bc_setarad;
                        }
                        setarad[2]=setarad[2]+bc_setarad;
                }
                setarad[1]=setarad[1]+bc_setarad;
        }
    fclose(streamgon_cpca);
```

```
        return 0;
    }
    #ifndef _common_H
    #define _common_H
    #include <stdio.h>
    #include <stdlib.h>                      //stdlib 头文件即 standard library 标准库函数头文件,
包含了 C、C++语言的最常用的系统函数,如 rand、exit 等
    #include <math.h>
    //#include <assert.h>                     //assert 就是声明某种东西为真,是一个宏,多用于程序调试
    //程序公共的常量及变量在此定义
    #define    pi         3.141592653589     //3.14159 26535 89793 23846 26433 83279 50288
41971 69399 37510
    #define    ee         2.718281828459     //2.71828 18284 59045 23536 02874 71352 66249
77572 47093 69995
    #define    zh         pi/180.0           //角度转换为弧度算符
    #define    zj         180.0/pi           //弧度转换为角度算符
    #define    arfarad    30.0*zh            //提前定义 CFMODIFY01      接收半角
    #define    r_io       10.0               //提前定义 CFMODIFY02      单位为 mm 真空管内管外半径
    #define    n_jd       20                 //提前定义 CFMODIFY03      表示光口处有 n_jd 个节点,其
中左端点和右端点为固定节点,活动的节点个数为 n_jd-2 个
    #define    n_rsj      91                 //提前定义 CFMODIFY04      入射角的总个数   入射角范围
0-0.5*pi 从左到右
    #define    rou        1.00               //提前定义 CFMODIFY05      面形反射面反射率
    #define    tou        1.00               //提前定义 CFMODIFY06      真空管外管的透射率
    #define    xsh        1.00               //提前定义 CFMODIFY06      真空管外管的吸收率
    #define    bc_setadeg 20                 //提前定义 CFMODIFY07    分面形所用的步长
134.482 为水平临界角 及 y 再次等于-r_io
    #define    bc_setarad bc_setadeg*zh      //提前定义 CFMODIFY07    分面形所用的步长
134.482 为水平临界角 及 y 再次等于-r_io
    extern     int        n2,m2;
    extern     double     es,es_jy;          //同一个面形下,各入射角 efficient sum   jy 表
示 ji yi
    extern     double     sum[n_rsj+1];      //在某一个入射角条件下,采光口处能够到达吸收体表
面的光线有效条数(不一定为整数,因为受到反射,投射,吸收的影响)
    #endif
    #ifndef _ddgx_H
    #define _ddgx_H
    #include "common.h"                      //公共文件
    #include "ddz.h"
    #include "frsj.h"
    #include "fjd.h"
    void fddgx(void);
    #endif
    //程序功能:计算光线到达吸收体情况
    #include "ddgx.h"
    #include "ddzxjl.h"
    #include "fs.h"
    void fddgx(void)
    {
        Double  cf01,cf02,cf03;
        double  distance11;                  //保存计算的点到直线距离

        //tan(0.5*pi-x_rsj_gk[n2])*(x-x_jd_gk[m2])+yd_wzx-y=0; 点斜式  入射光线方程
        cf01=tan(0.5*pi-x_rsj_gk[n2]);
        cf02=-1.0;
        cf03=tan(0.5*pi-x_rsj_gk[n2])*(0.0-x_jd_gk[m2])+yd_wzx;
        distance11=fddzxjl(cf01,cf02,cf03,0,0);//计算圆心到入射光线的距离
        //判断圆心到入射光线距离是否大于圆半径
        if(distance11<=r_io)
        {
            sum[n2]=sum[n2]+pow(rou,0)*tou;       //tou 有效透射率
```

```
        }
        else                                  //计算光线与线段的交点   并判断是哪个线段
        {
            f01fs(cf01,cf02,cf03);            //第一次反射处理 11
        }   }
#ifndef _ddz_H
#define _ddz_H
#include "common.h"                          //公共部分文件
extern double  setarad_d_jkx,xd_jkx,yd_jkx;
extern double  setarad_d_wzx,xd_wzx,yd_wzx;  //未知 wei zhi
void fddz(void);
#endif
//程序功能:圆形吸收体标准 CPC 端点值计算
#include "ddz.h"
double  setarad_d_jkx,xd_jkx,yd_jkx;
double  setarad_d_wzx,xd_wzx,yd_wzx;          //未知 wei zhi
void fddz(void) //duan dian zhi
{
    double u;
    //渐开线参数方程   端点处的值
    setarad_d_jkx=0.5*pi+arfarad;
    xd_jkx= r_io*(sin(setarad_d_jkx)-setarad_d_jkx*cos(setarad_d_jkx));
    yd_jkx=-r_io*(setarad_d_jkx*sin(setarad_d_jkx)+cos(setarad_d_jkx));
    printf("xd_jkx=%8.4f  yd_jkx=%8.4f \n",xd_jkx,yd_jkx);


    //未知曲线部分   端点处的值
    setarad_d_wzx=1.5*pi-arfarad;
    u=r_io*((setarad_d_wzx+arfarad+0.5*pi)-cos(setarad_d_wzx-arfarad))/(1.0+ sin(setarad_
d_wzx-arfarad));
    xd_wzx= r_io*sin(setarad_d_wzx)-u*cos(setarad_d_wzx);
    yd_wzx=-r_io*cos(setarad_d_wzx)-u*sin(setarad_d_wzx);
    printf("xd_wzx=%8.4f  yd_wzx=%8.4f   u=%8.4f\n",xd_wzx,yd_wzx,u);
}
#ifndef _ddzxjl_H
#define _ddzxjl_H

#include "common.h"                          //公共文件
double fddzxjl(double cfa, double cfb, double cfc, double cfd, double cfe);
#endif
//程序功能:圆形吸收体标准 CPC 端点值计算
#include "ddz.h"
double  setarad_d_jkx,xd_jkx,yd_jkx;
double  setarad_d_wzx,xd_wzx,yd_wzx;                  //未知 wei zhi
void fddz(void)                                      //duan dian zhi
{
    double u;
    //渐开线参数方程   端点处的值
    setarad_d_jkx=0.5*pi+arfarad;
    xd_jkx= r_io*(sin(setarad_d_jkx)-setarad_d_jkx*cos(setarad_d_jkx));
    yd_jkx=-r_io*(setarad_d_jkx*sin(setarad_d_jkx)+cos(setarad_d_jkx));
    printf("xd_jkx=%8.4f  yd_jkx=%8.4f \n",xd_jkx,yd_jkx);
    //未知曲线部分   端点处的值
    setarad_d_wzx=1.5*pi-arfarad;
    u=r_io*(   (setarad_d_wzx+arfarad+0.5*pi) - cos(setarad_d_wzx-arfarad)   )/(   1.0+
sin(setarad_d_wzx-arfarad)   );
    xd_wzx= r_io*sin(setarad_d_wzx)-u*cos(setarad_d_wzx);
    yd_wzx=-r_io*cos(setarad_d_wzx)-u*sin(setarad_d_wzx);
    printf("xd_wzx=%8.4f  yd_wzx=%8.4f   u=%8.4f\n",xd_wzx,yd_wzx,u);
}
#ifndef _fjd_H
```

```
#define _fjd_H
#include "common.h"                    //公共部分文件
#include "ddz.h"
#define        gkkdjxz        0.00      //光口宽度减小值 单位:mm
extern int      n_cf01;                 //移动的节点  jiedian yidong (jd_yd)
extern double   x_jd_gk[n_jd+1];        //gk guangkou 光口
void ffjd(void);
#endif
//程序功能:计算标准圆形吸收体CPC光口处的节点值
#include "fjd.h"                        //光口分节点计算
//02 fen jie dian fjd 光口分节点
int     n_cf01;                         //移动的节点  jiedian yidong (jd_yd)
double  x_jd_gk[n_jd+1];                //gk guangkou 光口
void ffjd(void)
{
    double duanchang;

    duanchang=2.0*xd_wzx/n_jd;
    //分节点进行计算
    n_cf01=1;
    while(n_cf01<=n_jd)
    {
         x_jd_gk[n_cf01]=(n_cf01-1)*duanchang-xd_wzx+0.5*duanchang;
    //x_jd_gk[n_cf01]=(n_cf01-1)*( ( 2.0*(xd_wzx-gkkdjxz) )/(n_jd-1) )  -xd_wzx+gkkdjxz;
    //光口从左向右  n_jd个节点只有 n_jd-1 段  第一个节点为左端点值
         printf("x_jd_gk[%4d]=%8.4f\n",n_cf01,x_jd_gk[n_cf01]);
         n_cf01++;
    }
    printf("\n");
}
#ifndef _fmx_H
#define _fmx_H
#include "common.h"                    //公共部分文件

extern double x_mx[11],y_mx[11];
extern double setarad[11];
void ffmx(double cfa01, double cfa02, double cfa03, double cfa04, double cfa05);
#endif
//程序功能:计算标准圆形吸收体CPC_A的面形
#include "fmx.h"                       //fen mian xian
double x_mx[11],y_mx[11];             //从 x_mx[1],y_mx[1] 开始使用
double setarad[11];                   //从 setarad[1]      开始使用
void ffmx(double cfa01, double cfa02, double cfa03, double cfa04, double cfa05)
{
    char i;
    double j[11],u;
    j[1]=cfa01;j[2]=cfa02;j[3]=cfa03;j[4]=cfa04;j[5]=cfa05;
    for(i=1;i<6;i++)    //此处的 6 表示的是 CPC-A 的单边维数
    {   if(  j[i]<=(0.5*pi+arfarad)  )
        {
            //渐开线参数方程
            x_mx[i]= r_io*(sin(j[i])-j[i]*cos(j[i]));
            y_mx[i]=-r_io*(j[i]*sin(j[i])+cos(j[i]));
            //printf("x_mx[%2d]=%9.4f  y_mx[%2d]=%9.4f \n",i,x_mx[i],i,y_mx[i]);
        }
        else
        {
            //未知曲线部分
            u=r_io*((j[i]+arfarad+0.5*pi) - cos(j[i]-arfarad))/(1.0+sin(j[i]-arfarad));
```

```
                x_mx[i]= r_io*sin(j[i])-u*cos(j[i]);
                y_mx[i]=-r_io*cos(j[i])-u*sin(j[i]);
                //printf("x_mx[%2d]=%9.4f  y_mx[%2d]=%9.4f \n",i,x_mx[i],i,y_mx[i]);
            }
        }
    }
    #ifndef _frsj_H
    #define _frsj_H
    #include "common.h"                        //公共部分文件
    extern int       n_rsj_bh;                 //变化的入射角  bian hua ru she jiao
    extern double x_rsj_gk[n_rsj+1];           //guang kou
    void ffrsj(void);
    #endif
    //程序功能:计算标准圆形吸收体CPC光口处平均分配的入射角
    #include "frsj.h"                           //fen ru she jiao
    int       n_rsj_bh;                         //变化的入射角  bian hua ru she jiao
    double x_rsj_gk[n_rsj+1];                   //其值为弧度制
    void ffrsj(void)
    {
        //分入射角
        n_rsj_bh=1;
        while(n_rsj_bh<=n_rsj)
        {
            x_rsj_gk[n_rsj_bh]=(n_rsj_bh-1)*(   (0.5*pi)/(n_rsj-1)   );  //入射角共n_rsj个值,
所以有n_rsj-1段  且第一个节点为0,最后一个为90°
            printf("x_rsj_gk[%3d]=%8.4f rad %8.4f deg\n",n_rsj_bh,x_rsj_gk[n_rsj_bh],x_rsj_
gk[n_rsj_bh]*(180/pi));
            n_rsj_bh++;
        }
        printf("*************************************************************\n\n\n");
    }
    #ifndef _fs_H
    #define _fs_H
    #include "common.h"            //公共文件
    extern double x_jdzb,y_jdzb; //jiao dian zuo biao
    extern double zjdzb_x,zjdzb_y,jyzjdzb_x,jyzjdzb_y;      //真交点坐标
    extern int    xianduanhao,jxianduanhao;
    extern double xianduanfxt;                              //线段的法线斜率
    extern double fsgxt;                                    //反射光线的斜率
    extern double jls,jln,jzx,jzy;
    void fjdzb(double cfa, double cfb, double cfc, double cfd, double cfe, double cff);
    void fzhen01(double cf01, double cf02, double cf03);
    void fzhen(double cf01, double cf02, double cf03);
    void ffsgxt(double cf01, double cf02, double cf03);    //fan she guang xian 反射光线斜率
    void f01fs(double cf01, double cf02, double cf03);
    void f02fs(double cf01, double cf02, double cf03, double cf04, double cf05);
    void f03fs(double cf01, double cf02, double cf03, double cf04, double cf05);
    void f04fs(double cf01, double cf02, double cf03, double cf04, double cf05);
    void f05fs(double cf01, double cf02, double cf03, double cf04, double cf05);
    void f06fs(double cf01, double cf02, double cf03, double cf04, double cf05);
    void f07fs(double cf01, double cf02, double cf03, double cf04, double cf05);
    void f08fs(double cf01, double cf02, double cf03, double cf04, double cf05);
    void f09fs(double cf01, double cf02, double cf03, double cf04, double cf05);
    void chazhao01(double cf01, double cf02, double cf03);
    void chazhao02(double cf01, double cf02, double cf03);
    #endif
    //程序功能:对反射光线进行处理
    #include "fs.h"
    #include "ddzxjl.h"
```

```c
#include "fmx.h"
#include "ddz.h"
//平面两直线交点坐标计算
double x_jdzb,y_jdzb; //jiao dian zuo biao
void fjdzb(double cfa, double cfb, double cfc, double cfd, double cfe, double cff)
{
    y_jdzb=(cfa*cff-cfc*cfd)/(cfb*cfd-cfa*cfe);
    x_jdzb=-1.0*(cfb*y_jdzb+cfc)/cfa;
    //printf("x_jdzb=%8.4f y_jdzb=%8.4f \n",x_jdzb,y_jdzb);
}
//寻找真正的交点坐标及线段标号
double zjdzb_x,zjdzb_y,jyzjdzb_x,jyzjdzb_y;          //真交点坐标  ji yi 记忆
int    xianduanhao,jxianduanhao=1;
double xianduanfxt;                                   //线段的法线斜率
void fzhen01(double cf01, double cf02, double cf03)    //zhen 真
{
    double cf04,cf05,cf06;
    double x_mx_61,x_mx_62,x_mx_63,x_mx_64,x_mx_65;
    double y_mx_61,y_mx_62,y_mx_63,y_mx_64,y_mx_65;
    x_mx_61=x_mx[1];x_mx_62=x_mx[2];x_mx_63=x_mx[3];x_mx_64=x_mx[4];x_mx_65=x_mx[5];
    y_mx_61=y_mx[1];y_mx_62=y_mx[2];y_mx_63=y_mx[3];y_mx_64=y_mx[4];y_mx_65=y_mx[5];
    //分面形得到的 12 个线段方程   线段方程从左到右如下
    //01 号线段方程    横坐标取值范围  [-xd_wzx,-x_mx_65)
    //y-y_mx_65=( (y_mx_65-yd_wzx)/(-x_mx_65-(-xd_wzx)) )*(x-(-x_mx_65));
    cf04=( (y_mx_65-yd_wzx)/(-x_mx_65-(-xd_wzx)) );
    cf05=-1.0;
    cf06=( (y_mx_65-yd_wzx)/(-x_mx_65-(-xd_wzx)) )*(0-(-x_mx_65))+y_mx_65;

    //fjdzb(2,3,-13,2,1,-7);                             //06  获得 x_jdzb y_jdzb
    fjdzb(cf01,cf02,cf03,cf04,cf05,cf06);                //06  获得 x_jdzb y_jdzb
    if( ((x_jdzb>=-xd_wzx) && (x_jdzb<-x_mx_65)) )
    {
        zjdzb_x=x_jdzb;
        zjdzb_y=y_jdzb;
        xianduanfxt=-1.0/cf04;                           //线段的法线斜率
        xianduanhao=1;
    }
    //02 号线段方程    横坐标取值范围  [-x_mx_65,-x_mx_64)
    //y-y_mx_64=( (y_mx_65-y_mx_64)/(-x_mx_65-(-x_mx_64)) )*(x-(-x_mx_64));
    cf04=( (y_mx_65-y_mx_64)/(-x_mx_65-(-x_mx_64)) );
    cf05=-1.0;
    cf06=( (y_mx_65-y_mx_64)/(-x_mx_65-(-x_mx_64)) )*(0-(-x_mx_64))+y_mx_64;
    fjdzb(cf01,cf02,cf03,cf04,cf05,cf06);        //06  获得 x_jdzb y_jdzb
    if( ((x_jdzb>=-x_mx_65) && (x_jdzb<-x_mx_64)) )
    {
        zjdzb_x=x_jdzb;
        zjdzb_y=y_jdzb;
        xianduanfxt=-1/cf04;
        xianduanhao=2;
    }
    //03 号线段方程    横坐标取值范围  [-x_mx_64,-x_mx_63)
    //y-y_mx_63=( (y_mx_64-y_mx_63)/(-x_mx_64-(-x_mx_63)) )*(x-(-x_mx_63));
    cf04=( (y_mx_64-y_mx_63)/(-x_mx_64-(-x_mx_63)) );
    cf05=-1.0;
    cf06=( (y_mx_64-y_mx_63)/(-x_mx_64-(-x_mx_63)) )*(0-(-x_mx_63))+y_mx_63;
    fjdzb(cf01,cf02,cf03,cf04,cf05,cf06);               //06  获得 x_jdzb y_jdzb
    if( ((x_jdzb>=-x_mx_64) && (x_jdzb<-x_mx_63)) )
    {
        zjdzb_x=x_jdzb;
```

```
        zjdzb_y=y_jdzb;
        xianduanfxt=-1/cf04;
        xianduanhao=3;
}
//04 号线段方程    横坐标取值范围  [-x_mx_63,-x_mx_62)
//y-y_mx_62=( (y_mx_63-y_mx_62)/(-x_mx_63-(-x_mx_62)) )*(x-(-x_mx_62));
cf04=( (y_mx_63-y_mx_62)/(-x_mx_63-(-x_mx_62)) );
cf05=-1.0;
cf06=( (y_mx_63-y_mx_62)/(-x_mx_63-(-x_mx_62)) )*(0-(-x_mx_62))+y_mx_62;
fjdzb(cf01,cf02,cf03,cf04,cf05,cf06);        //06  获得 x_jdzb  y_jdzb
if(  ((x_jdzb>=-x_mx_63) && (x_jdzb<-x_mx_62))  )
{
        zjdzb_x=x_jdzb;
        zjdzb_y=y_jdzb;
        xianduanfxt=-1/cf04;
        xianduanhao=4;
}
//05 号线段方程    横坐标取值范围  [-x_mx_62,-x_mx_61)
//y-y_mx_61=( (y_mx_62-y_mx_61)/(-x_mx_62-(-x_mx_61)) )*(x-(-x_mx_61));
cf04=( (y_mx_62-y_mx_61)/(-x_mx_62-(-x_mx_61)) );
cf05=-1.0;
cf06=( (y_mx_62-y_mx_61)/(-x_mx_62-(-x_mx_61)) )*(0-(-x_mx_61))+y_mx_61;
fjdzb(cf01,cf02,cf03,cf04,cf05,cf06);        //06  获得 x_jdzb  y_jdzb
if(  ((x_jdzb>=-x_mx_62) && (x_jdzb<-x_mx_61))  )
{
        zjdzb_x=x_jdzb;
        zjdzb_y=y_jdzb;
        xianduanfxt=-1/cf04;
        xianduanhao=5;
}
//06 号线段方程    横坐标取值范围  [-x_mx_61,0)
//y-(-r_io)=( (y_mx_61-(-r_io))/(-x_mx_61-0) )*(x-0);
cf04=( (y_mx_61-(-r_io))/(-x_mx_61-0) );
cf05=-1.0;
cf06=( (y_mx_61-(-r_io))/(-x_mx_61-0) )*(0-0)+(-r_io);
fjdzb(cf01,cf02,cf03,cf04,cf05,cf06);          //06  获得 x_jdzb  y_jdzb
if(  ((x_jdzb>=-x_mx_61) && (x_jdzb<0))  )
{
        zjdzb_x=x_jdzb;
        zjdzb_y=y_jdzb;
        xianduanfxt=-1/cf04;
        xianduanhao=6;
}
//07 号线段方程    横坐标取值范围  [0,x_mx_61)
//y-y_mx_61=( (y_mx_61-(-r_io))/(x_mx_61-0) )*(x-x_mx_61);
cf04=( (y_mx_61-(-r_io))/(x_mx_61-0) );
cf05=-1.0;
cf06=( (y_mx_61-(-r_io))/(x_mx_61-0) )*(0-x_mx_61)+y_mx_61;
fjdzb(cf01,cf02,cf03,cf04,cf05,cf06);          //06  获得 x_jdzb  y_jdzb
if(  ((x_jdzb>=0) && (x_jdzb<=x_mx_61))  )
{
        zjdzb_x=x_jdzb;
        zjdzb_y=y_jdzb;
        xianduanfxt=-1/cf04;
        xianduanhao=7;
}
//08 号线段方程    横坐标取值范围  [x_mx_61,x_mx_62)
//y-y_mx_62=( (y_mx_62-y_mx_61)/(x_mx_62-x_mx_61) )*(x-x_mx_62);
cf04=( (y_mx_62-y_mx_61)/(x_mx_62-x_mx_61) );
```

```
cf05=-1.0;
cf06=( (y_mx_62-y_mx_61)/(x_mx_62-x_mx_61) )*(0-x_mx_62)+y_mx_62;
fjdzb(cf01,cf02,cf03,cf04,cf05,cf06);       //06 获得x_jdzb y_jdzb
if( ((x_jdzb>=x_mx_61) && (x_jdzb<=x_mx_62)) )
{
     zjdzb_x=x_jdzb;
     zjdzb_y=y_jdzb;
     xianduanfxt=-1/cf04;
     xianduanhao=8;
}
//09 号线段方程   横坐标取值范围  [x_mx_62,x_mx_63)
//y-y_mx_63=( (y_mx_63-y_mx_62)/(x_mx_63-x_mx_62) )*(x-x_mx_63);
cf04=( (y_mx_63-y_mx_62)/(x_mx_63-x_mx_62) );
cf05=-1.0;
cf06=( (y_mx_63-y_mx_62)/(x_mx_63-x_mx_62) )*(0-x_mx_63)+y_mx_63;
fjdzb(cf01,cf02,cf03,cf04,cf05,cf06);       //06 获得x_jdzb y_jdzb
if( ((x_jdzb>=x_mx_62) && (x_jdzb<=x_mx_63)))
{
     zjdzb_x=x_jdzb;
     zjdzb_y=y_jdzb;
     xianduanfxt=-1/cf04;
     xianduanhao=9;
}
//10 号线段方程   横坐标取值范围  [x_mx_63,x_mx_64)
//y-y_mx_64=( (y_mx_64-y_mx_63)/(x_mx_64-x_mx_63) )*(x-x_mx_64);
cf04=( (y_mx_64-y_mx_63)/(x_mx_64-x_mx_63) );
cf05=-1.0;
cf06=( (y_mx_64-y_mx_63)/(x_mx_64-x_mx_63) )*(0-x_mx_64)+y_mx_64;
fjdzb(cf01,cf02,cf03,cf04,cf05,cf06);                 //06 获得x_jdzb y_jdzb
if( ((x_jdzb>=x_mx_63) && (x_jdzb<=x_mx_64)) )
{
     zjdzb_x=x_jdzb;
     zjdzb_y=y_jdzb;
     xianduanfxt=-1/cf04;
     xianduanhao=10;
}
//11 号线段方程   横坐标取值范围  [x_mx_64,x_mx_65)
//y-y_mx_65=( (y_mx_65-y_mx_64)/(x_mx_65-x_mx_64) )*(x-x_mx_65);
cf04=( (y_mx_65-y_mx_64)/(x_mx_65-x_mx_64) );
cf05=-1.0;
cf06=( (y_mx_65-y_mx_64)/(x_mx_65-x_mx_64) )*(0-x_mx_65)+y_mx_65;
fjdzb(cf01,cf02,cf03,cf04,cf05,cf06);                 //06 获得x_jdzb y_jdzb
if( ((x_jdzb>=x_mx_64) && (x_jdzb<=x_mx_65)) )
{
     zjdzb_x=x_jdzb;
     zjdzb_y=y_jdzb;
     xianduanfxt=-1/cf04;
     xianduanhao=11;
}
//12 号线段方程   横坐标取值范围  [x_mx_65,xd_wzx]
//y-yd_wzx=( (yd_wzx-y_mx_65)/(xd_wzx-x_mx_65) )*(x-xd_wzx);
cf04=( (yd_wzx-y_mx_65)/(xd_wzx-x_mx_65) );
cf05=-1.0;
cf06=( (yd_wzx-y_mx_65)/(xd_wzx-x_mx_65) )*(0-xd_wzx)+yd_wzx;
fjdzb(cf01,cf02,cf03,cf04,cf05,cf06);                 //06 获得x_jdzb y_jdzb
if( ((x_jdzb>=x_mx_65) && (x_jdzb<=xd_wzx)) )
{
     zjdzb_x=x_jdzb;
     zjdzb_y=y_jdzb;
```

```
            xianduanfxt=-1/cf04;
            xianduanhao=12;
        }
    jxianduanhao=xianduanhao;
}
void chazhao01(double cf01, double cf02, double cf03)        //左边线段
{
    double cf04,cf05,cf06;
    double x_mx_61,x_mx_62,x_mx_63,x_mx_64,x_mx_65;
    double y_mx_61,y_mx_62,y_mx_63,y_mx_64,y_mx_65;

    //double jls,jln,jzx,jzy;   //距离小      距离新      记真x(上一次与CPC-A面的交点)
    x_mx_61=x_mx[1];x_mx_62=x_mx[2];x_mx_63=x_mx[3];x_mx_64=x_mx[4];x_mx_65=x_mx[5];
    y_mx_61=y_mx[1];y_mx_62=y_mx[2];y_mx_63=y_mx[3];y_mx_64=y_mx[4];y_mx_65=y_mx[5];
    //01号线段方程    横坐标取值范围  [-xd_wzx,-x_mx_65)
    //y-y_mx_65=( (y_mx_65-yd_wzx)/(-x_mx_65-(-xd_wzx)) )*(x-(-x_mx_65));
    cf04=( (y_mx_65-yd_wzx)/(-x_mx_65-(-xd_wzx)) );
    cf05=-1.0;
    cf06=( (y_mx_65-yd_wzx)/(-x_mx_65-(-xd_wzx)) )*(0-(-x_mx_65))+y_mx_65;
    fjdzb(cf01,cf02,cf03,cf04,cf05,cf06);                    //06 获得 x_jdzb  y_jdzb
    if( ((x_jdzb>=-xd_wzx) && (x_jdzb<-x_mx_65)) && (jxianduanhao!=1) )
    {
        jln=pow(jzx-x_jdzb,2)+pow(jzy-y_jdzb,2);
        //printf("jln=%f\n",jln);
        if(jln<jls)
        {
            jls=jln;
            zjdzb_x=x_jdzb;
            zjdzb_y=y_jdzb;
            xianduanfxt=-1.0/cf04;                //线段的法线斜率
            xianduanhao=1;
        }
    }
    //02号线段方程    横坐标取值范围  [-x_mx_65,-x_mx_64)
    //y-y_mx_64=( (y_mx_65-y_mx_64)/(-x_mx_65-(-x_mx_64)) )*(x-(-x_mx_64));
    cf04=( (y_mx_65-y_mx_64)/(-x_mx_65-(-x_mx_64)) );
    cf05=-1.0;
    cf06=( (y_mx_65-y_mx_64)/(-x_mx_65-(-x_mx_64)) )*(0-(-x_mx_64))+y_mx_64;
    fjdzb(cf01,cf02,cf03,cf04,cf05,cf06);            //06  获得 x_jdzb  y_jdzb
    if( ((x_jdzb>=-x_mx_65) && (x_jdzb<-x_mx_64)) && (jxianduanhao!=2) )
    {

        jln=pow(jzx-x_jdzb,2)+pow(jzy-y_jdzb,2);
        //printf("jln=%f\n",jln);
        if(jln<jls)
        {
            jls=jln;
            zjdzb_x=x_jdzb;
            zjdzb_y=y_jdzb;
            xianduanfxt=-1/cf04;
            xianduanhao=2;
        }

    }
    //03号线段方程    横坐标取值范围  [-x_mx_64,-x_mx_63)
    //y-y_mx_63=( (y_mx_64-y_mx_63)/(-x_mx_64-(-x_mx_63)) )*(x-(-x_mx_63));
    cf04=( (y_mx_64-y_mx_63)/(-x_mx_64-(-x_mx_63)) );
    cf05=-1.0;
    cf06=( (y_mx_64-y_mx_63)/(-x_mx_64-(-x_mx_63)) )*(0-(-x_mx_63))+y_mx_63;
    fjdzb(cf01,cf02,cf03,cf04,cf05,cf06);                //06  获得 x_jdzb  y_jdzb
```

```
if( ((x_jdzb>=-x_mx_64) && (x_jdzb<-x_mx_63)) && (jxianduanhao!=3) )
{
    jln=pow(jzx-x_jdzb,2)+pow(jzy-y_jdzb,2);
    //printf("jln=%f\n",jln);
    if(jln<jls)
    {
        jls=jln;
        zjdzb_x=x_jdzb;
        zjdzb_y=y_jdzb;
        xianduanfxt=-1/cf04;
        xianduanhao=3;
    }
}
//04 号线段方程横坐标取值范围 [-x_mx_63,-x_mx_62)
//y-y_mx_62=( (y_mx_63-y_mx_62)/(-x_mx_63-(-x_mx_62)) )*(x-(-x_mx_62));
cf04=( (y_mx_63-y_mx_62)/(-x_mx_63-(-x_mx_62)) );
cf05=-1.0;
cf06=( (y_mx_63-y_mx_62)/(-x_mx_63-(-x_mx_62)) )*(0-(-x_mx_62))+y_mx_62;
fjdzb(cf01,cf02,cf03,cf04,cf05,cf06);          //06 获得 x_jdzb y_jdzb
if( ((x_jdzb>=-x_mx_63) && (x_jdzb<-x_mx_62)) && (jxianduanhao!=4) )
{
    jln=pow(jzx-x_jdzb,2)+pow(jzy-y_jdzb,2);
    //printf("jln=%f\n",jln);
    if(jln<jls)
    {
        jls=jln;
        zjdzb_x=x_jdzb;
        zjdzb_y=y_jdzb;
        xianduanfxt=-1/cf04;
        xianduanhao=4;
    }
}
//05 号线段方程   横坐标取值范围  [-x_mx_62,-x_mx_61)
//y-y_mx_61=( (y_mx_62-y_mx_61)/(-x_mx_62-(-x_mx_61)) )*(x-(-x_mx_61));
cf04=( (y_mx_62-y_mx_61)/(-x_mx_62-(-x_mx_61)) );
cf05=-1.0;
cf06=( (y_mx_62-y_mx_61)/(-x_mx_62-(-x_mx_61)) )*(0-(-x_mx_61))+y_mx_61;
fjdzb(cf01,cf02,cf03,cf04,cf05,cf06);                   //06 获得 x_jdzb y_jdzb
if( ((x_jdzb>=-x_mx_62) && (x_jdzb<-x_mx_61)) && (jxianduanhao!=5) )
{
    jln=pow(jzx-x_jdzb,2)+pow(jzy-y_jdzb,2);
    //printf("jln=%f\n",jln);
    if(jln<jls)
    {
        jls=jln;
        zjdzb_x=x_jdzb;
        zjdzb_y=y_jdzb;
        xianduanfxt=-1/cf04;
        xianduanhao=5;
    }
}
//06 号线段方程   横坐标取值范围  [-x_mx_61,0)
//y-(-r_io)=( (y_mx_61-(-r_io))/(-x_mx_61-0) )*(x-0);
cf04=( (y_mx_61-(-r_io))/(-x_mx_61-0) );
cf05=-1.0;
cf06=( (y_mx_61-(-r_io))/(-x_mx_61-0) )*(0-0)+(-r_io);
fjdzb(cf01,cf02,cf03,cf04,cf05,cf06);                 //06 获得 x_jdzb  y_jdzb
if( ((x_jdzb>=-x_mx_61) && (x_jdzb<0)) && (jxianduanhao!=6) )
{
    jln=pow(jzx-x_jdzb,2)+pow(jzy-y_jdzb,2);
```

```
        //printf("jln=%f\n",jln);
        if(jln<jls)
        {
            jls=jln;
            zjdzb_x=x_jdzb;
            zjdzb_y=y_jdzb;
            xianduanfxt=-1/cf04;
            xianduanhao=6;
        }
    }
}
void chazhao02(double cf01, double cf02, double cf03)        //右边线段
{
    double cf04,cf05,cf06;
    double x_mx_61,x_mx_62,x_mx_63,x_mx_64,x_mx_65;
    double y_mx_61,y_mx_62,y_mx_63,y_mx_64,y_mx_65;
    x_mx_61=x_mx[1];x_mx_62=x_mx[2];x_mx_63=x_mx[3];x_mx_64=x_mx[4];x_mx_65=x_mx[5];
    y_mx_61=y_mx[1];y_mx_62=y_mx[2];y_mx_63=y_mx[3];y_mx_64=y_mx[4];y_mx_65=y_mx[5];
    //07 号线段方程    横坐标取值范围 [0,x_mx_61)
    //y-y_mx_61=( (y_mx_61-(-r_io))/(x_mx_61-0) )*(x-x_mx_61);
    cf04=( (y_mx_61-(-r_io))/(x_mx_61-0) );
    cf05=-1.0;
    cf06=( (y_mx_61-(-r_io))/(x_mx_61-0) )*(0-x_mx_61)+y_mx_61;
    fjdzb(cf01,cf02,cf03,cf04,cf05,cf06);                       //06 获得 x_jdzb  y_jdzb
    if( ((x_jdzb>=0) && (x_jdzb<=x_mx_61)) && (jxianduanhao!=7) )
    {
        jln=pow(jzx-x_jdzb,2)+pow(jzy-y_jdzb,2);
        //printf("jln=%f\n",jln);
        if(jln<jls)
        {
            jls=jln;
            zjdzb_x=x_jdzb;
            zjdzb_y=y_jdzb;
            xianduanfxt=-1/cf04;
            xianduanhao=7;
        }
    }
    //08 号线段方程    横坐标取值范围  [x_mx_61,x_mx_62)
    //y-y_mx_62=( (y_mx_62-y_mx_61)/(x_mx_62-x_mx_61) )*(x-x_mx_62);
    cf04=( (y_mx_62-y_mx_61)/(x_mx_62-x_mx_61) );
    cf05=-1.0;
    cf06=( (y_mx_62-y_mx_61)/(x_mx_62-x_mx_61) )*(0-x_mx_62)+y_mx_62;
    fjdzb(cf01,cf02,cf03,cf04,cf05,cf06);               //06 获得 x_jdzb  y_jdzb
    if( ((x_jdzb>=x_mx_61) && (x_jdzb<=x_mx_62)) && (jxianduanhao!=8) )
    {
        jln=pow(jzx-x_jdzb,2)+pow(jzy-y_jdzb,2);
        //printf("jln=%f\n",jln);
        if(jln<jls)
        {
            jls=jln;
            zjdzb_x=x_jdzb;
            zjdzb_y=y_jdzb;
            xianduanfxt=-1/cf04;
            xianduanhao=8;
        }
    }
    //09 号线段方程    横坐标取值范围  [x_mx_62,x_mx_63)
    //y-y_mx_63=( (y_mx_63-y_mx_62)/(x_mx_63-x_mx_62) )*(x-x_mx_63);
    cf04=( (y_mx_63-y_mx_62)/(x_mx_63-x_mx_62) );
    cf05=-1.0;
```

```
cf06=( (y_mx_63-y_mx_62)/(x_mx_63-x_mx_62) )*(0-x_mx_63)+y_mx_63;
fjdzb(cf01,cf02,cf03,cf04,cf05,cf06);            //06 获得 x_jdzb  y_jdzb
if( ((x_jdzb>=x_mx_62) && (x_jdzb<=x_mx_63)) && (jxianduanhao!=9) )
{
    jln=pow(jzx-x_jdzb,2)+pow(jzy-y_jdzb,2);
    //printf("jln=%f\n",jln);
    if(jln<jls)
    {
        jls=jln;
        zjdzb_x=x_jdzb;
        zjdzb_y=y_jdzb;
        xianduanfxt=-1/cf04;
        xianduanhao=9;
    }
}
//10 号线段方程    横坐标取值范围  [x_mx_63,x_mx_64)
//y-y_mx_64=( (y_mx_64-y_mx_63)/(x_mx_64-x_mx_63) )*(x-x_mx_64);
cf04=( (y_mx_64-y_mx_63)/(x_mx_64-x_mx_63) );
cf05=-1.0;
cf06=( (y_mx_64-y_mx_63)/(x_mx_64-x_mx_63) )*(0-x_mx_64)+y_mx_64;
fjdzb(cf01,cf02,cf03,cf04,cf05,cf06);            //06 获得 x_jdzb  y_jdzb
if( ((x_jdzb>=x_mx_63) && (x_jdzb<=x_mx_64)) && (jxianduanhao!=10) )
{
    jln=pow(jzx-x_jdzb,2)+pow(jzy-y_jdzb,2);
    //printf("jln=%f\n",jln);
    if(jln<jls)
    {
        jls=jln;
        zjdzb_x=x_jdzb;
        zjdzb_y=y_jdzb;
        xianduanfxt=-1/cf04;
        xianduanhao=10;
    }
}
//11 号线段方程    横坐标取值范围  [x_mx_64,x_mx_65)
//y-y_mx_65=( (y_mx_65-y_mx_64)/(x_mx_65-x_mx_64) )*(x-x_mx_65);
cf04=( (y_mx_65-y_mx_64)/(x_mx_65-x_mx_64) );
cf05=-1.0;
cf06=( (y_mx_65-y_mx_64)/(x_mx_65-x_mx_64) )*(0-x_mx_65)+y_mx_65;
fjdzb(cf01,cf02,cf03,cf04,cf05,cf06);            //06 获得 x_jdzb  y_jdzb
if( ((x_jdzb>=x_mx_64) && (x_jdzb<=x_mx_65)) && (jxianduanhao!=11) )
{
    jln=pow(jzx-x_jdzb,2)+pow(jzy-y_jdzb,2);
    //printf("jln=%f\n",jln);
    if(jln<jls)
    {
        jls=jln;
        zjdzb_x=x_jdzb;
        zjdzb_y=y_jdzb;
        xianduanfxt=-1/cf04;
        xianduanhao=11;
    }
}
//12 号线段方程    横坐标取值范围  [x_mx_65,xd_wzx]
//y-yd_wzx=( (yd_wzx-y_mx_65)/(xd_wzx-x_mx_65) )*(x-xd_wzx);
cf04=( (yd_wzx-y_mx_65)/(xd_wzx-x_mx_65) );
cf05=-1.0;
cf06=( (yd_wzx-y_mx_65)/(xd_wzx-x_mx_65) )*(0-xd_wzx)+yd_wzx;
fjdzb(cf01,cf02,cf03,cf04,cf05,cf06);            //06 获得 x_jdzb  y_jdzb
if( ((x_jdzb>=x_mx_65) && (x_jdzb<=xd_wzx)) && (jxianduanhao!=12) )
```

```
        {
            jln=pow(jzx-x_jdzb,2)+pow(jzy-y_jdzb,2);
            //printf("jln=%f\n",jln);
            if(jln<jls)
            {
                jls=jln;
                zjdzb_x=x_jdzb;
                zjdzb_y=y_jdzb;
                xianduanfxt=-1/cf04;
                xianduanhao=12;
            }
        }
    }
double jls,jln,jzx,jzy;    //距离小    距离新    记真x(上一次与CPC-A面的交点)
void fzhen(double cf01, double cf02, double cf03, double cf07, double cf08)    //zhen 真
{
    double cf001,cf002,cf003;
    double jzx,jzy;
    double cfpd01,cfpd02;                //pan duan 判断jzx 和 jzy 在临界光线的左边还是右边
    double cfpd03;                       //判断 y 的取值范围
    cf001=cf01;
    cf002=cf02;
    cf003=cf03;
    jzx=cf07;
    jzy=cf08;
    //边缘光线方程(斜率大于零) 点斜式
    //y-yd_wzx=tan(0.5*pi-arfarad)*(x-xd_wzx)
    //cfpd01=(y-yd_wzx)-( tan(0.5*pi-arfarad)*(x-xd_wzx) )
      cfpd01=(jzy-yd_wzx)-( tan(0.5*pi-arfarad)*(jzx-xd_wzx) );
    //边缘光线方程(斜率小于零) 点斜式
    //y-yd_wzx=tan(0.5*pi+arfarad)*(x-(-xd_wzx))
    //cfpd02=(y-yd_wzx)-( tan(0.5*pi+arfarad)*(x-(-xd_wzx)) )
      cfpd02=(jzy-yd_wzx)-( tan(0.5*pi+arfarad)*(jzx-(-xd_wzx)) );
    cfpd03=r_io*sin(arfarad);
    xianduanhao=0;
    jls=100000000;
    if( (jzy<cfpd03) && (jzx<0) && (cfpd01<0) )
    {
        chazhao01(cf001,cf002,cf003);
    }
    else if( (jzy<cfpd03) && (jzx>0) && (cfpd02<0) )
    {
        chazhao02(cf001,cf002,cf003);
    }
    else
    {
        //分面形得到的12 个线段方程  线段方程从左到右如下
        if((xianduanhao<100) && (jxianduanhao!=100))    //判断线段号==100,表明光线已经从光口
逃逸,见本子函数最后//+++++++++处
        {
            chazhao01(cf001,cf002,cf003);
            chazhao02(cf001,cf002,cf003);
        }
    }
    //++++++++++++++++
    if( (xianduanhao==0) )                              //判断线段号仍然为 0,表明光线与面形的
交点是否在光口之外
    {
        xianduanhao=100;
    }
```

```
        jxianduanhao=xianduanhao;
    }
//获得反射光线斜率
double fsgxt;                                    //反射光线的斜率
void ffsgxt(double cf01, double cf02, double cf03)        //反射光线斜率
{
    static int ii=0;
    double rsseta;
    double gyhrx,gyhry;
    double fsmfxseta;
    double gyhfsmfxx,gyhfsmfxy;
    double fsgxtx,fsgxty;
    rsseta=atan(-cf01/cf02);         //获取入射光线与x轴正半轴夹角      ru she
    gyhrx=cos(rsseta);               //入射光线归一化方向向量的x轴分量  gui yi hua
    gyhry=sin(rsseta);               //入射光线归一化方向向量的y轴分量
    fsmfxseta=atan(xianduanfxt);     //获取反射面法线与x轴正半轴夹角    fan she mian fa xian
    gyhfsmfxx=cos(fsmfxseta);        //反射面法线归一化方向向量的x轴分量
    gyhfsmfxy=sin(fsmfxseta);        //反射面法线归一化方向向量的y轴分量
    fsgxtx=(1-2*pow(gyhfsmfxx,2))*gyhrx-2*gyhfsmfxx*gyhfsmfxy*gyhry;
    fsgxty=-2*gyhfsmfxx*gyhfsmfxy*gyhrx+(1-2*pow(gyhfsmfxy,2))*gyhry;
    fsgxt=fsgxty/fsgxtx;
}
//11 第一次反射处理(光口入射光线)
void f01fs(double cf01, double cf02, double cf03)
{
    double  distance;
    double  chenf_01,chenf_02,chenf_03;
    //光线与面形的交点坐标获取
    fzhen01(cf01,cf02,cf03);
    //反射光线斜率获取
    ffsgxt(cf01,cf02,cf03);
    distance=2*r_io;
    if(xianduanhao<100)
    {
        //反射光线方程  fsgxt*(x-zjdzb_x)-y+zjdzb_y=0
        chenf_01=fsgxt;
        chenf_02=-1.0;
        chenf_03=fsgxt*(0-zjdzb_x)+zjdzb_y;
        distance=fddzxjl(chenf_01,chenf_02,chenf_03,0,0);
    }
    if((distance<=r_io) )
    {
        sum[n2]=sum[n2]+pow(rou,1)*tou;        }
    else
    {                       f02fs(chenf_01,chenf_02,chenf_03,zjdzb_x,zjdzb_y);//第二次反
射处理 12
    }
}
//12 第二次反射处理
void f02fs(double cf01, double cf02, double cf03, double cf04, double cf05)
{
    double  distancea;
    double  chenfa_01,chenfa_02,chenfa_03;
    if(xianduanhao<100)
    {

        //光线与面形的交点坐标获取
        //printf("x=%8.4f  y=%8.4f \n\n",cf04,cf05);
        fzhen(cf01,cf02,cf03,cf04,cf05);        //反射光线斜率获取
        ffsgxt(cf01,cf02,cf03);
```

```
        distancea=2*r_io;
        if(xianduanhao<100)
        {
                //反射光线方程  fsgxt*(x-zjdzb_x)-y+zjdzb_y=0
                chenfa_01=fsgxt;
                chenfa_02=-1.0;
                chenfa_03=fsgxt*(0-zjdzb_x)+zjdzb_y;
                distancea=fddzxjl(chenfa_01,chenfa_02,chenfa_03,0,0);
        }
        if((distancea<=r_io))
        {
                sum[n2]=sum[n2]+pow(rou,2)*tou;
        }
        else
        {
                f03fs(chenfa_01,chenfa_02,chenfa_03,zjdzb_x,zjdzb_y);  //第三次反射处理 13
        }
    }
}
//13 第三次反射处理
void f03fs(double cf01, double cf02, double cf03, double cf04, double cf05)
{
    double  distanceb;
    double  chenfb_01,chenfb_02,chenfb_03;
    if(xianduanhao<100)
    {
        //光线与面形的交点坐标获取
        //printf("x=%8.4f  x=%8.4f \n\n",cf04,cf05);
        fzhen(cf01,cf02,cf03,cf04,cf05);                    //反射光线斜率获取
        ffsgxt(cf01,cf02,cf03);
        distanceb=2*r_io;
        if(xianduanhao<100)
        {
                //反射光线方程  fsgxt*(x-zjdzb_x)-y+zjdzb_y=0
                chenfb_01=fsgxt;
                chenfb_02=-1.0;
                chenfb_03=fsgxt*(0-zjdzb_x)+zjdzb_y;
                distanceb=fddzxjl(chenfb_01,chenfb_02,chenfb_03,0,0);
        }
        if((distanceb<=r_io) )
        {
                sum[n2]=sum[n2]+pow(rou,3)*tou;
        }
        else
        {
                f04fs(chenfb_01,chenfb_02,chenfb_03,zjdzb_x,zjdzb_y);
//第四次反射处理 14
        }
    }
}
//14 第四次反射处理
void f04fs(double cf01, double cf02, double cf03, double cf04, double cf05)
{
    double  distancec;
    double  chenfc_01,chenfc_02,chenfc_03;
    if(xianduanhao<100)
    {
        //光线与面形的交点坐标获取
        //printf("x=%8.4f  x=%8.4f \n\n",cf04,cf05);
        fzhen(cf01,cf02,cf03,cf04,cf05);
```

```
        //反射光线斜率获取
        ffsgxt(cf01,cf02,cf03);               distancec=2*r_io;
        if(xianduanhao<100)
        {
                //反射光线方程  fsgxt*(x-zjdzb_x)-y+zjdzb_y=0
                chenfc_01=fsgxt;
                chenfc_02=-1.0;
                chenfc_03=fsgxt*(0-zjdzb_x)+zjdzb_y;
                distancec=fddzxjl(chenfc_01,chenfc_02,chenfc_03,0,0);
        }
        if(distancec<=r_io)
        {
                sum[n2]=sum[n2]+pow(rou,4)*tou;
        }
        else
        {
                f05fs(chenfc_01,chenfc_02,chenfc_03,zjdzb_x,zjdzb_y);
//第五次反射处理 15
        }
    }
}
//15 第五次反射处理
void f05fs(double cf01, double cf02, double cf03, double cf04, double cf05)
{
   double  distanced;
   double  chenfd_01,chenfd_02,chenfd_03;
   if(xianduanhao<100)
   {
        //光线与面形的交点坐标获取
        fzhen(cf01,cf02,cf03,cf04,cf05);
        //反射光线斜率获取
        ffsgxt(cf01,cf02,cf03);
        distanced=2*r_io;
        if(xianduanhao<100)
        {
                //反射光线方程  fsgxt*(x-zjdzb_x)-y+zjdzb_y=0
                chenfd_01=fsgxt;
                chenfd_02=-1.0;
                chenfd_03=fsgxt*(0-zjdzb_x)+zjdzb_y;
                distanced=fddzxjl(chenfd_01,chenfd_02,chenfd_03,0,0);
        }
        if(distanced<=r_io)
        {
                sum[n2]=sum[n2]+pow(rou,5)*tou;
        }
        else
        {
                f06fs(chenfd_01,chenfd_02,chenfd_03,zjdzb_x,zjdzb_y);
//第六次反射处理 16
        }
    }
}
//16 第六次反射处理
void f06fs(double cf01, double cf02, double cf03, double cf04, double cf05)
{
   double  distanced;
   double  chenfe_01,chenfe_02,chenfe_03;
   if(xianduanhao<100)
   {
        //光线与面形的交点坐标获取
```

```
        //printf("x=%8.4f   x=%8.4f \n\n",cf04,cf05);
        fzhen(cf01,cf02,cf03,cf04,cf05);                        //反射光线斜率获取
        ffsgxt(cf01,cf02,cf03);
        distanced=2*r_io;
        if(xianduanhao<100)
        {
            //反射光线方程  fsgxt*(x-zjdzb_x)-y+zjdzb_y=0
            chenfe_01=fsgxt;
            chenfe_02=-1.0;
            chenfe_03=fsgxt*(0-zjdzb_x)+zjdzb_y;
            distanced=fddzxjl(chenfe_01,chenfe_02,chenfe_03,0,0);
        }
        if(distanced<=r_io)
        {
            sum[n2]=sum[n2]+pow(rou,6)*tou;
        }
        else
        {
            f07fs(chenfe_01,chenfe_02,chenfe_03,zjdzb_x,zjdzb_y);
//第七次反射处理 17
        }
    }
}
//17 第七次反射处理
void f07fs(double cf01, double cf02, double cf03, double cf04, double cf05)
{
    double  distanced;
    double  chenff_01,chenff_02,chenff_03;
    if(xianduanhao<100)
    {
        //光线与面形的交点坐标获取
        //printf("x=%8.4f   x=%8.4f \n\n",cf04,cf05);
        fzhen(cf01,cf02,cf03,cf04,cf05);
        //反射光线斜率获取
        ffsgxt(cf01,cf02,cf03);
        distanced=2*r_io;
        if(xianduanhao<100)
        {
            //反射光线方程  fsgxt*(x-zjdzb_x)-y+zjdzb_y=0
            chenff_01=fsgxt;
            chenff_02=-1.0;
            chenff_03=fsgxt*(0-zjdzb_x)+zjdzb_y;
            distanced=fddzxjl(chenff_01,chenff_02,chenff_03,0,0);
        }
        if(distanced<=r_io)
        {
            sum[n2]=sum[n2]+pow(rou,7)*tou;
        }
        else
        {                        f08fs(chenff_01,chenff_02,chenff_03,zjdzb_x,zjdzb_y);
//第八次反射处理 18
        }
    }
}
//18 第八次反射处理
void f08fs(double cf01, double cf02, double cf03, double cf04, double cf05)
{
    double  distanced;
    double  chenfg_01,chenfg_02,chenfg_03;
    if(xianduanhao<100)
```

```
    {
        //光线与面形的交点坐标获取
        //printf("x=%8.4f  x=%8.4f \n\n",cf04,cf05);
        fzhen(cf01,cf02,cf03,cf04,cf05);
        //反射光线斜率获取
        ffsgxt(cf01,cf02,cf03);
        distanced=2*r_io;
        if(xianduanhao<100)
        {
            //反射光线方程  fsgxt*(x-zjdzb_x)-y+zjdzb_y=0
            chenfg_01=fsgxt;
            chenfg_02=-1.0;
            chenfg_03=fsgxt*(0-zjdzb_x)+zjdzb_y;
            distanced=fddzxjl(chenfg_01,chenfg_02,chenfg_03,0,0);
        }
        if(distanced<=r_io)
        {
            sum[n2]=sum[n2]+pow(rou,8)*tou;
        }
        else
        {                               f09fs(chenfg_01,chenfg_02,chenfg_03,zjdzb_x,zjdzb_y);
//第九次反射处理 19
        }
    }
}
//19 第九次反射处理
void f09fs(double cf01, double cf02, double cf03, double cf04, double cf05)
{
double  distanced;
    double  chenfh_01,chenfh_02,chenfh_03;
    if(xianduanhao<100)
    {
        //光线与面形的交点坐标获取
        //printf("x=%8.4f  x=%8.4f \n\n",cf04,cf05);
        fzhen(cf01,cf02,cf03,cf04,cf05);
        //反射光线斜率获取
        ffsgxt(cf01,cf02,cf03);
        distanced=2*r_io;
        if(xianduanhao<100)
        {
            //反射光线方程  fsgxt*(x-zjdzb_x)-y+zjdzb_y=0
            chenfh_01=fsgxt;
            chenfh_02=-1.0;
            chenfh_03=fsgxt*(0-zjdzb_x)+zjdzb_y;
            distanced=fddzxjl(chenfh_01,chenfh_02,chenfh_03,0,0);
        }
        if(distanced<=r_io)
        {               sum[n2]=sum[n2]+pow(rou,9)*tou;
        }
        else
        {
sum[n2]=sum[n2]+0;//f10fs(chenfh_01,chenfh_02,chenfh_03,zjdzb_x,zjdzb_y);
        }
    }
}
    #ifndef _rsjcl_H
    #define _rsjcl_H
    #include "common.h"                              //公共部分文件
    #include "frsj.h"
    void frsjcl(int n2);
```

```
#endif
//程序功能:对入射角进行处理  0°和90°,防止出现斜率无穷大
#include "rsjcl.h"
void frsjcl(int n2)
{
    if(x_rsj_gk[n2]<0.00000001)                    //判断光线是否垂直入射
    {
        x_rsj_gk[n2]=0.00001*(pi/180.0);           //入射角默认为弧度制
    }
    if(  (0.5*pi-x_rsj_gk[n2])<0.00000001  )       //判断光线是否平行
    {
        x_rsj_gk[n2]=0.5*pi-0.00001*(pi/180.0);    //入射角默认为弧度制
    }
}
```

4.5.2 组合型 CPC

常规的真空管由内外管组成,外管用于减少热辐射和热对流损失,真正进行光热转换的是内管。常见的圆形吸收体 CPC 设计时需要以光热转换的内管作为基圆的大小,且必须与内管基圆连接,由于外管的存在,这实际上不能实现,因此需进行改进。组合型 CPC 就是针对太阳能真空管设计的一种 CPC,如图 4-29 所示。在图 4-29 中,r 类似于真空管的内管,R 类似于真空管的外管,图 4-29 中设计的 CPC 面形不与内管进行连接,CPC 的起点被移动到外管的外表面(图 4-29 中的 A 点)。这样设计的 CPC 就能够与真空管耦合一起构成一个真空管吸收体 CPC 光热利用系统。

为了使圆形吸收体组合型 CPC 具有良好的聚光性能,可以将面形 AB 部分设计成渐开线、BC 部分设计成 BT 曲线(图 4-15),CE 部分设计成抛物线。当然,也可以将 BE 部分全部设计成抛物线或图 4-15 中的 BT 曲线。

圆形吸收体组合型 CPC 的设计方法还可以对圆形吸收体标准 CPC 进行高度截断设计、对太阳能真空管进行底端截去设计(图 4-30,用 AB 线段代替原来的 AC 和 BC 弧面)、无漏光设计、非对称设计、出射角受限设计等。

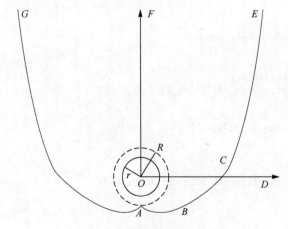

图 4-29 圆形吸收体组合型 CPC

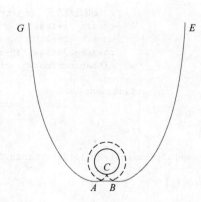

图 4-30 底端截去的圆形吸收体组合 CPC

4.6　本章拓展

4.6.1　理想聚光器

理想聚光器是指在地球上聚光器对太阳光线具有理想会聚能力，如图 4-31 所示。在图 4-31 中，假设在地球表面上放置一光口面积为 A_{aper} 的聚光器，太阳球半径为 r，日心到聚光器的采光口的距离为 R，且太阳近似可看为一黑体，表面温度为 T_s，所以其发射的总能量 Q_s 为

$$Q_s = A_s \sigma T_s^4 = 4\pi r^2 \sigma T_s^4 \tag{4-164}$$

式中，A_s 为太阳的表面积，其中达到采光口的能量为 $Q_{s\text{-}aper}$，则有

$$Q_{s\text{-}aper} = \frac{A_{aper}}{4\pi R^2} 4\pi r^2 \sigma T_s^4 \tag{4-165}$$

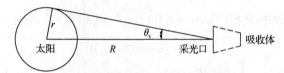

图 4-31　理想聚光器的聚光性能

假设理想吸收体的温度为 T_{abs}，面积 A_{abs}，其向外发射总能量 Q_{abs} 为

$$Q_{abs} = A_{abs} \sigma T_{abs}^4 \tag{4-166}$$

假设达到热平衡，由于受到热力学第二定律的限制（热量不能自发地从低温物体传递到高温物体），吸收体表面最高能到达的温度为太阳表面温度 T_s。

到达采光口的能量（采光口接收到的太阳辐射能）$Q_{s\text{-}aper}$ 都能被理想聚光器全部会聚到吸收体。同时，在热平衡时，吸收体发射总能量 Q_{abs} 又有 k 部分返回到太阳，所以有

$$\frac{A_{aper}}{A_{abs}} = k \frac{R^2}{r^2} \tag{4-167}$$

式（4-167）中左边为聚光器的几何聚光比 C_g，在极限情况下，吸收体发射总能量 Q_{abs} 又全部返回到太阳，k 的值为 1，所以有

$$C_{g,max} = \frac{R^2}{r^2} = \frac{1}{\sin^2 \theta_s} \tag{4-168}$$

因此对于在地球上工作的三维太阳能聚光器，其最大聚光比为日地半张角的正弦平方值的倒数。对于二维太阳能聚光器，地球上正对太阳圆面单位宽度上发出的总能量 Q_{s2} 为

$$Q_{s2} = 2\pi r \sigma T_s^4 \tag{4-169}$$

式中，达到采光口的能量为 $Q_{s\text{-}aper\text{-}2}$，即

$$Q_{s\text{-}aper\text{-}2} = \frac{L_{aper}}{2\pi R} 2\pi r \sigma T_s^4 \tag{4-170}$$

式中，L_{aper} 为理想聚光器的光口宽度，理想吸收体的宽度为 L_{abs}，单位长度的理想吸收体向外发射总能量 Q_{abs2} 为

$$Q_{abs2} = L_{abs} \sigma T_{abs}^4 \tag{4-171}$$

同样假设达到热平衡的极限情况有最大几何聚光比 $C_{g2,max}$ 为

$$C_{g2,max} = \frac{L_{aper}}{L_{abs}} = \frac{R}{r} = \frac{1}{\sin\theta_s} \tag{4-172}$$

可以发现，对于在地球上工作的二维太阳能聚光器，其最大聚光比为日地半张角的正弦值的倒数，而太阳能 CPC 聚光器的几何聚光比也是接收半角正弦值的倒数，因此非成像太阳能聚光器是一种理想的聚光器。

4.6.2　圆形吸收体 CPC 弧长

在圆形吸收体 CPC 的面形弧长计算中［式（4-156）］，令 u 为

$$u = \frac{r\left(\theta + \dfrac{\pi}{2} + \theta_a\right) - r\cos(\theta - \theta_a)}{1 + \sin(\theta - \theta_a)} \tag{4-173}$$

所以 u 的导数为

$$u' = r\frac{[1 + \sin(\theta - \theta_a)][1 + \sin(\theta - \theta_a)] + \cos(\theta - \theta_a)\left[\left(\theta + \dfrac{\pi}{2} + \theta_a\right) - \cos(\theta - \theta_a)\right]}{[1 + \sin(\theta - \theta_a)]^2}$$

$$= r + \frac{\cos(\theta - \theta_a)\left[r\left(\theta + \dfrac{\pi}{2} + \theta_a\right) - r\cos(\theta - \theta_a)\right]}{[1 + \sin(\theta - \theta_a)]^2} \tag{4-174}$$

因此有

$$\begin{cases} c = [r\sin\theta - u\cos\theta]' = r\cos\theta + u\sin\theta - u'\cos\theta \\ d = [-u\sin\theta - r\cos\theta]' = -[u\cos\theta + u'\sin\theta - r\sin\theta] \end{cases} \tag{4-175}$$

对 c^2 与 d^2 的和进行计算，有

$$\begin{aligned} cd &= c^2 + d^2 = (r\cos\theta + u\sin\theta - u'\cos\theta)^2 + (u\cos\theta + u'\sin\theta - r\sin\theta)^2 \\ &= r^2 + u^2 + (u')^2 + 2ru\sin\theta\cos\theta - 2uu'\sin\theta\cos\theta - 2ru'\cos\theta\cos\theta \\ &\quad + 2uu'\cos\theta\sin\theta - 2ru'\sin\theta\sin\theta - 2ru\cos\theta\sin\theta \\ &= r^2 + u^2 + (u')^2 - 2ru' \\ &= (r - u')^2 + u^2 \end{aligned} \tag{4-176}$$

将 u 和 u 的导数代入后有

$$\begin{aligned} cd &= \left\{\frac{r\cos(\theta - \theta_a)\left[\left(\theta + \dfrac{\pi}{2} + \theta_a\right) - \cos(\theta - \theta_a)\right]}{[1 + \sin(\theta - \theta_a)]^2}\right\}^2 + \left[\frac{r\left(\theta + \dfrac{\pi}{2} + \theta_a\right) - r\cos(\theta - \theta_a)}{1 + \sin(\theta - \theta_a)}\right]^2 \\ &= r^2\left\{\frac{\cos(\theta - \theta_a)\left[\left(\theta + \dfrac{\pi}{2} + \theta_a\right) - \cos(\theta - \theta_a)\right]}{[1 + \sin(\theta - \theta_a)]^2}\right\}^2 + r^2\left[\frac{\left(\theta + \dfrac{\pi}{2} + \theta_a\right) - \cos(\theta - \theta_a)}{1 + \sin(\theta - \theta_a)}\right]^2 \\ &= 2r^2\frac{m}{[1 + \sin(\theta - \theta_a)]^3} + 2r^2\frac{n}{[1 + \sin(\theta - \theta_a)]^3} \\ &= 2r^2\frac{m + n}{[1 + \sin(\theta - \theta_a)]^3} \end{aligned} \tag{4-177}$$

式中，m 与 n 的和为

$$m+n = \frac{\left\{\cos(\theta-\theta_a)\left[\left(\theta+\frac{\pi}{2}+\theta_a\right)-\cos(\theta-\theta_a)\right]\right\}^2}{2(1+\sin(\theta-\theta_a))}$$

$$+\frac{1}{2}[1+\sin(\theta-\theta_a)]\left[\left(\theta+\frac{\pi}{2}+\theta_a\right)-\cos(\theta-\theta_a)\right]^2$$

$$=\left[\left(\theta+\frac{\pi}{2}+\theta_a\right)-\cos(\theta-\theta_a)\right]^2\left\{\frac{[\cos(\theta-\theta_a)]^2}{2[1+\sin(\theta-\theta_a)]}+\frac{1}{2}[1+\sin(\theta-\theta_a)]\right\} \quad （4-178）$$

令 k 为

$$k=\left[\left(\theta+\frac{\pi}{2}+\theta_a\right)-\cos(\theta-\theta_a)\right]^2 \quad （4-179）$$

所以有

$$m+n = k\left\{\frac{[\cos(\theta-\theta_a)]^2}{2[1+\sin(\theta-\theta_a)]}+\frac{1}{2}[1+\sin(\theta-\theta_a)]\right\}$$

$$=k\frac{[\cos(\theta-\theta_a)]^2+[1+\sin(\theta-\theta_a)]^2}{2[1+\sin(\theta-\theta_a)]}$$

$$=k\frac{\cos^2(\theta-\theta_a)+1+\sin^2(\theta-\theta_a)+2\sin(\theta-\theta_a)}{2[1+\sin(\theta-\theta_a)]}$$

$$=k\frac{2+2\sin(\theta-\theta_a)}{2[1+\sin(\theta-\theta_a)]}$$

$$=k \quad （4-180）$$

进一步有

$$\sqrt{c^2+d^2}=\sqrt{2r^2}\frac{\left(\theta+\frac{\pi}{2}+\theta_a\right)-\cos(\theta-\theta_a)}{[1+\sin(\theta-\theta_a)]^{\frac{3}{2}}}$$

$$=\sqrt{2}r\frac{\left(\theta+\frac{\pi}{2}+\theta_a\right)-\cos(\theta-\theta_a)}{[1+\sin(\theta-\theta_a)]^{\frac{3}{2}}} \quad （4-181）$$

4.6.3　智能算法构建 CPAC 面形

为了使 CPAC 具有较好的光学性能，在构建 CPAC 面形时也可以采用智能算法进行求解，比较常见的智能算法包括遗传算法、粒子群算法、模拟退火算法等。采用这些算法可以节约 CPAC 面形的计算时间，且计算结果往往较穷举法更好。在 CPAC 面形计算中常见的智能算法如下。

遗传算法样例程序代码（这里只提供了遗传算法自身的代码部分，剩下的代码可借鉴 4.5 节相关代码）。

```
#define MAXIMIZATION 1        //求解函数为求最大值
#define MINIMIZATION 2        //求解函数为求最小值
#define Cmax  100             //求解最大值时适应度函数的基准数
#define Cmin  0              //求解最小值时适应度函数的基准数
```

```
//以下五行用于参数调节
#define PopSize         50          //种群规模参考 20-1000
#define MaxGeneration   500         //最大代数,即最大迭代数
static double Pc=0.65;              //交叉概率参考 0.4-0.99
static double Pm=0.005;             //变异概率参考 0.0001-0.1
#define jyws            6           //基因位数 上限为 16 见 GenerateInitialPopulation(void)
中 a[1000000]
#define LENGTH1         jyws        //每个变量的基因位数
#define LENGTH2         jyws
#define LENGTH3         jyws
#define LENGTH4         jyws
#define LENGTH5         jyws
#define CHROMLENGTH     (LENGTH1+LENGTH2+LENGTH3+LENGTH4+LENGTH5)    //染色体总长度
#define blgs            5           //变量个数
int  FunctionMode;                  //函数值求解类型选择
static char biaoshiweipc,biaoshiweipm;
double mina=30;                     //计算区间为开区间,程序已经处理好,这里的单位为 seta 角的度数
double maxb=90;
long    tempcf[20];                 //从染色体中读取基因
double xcf[20];                     //基因型换为表现型
struct individual                   //定义个体
{
    char  chrom[CHROMLENGTH+1];     //个体染色体的基因结构,chrom[0]不用
    double value;                   //个体对应的变量值
    double fitness;                 //个体适应度
};
int generation;
struct individual bestindividual;
struct individual worstindividual;
struct individual currentbest;
struct individual population[PopSize+1];    //population[0]不用
void  GAInitial(void);                      //初始化处理
void  Chuligailv(void);
void  GenerateInitialPopulation(void);      //初始种群生成
void  GenerateNextPopulation(void);         //产生下一代种群
void  EvaluatePopulation(void);
void  CalculateObjectValue(void);
long  DecodeChromosome(char *,int,int);     //译码
void  CalculateFitnessValue(void);
void  FindBestAndWorstIndividual(void);
void  SelectionOperator(void);
void  CrossoverOperator(void);
void  MutationOperator(void);
void  OutputTextReport(void);
//01 函数值求解类型是最大值
void  GAInitial(void)                       //初始化处理
{
    FunctionMode=MAXIMIZATION;
}
//02 随机产生初始种群,且用 0,1 表示(共有 PopSize 个染色体,每个染色体上有 CHROMLENGTH 个基因)
void  GenerateInitialPopulation(void)
{
    int i,j,r,k,p,cc;
    int count[20],c[CHROMLENGTH+2]={0};
    long a[100000]={0},b[100000]={0};       //生成不重复的随机数用
    int tmp;
    int m,cx;
    //由于 CPC-A 面形的其他角度不能是 0 和另一个端点,所以要少生成 2 个
    tmp=pow(2,jyws)-2;
    //将[1,tmp]随机赋值到 a[0]-a[tmp-1]
    for(i=1; i<=tmp; i++)
```

```
{
        //rand()后面紧跟的%tmp 表示随机数范围为[0,tmp),tmp 是取不到的
        while(a[m=rand()%tmp]);
    a[m] = i;
}
//将数值的角标加1
for(i=(tmp-1);i>=0;i--)
{
        a[i+1]=a[i];
}
//输出从 a[1]-a[tmp]的随机数,且随机数的范围刚好为[1,tmp],共 tmp 个
for(i=1;i<=tmp;i++)
{
        printf("%d  ",a[i]);
}
printf("\n");
for(p=1;p<=PopSize;p++)
{
    //printf("p=%d\n",p);
    do
    {
        cx=rand()%tmp;
        cx=cx+1;
    }
    while((cx+blgs)>=tmp);
    //printf("                              cx=%d\n",cx);
    //while(1);
    for(j=cx;j<(cx+blgs);j++)
    {
        b[j]=a[j];
        //printf("b[%ld]=%d    ",j,b[j]);
        //while(1);
        //十进制转二进制
        for(i=1;i<=jyws;i++)
        {
            count[i]=0;
        }
        i=0;
        do                         //循环,直到等于 0 跳出
        {
            r=b[j]%2;              //求每一次的余数,实际上最后输出的也是这个
            b[j]=b[j]/2;
            i++;
            count[i]=r;
            //printf("count[%d]=%d\n",i,count[i]);
        }
        while(b[j]!=0);

        for(k=jyws;k>0;k--)         //这里是倒序输出
        {
            //printf("%d",count[k]);
            cc=jyws-k+1+(j-cx)*jyws;
            c[cc]=count[k];
        }

        //while(1);
        //printf("\n");
    }
    for(k=1;k<=CHROMLENGTH;k++)     //这里是倒序输出
    {
        //printf("%d",c[k]);
    }
```

```
        //printf("\n");
        for(j=1;j<=CHROMLENGTH;j++)
        {
            population[p].chrom[j]=(c[j]==0)?'0':'1';  //随机播撒 0 和 1
        }
        for (i=1;i<=CHROMLENGTH;i++)
        {
            switch(i)
            {
                case                       1+LENGTH1:        printf(" "); break;
                case               1+LENGTH1+LENGTH2:        printf(" "); break;
                case        1+LENGTH1+LENGTH2+ LENGTH3:      printf(" "); break;
                case 1+LENGTH1+LENGTH2+LENGTH3+LENGTH4:      printf(" "); break;
                default:
                  break;
            }
            printf("%c",population[p].chrom[i]);
        }
        printf("\n");
    }
}
//03 评估种群
void EvaluatePopulation()
{
    CalculateObjectValue();
    CalculateFitnessValue();
    FindBestAndWorstIndividual();
}
//04 计算函数值
void CalculateObjectValue(void)
{
    int i,j,k,p,m;
    double cftemp;
    for (p=1;p<=PopSize;p++)
    {
        //从染色体中读取基因
        tempcf[1]=DecodeChromosome(population[p].chrom,1,LENGTH1);    //解码染色体  三个参
数意义为:染色体、基因起始位置、基因长度
        tempcf[2]=DecodeChromosome(population[p].chrom,(1+LENGTH1),LENGTH2);
        tempcf[3]=DecodeChromosome(population[p].chrom,(1+LENGTH1+LENGTH2),LENGTH3);
        tempcf[4]=DecodeChromosome(population[p].chrom,(1+LENGTH1+LENGTH2+LENGTH3),
LENGTH4);
        tempcf[5]=DecodeChromosome(population[p].chrom,(1+LENGTH1+LENGTH2+LENGTH3+
LENGTH4),LENGTH5);
        //printf("%d %d %d %d %d\n",tempcf[1],tempcf[2],tempcf[3],tempcf[4],tempcf[5]);
        //while(1);
        //不同的函数在此部分修改//
        //对于计算区间[a,b]  x1=a+[b-a]*[tempcd[1]/((float)pow(2.0,LENGTH1)-1.0)]
        xcf[1]=mina+(maxb-mina)*tempcf[1]/((float)pow(2.0,LENGTH1)-1.0);
        xcf[2]=mina+(maxb-mina)*tempcf[2]/((float)pow(2.0,LENGTH2)-1.0);    //[2,5]
        xcf[3]=mina+(maxb-mina)*tempcf[3]/((float)pow(2.0,LENGTH3)-1.0);
        xcf[4]=mina+(maxb-mina)*tempcf[4]/((float)pow(2.0,LENGTH4)-1.0);
        xcf[5]=mina+(maxb-mina)*tempcf[5]/((float)pow(2.0,LENGTH5)-1.0);
        //printf("%f %f %f %f %f\n",xcf[1],xcf[2],xcf[3],xcf[4],xcf[5]);
        //while(1);
        //冒泡排序,因为 CPC-A 的 seta 角是从大到小的
        for(i=1;i<blgs;i++)                    //比较的趟次
        {
            for(j=1;j<=(blgs-i);j++)          //每趟比较的次数
            {
```

```
                    if(xcf[j]<xcf[j+1])
                    {
                          cftemp=xcf[j];
                          xcf[j]=xcf[j+1];
                          xcf[j+1]=cftemp;
                    }
              }
        }
        //printf("%f %f %f %f %f\n",xcf[1],xcf[2],xcf[3],xcf[4],xcf[5]);
        //while(1);
        for(k=1;k<=blgs;k++)
        {
              setarad[k]=xcf[k]*zh;
        }

        population[p].value=fchuli();
        //printf("%f \n",population[p].value);//while(1);
        //计算表达式
        //population[i].value= -pow(xcf[1]-1000,2) -pow(xcf[2]-500,2) -pow(xcf[3]-1,2)
+pow(10,7);
        }
    //while(1);
    }
//05 译码,换算为十进制数
long DecodeChromosome(char *string,int point,int length)
{
    int i;
    long decimal=0L;//十进制
    char *pointer;
    for(i=0,pointer=string+point;i<length;i++,pointer++)
    {
        //移位操作,染色体实现十进制化      -'0'用于将字符'1'或'0'转化为数字 1 或 0    <<为只针对二进制
的移位
        decimal+=(*pointer-'0')<<(length-1-i);
    }
    return(decimal);
}
//06 获取种群全部适应度值
void CalculateFitnessValue(void)                        //获取种群全部适应度值
{
    int i;
    double temp;
    for (i=1;i<=PopSize;i++)
    {
        if (FunctionMode==MAXIMIZATION)                //函数类型为求解最大值
        {

            if((population[i].value)>Cmin)
            {
                temp=population[i].value;
            }
            else
            {
                temp=0.0;
            }
        }
        if(FunctionMode==MINIMIZATION)                //函数类型为求解最小值
        {
            if(population[i].value<Cmax)
```

```
        {
            temp=population[i].value;
        }
        else
        {
            temp=0.0;
        }
    }
    population[i].fitness=temp;
}
}
//07 从种群中获取最好的或最差的个体
void FindBestAndWorstIndividual(void)
{
    int i;
    bestindividual=population[1];
    //worstindividual=population[1];
    for (i=1;i<=PopSize; i++)
    {
        if (population[i].value>bestindividual.value)
        {
            bestindividual=population[i];

        }
        /*
        if (population[i].value<worstindividual.value)
        {
            worstindividual=population[i];

        }
        */
    }
    if (generation==1)
    {
        currentbest=bestindividual;
        //currentbest=worstindividual;
    }
    else
    {
        if(bestindividual.value>=currentbest.value)
        {
            currentbest=bestindividual;
        }
        /*
        if(worstindividual<=currentbest.value)
        {
            currentbest=worstindividual;
        }
        */
    }
}
//08 繁殖下一代
void GenerateNextPopulation(void)
{
    SelectionOperator();            //选择算子
    CrossoverOperator();            //交叉算子
    MutationOperator();             //变异算子
}
//09 选取进化代(轮盘模式)
```

```
void SelectionOperator(void)
{
    int i,index;
    double p,sum=0.0;
    double cfitness[PopSize+1];
    struct individual newpopulation[PopSize+1];
    for(i=1;i<=PopSize;i++)
    {
        sum+=population[i].fitness;                    //适应度累计和,为个体的适应度比例做准备
    }
    for(i=1;i<=PopSize; i++)
    {
        cfitness[i]=population[i].fitness/sum;         //个体的适应度比例(也就是算出了赌盘的各扇形
区面积),为轮盘赌做好准备
    }
    for(i=2;i<=PopSize; i++)                            //将前 i 个的个体的适应度比例累加   共有
PopSize 减一个值(因为 cfitness[1]不需计算,就是自身)
    {
        cfitness[i]=cfitness[i-1]+cfitness[i];         //此时的 cfitness[i]的意义为前 i 个个体适应
度比例的累加值
    }
    //轮盘赌  赌轮   轮盘选
    for (i=1;i<=PopSize;i++)
    {
        p=(double)(rand()%1000/1000.0);
        index=1;
        while (p>cfitness[index])//累计个体适应度比例查询,直到 p 的值小于累计值
        {
            index++;
        }
        newpopulation[i]=population[index];            //将选出的个体进行复制给新的个体
    }
    for(i=1;i<=PopSize; i++)
    {
        population[i]=newpopulation[i];                //刷新现有种群
    }
}
//10 染色体交叉
void CrossoverOperator(void)
{
    int i,j,m,n,temp;
    int point;
    double p;
    char ch;
    for (i=1;i<=PopSize-1;i+=2)
    {
        p=rand()%1000/1000.0;                          //随机产生交叉概率
        if (p<Pc)
        {
            point=(rand()%(CHROMLENGTH-1))+1;
            j=point;

            ch=population[i].chrom[j];
            population[i].chrom[j]=population[i+1].chrom[j];
            population[i+1].chrom[j]=ch;

            for(m=1;m<=blgs;m++)
            {
                temp=0;
```

```
                    for(n=1;n<=jyws;n++)
                    {
                         temp=temp+population[i].chrom[(m-1)*jyws+n]-'0';
                    }
                    if(temp==0)
                    {
                         population[i].chrom[(m-1)*jyws+jyws]='1';
                    }
                    if(temp==jyws)
                    {
                         population[i].chrom[(m-1)*jyws+jyws]='0';
                    }
               }
          for(m=1;m<=blgs;m++)
          {
               temp=0;
               for(n=1;n<=jyws;n++)
               {
                    temp=temp+population[i+1].chrom[(m-1)*jyws+n]-'0';
               }
               if(temp==0)
               {
                    population[i+1].chrom[(m-1)*jyws+jyws]='1';
               }
               if(temp==jyws)
               {
                    population[i+1].chrom[(m-1)*jyws+jyws]='0';
               }
          }
     }
  }
}
//11 基因变异
void MutationOperator(void)
{
    int i,j,m,n,temp;
    double p;
     for(i=1;i<=PopSize;i++)
     {
          j=(rand()%(CHROMLENGTH-1))+1;
          p=(    (double)(rand()%999)+1.0    )/1000.0;
          if (p<Pm)
          {
               population[i].chrom[j]=(population[i].chrom[j]==0)?'1':'0';
          }

          for(m=1;m<=blgs;m++)
          {
               temp=0;
               for(n=1;n<=jyws;n++)
               {
                    temp=temp+population[i].chrom[(m-1)*jyws+n]-'0';
               }
               if(temp==0)
               {
                    population[i].chrom[(m-1)*jyws+jyws]='1';
               }
               if(temp==jyws)
               {
```

```
                    population[i].chrom[(m-1)*jyws+jyws]='0';
                }
            }
        }
    }
//12 打印结果
void OutputTextReport(void)
{
    int i,j;
    double cftemp;
    printf("G=%d ",generation);
    printf("CBC=");//current best chromosome
    for (i=1;i<=CHROMLENGTH;i++)
    {
        switch(i)
        {
            case                        1+LENGTH1:            printf(" "); break;
            case              1+LENGTH1+LENGTH2:              printf(" "); break;
            case        1+LENGTH1+LENGTH2+ LENGTH3:          printf(" "); break;
            case  1+LENGTH1+LENGTH2+LENGTH3+LENGTH4:          printf(" "); break;
            default:
            break;
        }
        printf("%c",currentbest.chrom[i]);
    }
    tempcf[1]=DecodeChromosome(currentbest.chrom,1,LENGTH1);          //从染色体中读取基因
    tempcf[2]=DecodeChromosome(currentbest.chrom,(1+LENGTH1),LENGTH2);
    tempcf[3]=DecodeChromosome(currentbest.chrom,(1+LENGTH1+LENGTH2),LENGTH3);
    tempcf[4]=DecodeChromosome(currentbest.chrom,(1+LENGTH1+LENGTH2+LENGTH3),LENGTH4);
    tempcf[5]=DecodeChromosome(currentbest.chrom,(1+LENGTH1+LENGTH2+LENGTH3+LENGTH4),
LENGTH5);
    printf("\n→ %d %d %d %d %d\n",tempcf[1],tempcf[2],tempcf[3],tempcf[4],tempcf[5]);
    //不同的函数在此部分修改   从函数 void CalculateObjectValue(void) 复制而来
    //对于计算区间[a,b]  x1=a+[b-a]*[tempcd[1]/((float)pow(2.0,LENGTH1)-1.0)]
    xcf[1]=mina+(maxb-mina)*tempcf[1]/((float)pow(2.0,LENGTH1)-1.0);
    xcf[2]=mina+(maxb-mina)*tempcf[2]/((float)pow(2.0,LENGTH2)-1.0);  //[2,5]
    xcf[3]=mina+(maxb-mina)*tempcf[3]/((float)pow(2.0,LENGTH3)-1.0);
    xcf[4]=mina+(maxb-mina)*tempcf[4]/((float)pow(2.0,LENGTH4)-1.0);
    xcf[5]=mina+(maxb-mina)*tempcf[5]/((float)pow(2.0,LENGTH5)-1.0);
    //冒泡排序,因为 CPC-A 的 seta 角是从大到小的
    for(i=1;i<blgs;i++)              //比较的趟次
    {
        for(j=1;j<=(blgs-i);j++)        //每趟比较的次数
        {
            if(xcf[j]<xcf[j+1])
            {
                cftemp=xcf[j];
                xcf[j]=xcf[j+1];
                xcf[j+1]=cftemp;
            }
        }
    }
    printf("%f  %f  %f  %f   best_value=%f\n\n",xcf[1],xcf[2],xcf[3],xcf[4],xcf[5],
currentbest.value);
}
//13 Pc 和 Pm 的概率来回振荡处理
void Chuligailv(void)
{
    if(biaoshiweipc==1)
```

```
{
        Pc=Pc+0.05;
        if(Pc>=0.9)
        {
                biaoshiweipc=0;
        }
}
if(biaoshiweipc==0)
{
        Pc=Pc-0.05;
        if(Pc<=0.4)
        {
                biaoshiweipc=1;
        }
}
if(biaoshiweipm==1)
{
        Pm=Pm+0.001;
        if(Pm>=0.1)
        {
                biaoshiweipm=0;
        }
}
if(biaoshiweipm==0)
{
        Pm=Pm-0.005;
        if(Pm<=0.005)
        {
                biaoshiweipm=1;
        }
}
}
```

粒子群算法样例程序代码（这里只提供了粒子群算法自身的代码部分，剩下的代码可借鉴 4.5 节相关代码）：

```
#define c1 1.49445                          //加速度因子一般是根据大量实验所得
#define c2 1.49445
#define maxgen  10                          //迭代次数
#define sizepop 100                         //种群规模
#define popmax          (90.0-0.1)          //个体最大取值,不能取面形光口处对应的 setadeg 值
#define popmin          (30.0+0.1)          //个体最小取值,不能取 0
#define Vmax  0.5                           //速度最大值
#define Vmin -0.5                           //速度最小值
#define dim 5
#define w_start 0.9                         //开始权重的最大值    权重在迭代的过程中逐渐减小,
目的是减小惯性(局部搜索能力强),但开始时惯性不能太小(全局搜索能力强)
#define w_end  0.4                          //最后权重的最小值
double pop[sizepop][dim];                   //定义种群数组
double V[sizepop][dim];                     //定义种群速度数组
double fitness[sizepop];                    //定义种群的适应度数组
double result[maxgen];                      //定义存放每次迭代种群最优值的数组
double pbest[sizepop][dim];                 //个体极值的位置
double gbest[dim];                          //群体极值的位置
double fitnesspbest[sizepop];               //个体极值适应度的值
double fitnessgbest;                        //群体极值适应度值
double genbest[maxgen][dim];                //每一代最优值取值粒子
//适应度函数
double func(double *arr)
```

```
{
    double fitness;
    int m;
    for(m=0;m<dim;m++)
    {
        setarad[m+1]=(*(arr+m))*zh;
    }
    fitness=fchuli();
    return fitness;
}
//种群初始化
void pop_init(void)
{
    int i,j,k,m;
    double cftemp;
    for(i=0;i<sizepop;i++)
    {
        for(j=0;j<dim;j++)
        {
pop[i][j]=popmin+(((double)rand()))/RAND_MAX)*(popmax-popmin);  //popmin 到 popmax 开区间的
随机数
            V[i][j]= Vmin+(  ((double)rand()))/RAND_MAX  )*(Vmax-Vmin);    //Vmin 到 Vmax 之间
        }
        //冒泡排序,因为 CPC-A 的 seta 角是从大到小的
        for(k=1;k<dim;k++)                    //比较的趟次
        {
            for(m=0;m<(dim-k);m++)            //每趟比较的次数
            {
                if(pop[i][m]<pop[i][m+1])
                {
                    cftemp=pop[i][m];
                    pop[i][m]=pop[i][m+1];
                    pop[i][m+1]=cftemp;
                }
            }
        }
        //printf("%f %f %f %f %f\n",pop[i][0],pop[i][1],pop[i][2],pop[i][3],pop[i][4]);

        for(k=1;k<dim;k++)
        {
            if(pop[i][k]==pop[i][k+1])
            pop[i][k+1]=pop[i][k+1]-pow(10,-4)*(popmax-popmin);
        }
        if(pop[i][dim]<=popmax)
        {
            pop[i][dim]=popmin*1.00001;
        }            //printf("%f %f %f %f %f\n",pop[i][0],pop[i][1],pop[i][2],pop[i][3],
pop[i][4]);
    }
    for(i=0;i<sizepop;i++)
    {
        fitness[i]=func(pop[i]);                    //计算适应度函数值
    }
}
//max()函数定义
double *max_cf(double *fit,int size)
{
    int index;                                //初始化序号
    double max;
```

```
    static double best_fit_index[2];
    int i;
    max=*fit;                                    //初始化最大值为数组第一个元素
    index = 0;                                   //初始化序号

    for(i=1;i<size;i++)
    {
        if(*(fit+i) > max)
            max = *(fit+i);
            index = i;
    }
    best_fit_index[0] = index;
    best_fit_index[1] = max;
    return best_fit_index;
}
//迭代寻优
void PSO_func(void)
{
    double *best_fit_index;                      //用于存放群体极值和其位置(序号)
    int index;
    int i,j,k,p,q;
    double cftemp;
    double bestfitness;
    double rand1,rand2;
    double w_cf;                                 //权重
    double Tmax = (double)maxgen;
    pop_init();
    best_fit_index=max(fitness,sizepop);         //求群体极大值
    index=(int)(*best_fit_index);                //获取群体最大值序号
    //初次群体极值位置
    for(i=0;i<dim;i++)
    {
        gbest[i]=pop[index][i];
    }
    //初次个体极值位置
    for(i=0;i<sizepop;i++)
    {
        for(j=0;j<dim;j++)
        {
            pbest[i][j]=pop[i][j];
        }
    }
    //初次个体适应度值极值
    for(i=0;i<sizepop;i++)
    {
        fitnesspbest[i]=fitness[i];
    }
    //初次群体适应度值极值
    bestfitness=*(best_fit_index+1);
    fitnessgbest=bestfitness;
    //迭代寻优
    for(i=0;i<maxgen;i++)
    {
        //产生新的粒子群,并计算个体的函数值
        for(j=0;j<sizepop;j++)
        {
            //速度更新及粒子更新
            for(k=0;k<dim;k++)
            {
```

```
                //速度更新                    rand1=(double)rand()/RAND_MAX;  //0 到 1 之间的随机数
                rand2=(double)rand()/RAND_MAX;
                    w_cf=w_start-(w_start-w_end)*pow((i/Tmax),2);   //此处为非线性权重  线性权
重为:w(k) = w_end + (w_start- w_end)*(Tmax-k)/Tmax
                    V[j][k]=w_cf*V[j][k]+c1*rand1*(pbest[j][k]-pop[j][k])+c2*rand2*(gbest[k]-
pop[j][k]);
                if(V[j][k] > Vmax)
                    V[j][k] = Vmax;
                if(V[j][k] < Vmin)
                    V[j][k] = Vmin;
                //粒子更新
                pop[j][k] = pop[j][k] + V[j][k];
                if(pop[j][k] > popmax)
                    pop[j][k] = popmax;
                if(pop[j][k] < popmin)
                    pop[j][k] = popmin;
            }              //printf("%f %f %f %f %f\n",pop[j][0],pop[j][1],pop[j][2],
pop[j][3],pop[j][4]);
                //冒泡排序,因为 CPC-A 的 seta 角是从大到小的
                for(p=1;p<dim;p++)                    //比较的趟次
                {
                    for(q=0;q<(dim-p);q++)               //每趟比较的次数
                    {
                        if(pop[j][q]<pop[j][q+1])
                        {
                            cftemp=pop[j][q];
                            pop[j][q]=pop[j][q+1];
                            pop[j][q+1]=cftemp;
                        }
                    }
                }              //printf("%f %f %f %f %f\n",pop[j][0],pop[j][1],pop[j][2],
pop[j][3],pop[j][4]);
                for(p=1;p<dim;p++)
                {
                    if(pop[j][p]==pop[j][p+1])
                    pop[j][p+1]=pop[j][p+1]-pow(10,-4)*(popmax-popmin);
                }
                if(pop[j][dim]>=popmax)
                {
                    pop[j][dim]=popmin*1.00001;
                }
                //printf("%f %f %f %f %f\n",pop[j][0],pop[j][1],pop[j][2],pop[j][3],
pop[j][4]);
                //while(1);
            fitness[j] = func(pop[j]);                  //新粒子的适应度值
        }
        //更新极值
        for(j=0;j<sizepop;j++)
        {
            //个体极值更新
            if(fitness[j] > fitnesspbest[j])
            {
                for(k=0;k<dim;k++)
                {
                    pbest[j][k] = pop[j][k];
                }
                fitnesspbest[j] = fitness[j];
            }
            //群体极值更新
```

```
          if(fitness[j] > fitnessgbest)
          {
              for(k=0;k<dim;k++)
                  gbest[k] = pop[j][k];
              fitnessgbest = fitness[j];
          }
      }
      //将当前群体极值位置作为这一代的极值位置
      for(k=0;k<dim;k++)
      {
          genbest[i][k] = gbest[k];                //每代最优值取值粒子位置记录
      }
      result[i] = fitnessgbest;                    //每代的最优值记录到数组
    }
}
```

第5章 传热学基础

在太阳能热利用过程中，集热系统的传热性能是一个基本问题，需要通过传热学来解决。传热学是一个专门的学科，在诸多行业领域得到广泛的应用，涉及面广且深。本章将介绍传热学中基本的导热、对流、辐射传热的基本理论，并将部分太阳能光热利用的相关知识点进行归纳，方便查阅。

5.1 导 热 传 热

5.1.1 基本概念

1. 温度场

温度场是指在各个时刻物体内（或空间内）各点温度分布的情况，所以物体的温度分布是坐标和时间的函数，表示如下：

$$t = f(x, y, z, \tau) \tag{5-1}$$

式中，t 表示物体的温度；x、y、z 表示三维空间；τ 表示变化的时间。物体的温度不随时间变化的温度场称为稳态温度场（或定常温度场），表示为

$$t = f(x, y, z) \tag{5-2}$$

物体的温度随时间变化的温度场称为非稳态温度场（或非定常温度场），如式（5-1）所示。对于稳态温度场，有

$$\frac{\partial t}{\partial \tau} = 0 \tag{5-3}$$

相应地，非稳态温度场有

$$\frac{\partial t}{\partial \tau} \neq 0 \tag{5-4}$$

2. 等温线（或面）

等温线是用相同温度点连线组成的，多个等温线组成等温线簇（图5-1），如 t 等温线，t 等温线和 $t+\Delta t$ 等温线就构成了等温线簇。等温面是温度场中所有温度相同的点连接起来所构成的

面。如图 5-1 所示，若最外层的等温线到 $t-\Delta t$ 等温线之间的所有面积上的温度都是 $t-\Delta t$，就形成了一个 $t-\Delta t$ 的等温面。

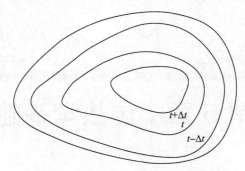

图 5-1   温度场中的等温线与等温面

在连续的物体温度场中，等温线或等温面是不会中断的，温度不同的等温线或等温面彼此之间也是不能相交的。

3．温度梯度与热流密度

自等温线上某点到相邻的等温线，并以该点法线方向为方向，该等温线与相邻等温线之间的温差，与该等温线在这一点法线间的距离之比的极限为该点的温度梯度，记为 **grad**t，表示（图 5-2）为

$$\mathbf{grad}t = \lim_{\Delta n \to 0} \frac{\Delta t + t - t}{\Delta n} = \frac{\mathrm{d}t}{\mathrm{d}n} = \frac{\partial t}{\partial x}\boldsymbol{i} + \frac{\partial t}{\partial y}\boldsymbol{j} + \frac{\partial t}{\partial z}\boldsymbol{k} \tag{5-5}$$

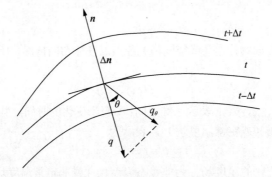

图 5-2   温度场中的温度梯度与热流密度

可以看出，温度梯度是一个矢量，是空间位置和温度的函数，同时温度梯度的方向是正向朝着温度增加的方向。

热流密度是指单位时间内单位面积上所传递的热量，同样如图 5-2 所示，这里也可以看到热流密度也是一个矢量，表示为

$$q_\theta = q\cos\theta \tag{5-6}$$

式中，q 为法向热流密度，q_θ 为与法向热流密度夹角为 θ 的热流密度。温度梯度方向热流密度最大，并且温度梯度和热流密度的方向都是等温面的法线方向。由于热流是从高温的地方自发地流向低温的地方，因此温度梯度和热流密度的方向正好相反。

5.1.2 傅里叶定律与导热传热

1. 傅里叶定律

在研究导热现象中，单位时间内通过给定截面所传递的热量，正比（比例系数为导热系数）垂直于该截面方向上的温度变化率，这就是傅里叶定律。因为热量传递的方向与温度升高的方向相反，所以热流量 q 可以表示为

$$q = -\lambda A \frac{\mathrm{d}t}{\mathrm{d}\boldsymbol{n}} = -\lambda A \left(\frac{\partial t}{\partial x}\boldsymbol{i} + \frac{\partial t}{\partial y}\boldsymbol{j} + \frac{\partial t}{\partial z}\boldsymbol{k} \right) \tag{5-7}$$

式中，λ 为导热系数，单位为 W/(m·K)或 W/(m·℃)。由式（5-7）可知，导热系数在数值上等于单位温度梯度作用下单位时间内单位面积的传热量。导热系数是一个物性参数，它与物质结构和状态密切相关，如物质的种类、材料成分、温度、湿度、压力、密度等。也可以看出，只要知道了物质的温度场的分布情况，就可以获得热流量。

2. 直角坐标导热微分方程

导热微分方程是根据能量守恒定律（热力学第一定律）与傅里叶定律而建立的，如图 5-3 所示。在图 5-3 中，假设物体是各向同性的连续介质，且导热系数、比热容和密度均已知。物体内具有内热源为 q_v（单位为 W/m³），且内热源均匀分布。

能量定律为

$$Q = \Delta U + W \tag{5-8}$$

式中，Q 为物质吸收的热量；ΔU 为物质增加的内能；W 为物质对外界做的功，即物质吸收的热量用于增加内能和对外做功，然而在导热中，物质不对外界做功，所以有

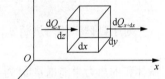

图 5-3 导热微分方程

$$Q = \Delta U \tag{5-9}$$

即物质吸收的热量仅仅用于自身内能的增加。在图 5-3 中，取一个微体积，其边长分别为 $\mathrm{d}x$、$\mathrm{d}y$、$\mathrm{d}z$，因此在 $\mathrm{d}\tau$ 时间内，沿着 x 轴方向且经 x 表面导入的热量为

$$\mathrm{d}Q_x = q_x \mathrm{d}y\mathrm{d}z\mathrm{d}\tau \tag{5-10}$$

式中，q_x 为沿着 x 轴法向的热流密度。另外，在微分学中有

$$\mathrm{d}y = y'\mathrm{d}x \tag{5-11}$$

所以有

$$q_{x+\mathrm{d}x} = q_x + \frac{\partial q_x}{\partial x}\mathrm{d}x \tag{5-12}$$

而在 $x+\mathrm{d}x$ 处 $\mathrm{d}\tau$ 时间内，沿着 x 轴方向导出的热量为

$$\mathrm{d}Q_{x+\mathrm{d}x} = q_{x+\mathrm{d}x}\mathrm{d}y\mathrm{d}z\mathrm{d}\tau = \left(q_x + \frac{\partial q_x}{\partial x}\mathrm{d}x \right)\mathrm{d}y\mathrm{d}z\mathrm{d}\tau = q_x\mathrm{d}y\mathrm{d}z\mathrm{d}\tau + \frac{\partial q_x}{\partial x}\mathrm{d}x\mathrm{d}y\mathrm{d}z\mathrm{d}\tau \tag{5-13}$$

所以，$\mathrm{d}\tau$ 时间内沿着 x 轴方向微体积净热量为

$$\mathrm{d}Q_x - \mathrm{d}Q_{x+\mathrm{d}x} = -\frac{\partial q_x}{\partial x}\mathrm{d}x\mathrm{d}y\mathrm{d}z\mathrm{d}\tau \tag{5-14}$$

用同样的方法也可以得到 $\mathrm{d}\tau$ 时间内沿着 y 轴方向微体积的净热量为

$$dQ_y - dQ_{y+dy} = -\frac{\partial q_y}{\partial y}dxdydzd\tau \tag{5-15}$$

$d\tau$ 时间内沿着 z 轴方向微体积的净热量为

$$dQ_z - dQ_{z+dz} = -\frac{\partial q_z}{\partial z}dxdydzd\tau \tag{5-16}$$

整个微体积的净热量 q_a 为

$$q_a = -\left(\frac{\partial q_x}{\partial x} + \frac{\partial q_y}{\partial y} + \frac{\partial q_z}{\partial z}\right)dxdydzd\tau \tag{5-17}$$

由傅里叶定律有

$$\begin{cases} q_x = -\lambda\dfrac{\partial t}{\partial x} \\[2mm] q_y = -\lambda\dfrac{\partial t}{\partial y} \\[2mm] q_z = -\lambda\dfrac{\partial t}{\partial z} \end{cases} \tag{5-18}$$

所以整个微体积净热量 q_a 可被改写为

$$q_a = \left[\frac{\partial}{\partial x}\left(\lambda\frac{\partial t}{\partial x}\right) + \frac{\partial}{\partial y}\left(\lambda\frac{\partial t}{\partial y}\right) + \frac{\partial}{\partial z}\left(\lambda\frac{\partial t}{\partial z}\right)\right]dxdydzd\tau \tag{5-19}$$

对于微体积的内热源 q_{va} 为

$$q_{va} = q_v dxdydzd\tau \tag{5-20}$$

微体积的热力学能增量 u_a 为

$$u_a = cmdt = \rho dxdydzc\frac{\partial t}{\partial \tau}d\tau \tag{5-21}$$

式中，m 为质量；ρ 为密度；c 为比热容。

依据能量守恒，物质通过界面带入的热量与内热源之和用于其温度的升高，所以可得到

$$u_a = q_a + q_{va}$$

$$\rho c\frac{\partial t}{\partial \tau} = \frac{\partial}{\partial x}\left(\lambda\frac{\partial t}{\partial x}\right) + \frac{\partial}{\partial y}\left(\lambda\frac{\partial t}{\partial y}\right) + \frac{\partial}{\partial z}\left(\lambda\frac{\partial t}{\partial z}\right) + q_v \tag{5-22}$$

式（5-22）为在直角坐标系中三维非稳态导热微分方程的一般表达式，直观地反映了物质的温度随时间和空间的变化。式（5-22）中左边的项为非稳态项，右边的第一项为扩散项，右边的第二项为源项。

式（5-22）中，若密度 ρ、比热容 c、导热系数 λ 均为常数，则有

$$\frac{\partial t}{\partial \tau} = a\left(\frac{\partial^2 t}{\partial x^2} + \frac{\partial^2 t}{\partial y^2} + \frac{\partial^2 t}{\partial z^2}\right) + \frac{q_v}{\rho c} \tag{5-23}$$

式中，a 为热扩散率，单位为 m^2/s，则有

$$a = \frac{\lambda}{\rho c} \tag{5-24}$$

热扩散率反映了导热过程中材料的导热能力与物质储热能力之间的关系，物质储热能力越强，导热系数越小，则热扩散越慢，反之，物质储热能力越弱，导热系数越大，则热扩散越快。

热扩散率也表征物体被加热或冷却时，物体内各部分温度趋向于均匀一致的能力。在寒冷的

冬天，相较于触摸干燥的木头，人手在触摸金属时感觉手非常凉。这是因为手加热木头时，木头内部的热量不容易处于一致，手仅仅加热了触摸到的木头，触摸的木头升温后，与手的温差减小了很多，此时从手传递给木头的热量减少了，所以人感觉手不是很凉。若是触摸了金属，金属内部的热量容易处于一致，人手要加热整个金属，金属难以升温，金属与手的温差难以减小，此时从手持续不断地传递热量给金属，所以人就感觉到自己的手很凉。

若式（5-22）没有内热源，则有

$$\frac{\partial t}{\partial \tau} = a\left(\frac{\partial^2 t}{\partial x^2} + \frac{\partial^2 t}{\partial y^2} + \frac{\partial^2 t}{\partial z^2}\right) \tag{5-25a}$$

若是稳态导热，则有

$$\frac{\partial^2 t}{\partial x^2} + \frac{\partial^2 t}{\partial y^2} + \frac{\partial^2 t}{\partial z^2} = 0 \tag{5-25b}$$

3. 柱坐标导热微分方程

导热传热问题往往是圆柱的导热问题，用柱坐标较为方便，如图5-4所示。在图5-4中，取一个微体积，其边长分别为 dr、$rd\theta$、dz，因此在 r 方向微元面积 s_r 为

$$s_r = rd\theta dz \tag{5-26}$$

在 $rd\theta$ 方向微元面积 s_θ 为

$$s_\theta = drdz \tag{5-27}$$

在 z 方向微元面积 s_z 为

$$s_z = rd\theta dr \tag{5-28}$$

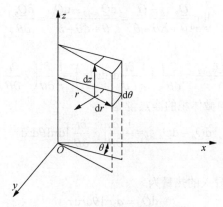

图 5-4　柱坐标导热微分方程

（1）r 方向的导热

在 $d\tau$ 时间内沿着 r 方向导入的热量为

$$dQ_r = q_r rd\theta dzd\tau \tag{5-29}$$

式中，q_r 为沿着 r 方向的热流密度，由傅里叶定律有

$$q_r = -\lambda \frac{\partial t}{\partial r} \tag{5-30}$$

所以有

$$dQ_r = -\lambda \frac{\partial t}{\partial r} r d\theta dz d\tau \tag{5-31}$$

因为

$$\lim_{\Delta r \to 0} \frac{Q_{r+\Delta r} - Q_r}{r + \Delta r - r} = \frac{dQ_{r+dr} - dQ_r}{r + dr - r} = \frac{\partial Q_r}{\partial r} \tag{5-32}$$

所以有

$$\frac{dQ_r - dQ_{r+dr}}{dr} = \frac{\partial}{\partial r}\left(\lambda \frac{\partial t}{\partial r} r d\theta dz d\tau\right) = \frac{\partial}{\partial r}\left(\lambda r \frac{\partial t}{\partial r}\right) d\theta dz d\tau \tag{5-33}$$

因此，$d\tau$ 时间内沿着 r 方向微体积的净热量为

$$dQ_r - dQ_{r+dr} = \frac{\partial}{\partial r}\left(\lambda r \frac{\partial t}{\partial r}\right) dr d\theta dz d\tau \tag{5-34}$$

（2）$rd\theta$ 方向的导热

在 $d\tau$ 时间内，沿着 $rd\theta$ 方向导入的热量为

$$dQ_\theta = q_\theta dr dz d\tau \tag{5-35}$$

式中，q_θ 为沿着 $rd\theta$ 方向的热流密度，由傅里叶定律有

$$q_\theta = -\lambda \frac{1}{r}\frac{\partial t}{\partial \theta} \tag{5-36}$$

所以有

$$dQ_\theta = -\lambda \frac{1}{r}\frac{\partial t}{\partial \theta} dr dz d\tau \tag{5-37}$$

由于

$$\lim_{\Delta\theta \to 0} \frac{Q_{\theta+\Delta\theta} - Q_\theta}{\theta + \Delta\theta - \theta} = \frac{dQ_{\theta+d\theta} - dQ_\theta}{\theta + d\theta - \theta} = \frac{\partial Q_\theta}{\partial \theta} \tag{5-38}$$

因此有

$$\frac{dQ_\theta - dQ_{\theta+d\theta}}{d\theta} = \frac{\partial}{\partial \theta}\left(\lambda \frac{1}{r}\frac{\partial t}{\partial \theta} dr dz d\tau\right) = \frac{1}{r}\frac{\partial}{\partial \theta}\left(\lambda \frac{\partial t}{\partial \theta}\right) dr dz d\tau \tag{5-39}$$

所以，$d\tau$ 时间内沿着 $rd\theta$ 方向微体积的净热量为

$$dQ_\theta - dQ_{\theta+d\theta} = \frac{1}{r}\frac{\partial}{\partial \theta}\left(\lambda \frac{\partial t}{\partial \theta}\right) dr d\theta dz d\tau \tag{5-40}$$

（3）z 方向的导热

在 $d\tau$ 时间内沿着 z 方向导入的热量为

$$dQ_z = q_z r d\theta dr d\tau \tag{5-41}$$

式中，q_z 为沿着 z 方向的热流密度，由傅里叶定律有

$$q_z = -\lambda \frac{\partial t}{\partial z} \tag{5-42}$$

所以有

$$dQ_z = -\lambda \frac{\partial t}{\partial z} r d\theta dr d\tau \tag{5-43}$$

由于

$$\lim_{\Delta z \to 0} \frac{Q_{z+\Delta z} - Q_z}{z + \Delta z - z} = \frac{dQ_{z+dz} - dQ_z}{z + dz - z} = \frac{\partial Q_z}{\partial z} \tag{5-44}$$

因此有

$$\frac{\mathrm{d}Q_z - \mathrm{d}Q_{z+\mathrm{d}z}}{\mathrm{d}z} = \frac{\partial}{\partial z}\left(\lambda\frac{\partial t}{\partial z}r\mathrm{d}\theta\mathrm{d}r\mathrm{d}\tau\right) = \frac{\partial}{\partial z}\left(\lambda\frac{\partial t}{\partial z}\right)r\mathrm{d}\theta\mathrm{d}r\mathrm{d}\tau \qquad (5\text{-}45)$$

所以，$\mathrm{d}\tau$ 时间内沿着 z 方向微体积的净热量为

$$\mathrm{d}Q_z - \mathrm{d}Q_{z+\mathrm{d}z} = r\frac{\partial}{\partial r}\left(\lambda\frac{\partial t}{\partial z}\right)\mathrm{d}\theta\mathrm{d}r\mathrm{d}z\mathrm{d}\tau \qquad (5\text{-}46)$$

（4）内热源和热力学能

微体积的内热源 q_{va} 为

$$q_{\mathrm{va}} = q_{\mathrm{v}}r\mathrm{d}\theta\mathrm{d}r\mathrm{d}z\mathrm{d}\tau \qquad (5\text{-}47)$$

微体积的热力学能增量 u_{a} 为

$$u_{\mathrm{a}} = cm\mathrm{d}t = \rho r\mathrm{d}\theta\mathrm{d}r\mathrm{d}z\cdot c\frac{\partial t}{\partial\tau}\mathrm{d}\tau \qquad (5\text{-}48)$$

（5）柱坐标方程

根据能量守恒，物质通过界面带入的热量与内热源之和用于其温度的升高，所以可得到

$$\rho c\frac{\partial t}{\partial\tau} = \frac{1}{r}\frac{\partial}{\partial r}\left(\lambda r\frac{\partial t}{\partial r}\right) + \frac{1}{r^2}\frac{\partial}{\partial\theta}\left(\lambda\frac{\partial t}{\partial\theta}\right) + \frac{\partial}{\partial z}\left(\lambda\frac{\partial t}{\partial z}\right) + q_{\mathrm{v}} \qquad (5\text{-}49)$$

式（5-49）即为在柱坐标系中三维非稳态导热微分方程的一般表达式。若密度 ρ、比热容 c、导热系数 λ 均为常数，则有

$$\frac{\partial t}{\partial\tau} = a\left[\frac{1}{r}\frac{\partial}{\partial r}\left(r\frac{\partial t}{\partial r}\right) + \frac{1}{r^2}\frac{\partial}{\partial\theta}\left(\frac{\partial t}{\partial\theta}\right) + \frac{\partial}{\partial z}\left(\frac{\partial t}{\partial z}\right)\right] + \frac{q_{\mathrm{v}}}{\rho c} \qquad (5\text{-}50)$$

若没有内热源，则有

$$\frac{\partial t}{\partial\tau} = a\left[\frac{1}{r}\frac{\partial}{\partial r}\left(r\frac{\partial t}{\partial r}\right) + \frac{1}{r^2}\frac{\partial}{\partial\theta}\left(\frac{\partial t}{\partial\theta}\right) + \frac{\partial}{\partial z}\left(\frac{\partial t}{\partial z}\right)\right] \qquad (5\text{-}51)$$

若是稳态导热，则有

$$\frac{1}{r}\frac{\partial}{\partial r}\left(r\frac{\partial t}{\partial r}\right) + \frac{1}{r^2}\frac{\partial}{\partial\theta}\left(\frac{\partial t}{\partial\theta}\right) + \frac{\partial}{\partial z}\left(\frac{\partial t}{\partial z}\right) = 0 \qquad (5\text{-}52)$$

4. 球坐标导热微分方程

同样球体的导热问题，用球坐标较为方便，如图 5-5 所示。在图 5-5 中，取一个微体积，其边长分别为 $\mathrm{d}r$、$r\mathrm{d}\theta$、$r\sin\theta\mathrm{d}\varphi$，因此在 r 方向微元面积 s_r 为

$$s_r = r^2\sin\theta\mathrm{d}\theta\mathrm{d}\varphi \qquad (5\text{-}53)$$

在 $r\mathrm{d}\theta$ 方向微元面积 s_θ 为

$$s_\theta = r\sin\theta\mathrm{d}r\mathrm{d}\varphi \qquad (5\text{-}54)$$

在 $r\sin\theta\mathrm{d}\varphi$ 方向微元面积 s_φ 为

$$s_\varphi = r\mathrm{d}r\mathrm{d}\theta \qquad (5\text{-}55)$$

（1）r 方向的导热

在 $\mathrm{d}\tau$ 时间内沿着 r 方向导入的热量为

$$\mathrm{d}Q_r = q_r r^2\sin\theta\mathrm{d}\theta\mathrm{d}\varphi\mathrm{d}\tau \qquad (5\text{-}56)$$

式中，q_r 为沿着 r 方向的热流密度，由傅里叶定律有

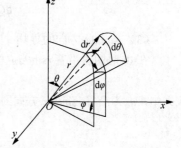

图 5-5 球坐标导热微分方程

$$q_r = -\lambda \frac{\partial t}{\partial r} \tag{5-57}$$

所以有

$$dQ_r = -\lambda \frac{\partial t}{\partial r} r^2 \sin\theta d\theta d\varphi d\tau \tag{5-58}$$

因为

$$\lim_{\Delta r \to 0} \frac{Q_{r+\Delta r} - Q_r}{r + \Delta r - r} = \frac{dQ_{r+dr} - dQ_r}{r + dr - r} = \frac{\partial Q_r}{\partial r} \tag{5-59}$$

所以有

$$\frac{dQ_r - dQ_{r+dr}}{dr} = \frac{\partial}{\partial r}\left(\lambda \frac{\partial t}{\partial r} r^2 \sin\theta d\theta d\varphi d\tau\right) = \frac{\partial}{\partial r}\left(\lambda r^2 \frac{\partial t}{\partial r}\right)\sin\theta d\theta d\varphi d\tau \tag{5-60}$$

因此，$d\tau$ 时间内沿着 r 方向微体积的净热量为

$$dQ_r - dQ_{r+dr} = \frac{\partial}{\partial r}\left(\lambda r^2 \frac{\partial t}{\partial r}\right)\sin\theta dr d\theta d\varphi d\tau \tag{5-61}$$

（2）$rd\theta$ 方向的导热

在 $d\tau$ 时间内，沿着 $rd\theta$ 方向导入的热量为

$$dQ_\theta = q_\theta r \sin\theta dr d\varphi d\tau \tag{5-62}$$

式中，q_θ 为沿着 $rd\theta$ 方向的热流密度，由傅里叶定律有

$$q_\theta = -\lambda \frac{1}{r} \frac{\partial t}{\partial \theta} \tag{5-63}$$

所以有

$$dQ_\theta = -\lambda \frac{1}{r} \frac{\partial t}{\partial \theta} r \sin\theta dr d\varphi d\tau = -\lambda \frac{\partial t}{\partial \theta} \sin\theta dr d\varphi d\tau \tag{5-64}$$

因为

$$\lim_{\Delta\theta \to 0} \frac{Q_{\theta+\Delta\theta} - Q_\theta}{\theta + \Delta\theta - \theta} = \frac{dQ_{\theta+d\theta} - dQ_\theta}{\theta + d\theta - \theta} = \frac{\partial Q_\theta}{\partial \theta} \tag{5-65}$$

所以有

$$\frac{dQ_\theta - dQ_{\theta+d\theta}}{d\theta} = \frac{\partial}{\partial \theta}\left(\lambda \frac{\partial t}{\partial \theta} \sin\theta dr d\varphi d\tau\right) = \frac{\partial}{\partial \theta}\left(\lambda \frac{\partial t}{\partial \theta} \sin\theta\right) dr d\varphi d\tau \tag{5-66}$$

因此，$d\tau$ 时间内沿着 $rd\theta$ 方向微体积净热量为

$$dQ_\theta - dQ_{\theta+d\theta} = \frac{\partial}{\partial \theta}\left(\lambda \frac{\partial t}{\partial \theta} \sin\theta\right) dr d\theta d\varphi d\tau \tag{5-67}$$

（3）$r\sin\theta d\varphi$ 方向的导热

在 $d\tau$ 时间内沿着 $r\sin\theta d\varphi$ 方向导入的热量为

$$dQ_\varphi = q_\varphi r dr d\theta d\tau \tag{5-68}$$

式中，q_φ 为沿着 $r\sin\theta d\varphi$ 方向的热流密度，由傅里叶定律有

$$q_\varphi = -\lambda \frac{1}{r\sin\theta} \frac{\partial t}{\partial \varphi} \tag{5-69}$$

所以有

$$dQ_\varphi = \lambda \frac{1}{r\sin\theta} \frac{\partial t}{\partial \varphi} r dr d\theta d\tau = \lambda \frac{1}{\sin\theta} \frac{\partial t}{\partial \varphi} dr d\theta d\tau \tag{5-70}$$

因为

$$\lim_{\Delta\varphi\to0}\frac{Q_{\varphi+\Delta\varphi}-Q_{\varphi}}{\varphi+\Delta\varphi-\varphi}=\frac{\mathrm{d}Q_{\varphi+\mathrm{d}\varphi}-\mathrm{d}Q_{\varphi}}{\varphi+\mathrm{d}\varphi-\varphi}=\frac{\partial Q_{\varphi}}{\partial\varphi}$$ (5-71)

所以有

$$\frac{\mathrm{d}Q_{\varphi}-\mathrm{d}Q_{\varphi+\mathrm{d}\varphi}}{\mathrm{d}\varphi}=\frac{\partial}{\partial\varphi}\left(\lambda\frac{1}{\sin\theta}\frac{\partial t}{\partial\varphi}\mathrm{d}r\mathrm{d}\theta\mathrm{d}\tau\right)=\frac{\partial}{\partial\varphi}\left(\lambda\frac{\partial t}{\partial\varphi}\right)\frac{1}{\sin\theta}\mathrm{d}r\mathrm{d}\theta\mathrm{d}\tau$$ (5-72)

因此，$\mathrm{d}\tau$ 时间内沿着 $r\sin\theta\mathrm{d}\varphi$ 方向微体积的净热量为

$$\mathrm{d}Q_{\varphi}-\mathrm{d}Q_{\varphi+\mathrm{d}\varphi}=\frac{\partial}{\partial\varphi}\left(\lambda\frac{\partial t}{\partial\varphi}\right)\frac{1}{\sin\theta}\mathrm{d}r\mathrm{d}\theta\mathrm{d}\varphi\mathrm{d}\tau$$ (5-73)

（4）内热源和热力学能

微体积的内热源 q_{va} 为

$$q_{\mathrm{va}}=q_{\mathrm{v}}r^2\mathrm{d}r\mathrm{d}\theta\sin\theta\mathrm{d}\varphi\mathrm{d}\tau$$ (5-74)

微体积的热力学能增量 u_{a} 为

$$u_{\mathrm{a}}=cm\mathrm{d}t=\rho r^2\mathrm{d}r\mathrm{d}\theta\sin\theta\mathrm{d}\varphi\cdot c\frac{\partial t}{\partial\tau}\mathrm{d}\tau$$ (5-75)

（5）球坐标方程

同样根据能量守恒，物质通过界面带入的热量与内热源之和用于其温度的升高，所以可得到

$$\rho c\frac{\partial t}{\partial\tau}=\frac{1}{r^2}\frac{\partial}{\partial r}\left(\lambda r^2\frac{\partial t}{\partial r}\right)+\frac{1}{r^2\sin\theta}\frac{\partial}{\partial\theta}\left(\lambda\sin\theta\frac{\partial t}{\partial\theta}\right)+\frac{1}{r^2\sin^2\theta}\frac{\partial}{\partial\varphi}\left(\lambda\frac{\partial t}{\partial\varphi}\right)+q_{\mathrm{v}}$$ (5-76)

式（5-76）为在球坐标系中三维非稳态导热微分方程的一般表达式。若密度 ρ、比热容 c、导热系数 λ 均为常数，则有

$$\frac{\partial t}{\partial\tau}=a\left[\frac{1}{r^2}\frac{\partial}{\partial r}\left(r^2\frac{\partial t}{\partial r}\right)+\frac{1}{r^2\sin\theta}\frac{\partial}{\partial\theta}\left(\sin\theta\frac{\partial t}{\partial\theta}\right)+\frac{1}{r^2\sin^2\theta}\frac{\partial}{\partial\varphi}\left(\lambda\frac{\partial t}{\partial\varphi}\right)\right]+\frac{q_{\mathrm{v}}}{\rho c}$$ (5-77)

若没有内热源，则有

$$\frac{\partial t}{\partial\tau}=a\left[\frac{1}{r^2}\frac{\partial}{\partial r}\left(r^2\frac{\partial t}{\partial r}\right)+\frac{1}{r^2\sin\theta}\frac{\partial}{\partial\theta}\left(\sin\theta\frac{\partial t}{\partial\theta}\right)+\frac{1}{r^2\sin^2\theta}\frac{\partial}{\partial\varphi}\left(\lambda\frac{\partial t}{\partial\varphi}\right)\right]$$ (5-78)

若是稳态导热，则有

$$\frac{1}{r^2}\frac{\partial}{\partial r}\left(r^2\frac{\partial t}{\partial r}\right)+\frac{1}{r^2\sin\theta}\frac{\partial}{\partial\theta}\left(\sin\theta\frac{\partial t}{\partial\theta}\right)+\frac{1}{r^2\sin^2\theta}\frac{\partial}{\partial\varphi}\left(\lambda\frac{\partial t}{\partial\varphi}\right)=0$$ (5-79)

5.1.3 导热过程单值条件

导热微分方程的通解是无限的，因此要完整地对导热过程进行描述，不仅需要建立导热微分方程，还需要给出单值性条件。通常的条件包括几何条件（用于描述物体的形状）、物理条件（给出物体的物性参数）、时间条件（通常也称为初始条件，稳态导热是没有时间条件的）、边界条件（描述物体在边界上导热过程进行的特点，反映物体导热过程与周围环境相互作用的条件）。

边界条件还可以分为很多类，第一类边界条件是已知任何时刻物体边界上的温度值情况，可表示为

$$t=t_{\mathrm{w}}=f(\tau)$$ (5-80)

例如，已知大平板表面的初始温度值及随时间 τ 的变化函数。第二类边界条件指任何时刻物

体边界上的热流密度值是已知的，可表示为

$$\begin{cases} q = q_w \\ \dfrac{\partial t}{\partial n} = -\dfrac{q}{\lambda} \end{cases} \tag{5-81}$$

例如，绝热面、恒定加热或冷却面。第三类边界条件指已知边界面周围物质的温度，以及与周围物质的传热系数 h，可表示为

$$-\lambda \frac{\partial t}{\partial n} = h(t - t_f) \tag{5-82}$$

例如，非稳态导热过程中导热管面（或壁面）与工质之间的传热，常见的换热器属于该类型的传热。

5.1.4　导热问题求解

图 5-6 为一无限大平壁，其厚度为 δ，该无限大平壁的导热系数为常数 λ，在 x 为 0 的表面温度为 t_{w1}，在 x 为 δ 的表面温度为 t_{w2}，温度 t_{w1} 大于温度 t_{w2}，无内热源。这是一个一维稳态导热问题，可以采用简化的导热微分方程：

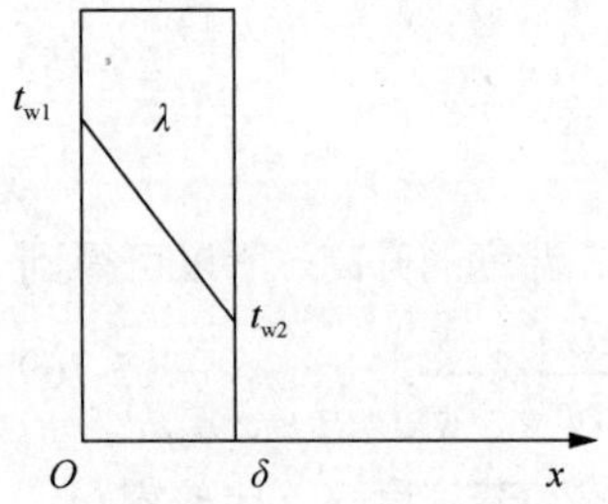

$$\frac{\partial^2 t}{\partial x^2} = 0 \tag{5-83}$$

该微分方程的通解为

$$t = c_1 x + c_2 \tag{5-84}$$

将两个边界条件代入，则有

图 5-6　导热问题求解

$$t = t_{w1} - \frac{t_{w1} - t_{w2}}{\delta} x \tag{5-85}$$

可以看出，导热系数 λ 为常数，在无限大平壁内部温度是线性变化的，这在图 5-6 中也能清楚看到。

所以，热流密度 q 为

$$q = -\lambda \frac{\mathrm{d}t}{\mathrm{d}x} t = \lambda \frac{t_{w1} - t_{w2}}{\delta} \tag{5-86}$$

因此，热流量 Φ 为

$$\Phi = qA = A\lambda \frac{t_{w1} - t_{w2}}{\delta} \tag{5-87}$$

这就是导热微分方程的求解过程，并且其传热过程是确定的、单值的。

5.1.5　传热热阻

对式（5-86）进行改写，具体如下：

$$q = \frac{t_{w1} - t_{w2}}{\delta / \lambda} \tag{5-88}$$

这样就好比电学中的欧姆定律，将式（5-88）右边的分子（传热温差）类比电压差，式（5-88）左边的热流密度类比电学中的电流强度，这样式（5-88）右边的分母部分就可以类比电阻，称为热阻。因此就可以得到传热欧姆定律，即传热的热流密度为传热温差与传热热阻之比。

将图 5-6 的传热过程用热阻的形式表示如图 5-7 所示，可以清楚地看到，在温差的驱动下实

现热量的传递。同时还可以看出，大平壁的壁面变厚，将增加导热的热阻，从而降低了热流量，这与实际情况是吻合的。物质的导热系数越小，物质就不容易导热，所以热流量就越小；反之，热流量就会增大。

采用传热欧姆定律可以给很多计算带来简便，如多层壁面的导热问题，如图 5-8 所示。在图 5-8 中，共有无内热源的 3 个壁面（厚度分别为 δ_1、δ_2、δ_3）导热，t_{w1}、t_{w2}、t_{w3}、t_{w4} 是逐个降低的，如果用导热微分方程求解传热就需要多次求解微分方程。

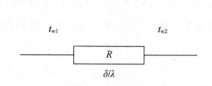

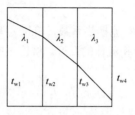

图 5-7 传热欧姆定律   图 5-8 多层壁面的导热

在图 5-8 中，从能量守恒的角度可知，稳态时 3 个壁面的热流密度 q 是一样的，所以有

$$q = \frac{t_{w1} - t_{w2}}{\delta_1 / \lambda_1}, \quad q = \frac{t_{w2} - t_{w3}}{\delta_2 / \lambda_2}, \quad q = \frac{t_{w3} - t_{w4}}{\delta_3 / \lambda_3} \tag{5-89}$$

若在已知 t_{w1} 和 t_{w4} 的条件下，则有

$$q = \frac{t_{w1} - t_{w4}}{\dfrac{\delta_1}{\lambda_1} + \dfrac{\delta_2}{\lambda_2} + \dfrac{\delta_3}{\lambda_3}} \tag{5-90}$$

多层壁面导热的热阻网络如图 5-9 所示。

图 5-9 多层壁面导热的热阻网络

对于 n 层壁面的导热，有

$$q = \frac{t_{w1} - t_{w(n+1)}}{\displaystyle\sum_{k=1}^{k=n} \frac{\delta_k}{\lambda_k}} = \frac{t_{w1} - t_{w(n+1)}}{\displaystyle\sum_{k=1}^{k=n} R_k} \tag{5-91}$$

5.2 对 流 传 热

5.2.1 对流传热概述

对流传热是指有流体（气体、液体及混合物）存在并参与的传热，通常是通过流体的流动或流体的宏观迁移产生的传热。例如，流动蒸汽与器壁之间的换热就是一种十分常见的对流换热，常见的有风冷装置。

对于流体与流体器壁之间的对流换热情况，换热量与器壁和流体自身的导热能力有关，还与固体器壁前沿流体的流动强度和流动方式密切相关，往往这对流体与流体器壁之间换热量影响更大。

壁面上流体的流动强度和流动状态，往往取决于引起流体流动的原因，因此工程上根据流体流动原因的不同，将对流换热分为强制对流换热和自然对流换热。例如，风冷装置就属于强制对流换热，而自然冷却就属于一种典型的自然对流换热。不管是强制对流换热，还是自然对流换热，对流换热的热流密度 q 可由牛顿冷却公式计算：

$$q = h(T_\infty - T_s) \tag{5-92a}$$

式中，h 为对流换热系数，单位为 W/（m²K）或 W/（m²℃）；T_∞ 和 T_s 分别为对换热时物质的温度，如壁面和流体的温度。将傅里叶定律应用于贴壁流体层，与牛顿冷却公式联系，可以得到换热微分方程，即

$$h = -\frac{\lambda}{\Delta T}\frac{\partial t}{\partial x}\bigg|_{x=0} \tag{5-92b}$$

式中，ΔT 为换热温差。

5.2.2 对流传热微分方程

1. 连续性方程

微体积的对流换热如图 5-10 所示，在 x 处 dτ 时间内沿着 x 轴正方向输入的质量为

$$dm_x = \rho v_x dy dz d\tau \tag{5-93}$$

式中，ρ 为密度，在 $x+dx$ 处 dτ 时间内沿着 x 轴正方向输出的质量为

$$dm_{x+dx} = \left[\rho v_x + \frac{\partial(\rho v_x)}{\partial x}dx\right]dy dz d\tau \tag{5-94}$$

dτ 时间内，从微体积 x 处与 $x+dx$ 处输入与输出的质量差为

$$dm_x - dm_{x+dx} = -\frac{\partial(\rho v_x)}{\partial x}dx dy dz d\tau \tag{5-95}$$

采用同样的方法，对于 y 和 z 方向有

$$dm_y - dm_{y+dy} = -\frac{\partial(\rho v_y)}{\partial y}dx dy dz d\tau \tag{5-96}$$

$$dm_z - dm_{z+dz} = -\frac{\partial(\rho v_z)}{\partial z}dx dy dz d\tau \tag{5-97}$$

整个微体积内输入与输出的质量差 dM 为

$$dM = -\frac{\partial(\rho v_x)}{\partial x}dx dy dz d\tau - \frac{\partial(\rho v_y)}{\partial y}dx dy dz d\tau - \frac{\partial(\rho v_z)}{\partial z}dx dy dz d\tau$$

$$= -\left[\frac{\partial(\rho v_x)}{\partial x} + \frac{\partial(\rho v_y)}{\partial y} + \frac{\partial(\rho v_z)}{\partial z}\right]dx dy dz d\tau \tag{5-98}$$

而微体积内的质量变化 dM 还可以表示为

$$dM = \frac{\partial \rho}{\partial t}dx dy dz d\tau \tag{5-99}$$

由质量守恒有

$$\frac{\partial(\rho v_x)}{\partial x}+\frac{\partial(\rho v_y)}{\partial y}+\frac{\partial(\rho v_z)}{\partial z}+\frac{\partial \rho}{\partial t}=0 \qquad (5\text{-}100)$$

式（5-100）为连续性方程。工程上常见的流体一般为不可压缩流量，连续性方程为

$$\frac{\partial v_x}{\partial x}+\frac{\partial v_y}{\partial y}+\frac{\partial v_z}{\partial z}=0 \qquad (5\text{-}101)$$

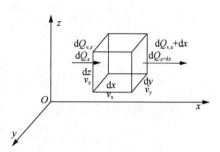

图 5-10　微体积的对流传热

2. 傅里叶-克希荷夫导热微分方程

在图 5-10 中，在 x 处 $\mathrm{d}\tau$ 时间内沿着 x 轴正方向输入的对流传入的热量为

$$\mathrm{d}Q_{v,x}=\rho v_x u \mathrm{d}y\mathrm{d}z\mathrm{d}\tau \qquad (5\text{-}102)$$

式中，u 为每千克流体所包含的内能。而在 $x+\mathrm{d}x$ 处 $\mathrm{d}\tau$ 时间内沿着 x 轴方向对流传出的热量为

$$\mathrm{d}Q_{v,x+\mathrm{d}x}=\mathrm{d}Q_{v,x}+\frac{\partial Q_{v,x}}{\partial x}\mathrm{d}x \qquad (5\text{-}103)$$

所以，$\mathrm{d}\tau$ 时间内沿着 x 轴方向传入与传出微体积的净热量为

$$\mathrm{d}Q_{v,x}-\mathrm{d}Q_{v,x+\mathrm{d}x}=-\rho\frac{\partial(v_x u)}{\partial x}\mathrm{d}x\mathrm{d}y\mathrm{d}z\mathrm{d}\tau=-\rho\left[v_x\frac{\partial u}{\partial x}+u\frac{\partial v_x}{\partial x}\right]\mathrm{d}x\mathrm{d}y\mathrm{d}z\mathrm{d}\tau \qquad (5\text{-}104)$$

对于 y 和 z 方向，采用同样的方法有

$$\mathrm{d}Q_{v,y}-\mathrm{d}Q_{v,y+\mathrm{d}y}=-\rho\left(v_y\frac{\partial u}{\partial y}+u\frac{\partial v_y}{\partial y}\right)\mathrm{d}x\mathrm{d}y\mathrm{d}z\mathrm{d}\tau \qquad (5\text{-}105)$$

$$\mathrm{d}Q_{v,z}-\mathrm{d}Q_{v,z+\mathrm{d}z}=-\rho\left(v_z\frac{\partial u}{\partial z}+u\frac{\partial v_z}{\partial z}\right)\mathrm{d}x\mathrm{d}y\mathrm{d}z\mathrm{d}\tau \qquad (5\text{-}106)$$

所以，$\mathrm{d}\tau$ 时间内对流净传入微元体的总热量为

$$\mathrm{d}Q_v=-\rho\left[v_x\frac{\partial u}{\partial x}+v_y\frac{\partial u}{\partial y}+v_z\frac{\partial u}{\partial z}+u\left(\frac{\partial v_x}{\partial x}+\frac{\partial v_y}{\partial y}+\frac{\partial v_z}{\partial z}\right)\right]\mathrm{d}x\mathrm{d}y\mathrm{d}z\mathrm{d}\tau \qquad (5\text{-}107)$$

由连续性方程，则有

$$\mathrm{d}Q_v=-\rho\left(v_x\frac{\partial u}{\partial x}+v_y\frac{\partial u}{\partial y}+v_z\frac{\partial u}{\partial z}\right)\mathrm{d}x\mathrm{d}y\mathrm{d}z\mathrm{d}\tau \qquad (5\text{-}108)$$

单位体积流体由于黏性力作用产生的摩擦热速率为 Φ，称为耗散热，在 $\mathrm{d}\tau$ 时间内的耗散热可表示为

$$\mathrm{d}Q_h=\Phi\mathrm{d}x\mathrm{d}y\mathrm{d}z\mathrm{d}\tau \qquad (5\text{-}109)$$

在 $\mathrm{d}\tau$ 时间内，微元体焓的增加量为

$$\mathrm{d}Q_n=\rho\frac{\partial h}{\partial \tau}\mathrm{d}x\mathrm{d}y\mathrm{d}z\mathrm{d}\tau \qquad (5\text{-}110)$$

对于整个微体积，有导热净导入微元体的总热量、对流净传入微元体的总热量、内生热源的热量、黏性力摩擦热量之和，用于其自身能量的增加，所以有

$$\rho\frac{\partial h}{\partial \tau}=\frac{\partial}{\partial x}\left(\lambda\frac{\partial t}{\partial x}\right)+\frac{\partial}{\partial y}\left(\lambda\frac{\partial t}{\partial y}\right)+\frac{\partial}{\partial z}\left(\lambda\frac{\partial t}{\partial z}\right)-\rho\left(v_x\frac{\partial u}{\partial x}+v_y\frac{\partial u}{\partial y}+v_z\frac{\partial u}{\partial z}\right)+\Phi+q_v \qquad (5\text{-}111)$$

通常工程上耗散热可以忽略不计，所以有

$$\rho \frac{\partial h}{\partial \tau} + \rho \left(\upsilon_x \frac{\partial u}{\partial x} + \upsilon_y \frac{\partial u}{\partial y} + \upsilon_z \frac{\partial u}{\partial z} \right) = \frac{\partial}{\partial x}\left(\lambda \frac{\partial t}{\partial x} \right) + \frac{\partial}{\partial y}\left(\lambda \frac{\partial t}{\partial y} \right) + \frac{\partial}{\partial z}\left(\lambda \frac{\partial t}{\partial z} \right) + q_v \qquad (5\text{-}112)$$

若无内热源，则有

$$\rho \frac{\partial h}{\partial \tau} + \rho \left(\upsilon_x \frac{\partial u}{\partial x} + \upsilon_y \frac{\partial u}{\partial y} + \upsilon_z \frac{\partial u}{\partial z} \right) = \frac{\partial}{\partial x}\left(\lambda \frac{\partial t}{\partial x} \right) + \frac{\partial}{\partial y}\left(\lambda \frac{\partial t}{\partial y} \right) + \frac{\partial}{\partial z}\left(\lambda \frac{\partial t}{\partial z} \right) \qquad (5\text{-}113)$$

当然，对于不可压缩流体有

$$\rho \left[c_P \frac{\partial t}{\partial \tau} + \upsilon_x \frac{\partial u}{\partial x} + \upsilon_y \frac{\partial u}{\partial y} + \upsilon_z \frac{\partial u}{\partial z} \right] = \frac{\partial}{\partial x}\left(\lambda \frac{\partial t}{\partial x} \right) + \frac{\partial}{\partial y}\left(\lambda \frac{\partial t}{\partial y} \right) + \frac{\partial}{\partial z}\left(\lambda \frac{\partial t}{\partial z} \right) \qquad (5\text{-}114)$$

对于导热系数为常数的流体，有

$$\rho \left(c_P \frac{\partial t}{\partial \tau} + \upsilon_x \frac{\partial u}{\partial x} + \upsilon_y \frac{\partial u}{\partial y} + \upsilon_z \frac{\partial u}{\partial z} \right) = \lambda \left(\frac{\partial^2 t}{\partial x^2} + \frac{\partial^2 t}{\partial y^2} + \frac{\partial^2 t}{\partial z^2} \right) \qquad (5\text{-}115)$$

式（5-115）傅里叶-克希荷夫导热微方程，适用一切传导、对流的稳定和不稳定传热。

5.3　辐 射 传 热

5.3.1　热辐射的本质

辐射是指物体以电磁波向外传递能量的一种现象，而热辐射是由于物体内部微观粒子的热运动作用，将部分内能转换成电磁波的能量发射出去的现象。热辐射过程不需要物体之间的直接接触，反而在真空中可进行有效的传播。

只要物体的温度高于绝对零度，就会发生热辐射。热辐射没有方向性，高温物体可以向低温物体进行热辐射，同时低温物体也可以向高温物体进行热辐射，热辐射是双向的（多个物体之间的热辐射是多向的），只是往往高温物体向低温物体的热辐射多于低温物体向高温物体进行的热辐射。

当热辐射投射到物体表面上时，在物体上就会发生吸收、反射和透射三种现象，如图 5-11 所示，吸收率（物体吸收的辐射能与投射到物体表面辐射能比值）、反射率（物体表面反射出去的辐射能与投射到物体表面辐射能比值）、透射率（穿透物体的辐射能与投射到物体表面辐射能比值）的计算如下：

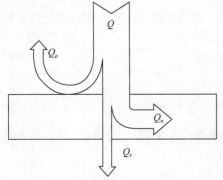

图 5-11　热辐射投射到物体表面

$$\alpha = \frac{Q_\alpha}{Q} \qquad (5\text{-}116)$$

$$\rho = \frac{Q_\rho}{Q} \qquad (5\text{-}117)$$

$$\tau = \frac{Q_\tau}{Q} \qquad (5\text{-}118)$$

式中，α 为吸收率；ρ 为反射率；τ 为透射率。很显然，吸收率 α、反射率 ρ、透射率 τ 之间有如下关系：

$$\alpha + \rho + \tau = 1 \qquad (5\text{-}119)$$

大多数的固态物质，仅有反射率和吸收率，不发生透射现象，而多数的气体仅有吸收率和透射率，没有反射率。为方便研究辐射特性，通常提出典型的理想辐射模型。黑体就是一种只有吸收率的物体，白体就是一种只有反射率的物体，透体就是一种只有透射率的物体。显然，在自然界和工程应用中，完全符合理想要求的黑体、白体和透体是不存在的，但近似的物质却是存在的，如常温下空气对热辐射呈现透体的性质。

5.3.2　热辐射基本定律

1．斯特藩-玻尔兹曼定律

单位时间内，物体的单位表面积向半球空间发射的所有波长的能量总和称为辐射力，单位为 W/m^2。对于黑体的辐射力 E_b，随其表面温度的变化规律满足斯特藩-玻尔兹曼定律：

$$E_b = \sigma T^4 \tag{5-120}$$

式中，σ 为 $5.67×10^{-8}$ W/(m^2K^4)，被称为斯特藩-玻尔兹曼常数，T 为物体表面的绝对温度。黑体的辐射力随温度的变化是快速的，因为与绝对温度的四次方成正比。

2．普朗克定律

普朗克在量子理论的基础上，得到了黑体光谱辐射力 $E_{b\lambda}$ 随波长 λ 和温度 T 变化的函数关系（普朗克定律），为

$$E_{b\lambda} = \frac{c_1 \lambda^{-5}}{e^{c_2/(\lambda T)} - 1} \tag{5-121}$$

式中，c_1 为第一辐射常数，其值为 $3.742×10^{-16}$ Wm^2；c_2 为第二辐射常数，其值为 $1.4388×10^{-2}$ WK。普朗克定律与斯特藩-玻尔兹曼定律的关系如下：

$$E_b = \int_0^\infty E_{b\lambda} d\lambda = \int_0^\infty \frac{c_1 \lambda^{-5}}{e^{c_2/(\lambda T)} - 1} d\lambda = \sigma T^4 \tag{5-122}$$

两个波长 λ_1 和 λ_2 之间的辐射能力，可表示为

$$E_\lambda = \int_{\lambda_1}^{\lambda_2} \frac{c_1 \lambda^{-5}}{e^{c_2/(\lambda T)} - 1} d\lambda \tag{5-123}$$

3．维恩位移定律

对普朗克定律进行求导：

$$E'_{b\lambda} = \frac{-5c_1 \lambda^{-6}[e^{c_2/(\lambda T)} - 1] + c_1 \lambda^{-5} e^{c_2/(\lambda T)}[c_2/(\lambda^2 T)]}{[e^{c_2/(\lambda T)} - 1]^2} \tag{5-124}$$

求该导数极值，则有

$$-5c_1[e^{c_2/(\lambda T)} - 1] + c_1 e^{c_2/(\lambda T)} \frac{c_2}{\lambda T} = 0 \tag{5-125}$$

将 λT 作为一个整体，并代入参数值，则有

$$\lambda T = 2.898×10^{-3} \tag{5-126}$$

式（5-126）为维恩位移定律，它确定了最大辐射力与波长和温度之间的关系，随着辐射温度的升高，最大辐射力的波长逐渐减小。

4．兰贝特定律

（1）立体角

球面面积除以球半径的平方称为立体角，单位为球面度（sr）。由图 5-5 可知，立体角可采用式（5-127）计算：

$$d\Omega = \frac{dA}{r^2} = \frac{rd\theta \cdot r\sin\theta d\varphi}{r^2} = \sin\theta d\theta d\varphi \tag{5-127}$$

（2）可见面积与定向辐射强度

可见面积如图 5-12 所示，辐射微元向整个半球空间进行辐射，图 5-12 中与辐射面法线夹角为 θ 的方向对辐射微元 dA 的表面可见面积 dA_k 为

$$dA_k = \cos\theta dA \tag{5-128}$$

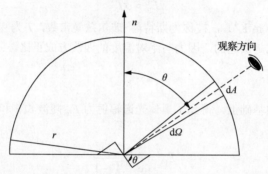

图 5-12　可见面积与定向辐射强度

在单位时间内、单位可见辐射面积上、单位立体角内发射的一切波长的能量称为定向辐射强度，在图 5-12 中可以看出定向辐射强度为

$$I(\theta) = \frac{d\Phi(\theta)}{\cos\theta dAd\Omega} \tag{5-129}$$

定向辐射强度与方向是无关的。当然，黑体辐射强度法向方向最大，切线方向的值为零。所以，黑体定向辐射强度与辐射力之间的关系为

$$E_b = \int \frac{d\Phi(\theta)}{dA} = \int I_b \cos\theta d\Omega = I_b \int_0^{2\pi} \int_0^{\frac{\pi}{2}} \cos\theta \sin\theta d\theta d\varphi$$

$$= I_b \int_0^{2\pi} d\varphi \int_0^{\frac{\pi}{2}} \cos\theta \sin\theta d\theta = I_b \int_0^{2\pi} d\varphi \int_0^{\frac{\pi}{2}} \sin\theta d\sin\theta = \pi I_b \tag{5-130}$$

可以看出，黑体半球空间辐射力在数值上是定向辐射强度的 π 倍，这给各向同性辐射的研究带来了方便。例如，太阳能系统处理天空散射辐射时，经常假设各向同性天空模型各个方向具有相同的定向辐射强度。

5．基尔霍夫定律

（1）发射率

实际物体的辐射力 E 与同温度下黑体辐射力 E_b 的比值称为发射率，也经常被称为黑度。用符号 ε 表示，计算式为

$$\varepsilon = \frac{E}{E_b} \tag{5-131}$$

发射率描述了实际物体辐射力接近黑体辐射力的程度。因此实际物体的辐射力就可以用式（5-132）进行计算：

$$E = \varepsilon\sigma T^4 \tag{5-132}$$

实际物体的吸收率与黑体往往有较大区别，为了研究方便，假设一种物体的吸收率与投射的波长无关，不随投射的波长而变化，这样的物体称为灰体。

（2）基尔霍夫定律推导

如图 5-13 所示，假设平板 1 是黑体，平板 2 是实际物体，平板 2 的吸收率为 α，平板 1 与平板 2 距离很近平行放置。平板 2 支出与收入的辐射差额为两板间辐射换热的热流密度 q，则有

$$q = E - \alpha E_{b1} \tag{5-133}$$

当两表面温度相同时，即 T_1 与 T_2 相等，两表面间辐射换热量为零，式（5-133）转换为

$$E_{b1} = E_{b2} = \frac{E}{\alpha} \tag{5-134}$$

由于表面 1 为任意物体，因此将得到的上述关系推广到任何物体，于是有

$$E_b = \frac{E}{\alpha} = f(t) \tag{5-135}$$

式（5-135）为基尔霍夫定律。即在热平衡条件下，任何物体的辐射力与其吸收率之间的比值都相同，且恒等于同温度下绝对黑体的辐射力，并且只与温度有关，而与物体的性质无关。

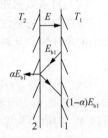

图 5-13　基尔霍夫定律

由基尔霍夫定律可以得出物体的辐射力越大，吸收率也越大；反之，物体吸收小，那么它的辐射力也就小，因此善于辐射的物体，也善于吸收。实际物体的吸收率小于 1，所以实际物体的辐射力小于同温度下绝对黑体的辐射。

由于灰体的吸收率与投射辐射的波长分布无关，任何条件下都为常数，即只取决于本身情况，而与外界条件无关。式（5-135）改写为

$$\alpha = \frac{E}{E_b} = \varepsilon \tag{5-136}$$

可以发现，在热平衡条件下吸收率刚好等于发射率，所以灰体的吸收率与发射率是相等的。

5.3.3　辐射传热计算

1. 角系数

为了研究空间辐射的传热数量，假设物体表面为漫射表面，且离开表面的辐射热流密度是均匀的，这样把表面 1 发出的辐射能中落到表面 2 上的百分数称为表面 1 对表面 2 的角系数，记为 $X_{1,2}$，如图 5-14 所示，相反，表面 2 发出的辐射能中落到表面 1 上的角系数为 $X_{2,1}$。

在图 5-14 中，根据定义两微元面之间角系数为

$$X_{d1,d2} = \frac{I_{b1}\cos\theta_1 dA_1 d\Omega}{E_{b1}dA_1} = \frac{I_{b1}\cos\theta_1}{E_{b1}}\frac{\cos\theta_2 dA_2}{r^2} = \frac{\cos\theta_1\cos\theta_2 dA_2}{\pi r^2} \tag{5-137}$$

同样还有

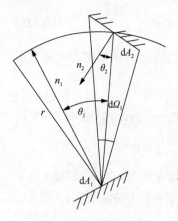

$$X_{d2,d1} = \frac{\cos\theta_1\cos\theta_2 dA_1}{\pi r^2} \qquad (5\text{-}138)$$

（1）角系数的相对性

联立式（5-137）和式（5-138）有

$$dA_1 X_{d1,d2} = dA_2 X_{d2,d1} \qquad (5\text{-}139)$$

显然，对于面积 A_1 和 A_2，则有

$$A_1 X_{1,2} = A_2 X_{2,1} \qquad (5\text{-}140)$$

式（5-140）为角系数的相对性，其在太阳能系统中计算散射辐射时就已经用到。因此，当两个黑体表面间进行辐射换热时，表面 1 辐射到表面 2 的辐射能与表面 2 辐射到表面 1 的辐射能之差就是两个黑体表面间的净辐射换热量 $\Phi_{1,2}$：

图 5-14　角系数的定义

$$\Phi_{1,2} = A_1 E_{b1} X_{1,2} - A_2 E_{b2} X_{2,1} \qquad (5\text{-}141)$$

（2）角系数的完整性

角系数的完整性如图 5-15 所示，对于由 n 个面构成的封闭空间，由于能量守恒，从表面 1 发出的辐射被所有表面全部接收，因此有

$$X_{1,1} + X_{1,2} + X_{1,3} + \cdots + X_{1,n} = 1 \qquad (5\text{-}142)$$

式（5-142）为角系数的完整性。若表面 1 为非凹表面时，$X_{1,1}$ 的值为 0；若表面 1 为凹表面，从表面 1 发出的辐射将有部分到达表面 1 上，所以 $X_{1,1}$ 的值不为零。

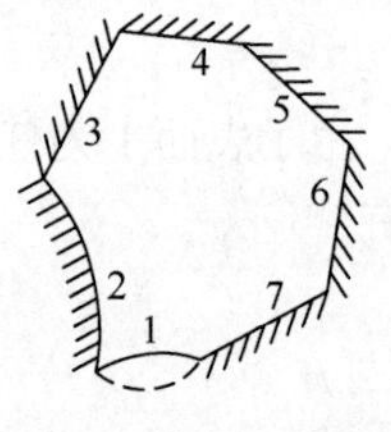

表面 1 为非凹表面时，有

图 5-15　角系数的完整性

$$\sum_{i=2}^{n} X_{1,i} = 1 \qquad (5\text{-}143)$$

（3）角系数的可加性

在图 5-15 中，若将表面 2 分为若干个子表面，角系数的可加性就是指从表面 1 上发出而落到表面 2 上的总能量，也等于落到表面 2 上全部子表面辐射能之和：

$$X_{1,2} = X_{1,21} + X_{1,22} + \cdots + X_{1,2n} \qquad (5\text{-}144)$$

在角系数的可加性中，各个子表面的面积之和为表面 2，且彼此之间不能重叠。

（4）角系数的计算

由角系数的定义，并进行积分有

$$X_{1,2} = \int_{A_1} \int_{A_2} \frac{\cos\theta_1 \cos\theta_2}{\pi r^2} dA_1 dA_2 \qquad (5\text{-}145)$$

但式（5-145）是一个四重积分式，可以通过积分或查表获得计算结果。在实际的工程问题中，往往通过代数分析法来计算角系数，这是一种利用角系数的性质，通过求解代数方程组而获得角系数的方法。

1）三个非凹表面封闭系统。

对于一个由三个非凹表面组成的封闭系统（图 5-16），由角系数的相对性有

$$\begin{cases} A_1 X_{1,2} = A_2 X_{2,1} \\ A_1 X_{1,3} = A_3 X_{3,1} \\ A_2 X_{2,3} = A_3 X_{3,2} \end{cases} \qquad (5\text{-}146)$$

由角系数的完整性有

$$\begin{cases} X_{1,2}+X_{1,3}=1 \\ X_{2,1}+X_{2,3}=1 \\ X_{3,1}+X_{3,2}=1 \end{cases} \tag{5-147}$$

这两个方程组的解为

$$\begin{cases} X_{1,2} = \dfrac{A_1 + A_2 - A_3}{2A_1} \\[2mm] X_{1,3} = \dfrac{A_1 + A_3 - A_2}{2A_1} \\[2mm] X_{2,1} = \dfrac{A_2 + A_1 - A_3}{2A_2} \\[2mm] X_{2,3} = \dfrac{A_2 + A_3 - A_1}{2A_2} \\[2mm] X_{3,1} = \dfrac{A_3 + A_1 - A_2}{2A_3} \\[2mm] X_{3,2} = \dfrac{A_3 + A_2 - A_1}{2A_3} \end{cases} \tag{5-148a}$$

当面积 A_1、A_2、A_3 的宽度足够长时，有

$$\begin{cases} X_{1,2} = \dfrac{l_1 + l_2 - l_3}{2l_1} \\[2mm] X_{1,3} = \dfrac{l_1 + l_3 - l_2}{2l_3} \\[2mm] X_{2,1} = \dfrac{l_2 + l_1 - l_3}{2l_2} \\[2mm] X_{2,3} = \dfrac{l_2 + l_3 - l_1}{2l_2} \\[2mm] X_{3,1} = \dfrac{l_3 + l_1 - l_2}{2l_3} \\[2mm] X_{3,2} = \dfrac{l_3 + l_2 - l_1}{2l_3} \end{cases} \tag{5-148b}$$

式中，l_1、l_2、l_3 为面 A_1、A_2、A_3 的宽度，也就是图 5-16 中曲线的长度。

例 5-1 若图 5-16 中非凹表面组成的封闭系统的截面为一等边三角形，且垂直方向无限长，求等边三角形各边长之间的角系数。

解 假设等边三角形的边长为 l，非凹表面组成的封闭系统的计算公式有

$$X_{1,2} = X_{1,3} = X_{2,1} = X_{2,3} = X_{3,1} = X_{3,2} = \frac{l+l-l}{2l} = \frac{1}{2}$$

这一结果也是满足对称性原理的，由于三个边长都一样，因此每个边发出的辐射能被另外两条边平分，各为一半。

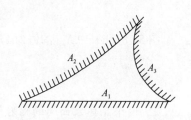

图 5-16　非凹表面组成的封闭系统

2）两个非凹表面之间。

两个非凹表面之间角系数的交叉法线如图 5-17 所示，两个表面分别为 ab 和 cd，并假定在垂直于纸面的方向的长度也是无限延伸的。

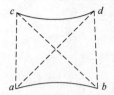

图 5-17　角系数的交叉线法

作辅助线 ac、bd、ad、bc，依据角系数的完整性，则有

$$\begin{cases} X_{ab,cd} = 1 - X_{ab,ac} - X_{ab,bd} \\ X_{ab,ac} = \dfrac{ab + ac - bc}{2ab} \\ X_{ab,bd} = \dfrac{ab + bd - ad}{2ab} \end{cases} \tag{5-149}$$

所以有

$$X_{ab,cd} = \frac{(bc + ad) - (ac + bd)}{2ab} \tag{5-150}$$

式（5-150）也被称为交叉线法，即本表面对另一表面的角系数的值为交叉线之和减去不交叉线之和除以两倍的本表面的断面长度。

例 5-2　试求下列图形中的角系数。图 5-18（a）为垂直方向无限长圆弧与直角板之间的角系数，图 5-18（b）为半球壳内表面与圆面之间的角系数。

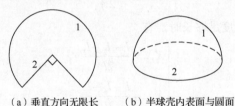

（a）垂直方向无限长　　（b）半球壳内表面与圆面

图 5-18　例 5-2 图

解　很显然，图 5-18（a）中 $X_{2,1}$ 的值为 1，由角系数的对称性可知

$$A_1 X_{1,2} = A_2 X_{2,1} = A_2$$

所以有

$$X_{1,2} = \frac{A_2}{A_1} = \frac{2R}{\dfrac{3}{4} \times 2\pi R} = \frac{4}{3\pi}$$

从这里也可以看出来，之所以 $X_{1,2}$ 不是 1，是因为图 5-18（a）中表面 1 是凹面，表面 1 发出的辐射有部分仍然落在表面 1 上，其比例 w 为

$$w = 1 - \frac{4}{3\pi} = \frac{3\pi - 4}{3\pi}$$

图 5-18（b）中 $X_{2,1}$ 的值为 1，同样由角系数的对称性有

$$X_{1,2} = \frac{A_2}{A_1} = \frac{\pi R^2}{2\pi R^2} = \frac{1}{2}$$

2．两个黑体表面间的辐射传热计算

将两个黑体表面间辐射换热 $\Phi_{1,2}$ 计算公式进行改写，则有

$$\Phi_{1,2} = A_1 E_{b1} X_{1,2} - A_2 E_{b2} X_{2,1}$$

$$= A_1 X_{1,2}(E_{b1} - E_{b2}) = \frac{E_{b1} - E_{b2}}{\dfrac{1}{A_1 X_{1,2}}} \tag{5-151}$$

$$= A_2 X_{2,1}(E_{b1} - E_{b2}) = \frac{E_{b1} - E_{b2}}{\dfrac{1}{A_2 X_{2,1}}}$$

由传热欧姆定律可知，式（5-151）中 $A_1 X_{1,2}$ 或 $A_2 X_{2,1}$ 的倒数值可以理解为辐射传热的空间辐射热阻，黑体的辐射力之差就是辐射差，同样可以用热阻表示，如图 5-19 所示。

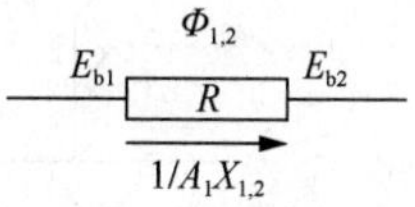

图 5-19　空间辐射热阻

3．两个灰体表面间辐射换热

（1）有效辐射

单位时间内离开热辐射表面的单位表面积上的总辐射能称为有效辐射 J，单位为 W/m²，如图 5-20 所示，对任一表面 1，从表面 1 外部来观察可以得到

$$q_1 = J_1 - G_1 \tag{5-152}$$

式中，q_1 为能流收支差额；G_1 为外界投射到表面 1 的辐射能。从表面 1 内部来观察可以得到

$$q_1 = \varepsilon_1 E_{b1} - \alpha_1 G_1 \tag{5-153}$$

消除中间项 G_1，因此有

$$J_1 = E_{b1} - \left(\frac{1}{\varepsilon_1} - 1\right)q_1$$

$$q_1 = \frac{E_{b1} - J_1}{\dfrac{1}{\varepsilon_1} - 1} \tag{5-154}$$

若表面 1 的面积为 A_1，则有

$$\Phi_1 = A_1 \frac{E_{b1} - J_1}{\dfrac{1}{\varepsilon_1} - 1} = \frac{E_{b1} - J_1}{\dfrac{1 - \varepsilon_1}{A_1 \varepsilon_1}} \tag{5-155}$$

（2）灰表面之间辐射传热

对于灰体的两表面辐射换热有

$$\Phi_{1,2} = A_1 J_1 X_{1,2} - A_2 J_2 X_{2,1} \tag{5-156}$$

因为

$$\begin{cases} J_1 A_1 = A_1 E_{b1} - \left(\dfrac{1}{\varepsilon_1} - 1\right)\Phi_{1,2} \\ J_2 A_2 = A_2 E_{b2} - \left(\dfrac{1}{\varepsilon_2} - 1\right)\Phi_{2,1} \\ \Phi_{1,2} = -\Phi_{2,1} \end{cases} \tag{5-157}$$

将式（5-157）代入式（5-156），所以有

$$\Phi_{1,2} = \frac{E_{b1} - E_{b2}}{\dfrac{1-\varepsilon_1}{A_1\varepsilon_1} + \dfrac{1}{A_1 X_{1,2}} + \dfrac{1-\varepsilon_2}{A_2\varepsilon_2}} \tag{5-158}$$

式（5-158）为灰表面之间辐射传热。

两个封闭表面间的辐射换热网络如图 5-21 所示，类比传热欧姆定律，图 5-21 中的 R_1 和 R_3 可以看成辐射面表面的热阻，发射率为 1 时，就不存在表面热阻，或者当辐射面的面积无限大时，辐射面的表面热阻也消失。

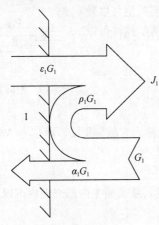

图 5-20 有效辐射

图 5-21 两个封闭表面间的辐射换热网络

若以 A_1 为计算参照，则有

$$\Phi_{1,2} = \frac{A_1 X_{1,2}(E_{b1} - E_{b2})}{X_{1,2}\dfrac{1-\varepsilon_1}{\varepsilon_1} + 1 + X_{2,1}\dfrac{1-\varepsilon_2}{\varepsilon_2}} = \xi A_1 X_{1,2}(E_{b1} - E_{b2}) \tag{5-159}$$

式中，ξ 为系统发射率（或系统黑度），其值为

$$\xi = \frac{1}{X_{1,2}\dfrac{1-\varepsilon_1}{\varepsilon_1} + 1 + X_{2,1}\dfrac{1-\varepsilon_2}{\varepsilon_2}} \tag{5-160}$$

（3）表面 1 为凸面或平面

表面 1 为凸面或平面（如典型的同心圆锥体），如图 5-22（a）所示，此时角系数 $X_{1,2}$ 的值为 1，所以有

$$\Phi_{1,2} = \frac{E_{b1} - E_{b2}}{\dfrac{1-\varepsilon_1}{A_1\varepsilon_1} + \dfrac{1}{A_1 X_{1,2}} + \dfrac{1-\varepsilon_2}{A_2\varepsilon_2}} = \frac{A_1 X_{1,2}(E_{b1} - E_{b2})}{\dfrac{1}{\varepsilon_1} + X_{2,1}\dfrac{1-\varepsilon_2}{\varepsilon_2}} = \frac{A_1(E_{b1} - E_{b2})}{\dfrac{1}{\varepsilon_1} + \dfrac{A_1}{A_2}\left(\dfrac{1}{\varepsilon_2} - 1\right)} \tag{5-161}$$

 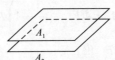

（a）表面1为凸面或平面　　　（b）平行大平壁　　　（c）表面积 A_1 比表面积 A_2 小得多

图 5-22 两个封闭表面间辐射的特殊情况

（4）平行大平壁

表面积 A_1 与表面积 A_2 相当时，并且 $X_{1,2}$ 的值为 1，如图 5-22（b）所示，所以有

$$\Phi_{1,2} = \frac{E_{b1} - E_{b2}}{\dfrac{1-\varepsilon_1}{A_1\varepsilon_1} + \dfrac{1}{A_1 X_{1,2}} + \dfrac{1-\varepsilon_2}{A_2\varepsilon_2}} = \frac{A_1(E_{b1} - E_{b2})}{\dfrac{1}{\varepsilon_1} + \dfrac{1}{\varepsilon_2} - 1} \qquad (5\text{-}162)$$

（5）表面积 A_1（非凹小物体）比表面积 A_2 小得多

表面积 A_1（非凹小物体）比表面积 A_2 小得多，并且 $X_{1,2}$ 的值为 1，表面积 A_1 与表面积 A_2 的比值趋于无穷小，如图 5-22（c）所示，所以有

$$\Phi_{1,2} = \frac{E_{b1} - E_{b2}}{\dfrac{1-\varepsilon_1}{A_1\varepsilon_1} + \dfrac{1}{A_1 X_{1,2}} + \dfrac{1-\varepsilon_2}{A_2\varepsilon_2}} = \frac{A_1(E_{b1} - E_{b2})}{\dfrac{1-\varepsilon_1}{\varepsilon_1} + 1} = \varepsilon_1 A_1(E_{b1} - E_{b2}) \qquad (5\text{-}163)$$

（6）两个表面都为黑体

$$\Phi_{1,2} = \frac{E_{b1} - E_{b2}}{\dfrac{1-\varepsilon_1}{A_1\varepsilon_1} + \dfrac{1}{A_1 X_{1,2}} + \dfrac{1-\varepsilon_2}{A_2\varepsilon_2}} = A_1 X_{1,2}(E_{b1} - E_{b2}) \qquad (5\text{-}164)$$

4. 多表面封闭系统的辐射网络

多表面封闭系统的辐射网络的基本思路是通过等效网络图来获得有效辐射。三个封闭表面间的辐射换热如图 5-23 所示，三个表面的面积分别为 A_1、A_2、A_3，三个表面的温度分别为 T_1、T_2、T_3，三个表面的发射率分别为 ε_1、ε_2、ε_3。

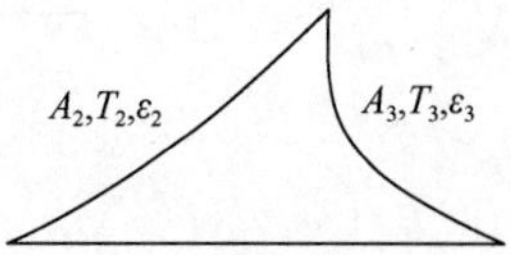

图 5-23 所示的三表面的辐射换热对应的等效空间辐射换热热阻网络如图 5-24 所示，基于电学中的基尔霍夫定律，列出类比的空间辐射换热的传热基尔霍夫定律，并将 J_1、J_2、J_3 作为节点列出热流方程：

图 5-23 三个封闭表面间的辐射换热

$$\begin{cases} \dfrac{E_{b1} - J_1}{\dfrac{1-\varepsilon_1}{A_1\varepsilon_1}} + \dfrac{J_2 - J_1}{\dfrac{1}{A_1 X_{1,2}}} + \dfrac{J_3 - J_1}{\dfrac{1}{A_1 X_{1,3}}} = 0 \\[4mm] \dfrac{E_{b2} - J_2}{\dfrac{1-\varepsilon_2}{A_2\varepsilon_2}} + \dfrac{J_1 - J_2}{\dfrac{1}{A_2 X_{2,1}}} + \dfrac{J_3 - J_2}{\dfrac{1}{A_2 X_{2,3}}} = 0 \\[4mm] \dfrac{E_{b3} - J_3}{\dfrac{1-\varepsilon_3}{A_1\varepsilon_3}} + \dfrac{J_1 - J_3}{\dfrac{1}{A_3 X_{3,1}}} + \dfrac{J_2 - J_3}{\dfrac{1}{A_2 X_{2,3}}} = 0 \end{cases} \qquad (5\text{-}165)$$

式（5-165）有三个方程，解出 J_1、J_2、J_3 就可进行计算各表面之间的换热及各表面的净辐射量。表面净辐射传热量为

$$\Phi_i = A_1 \frac{E_{bi} - J_i}{\dfrac{1}{\varepsilon_i} - 1} \qquad (5\text{-}166)$$

任意两个表面之间的换热为

$$\Phi_{i,j} = \frac{J_i - J_j}{\dfrac{1}{A_i X_{i,j}}} \qquad (5\text{-}167)$$

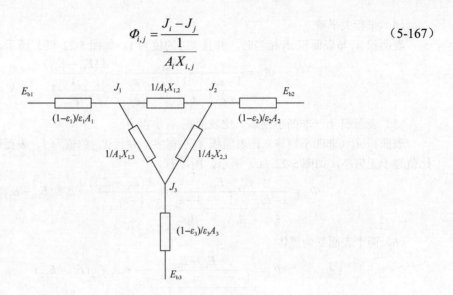

图 5-24　三个表面辐射换热热阻网络（1）

当表面 3 为黑体或面积无限大时，从而没有了表面辐射热阻，三个表面辐射换热热阻网络如图 5-25 所示，此时 J_1 就与 E_{b3} 相等。

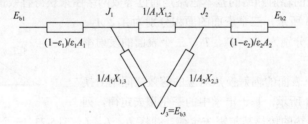

图 5-25　三个表面辐射换热热阻网络（2）

此时，将 J_1、J_2、J_3 作为节点列出热流方程：

$$
\begin{cases}
\dfrac{E_{b1} - J_1}{\dfrac{1-\varepsilon_1}{A_1 \varepsilon_1}} + \dfrac{J_2 - J_1}{\dfrac{1}{A_1 X_{1,2}}} + \dfrac{J_3 - J_1}{\dfrac{1}{A_1 X_{1,3}}} = 0 \\[4mm]
\dfrac{E_{b2} - J_2}{\dfrac{1-\varepsilon_2}{A_2 \varepsilon_2}} + \dfrac{J_1 - J_2}{\dfrac{1}{A_2 X_{2,1}}} + \dfrac{J_3 - J_2}{\dfrac{1}{A_2 X_{2,3}}} = 0 \\[4mm]
E_{b3} - J_3 = 0
\end{cases}
\qquad (5\text{-}168)
$$

若表面 3 为重辐射面（绝热表面），表面 3 的净换热量为零。这时，三个表面辐射换热热阻网络如图 5-26 所示。图 5-26 中的 R_3 的值为

$$\frac{1}{R_3} = A_1 X_{1,2} + \frac{1}{\dfrac{1}{A_1 X_{1,3}} + \dfrac{1}{A_2 X_{2,3}}} \qquad (5\text{-}169)$$

总的热阻 R 的值为

$$R = R_1 + R_2 + R_3 \quad （5-170）$$

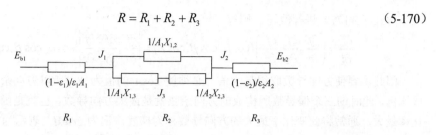

图 5-26　重辐射面三个表面辐射换热热阻网络

所以表面 1 与表面 2 之间的换热量为

$$\Phi_{1,2} = \frac{E_{b1} - E_{b2}}{R} \quad （5-171）$$

5.4　本 章 拓 展

5.4.1　方向向量与梯度

三元函数 $u=f(x,y,z)$，定义它在空间一点 $p(x,y,z)$，沿着方向（设方向的方向角为 α，β，γ）的方向导数（图 5-27）为

$$\frac{\partial f}{\partial l} = \lim_{\rho \to 0} \frac{f(x+\Delta x, y+\Delta y, z+\Delta z) - f(x,y,z)}{\rho} \quad （5-172）$$

式中，ρ 为

$$\rho = \sqrt{\Delta x^2 + \Delta y^2 + \Delta y^2} \quad （5-173）$$

所以有

$$\begin{cases} \cos\alpha = \dfrac{\Delta x}{\sqrt{\Delta x^2 + \Delta y^2 + \Delta y^2}} \\ \cos\beta = \dfrac{\Delta y}{\sqrt{\Delta x^2 + \Delta y^2 + \Delta y^2}} \\ \cos\gamma = \dfrac{\Delta z}{\sqrt{\Delta x^2 + \Delta y^2 + \Delta y^2}} \end{cases} \quad （5-174）$$

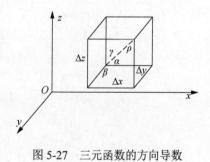

图 5-27　三元函数的方向导数

式中，α，β，γ 之间的关系为

$$\cos^2\alpha + \cos^2\beta + \cos^2\gamma = 1 \quad （5-175）$$

函数在所考虑的点处可求导，则有

$$\lim_{\rho \to 0} \frac{f(x+\Delta x, y+\Delta y, z+\Delta z) - f(x,y,z)}{\rho} = \frac{1}{d\rho}\left(\frac{\partial f}{\partial x}dx + \frac{\partial f}{\partial y}dy + \frac{\partial f}{\partial z}dz\right) \quad （5-176）$$

也就是有

$$\frac{\partial f}{\partial l} = \frac{\partial f}{\partial x}\cos\alpha + \frac{\partial f}{\partial y}\cos\beta + \frac{\partial f}{\partial z}\cos\lambda \quad （5-177）$$

式（5-177）为建立的方向导数与偏导数和方向余弦之间的关系。

对式（5-177）进行改写，则有

$$\frac{\partial f}{\partial l} = \left(\frac{\partial f}{\partial x}, \frac{\partial f}{\partial y}, \frac{\partial f}{\partial z}\right)(\cos\alpha, \cos\beta, \cos\lambda) = \left|\frac{\partial f}{\partial x}, \frac{\partial f}{\partial y}, \frac{\partial f}{\partial z}\right||\cos\alpha, \cos\beta, \cos\lambda|\cos A \quad （5-178）$$

因此，要使方向导数取得最大值，必须使 $\cos A$ 的值为 1，所以方向余弦必须与三个偏导数成比例，此时的三个偏导数所构成的方向余弦就是最大方向导数，也就是函数值沿着此方向的变化率最大，通常将此变化率最大的方向导数称为梯度，记为 **grad**f，表示为

$$\mathbf{grad}f = \frac{\partial f}{\partial x}\mathbf{i} + \frac{\partial f}{\partial y}\mathbf{j} + \frac{\partial f}{\partial z}\mathbf{k} \quad （5-179）$$

5.4.2　柱坐标系的梯度

柱坐标系条件下的梯度如图 5-28 所示，柱面坐标系也是一个正交坐标系，其实就是直角坐标系在空间旋转了一个角度，借鉴直角坐标系中梯度公式的推导过程，进行柱面坐标系下梯度的推导，对于 r 方向有

$$\frac{\partial f}{\partial e_r} = \lim_{\Delta r \to 0}\frac{f(r+\Delta r, \theta, z) - f(r, \theta, z)}{r + \Delta r - r} = \frac{\partial f}{\partial r} \quad （5-180）$$

对于 θ 方向有

$$\frac{\partial f}{\partial e_\theta} = \lim_{\Delta\theta \to 0}\frac{f(r, \theta+\Delta\theta, z) - f(r, \theta, z)}{r(\theta + \Delta\theta) - r\theta} = \frac{\partial f}{r\partial\theta} \quad （5-181）$$

式中，θ 方向的长度向量为 $r\theta$。对于 z 方向有

$$\frac{\partial f}{\partial e_z} = \lim_{\Delta z \to 0}\frac{f(r, \theta, z+\Delta z) - f(r, \theta, z)}{z + \Delta z - z} = \frac{\partial f}{\partial z} \quad （5-182）$$

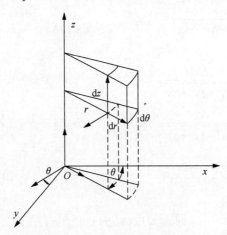

图 5-28　柱坐标系条件下的梯度

因此在柱坐标系中，梯度的计算公式为

$$\mathbf{grad}f = \frac{\partial f}{\partial r}\mathbf{e}_r + \frac{1}{r}\frac{\partial f}{\partial\theta}\mathbf{e}_\theta + \frac{\partial f}{\partial z}\mathbf{e}_z \quad （5-183）$$

式中，三个单位向量分别表示柱坐标系中互为正交的三个方向。

5.4.3 球坐标系的梯度

球坐标系条件下的梯度如图 5-29 所示，当然，球坐标系也是一个正交坐标系，需要球坐标系转动两次得到直角坐标系。首先，r 方向向着 z 轴旋转角度 θ，然后绕着 x 轴旋转角度 φ 就可以得到直角坐标系。

同样，借鉴直角坐标系和柱坐标系中梯度公式的推导过程进行在球坐标系下的梯度的推导，对于 r 方向有

$$\frac{\partial f}{\partial e_r} = \lim_{\Delta r \to 0} \frac{f(r+\Delta r,\theta,z) - f(r,\theta,z)}{r + \Delta r - r} = \frac{\partial f}{\partial r} \quad (5\text{-}184)$$

这与柱坐标系的结果是一样的。对于 θ 方向有

$$\frac{\partial f}{\partial e_\theta} = \lim_{\Delta\theta \to 0} \frac{f(r,\theta+\Delta\theta,z) - f(r,\theta,z)}{r(\theta+\Delta\theta) - r\theta} = \frac{\partial f}{r\partial\theta} \quad (5\text{-}185)$$

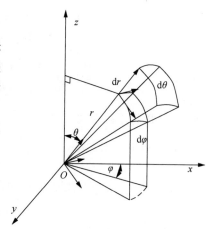

图 5-29 球坐标系条件下的梯度

式中，θ 方向的长度向量为 $r\theta$。由于 φ 方向的长度向量 l_φ 为

$$l_\varphi = \varphi r \sin\theta \quad (5\text{-}186)$$

所以，对于 φ 方向有

$$\frac{\partial f}{\partial e_\varphi} = \lim_{\Delta\varphi \to 0} \frac{f(r,\theta,\varphi+\Delta\varphi) - f(r,\theta,\varphi)}{r\sin\theta(\varphi+\Delta\varphi) - \varphi r \sin\theta} = \frac{\partial f}{r\sin\theta\,\partial\varphi} \quad (5\text{-}187)$$

因此在球坐标系中，梯度的计算公式为

$$\mathbf{grad}f = \frac{\partial f}{\partial r}\boldsymbol{e}_r + \frac{1}{r}\frac{\partial f}{\partial\theta}\boldsymbol{e}_\theta + \frac{\partial f}{r\sin\theta\partial\varphi}\boldsymbol{e}_\varphi \quad (5\text{-}188)$$

式中，三个单位向量分别表示球坐标系中互为正交的三个方向。

5.4.4 斯特藩-玻尔兹曼定律与普朗克定律

1. 积分变换

对普朗克定律公式进行积分有

$$E_b = \int_0^\infty E_{b\lambda}\mathrm{d}\lambda = \int_0^\infty \frac{c_1}{\lambda^5(\mathrm{e}^{c_2/\lambda T}-1)}\mathrm{d}\lambda \quad (5\text{-}189)$$

令

$$\lambda = \frac{c_2}{Tx} \quad (5\text{-}190)$$

所以有

$$\mathrm{d}\lambda = -\frac{c_2}{Tx^2}\mathrm{d}x \quad (5\text{-}191)$$

因此，E_b 可改写为

$$E_b = -\int_\infty^0 \frac{c_1}{\left(\dfrac{c_2}{Tx}\right)^5(\mathrm{e}^{c_2Tx/(Tc_2)}-1)}\frac{c_2}{Tx^2}\mathrm{d}x = \int_0^\infty \frac{c_1}{\left(\dfrac{c_1}{Tx}\right)^5(\mathrm{e}^{c_2Tx/(Tc_2)}-1)}\frac{c_2}{Tx^2}\mathrm{d}x$$

$$= \int_0^\infty \frac{c_1}{\left(\dfrac{c_2}{Tx}\right)^5 (e^x - 1)} \frac{c_2}{Tx^2} dx = \int_0^\infty \frac{c_1}{(e^x - 1)} \frac{c_2}{Tx^2} \left(\frac{Tx}{c_2}\right)^5 dx$$

$$= \int_0^\infty \frac{c_1 x^3}{(e^x - 1)} \frac{c_2}{T} \left(\frac{T}{c_2}\right)^5 dx \frac{c_1 c_2}{T} \frac{T^5}{c_2^5} \int_0^\infty \frac{x^3}{e^x - 1} dx = \frac{c_1 T^4}{c_2^4} \int_0^\infty \frac{x^3}{e^x - 1} dx \qquad (5\text{-}192)$$

2. 指数等比数列

对于以下等比数列：

$$e^{-x}, e^{-2x}, \cdots, e^{-nx}, \qquad x \geqslant 0 \qquad (5\text{-}193)$$

该数列的公比为 e^{-x}，所以前 n 项和为

$$S_n = \frac{e^{-x}(1 - e^{-nx})}{1 - e^{-x}} = \frac{1 - e^{-nx}}{e^x - 1} \qquad (5\text{-}194)$$

式中，当 n 为正无穷时，有

$$S_\infty = \frac{1}{e^x - 1} \qquad (5\text{-}195)$$

因此 E_b 可写为

$$E_b = \frac{c_2 T^4}{c_1^4} \int_0^\infty x^3 \sum_{n=1}^\infty e^{-nx} d = \frac{c_2 T^4}{c_1^4} \sum_{n=1}^\infty \int_0^\infty x^3 e^{-nx} dx = \frac{c_2 T^4}{c_1^4} \sum_{n=1}^\infty \int_0^\infty \frac{1}{-n} x^3 d e^{-nx}$$

$$= \frac{c_2 T^4}{c_1^4} \sum_{n=1}^\infty \left[\left(\frac{x^3 e^{-nx}}{-n}\right)_0^\infty - \int_0^\infty \frac{1}{-n} e^{-nx} dx^3 \right] = \frac{c_2 T^4}{c_1^4} \sum_{n=1}^\infty \left[0 + 3 \int_0^\infty \frac{x^2}{n} e^{-nx} dx \right]$$

$$= \frac{3 c_2 T^4}{c_1^4} \sum_{n=1}^\infty \int_0^\infty \frac{x^2}{-n^2} d e^{-nx} = \frac{3 c_2 T^4}{c_1^4} \sum_{n=1}^\infty \left[\left(\frac{x^2 e^{-nx}}{-n^2}\right)_0^\infty - \int_0^\infty \frac{1}{-n^2} e^{-nx} dx^2 \right]$$

$$= \frac{6 c_2 T^4}{c_1^4} \sum_{n=1}^\infty \int_0^\infty \frac{x}{n^2} e^{-nx} dx = \frac{6 c_2 T^4}{c_1^4} \sum_{n=1}^\infty \int_0^\infty \frac{x}{-n^3} d e^{-nx}$$

$$= \frac{6 c_2 T^4}{c_1^4} \sum_{n=1}^\infty \left[\left(\frac{x e^{-nx}}{-n^3}\right)_0^\infty - \int_0^\infty \frac{1}{-n^3} e^{-nx} dx \right]$$

$$= \frac{6 c_2 T^4}{c_1^4} \sum_{n=1}^\infty \int_0^\infty \frac{1}{n^3} e^{-nx} dx = \frac{6 c_2 T^4}{c_1^4} \sum_{n=1}^\infty \left(\frac{1}{n^3} \frac{e^{-nx}}{-n}\right)_0^\infty$$

$$= \frac{6 c_2 T^4}{c_1^4} \sum_{n=1}^\infty \frac{1}{-n^4} (0 - 1) = \frac{6 c_2 T^4}{c_1^4} \sum_{n=1}^\infty \frac{1}{n^4} \qquad (5\text{-}196)$$

3. 傅里叶级数

（1）x^2 的傅里叶级数

为了求解式（5-196）右边的求和项，需要使用傅里叶级数，设 $f(x)$ 的表达式为 x^2，并在 $[-\pi, \pi]$ 的区间上将 $f(x)$ 展开成傅里叶级数，所以 a_0 为

$$a_0 = \frac{1}{\pi} \int_{-\pi}^\pi f(x) dx = \frac{1}{\pi} \int_{-\pi}^\pi x^2 dx = \frac{2}{3} \pi^2 \qquad (5\text{-}197)$$

a_n 的值为

$$a_n = \frac{1}{\pi}\int_{-\pi}^{\pi} f(x)\cos(nx)\mathrm{d}x = \frac{1}{\pi}\int_{-\pi}^{\pi} x^2 \cos(nx)\mathrm{d}x$$

$$= \frac{1}{\pi}\int_{-\pi}^{\pi} x^2 \frac{1}{n}\mathrm{d}\sin(nx) = \frac{1}{\pi}\frac{x^2 \sin(nx)}{n}\Big|_{-\pi}^{\pi} - \frac{1}{\pi}\int_{-\pi}^{\pi} 2x\frac{\sin(nx)}{n}\mathrm{d}x \tag{5-198a}$$

对式（5-198a）再进行分部积分，则有

$$a_n = -\frac{2}{\pi}\int_{-\pi}^{\pi} x\frac{\sin(nx)}{n}\mathrm{d}x = \frac{2}{\pi}\int_{-\pi}^{\pi} x\frac{1}{n^2}\mathrm{d}\cos(nx)$$

$$= \frac{2}{\pi}x\frac{1}{n^2}\cos(nx)\Big|_{-\pi}^{\pi} - \frac{2}{\pi}\int_{-\pi}^{\pi}\frac{\cos(nx)}{n^2}\mathrm{d}x$$

$$= \frac{4}{\pi}\pi\frac{1}{n^2}\cos(\pi x)\Big|_{-\pi}^{\pi} - 0 = \frac{4}{n^2}(-1)^n \tag{5-198b}$$

b_n 的值为

$$b_n = \frac{1}{\pi}\int_{-\pi}^{\pi} f(x)\sin(nx)\mathrm{d}x = -\frac{1}{\pi}\int_{-\pi}^{\pi} x^2 \frac{1}{n}\mathrm{d}\cos(nx)$$

$$= -\frac{1}{\pi}\frac{x^2 \cos(nx)}{n}\Big|_{-\pi}^{\pi} + \frac{1}{\pi}\int_{-\pi}^{\pi} 2x\frac{\cos(nx)}{n}\mathrm{d}x = \frac{2}{\pi}\int_{-\pi}^{\pi} x\frac{\cos(nx)}{n}\mathrm{d}x = 0 \tag{5-199}$$

所以，x^2 的傅里叶级数可表示为

$$f(x) = x^2 = \frac{a_0}{2} + \sum_{n=1}^{\infty} a_n \cos(nx) + \sum_{n=1}^{\infty} b_n \sin(nx) = \frac{1}{3}\pi^2 + \sum_{n=1}^{\infty}\frac{4}{n^2}(-1)^n \cos(nx) \tag{5-200}$$

式（5-200）中，令 x 的值为 π，则

$$\pi^2 = \frac{1}{3}\pi^2 + \sum_{n=1}^{\infty}\frac{4}{n^2}(-1)^n (-1)^n = \frac{1}{3}\pi^2 + \sum_{n=1}^{\infty}\frac{4}{n^2}$$

$$\sum_{n=1}^{\infty}\frac{1}{n^2} = \frac{1}{6}\pi^2 \tag{5-201}$$

式（5-201）就获得这样一个级数的求和结果，但这还不是式（5-196）所需要的，接下来还需运用傅里叶级数，方可获得式（5-196）的值。

（2）x^4 的傅里叶级数

再设 $f(x)$ 的表达式为 x^4，并在 $[-\pi,\pi]$ 的区间上将 $f(x)$ 展开成傅里叶级数，所以有

$$a_0 = \frac{1}{\pi}\int_{-\pi}^{\pi} f(x)\mathrm{d}x = \frac{1}{\pi}\int_{-\pi}^{\pi} x^4 \mathrm{d}x = \frac{2}{5}\pi^4 \tag{5-202}$$

$$a_n = \frac{1}{\pi}\int_{-\pi}^{\pi} f(x)\cos(nx)\mathrm{d}x = \frac{1}{\pi}\int_{-\pi}^{\pi} x^4 \cos(nx)\mathrm{d}x$$

$$\frac{1}{\pi}\int_{-\pi}^{\pi} x^4 \frac{1}{n}\mathrm{d}\sin(nx) = \frac{1}{\pi}\left[\frac{x^4 \sin(nx)}{n}\right]\Big|_{-\pi}^{\pi} - \frac{1}{\pi}\int_{-\pi}^{\pi} 4x^3 \frac{\sin(nx)}{n}\mathrm{d}x$$

$$= -\frac{4}{\pi}\int_{-\pi}^{\pi} x^3 \frac{\sin(nx)}{n}\mathrm{d}x = \frac{4}{\pi}\int_{-\pi}^{\pi} x^3 \frac{1}{n^2}\mathrm{d}\cos(nx)$$

$$= \frac{4}{\pi}x^3 \frac{1}{n^2}\cos(nx)\Big|_{-\pi}^{\pi} - \frac{12}{\pi}\int_{-\pi}^{\pi} x^2 \frac{\cos(nx)}{n^2}\mathrm{d}x \tag{5-203a}$$

化简后有

$$a_n = \frac{8}{\pi}\pi^3\frac{1}{n^2}\cos(n\pi) - \frac{12}{\pi}\int_{-\pi}^{\pi}x^2\frac{\cos(nx)}{n^2}\mathrm{d}x \tag{5-203b}$$

很显然，这里可以借鉴 x^2 的傅里叶级数结果，所以有

$$a_n = \frac{8\pi^2}{n^2}(-1)^n - \frac{12}{n^2\pi}\int_{-\pi}^{\pi}x^2\cos(nx)\mathrm{d}x = \frac{8\pi^2}{n^2}(-1)^n - \frac{12}{n^2}\frac{1}{\pi}\int_{-\pi}^{\pi}x^2\cos(nx)\mathrm{d}x$$

$$= \frac{8\pi^2}{n^2}(-1)^n - \frac{12}{n^2}\frac{4}{n^2}(-1)^n = (-1)^n\left(\frac{8\pi^2}{n^2} - \frac{48}{n^4}\right) \tag{5-203c}$$

$$b_n = \frac{1}{\pi}\int_{-\pi}^{\pi}f(x)\sin(nx)\mathrm{d}x = -\frac{1}{\pi}\int_{-\pi}^{\pi}x^4\frac{1}{n}\mathrm{d}\cos(nx)$$

$$= -\frac{1}{\pi}\left[\frac{x^4\cos(nx)}{n}\right]_{-\pi}^{\pi} + \frac{1}{\pi}\int_{-\pi}^{\pi}4x^3\frac{\cos(nx)}{n}\mathrm{d}x = \frac{4}{\pi}\int_{-\pi}^{\pi}x^3\frac{\cos(nx)}{n}\mathrm{d}x = 0 \tag{5-204}$$

所以 $f(x)$ 为 x^4 的傅里叶级数为

$$f(x) = x^4 = \frac{a_0}{2} + \sum_{n=1}^{\infty}a_n\cos(nx) = \frac{1}{5}\pi^4 + \sum_{n=1}^{\infty}(-1)^n\left(\frac{8\pi^2}{n^2} - \frac{48}{n^4}\right)\cos(nx) \tag{5-205}$$

式（5-205）中，令 x 的值为 π，则

$$\pi^4 = \frac{1}{5}\pi^4 + \sum_{n=1}^{\infty}\frac{8\pi^2}{n^2} - \frac{48}{n^4}$$

$$\sum_{n=1}^{\infty}\frac{48}{n^4} = -\frac{4}{5}\pi^4 + 8\pi^2\sum_{n=1}^{\infty}\frac{1}{n^2} \tag{5-206a}$$

将 x^2 的傅里叶级数计算式代入，并令 x 的值为 π，有

$$\sum_{n=1}^{\infty}\frac{48}{n^4} = -\frac{4}{5}\pi^4 + 8\pi^2\frac{1}{6}\pi^2$$

$$\sum_{n=1}^{\infty}\frac{48}{n^4} = \frac{4}{3}\pi^4 - \frac{4}{5}\pi^4 = \frac{8}{15}\pi^4$$

$$\sum_{n=1}^{\infty}\frac{1}{n^4} = \frac{1}{90}\pi^4 \tag{5-206b}$$

这样通过两次傅里叶级数展开就获得了式（5-196）右边级数所需要的结果。

4. 普朗克定律积分值

式（5-196）E_b 的值可以进一步改写为

$$E_b = \frac{6c_1T^4}{c_2^4}\sum_{n=1}^{\infty}\frac{1}{n^4} = \frac{6c_1T^4}{c_2^4}\frac{\pi^4}{90} \tag{5-207a}$$

将第一辐射常数 c_1 的值 $3.742\times10^{-16}\mathrm{Wm^2}$、第二辐射常数 c_2 的值 $1.4388\times10^{-2}\mathrm{WK}$、$\pi$的值代入式（5-207a），则有

$$E_b = \frac{6c_1T^4}{c_2^4}\frac{\pi^4}{90} = \frac{c_1\pi^4T^4}{15c_2^4}$$

$$= \frac{1}{15}\times3.1415926^4\times\frac{3.742\times10^{-16}}{1.4388^4\times10^{-8}}T^4 = 5.67\times10^{-8} \tag{5-207b}$$

至此就获得了斯特藩-玻尔兹曼定律与普朗克定律之间的关系。

第6章　太阳能系统自动控制基础

实际应用的太阳能系统往往都是受控制的，其中单片机技术及相应的软硬件在太阳能集成系统中经常被使用，有控制程序的单片机常常控制着整个系统各部件的有序运行，确保系统工作稳定。本章从单片机的基本原理着手，然后介绍单片机对常见的物理量的实时监测步骤，以及工业生产过程中常见的控制方法。

6.1　单片机概述

6.1.1　单片机基本概念

单片机（single-chip microcomputer）是一种集成芯片，是采用超大规模集成电路技术把具有数据处理能力的中央处理器（central processing unit，CPU）、随机存储器（random access memory，RAM）、只读存储器（read-only memory，ROM）、I/O 接口、中断系统、定时器/计数器等（可能还包括脉宽调制电路、A/D 转换器和 D/A 转换器等功能电路）集成到一块硅片上构成的一个微型计算机系统。

单片机具有体积小、质量轻、可靠性好等优点，按照单片机的用途，可分为通用型和专用型两大类。通用型单片机内部的资源丰富，性能较为全面，有较好的适应能力，用户可根据实际需要编写程序；专业型单片机是针对各种特殊场合而专门设计的芯片，一般这种单片机的针对性强，它能有效简化系统及优化资源配置，拥有非常强的可靠性及较低的使用成本，在实际应用中有明显的优势。

6.1.2　单片机主要特点

单片机的基本组成和基本工作原理与一般的微型计算机相同，但在具体结构和处理过程上又有自己的特点，其主要特点如下。

1. 单片机的存储器结构

存储器结构主要包括两种：普林斯顿结构和哈佛结构。通用微型计算机一般采用普林斯顿结构，程序和数据合用一个存储器空间，在使用时才分开。单片机一般采用哈佛结构，将程序和数据分别用不同的存储器存放，各有自己的存储空间，分别用不同的寻址方式。存放程序的存储器称为程序存储器，存放数据的存储器称为数据存储器。单片机系统处理的程序基本不变，所以程序存储器一般由只读存储器芯片构成；而数据是随时变化的，所以数据一般用随机存储器存储。

考虑单片机用于控制系统的特点，程序存储器的存储空间一般比较大，数据存储器的存储空间较小。另外，程序存储器和数据存储器又有片内和片外之分，访问方式也不相同。所以单片机的存储器在操作时可分为片内程序存储器、片外程序存储器、片内数据存储器和片外数据存储器。

2. 芯片引脚

单片机芯片内集成了较多的功能部件，需要的引脚较多，但由于工艺和应用场合的限制，芯片上引脚数目又不能太多。为解决实际的引脚数和需要的引脚数之间的矛盾，一根引脚往往设计了两个或多个功能。每根引脚在当前起什么作用，由指令和当前机器的状态来决定。

3. 内部资源访问

单片机中集成了微型计算机的微处理器、存储器、I/O 接口、定时器/计数器、中断系统等电路。用户对这些资源的访问可以通过对相应的特殊功能寄存器进行访问实现，访问方法与 CPU 内的寄存器访问类似。

4. 指令系统

为了满足控制系统的要求，单片机有很强的逻辑控制能力。单片机内部一般设置一个独立的位处理器，称为布尔处理器，专门用于位或位带运算。

5. 内部集成通信结构

内部一般集成全双工的串行接口，通过这个串行接口，可以很方便地与其他外部设备进行通信，也可以与另外的单片机或微型计算机组成计算机分布式控制系统。

6. 很强的外部扩展能力

在内部的各功能部件不能满足应用系统要求时，单片机可以很方便地在外部扩展各种电路，它能与许多通用的微型计算机接口芯片兼容。

6.1.3 单片机发展及种类

1. 单片机的发展

Intel 公司在 1971 年制造出世界上第一块微处理器芯片 4004 不久，就研制出单片微型计算机，经过之后的二三十年，单片机得到了飞速的发展，在发展过程中，单片机先后经过了 4 位机、8 位机、16 位机、32 位机及 64 位机。

（1）4 位单片机

美国德克萨斯仪器公司在 1975 年首次推出 4 位单片机 TMS-1000 后，各计算机公司相继推出 4 位单片机，4 位单片机的主要生产国是日本，如 Sharp 公司的 SM 系列、东芝公司的 TLCS 系列、NEC 公司的 Ucom75XX 系列等。我国生产的是 COP400 系列单片机。4 位单片机的特点是价格便宜，主要用于控制洗衣机、微波炉等家用电器及高档电子玩具。

（2）8 位单片机

1976 年 9 月，美国 Intel 公司首先推出 MCS-48 系列 8 位单片机，使单片机的发展进入新的阶段。随后，各计算机公司先后推出各自的 8 位单片机，如仙童公司（Fairchild）的 F8 系列、摩托罗拉公司的 6801 系列、Zilog 公司的 Z8 系列、NEC 公司的 uPD78XX 系列。

1978 年以前，各厂家生产的 8 位单片机由于集成度的限制，一般没有串行接口，只提供小范围的寻址空间，性能相对较低，称为低档 8 位单片机，如 Intel 公司的 MCS-48 系列和仙童公司的 F8 系列。

1978 年以后，集成电路水平有所提高，有公司推出了一些高性能的 8 位单片机，它们的寻址能力达到了 64KB，片内集成了 4～8KB 的 ROM，并且除了带并行 I/O 接口，还有串行 I/O 接口，甚至有些还集成 A/D 转换器，这类单片机称为高档 8 位单片机，如 Intel 公司的 MCS-51 系列、摩托罗拉公司的 6801 系列、Zilog 公司的 Z8 系列、NEC 公司 uPD78XX 系列。8 位单片机由于功能强、价格低廉、品种齐全，被广泛用于工业控制、智能接口、仪器仪表等领域。特别是，高档 8 位单片机是现在使用的一种主要单片机机型（8 位单片机在使用过程中，编程也较为方便）。

（3）16 位单片机

1983 年以后，集成电路的集成度可达到十几万只管/片，有公司推出了 16 位单片机。16 位单片机把单片机性能又推向了一个新的阶段。它内部集成多个 CPU、8KB 以上的存储器、多个并行接口、多个串行接口等，有的还集成高速 I/O 接口、脉冲宽度调制输出、特殊用途的监视定时器等电路，如 Intel 公司的 MCS-96 系列、美国国家半导体公司的 HPC16040 系列和 NEC 公司的 783XX 系列。16 位单片机往往用于高速复杂的控制系统。

（4）32 位单片机

近年来，各计算机厂家推出了更高性能的 32 位单片机，在测控领域，32 位单片机也开始得到很多应用。32 位单片机在信息系统、工业控制、智能家居等领域得到广泛的应用，如 STM32 系列 32 位单片机。

（5）64 位单片机

随着技术的持续发展，为满足单片机应用场合对数据快速处理的需求，市面已有 64 位的高性能单片机，工作频率达到几百兆，如 MIPS 公司和东芝公司联合开发的 64 位超标量架构单片机。

2．单片机的主要种类

单片机种类繁多，不同种类单片机的内部结构不同，集成的功能部件不一样，指令系统和使用方法各不相同，常用的有以下几种。

（1）MCS-51 单片机

MCS-51 单片机是一种集成的电路芯片，是采用超大规模集成电路技术把具有数据处理能力的 CPU、RAM、ROM、多种 I/O 接口和中断系统、定时器/计时器等（可能还包括显示驱动电路、脉宽调制电路、A/D 转换器等电路）集成到一块硅片上构成的虽小但较完善的计算机系统。

（2）STC 单片机

STC 单片机完全兼容 51 单片机，其抗干扰性强、加密性好、超低功耗、可远程升级、内部有专用的复位电路、价格十分便宜。STC 单片机在众多产品上得到了大量应用，特别是一些小玩具、小家电、小型自动控制系统。

（3）AVR 单片机

AVR 单片机是 1997 年由 Atmel 公司研发出的增强型内置 Flash 的 RISC（reduced instruction set computing）精简指令集高速 8 位单片机，RISC 是相对于 CISC（complex instruction set computing）而言的。RISC 并非只是简单地去减少指令，而是通过使计算机的结构更加简单合理，从而提高运算速度。AVR 单片机被广泛应用于计算机外部设备、工业实时控制、仪器仪表、通信设备、家用电器等领域。

（4）ARM 单片机

ARM 单片机是以 ARM 处理器为核心的一种单片微型计算机，是近年来随着电子设备智能化和网络化发展而出现的新兴产物。ARM 单片机以其低功耗和高性价比的优势逐渐步入高端市场，成为时下的主流产品。ARM 单片机中的 32 位单片机得到了大量的应用，特别是 ARM 单片机在手机领域得到了普遍使用。

（5）常见的单片机

比较常见的单片机还有 Atmel 单片机、Microchip 单片机、TI 公司的 MSP430 单片机、凌阳单片机、摩托罗拉单片机、Zilog 单片机、Scenix 单片机、东芝单片机、Epson 单片机、富士通单片机、三星单片机、SST 单片机、华帮单片机、Silicon Labs 单片机、STM32 单片机等。

6.1.4　单片机等级

1．民用级（或商用级）

民用级（或商用级）单片机的温度适应能力一般在 0～70℃范围内，适用于机房和一般的办公环境，特别适用于工作温度相对稳定的室内环境。

2．工业级

工业级单片机的温度适应能力一般在-40～85℃范围内，适用于工厂和工业控制中。这类单片机对环境的适应能力较强，被大量使用。

3．军用级

军用级单片机的温度适应能力一般在-65～125℃范围内，适用于环境条件非常苛刻、温度变化很大的野外，主要用在军事上。

6.1.5　STM32 单片机

1．STM32 单片机及命名规则

ST 为意法半导体，是一个公司的名字；M 为 microelectronics 的缩写，表示单片机（或微控制器）；32 是指 32 位，表示这是一个 32 位的单片机（或微控制器）。STM32 单片机的命名规则见表 6-1。

表 6-1　STM32 单片机的命名规则

序号	字母或符号	意义
1	STM32	STM32 代表 ARM Cortex-M 内核的 32 位微控制器
2	F	F 代表芯片子系列
3	103	103 代表增强型系列
4	Z	这一项代表引脚数。其中 T 代表 36 脚，C 代表 48 脚，R 代表 64 脚，V 代表 100 脚，Z 代表 144 脚，I 代表 176 脚

续表

序号	字母或符号	意义
5	E	这一项代表内嵌 Flash 容量。其中 6 代表 32KB Flash，8 代表 64KB Flash，B 代表 128KB Flash，C 代表 256KB Flash，D 代表 384KB Flash，E 代表 512KB Flash，G 代表 1MB Flash
6	T	这一项代表封装。其中 H 代表 BGA 封装，T 代表 LQFP 封装，U 代表 VFQFPN 封装
7	6	这一项代表单片机的工作温度范围，其中 6 代表-40～85℃，7 代表-40～+105℃

STM32 是意法半导体公司购买了 ARM 芯片设计公司的 Cortex-M 内核，再通过架构一些外部设备而组合封装在一起的高级单片机。ARM 公司主要提供 IP（intellectual property core，知识产权的核心），它是 CPU 的内核结构，也是核心的部分。

2．STM32F103ZET6 单片机介绍

常见的 STM32F103ZET6 单片机的引脚分布和实物分别如图 6-1 和图 6-2 所示，它具有非常多的内部资源，能满足很多太阳能控制系统的应用需求（如太阳能辐照度的测量、温度的测量、流量的测量等）。

（1）内核

32 位高性能 ARM Cortex-M3 处理器，时钟频率高达 72MHz，实际还可以超频一点，但可能会带来不稳定，通常不用超频功能。

（2）I/O 接口

STM32F103ZET6 芯片有 144 引脚，共计有 112 个 I/O 接口，大部分 I/O 接口都支持 5V，支持调试 SWD 和 JTAG。SWD 只需 2 个数据线就可以下载程序，由于所使用数据线少，给单片机程序下载带来方便。

（3）存储器容量

STM32F103ZET6 芯片内部集成包括 512KB 的 Flash、64KB 的 SRAM。

（4）时钟、复位、电源管理

电源和 I/O 接口电压默认为 2.0～3.6V；上电复位、掉电复位、可编程的电压监控；强大的时钟系统，可采用 4～16M 的外部高速晶振、内部 8MHz 的高速 RC 振荡器、内部 40kHz 低速 RC 振荡器、内部锁相环（phase locking loop，PLL 倍频）。一般系统时钟是外部或内部高速时钟经过 PLL 倍频后得到的，而外部低速 32.768kHz 的晶振，主要作 RTC（read-timg clock）时钟源。

（5）低功耗

STM32F103ZET6 单片机具有睡眠、停止、待机三种低功耗模式，电池为 RTC 和备份寄存器进行供电。

（6）A/D 和 D/A 功能

拥有 3 个 12 位 A/D 功能（并且多达 21 个外部测量通道，这 21 个外部测量通道中部分功能是重复的），转换范围为 0～3.6V（参考电源电压）；内部通道可以用于内部温度测量；2 个 12 位 D/A 功能。

（7）DMA 功能

12 个 DMA 通道（7 通道 DMA1 和 5 通道 DMA2）。

（8）定时器

STM32F103ZET6 芯片内部包括 11 个定时器、4 个通用定时器、2 个基本定时器、2 个高级定时器、1 个系统定时器、2 个看门狗定时器。

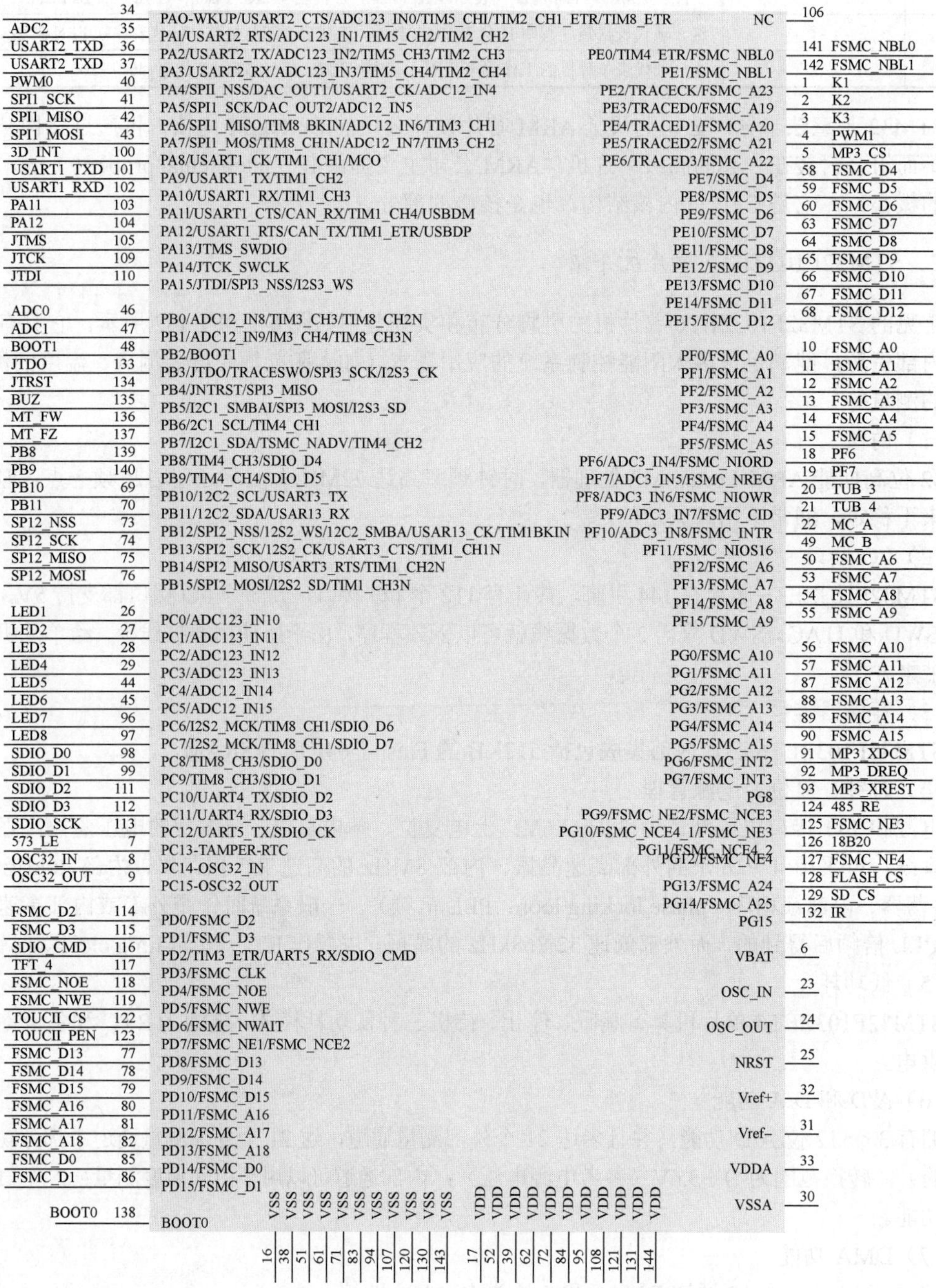

左侧信号引脚（引脚号）

ADC2	34
USART2_TXD	36
USART2_TXD	37
PWM0	
SPI1_SCK	41
SPI1_MISO	42
SPI1_MOSI	43
3D_INT	100
USART1_TXD	101
USART1_RXD	102
PA11	103
PA12	104
JTMS	105
JTCK	109
JTDI	110
ADC0	46
ADC1	47
BOOT1	48
JTDO	133
JTRST	134
BUZ	135
MT_FW	136
MT_FZ	137
PB8	139
PB9	140
PB10	69
PB11	70
SPI2_NSS	73
SPI2_SCK	74
SPI2_MISO	75
SPI2_MOSI	76
LED1	26
LED2	27
LED3	28
LED4	29
LED5	44
LED6	45
LED7	96
LED8	97
SDIO_D0	98
SDIO_D1	99
SDIO_D2	111
SDIO_D3	112
SDIO_SCK	113
573_LE	7
OSC32_IN	8
OSC32_OUT	9
FSMC_D2	114
FSMC_D3	115
SDIO_CMD	116
TFT_4	117
FSMC_NOE	118
FSMC_NWE	119
TOUCII_CS	122
TOUCII_PEN	123
FSMC_D13	77
FSMC_D14	78
FSMC_D15	79
FSMC_A16	80
FSMC_A17	81
FSMC_A18	82
FSMC_D0	85
FSMC_D1	86
BOOT0	138

中央引脚功能描述（PA、PB、PC、PD）

PA0-WKUP/USART2_CTS/ADC123_IN0/TIM5_CHI/TIM2_CH1_ETR/TIM8_ETR
PA1/USART2_RTS/ADC123_IN1/TIM5_CH2/TIM2_CH2
PA2/USART2_TX/ADC123_IN2/TIM5_CH3/TIM2_CH3
PA3/USART2_RX/ADC123_IN3/TIM5_CH4/TIM2_CH4
PA4/SPII_NSS/DAC_OUT1/USART2_CK/ADC12_IN4
PA5/SPI1_SCK/DAC_OUT2/ADC12_IN5
PA6/SPI1_MISO/TIM8_BKIN/ADC12_IN6/TIM3_CH1
PA7/SPI1_MOS/TIM8_CH1N/ADC12_IN7/TIM3_CH2
PA8/USART1_CK/TIM1_CH1/MCO
PA9/USART1_TX/TIM1_CH2
PA10/USART1_RX/TIM1_CH3
PA11/USART1_CTS/CAN_RX/TIM1_CH4/USBDM
PA12/USART1_RTS/CAN_TX/TIM1_ETR/USBDP
PA13/JTMS_SWDIO
PA14/JTCK_SWCLK
PA15/JTDI/SPI3_NSS/I2S3_WS

PB0/ADC12_IN8/TIM3_CH3/TIM8_CH2N
PB1/ADC12_IN9/IM3_CH4/TIM8_CH3N
PB2/BOOT1
PB3/JTDO/TRACESWO/SPI3_SCK/I2S3_CK
PB4/JNTRST/SPI3_MISO
PB5/I2C1_SMBAI/SPI3_MOSI/I2S3_SD
PB6/2C1_SCL/TIM4_CH1
PB7/I2C1_SDA/TSMC_NADV/TIM4_CH2
PB8/TIM4_CH3/SDIO_D4
PB9/TIM4_CH4/SDIO_D5
PB10/I2C2_SCL/USART3_TX
PB11/I2C2_SDA/USAR13_RX
PB12/SPI2_NSS/I2S2_WS/I2C2_SMBA/USAR13_CK/TIM1BKIN
PB13/SPI2_SCK/I2S2_CK/USART3_CTS/TIM1_CH1N
PB14/SPI2_MISO/USART3_RTS/TIM1_CH2N
PB15/SPI2_MOSI/I2S2_SD/TIM1_CH3N

PC0/ADC123_IN10
PC1/ADC123_IN11
PC2/ADC123_IN12
PC3/ADC123_IN13
PC4/ADC12_IN14
PC5/ADC12_IN15
PC6/I2S2_MCK/TIM8_CH1/SDIO_D6
PC7/I2S2_MCK/TIM8_CH1/SDIO_D7
PC8/TIM8_CH3/SDIO_D0
PC9/TIM8_CH3/SDIO_D1
PC10/UART4_TX/SDIO_D2
PC11/UART4_RX/SDIO_D3
PC12/UART5_TX/SDIO_CK
PC13-TAMPER-RTC
PC14-OSC32_IN
PC15-OSC32_OUT

PD0/FSMC_D2
PD1/FSMC_D3
PD2/TIM3_ETR/UART5_RX/SDIO_CMD
PD3/FSMC_CLK
PD4/FSMC_NOE
PD5/FSMC_NWE
PD6/FSMC_NWAIT
PD7/FSMC_NE1/FSMC_NCE2
PD8/FSMC_D13
PD9/FSMC_D14
PD10/FSMC_D15
PD11/FSMC_A16
PD12/FSMC_A17
PD13/FSMC_A18
PD14/FSMC_D0
PD15/FSMC_D1

BOOT0

中央引脚功能描述（PE、PF、PG）

NC（106）
PE0/TIM4_ETR/FSMC_NBL0
PE1/FSMC_NBL1
PE2/TRACECK/FSMC_A23
PE3/TRACED0/FSMC_A19
PE4/TRACED1/FSMC_A20
PE5/TRACED2/FSMC_A21
PE6/TRACED3/FSMC_A22
PE7/SMC_D4
PE8/PSMC_D5
PE9/FSMC_D6
PE10/FSMC_D7
PE11/FSMC_D8
PE12/FSMC_D9
PE13/FSMC_D10
PE14/FSMC_D11
PE15/FSMC_D12

PF0/FSMC_A0
PF1/FSMC_A1
PF2/FSMC_A2
PF3/FSMC_A3
PF4/FSMC_A4
PF5/FSMC_A5
PF6/ADC3_IN4/FSMC_NIORD
PF7/ADC3_IN5/FSMC_NREG
PF8/ADC3_IN6/FSMC_NIOWR
PF9/ADC3_IN7/FSMC_CID
PF10/ADC3_IN8/FSMC_INTR
PF11/FSMC_NIOS16
PF12/FSMC_A6
PF13/FSMC_A7
PF14/FSMC_A8
PF15/TSMC_A9

PG0/FSMC_A10
PG1/FSMC_A11
PG2/FSMC_A12
PG3/FSMC_A13
PG4/FSMC_A14
PG5/FSMC_A15
PG6/FSMC_INT2
PG7/FSMC_INT3
PG8
PG9/FSMC_NE2/FSMC_NCE3
PG10/FSMC_NCE4_1/FSMC_NE3
PG11/FSMC_NCE4_2
PG12/FSMC_NE4
PG13/FSMC_A24
PG14/FSMC_A25
PG15

VBAT
OSC_IN
OSC_OUT
NRST
Vref+
Vref-
VDDA
VSSA

右侧信号引脚（引脚号）

NC	106
FSMC_NBL0	141
FSMC_NBL1	142
K1	1
K2	2
K3	3
PWM1	4
MP3_CS	5
FSMC_D4	58
FSMC_D5	59
FSMC_D6	60
FSMC_D7	63
FSMC_D8	64
FSMC_D9	65
FSMC_D10	66
FSMC_D11	67
FSMC_D12	68
FSMC_A0	10
FSMC_A1	11
FSMC_A2	12
FSMC_A3	13
FSMC_A4	14
FSMC_A5	15
PF6	18
PF7	19
TUB_3	20
TUB_4	21
MC_A	22
MC_B	49
FSMC_A6	50
FSMC_A7	53
FSMC_A8	54
FSMC_A9	55
FSMC_A10	56
FSMC_A11	57
FSMC_A12	87
FSMC_A13	88
FSMC_A14	89
FSMC_A15	90
MP3_XDCS	91
MP3_DREQ	92
MP3_XREST	93
485_RE	124
FSMC_NE3	125
18B20	126
FSMC_NE4	127
FLASH_CS	128
SD_CS	129
IR	132
VBAT	6
OSC_IN	23
OSC_OUT	24
NRST	25
Vref+	32
Vref-	31
VDDA	33
VSSA	30

VSS 引脚：16 38 51 61 71 83 94 107 120 130 143
VDD 引脚：17 39 62 84 95 108 121 131 144

图 6-1　STM32F103ZET6 单片机引脚分布

图 6-2　STM32F103ZET6 单片机实物

（9）通信接口

STM32F103ZET6 芯片有 13 个通信接口，具体为 2 个 I^{2}C 接口、5 个串口、3 个 SPI 接口、1 个 CAN2.0、1 个 USB、1 个 SDIO。

6.2　太阳能系统常见物理量测量

6.2.1　辐照度的测量

大多数太阳辐射表是采用热电堆原理设计的，为了更好地介绍基于热电堆原理而设计的太阳辐射表及太阳辐照度值的获取方法，先介绍温差电效应，然后介绍热电偶，再介绍基于热电堆原理的太阳辐射表。

1．温差电效应

（1）塞贝克效应

把 A 和 B 不同的两种材料（金属或半导体）连接成图 6-3 所示的闭合回路，如果一结点（热结）温度 T 高于另一结点（冷结）温度 T_0，则闭合回路中有电流通过，该现象称为塞贝克（Seebeck）效应。回路中的电流称为温差电流，电动势称为温差电动势（也称为热电势），用 ε_{AB} 表示。根据电动势的定义，ε_{AB} 与 $-\varepsilon_{AB}$ 在数值上是相等的。当 ε_{AB} 的值为正时，温差电流的方向如图 6-3 所示；当 ε_{AB} 的值为负时，温差电流的方向与图 6-3 中所示的方向相反。

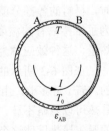

ε_{AB} 大小随冷热结点的温度差（T 与 T_0 的差值）而改变，所以温差电动势率 α_{AB}（也称为塞贝克系数）为

图 6-3　塞贝克效应

$$\alpha_{AB} = \frac{\mathrm{d}\varepsilon_{AB}}{\mathrm{d}T} \tag{6-1}$$

式中，α_{AB} 的单位为 V/K。α_{AB} 不仅与材料 A 和 B 的性质有关，同时也是温度 T 的函数。

根据 ε_{AB} 的符号规定，有

$$\alpha_{AB} = \frac{d\varepsilon_{AB}}{dT} = -\frac{d\varepsilon_{BA}}{dT} = -\alpha_{BA} \tag{6-2}$$

由式（6-1）可以给出温差电动势的表达式，即

$$\varepsilon_{AB} = \int_{T_0}^{T} \alpha_{AB} dT \tag{6-3}$$

在太阳测量中，通常冷热结点的温度差很小，在 ΔT 范围内，可把 α_{AB} 视为常量，因此有

$$\varepsilon_{AB} = \alpha_{AB} \Delta T \tag{6-4}$$

式（6-4）是制作热电偶（两种导体组成的回路称为热电偶，通常是将两种材料焊接在一起，且能够将冷热端温度差转换为电信号的测温元件）的基本原理（将在后续章节中进行介绍）。

（2）佩尔捷效应

如图 6-4 所示，把两种不同材料（金属或半导体）A 和 B 连接起来，并且有电流流过结点，I_{AB} 从 A 流向 B。当电流 I_{AB} 流过结点时，结点就会变冷或变热，即结点会吸热或放热。单位时间内吸收或释放的热量与电流强度 I_{AB} 成正比，该现象称为佩尔捷（Peltier）效应。若每秒钟释放的热量记为 P_π，则有

$$P_\pi = \pi_{AB} I_{AB} \tag{6-5}$$

式中，比例系数 π_{AB} 称为佩尔捷系数。

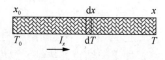

图 6-4　佩尔捷效应

当 π_{AB} 为正时，正向电流使结点放出热量，反向电流使结点吸收热量；当 π_{AB} 为负时，正向电流使结点吸收热量，反向电流使结点放出热量。佩尔捷系数 π_{AB} 不仅与材料 A 和 B 的性质有关，还随结点温度的变化而变化。

结点每秒释放的热量还可以表示为

$$P_\pi = \pi_{BA} I_{BA} \tag{6-6}$$

式中，I_{BA} 表示从材料 B 流向材料 A 的电流强度，I_{AB} 与 I_{BA} 互为相反数，因此有

$$\pi_{BA} = -\pi_{AB} \tag{6-7}$$

在温差热电偶的闭合回路中，当有温差电流通过两个结点时，热结点要变冷，冷结点变热。也就是说，在温差热电偶中，佩尔捷效应总是要减弱引起这个效应的温差电流。

（3）汤姆逊效应

如图 6-5 所示，当电流通过具有温度梯度的材料（金属或半导体）时，材料的各部分就会变冷或变热，因此原来的温度梯度就会改变，为了维持原有的温度分布，导体或半导体的各部分必须吸收或放出热量，这种效应称为汤姆逊（Thomson）效应。

图 6-5　汤姆逊效应

在图 6-3 所示的闭合温差回路中，设温差电流强度为 I，其方向与温差电动势的方向是一致的。若 I 足够小，由于温差电效应正比于电流强度，焦耳热量与电流强度的平方成正比关系，焦耳热可以忽略不计。当温差电流 I 通过两个结点时，会放出或吸收佩尔捷热量。在冷结点所放出的佩尔捷热量使这个结点变热，而从热结点所吸收的佩尔捷热量使这个结点变冷。同时，在导体 A 中，电流方向与温度梯度方向相反；而在导体 B 中，电流方向与温度梯度方向相同。若电流强度 I_x 和温度梯度的方向相同，为了维持温度分布不变，单位时间内在 dx 段导体或半导体中，必须吸收的热量在数学上可以表示为

$$dP_\tau = \tau I_x \frac{dT}{dx} dx = \tau I_x dT \tag{6-8}$$

式中，τ 称为材料的汤姆逊系数；dT/dx 可以理解为温度梯度产生的电压项。

（4）汤姆逊关系

塞贝克效应、佩尔捷效应、汤姆逊效应这三个温差电现象不是相互独立的，三者之间还存在一定的联系。由热力学第一定律可知，电功率等于单位时间内在闭合回路中吸收的全部热量，即

$$[\pi_{AB}(T) + \pi_{BA}(T_0)]I - \int_{T_0}^{T} \tau_A I \mathrm{d}T - \int_{T}^{T_0} \tau_B I \mathrm{d}T = \int_{T_0}^{T} \alpha_{AB} I \mathrm{d}T \tag{6-9a}$$

式中，左边第一项可以理解为佩尔捷效应，因为有两个结点，所以左边第一项有两个小项。左边的第二项和第三项，可以理解为两个半圆弧（图6-3）的汤姆逊效应（对应 A 和 B 两种材料）。右边项表示电功率。对式（6-9a）进行改写，则有

$$[\pi_{AB}(T) - \pi_{AB}(T_0)]I + \int_{T_0}^{T} (\tau_B - \tau_A) I \mathrm{d}T = \int_{T_0}^{T} \alpha_{AB} I \mathrm{d}T \tag{6-9b}$$

保持 T_0 不变，将式（6-9b）对 T 求微商，且回路中电流相等，可得

$$\frac{\mathrm{d}\pi_{AB}}{\mathrm{d}T} + \tau_B - \tau_A = \alpha_{AB} \tag{6-10}$$

再由热力学第二定律可知，对于可逆过程，系统的熵增加为零，即在温差闭合回路中热熵 S 之和为零，所以有

$$S = -\frac{\pi_{AB}(T)}{T} - \frac{\pi_{BA}(T_0)}{T_0} + \int_{T_0}^{T} \frac{\tau_A - \tau_B}{T} \mathrm{d}T = 0 \tag{6-11}$$

式中，按照热力学的约定，放热符号为负号，吸热负号为正号。对式（6-11）中的 T 求导，则有

$$\frac{\mathrm{d}}{\mathrm{d}T}\left[\frac{\pi_{AB}(T)}{T}\right] + \frac{\tau_B - \tau_A}{T} = 0 \tag{6-12}$$

进一步化简则有

$$\frac{1}{T}\frac{\mathrm{d}\pi_{AB}(T)}{\mathrm{d}T} + \pi_{AB}(T)\frac{\mathrm{d}T^{-1}}{\mathrm{d}T} + \frac{\tau_B - \tau_A}{T} = 0$$

$$\frac{1}{T}\frac{\mathrm{d}\pi_{AB}}{\mathrm{d}T} - \pi_{AB}T^{-2} + \frac{\tau_B - \tau_A}{T} = 0$$

$$\tau_B - \tau_A = \frac{\pi_{AB}}{T} - \frac{\mathrm{d}\pi_{AB}}{\mathrm{d}T} \tag{6-13}$$

将式（6-13）代入式（6-10）中，可得

$$\pi_{AB} = T\alpha_{AB} \tag{6-14}$$

再将式（6-14）代入式（6-13）中，得

$$\tau_B - \tau_A = \alpha_{AB} - \left(\alpha_{AB}\frac{\mathrm{d}T}{\mathrm{d}T} + T\frac{\mathrm{d}\alpha_{AB}}{\mathrm{d}T}\right)$$

$$\tau_A - \tau_B = T\frac{\mathrm{d}\alpha_{AB}}{\mathrm{d}T} \tag{6-15}$$

式（6-14）和式（6-15）称为汤姆逊关系式。式（6-14）表示塞贝克系数和佩尔捷系数之间的关系，式（6-15）表示塞贝克系数和汤姆逊系数之间的关系。

根据式（6-15），将 α 定义为各种材料的绝对温差电动势率。式（6-15）对 T 求积分可得

$$\alpha_{AB} = \int_0^T \frac{\tau_A}{T} \mathrm{d}T - \int_0^T \frac{\tau_B}{T} \mathrm{d}T \tag{6-16}$$

α_{AB} 可以就此分成两项，即

$$\alpha_{AB} = \alpha_A - \alpha_B \tag{6-17}$$

因为每一项对应一种材料，所以称为这种材料的绝对温差电动势率。因此一种材料的绝对温差电动势率 α 与该材料的汤姆逊系数 τ 之间的关系可表示为

$$\alpha = \int_0^T \frac{\tau}{T} \mathrm{d}T \tag{6-18}$$

或

$$\tau = T \frac{\mathrm{d}\alpha}{\mathrm{d}T} \tag{6-19}$$

2．热电堆及太阳辐射测量

单个热电偶产生的电动势通常很小，所以一般是将多个热电偶串联从而构成热电堆。基于热电堆测试太阳辐照度的太阳辐射表原理如图 6-6 所示。如果要获得较大的温差电动势，通常采用较强的热隔离措施，以使结点间的温差最大化。

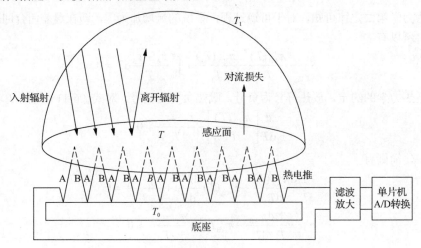

图 6-6　测量太阳辐照度的太阳辐射表原理

从图 6-6 中可知，热电堆的累加温差电动势为单个热电偶的 n 倍（n 为热电堆中串联的热电偶的个数），所以热电堆产生的电动势为

$$V = n\alpha_{AB}(T - T_0) = n\alpha_{AB}\Delta T \tag{6-20}$$

当感应面接收到辐射且达到热平衡后，由热平衡方程可以得到

$$E = (1-\varepsilon)E + H(T - T_0) + L(T - T_1) \tag{6-21}$$

式中，E 表示入射的太阳辐射；右边第一项表示离开的太阳辐射量，主要是感应面的反射和发射两部分；右边第二项表示热电堆热面与冷面的换热量，主要为对流和导热两部分；右边第三项为辐射表感应面与辐射表周围环境的换热量。通常 T_0 与的 T_1 差值很小，所以式（6-21）可以被简化为

$$E = \frac{H+L}{\varepsilon}(T - T_0) \tag{6-22}$$

联立式（6-20）和式（6-22），则有

$$VS_e = \frac{n\alpha_{AB}\varepsilon}{H+L}E = S_e E \tag{6-23}$$

可以看出,太阳辐照度越强,辐射表热电堆的温差就越大,输出的电动势也就越大。因此,测量辐射表输出的电信号的大小就可测量辐照度的强弱。这就是常用的太阳辐照表的基本原理,包括太阳直射辐射、总辐射、散射辐射、倾斜面辐射、地面反射辐射等。在式(6-23)中,S_e 表示太阳辐射表的灵敏度与热电堆的材料及辐射表的制作工艺有关,如密封特性、隔热特性等。一般常见的太阳辐射表的灵敏度为 $7 \sim 14 \, \mu V/\left(Wm^{-2}\right)$。由于太阳辐射表长期在户外露天工作,太阳辐射表灵敏度的值会有所变化,所以在对太阳辐射测量精度要求高的场合,一般要求一年左右需对灵敏度进行再次标定。

例 6-1 在图 6-6 中,太阳辐射表的灵敏度为 $10.000 \, \mu V/\left(Wm^{-2}\right)$,滤波放大电路的电压放大倍数为 200。试采用 STM32F103ZET6 单片机对太阳辐射表测得的太阳辐照度进行检测,并将测量的结果通过串口进行显示。

解 检测电压信号,可以通过 STM32F103ZET6 内部资源的 A/D 转换功能实现,检测单片机模拟通道的输入电压值。再通过线性计算还原实时检测的太阳辐照度,并通过串口将测得的结果打印到串口端。

样例程序代码:

```
//***********************************
程序功能:采用 STM32F103ZET6 的 A/D 转换实现对太阳辐照度的测量,并将结果打印到串口端
***********************************/
//头文件
#include "system.h"
#include "SysTick.h"
#include "led.h"
#include "usart.h"
#include "adc.h"
//宏定义
#define    se    10.000          //灵敏度 单位为微伏每瓦每平方米
#define    am    200             //放大倍数
//主函数
int main()
{
    u16 i=0;                     //用于自加
    u16 value=0;                 //A/D 转换检测的整数值
    float vol;                   //电压值
        SysTick_Init(72);        //延时时钟初始化
    NVIC_PriorityGroupConfig(NVIC_PriorityGroup_2);  //中断优先级分组 分2组
    LED_Init();                  //led 初始化
    USART1_Init(9600);           //串口初始化
    ADCx_Init();                 //A/D 转换初始化
    while(1)
    {
        i++;
        if(i%20==0)
        {
            led1=!led1;          //led 闪烁,表示系统正常工作
        }
        if(i%50==0)              //限制转换速度不要过快
        {
            if(i>=1000)
            {
                i=0;
            }
            value=Get_ADC_Value(ADC_Channel_1,20);    //获取 A/D 转换整数值
            printf("检测 AD 值为: %d\r\n",value);      //打印 A/D 转换整数值
```

```
                vol=(float)value*(3.3/(4096-1));                    //因为是12位的A/D转换,最大值为4095
                printf("检测电压值为:%.2fV\r\n",vol);              //打印检测电压
                printf("检测太阳辐照度为:%.2f W/m2\r\n",(vol*1000000.0)/ (am*se));//打印太阳辐照
度,这里就是将采集到的电压值还原为太阳辐照度的值
            }
            delay_ms(10);                   //延时
        }
    }
    /***********************************
    程序功能:系统头文件
    ***********************************/
    #ifndef _system_H
    #define _system_H
    #include "stm32f10x.h"
    //位带操作,实现51类似的GPIO控制功能
    //I/O接口操作宏定义
    #define BITBAND(addr, bitnum) ((addr & 0xF0000000)+0x2000000+((addr &0xFFFFF)<<5)+
(bitnum<<2))
    #define MEM_ADDR(addr) *((volatile unsigned long *)(addr))
    #define BIT_ADDR(addr, bitnum)   MEM_ADDR(BITBAND(addr, bitnum))
    //IO口地址映射
    #define GPIOA_ODR_Addr    (GPIOA_BASE+12)//0x4001080C
    #define GPIOB_ODR_Addr    (GPIOB_BASE+12)//0x40010C0C
    #define GPIOC_ODR_Addr    (GPIOC_BASE+12)//0x4001100C
    #define GPIOD_ODR_Addr    (GPIOD_BASE+12)//0x4001140C
    #define GPIOE_ODR_Addr    (GPIOE_BASE+12)//0x4001180C
    #define GPIOF_ODR_Addr    (GPIOF_BASE+12)//0x40011A0C
    #define GPIOG_ODR_Addr    (GPIOG_BASE+12)//0x40011E0C
    #define GPIOA_IDR_Addr    (GPIOA_BASE+8) //0x40010808
    #define GPIOB_IDR_Addr    (GPIOB_BASE+8) //0x40010C08
    #define GPIOC_IDR_Addr    (GPIOC_BASE+8) //0x40011008
    #define GPIOD_IDR_Addr    (GPIOD_BASE+8) //0x40011408
    #define GPIOE_IDR_Addr    (GPIOE_BASE+8) //0x40011808
    #define GPIOF_IDR_Addr    (GPIOF_BASE+8) //0x40011A08
    #define GPIOG_IDR_Addr    (GPIOG_BASE+8) //0x40011E08
    //I/O接口操作,只对单一的I/O接口!
    //确保n的值小于16!
    #define PAout(n)   BIT_ADDR(GPIOA_ODR_Addr,n) //输出
    #define PAin(n)    BIT_ADDR(GPIOA_IDR_Addr,n) //输入
    #define PBout(n)   BIT_ADDR(GPIOB_ODR_Addr,n) //输出
    #define PBin(n)    BIT_ADDR(GPIOB_IDR_Addr,n) //输入
    #define PCout(n)   BIT_ADDR(GPIOC_ODR_Addr,n) //输出
    #define PCin(n)    BIT_ADDR(GPIOC_IDR_Addr,n) //输入
    #define PDout(n)   BIT_ADDR(GPIOD_ODR_Addr,n) //输出
    #define PDin(n)    BIT_ADDR(GPIOD_IDR_Addr,n) //输入
    #define PEout(n)   BIT_ADDR(GPIOE_ODR_Addr,n) //输出
    #define PEin(n)    BIT_ADDR(GPIOE_IDR_Addr,n) //输入
    #define PFout(n)   BIT_ADDR(GPIOF_ODR_Addr,n) //输出
    #define PFin(n)    BIT_ADDR(GPIOF_IDR_Addr,n) //输入
    #define PGout(n)   BIT_ADDR(GPIOG_ODR_Addr,n) //输出
    #define PGin(n)    BIT_ADDR(GPIOG_IDR_Addr,n) //输入
    #endif
    /***********************************
    程序功能:延时函数头文件
    ***********************************/
    #ifndef _SysTick_H
    #define _SysTick_H
    #include "system.h"
    void SysTick_Init(u8 SYSCLK);
```

```c
void delay_ms(u16 nms);
void delay_us(u32 nus);
#endif
/***********************************
程序功能：延时函数
***********************************/
#include "SysTick.h"
static u8  fac_us=0;                               //us 延时倍乘数
static u16 fac_ms=0;                               //ms 延时倍乘数
//初始化延迟函数
//SYSTICK 的时钟固定为 AHB 时钟的 1/8
//SYSCLK:系统时钟频率
void SysTick_Init(u8 SYSCLK)
{
    SysTick_CLKSourceConfig(SysTick_CLKSource_HCLK_Div8);
    fac_us=SYSCLK/8;
    fac_ms=(u16)fac_us*1000;
}
//延时 nus
//nus 为要延时的 us 数
void delay_us(u32 nus)
{
    u32 temp;
    SysTick->LOAD=nus*fac_us;                      //时间加载
    SysTick->VAL=0x00;                             //清空计数器
    SysTick->CTRL|=SysTick_CTRL_ENABLE_Msk;        //开始倒数
    do
    {
        temp=SysTick->CTRL;
    }while((temp&0x01)&&!(temp&(1<<16)));          //等待时间到达
    SysTick->CTRL&=~SysTick_CTRL_ENABLE_Msk;       //关闭计数器
    SysTick->VAL =0X00;                            //清空计数器
}
//延时 nms
//注意 nms 的范围
//SysTick->LOAD 为 24 位寄存器,所以,最大延时为:
//nms<=0xffffff*8*1000/SYSCLK
//SYSCLK 单位为 Hz,nms 单位为 ms
//对 72M 条件下,nms<=1864
void delay_ms(u16 nms)
{
    u32 temp;
    SysTick->LOAD=(u32)nms*fac_ms;                 //时间加载(SysTick->LOAD 为 24bit)
    SysTick->VAL =0x00;                            //清空计数器
    SysTick->CTRL|=SysTick_CTRL_ENABLE_Msk ;       //开始倒数
    do
    {
        temp=SysTick->CTRL;
    }while((temp&0x01)&&!(temp&(1<<16)));          //等待时间到达
    SysTick->CTRL&=~SysTick_CTRL_ENABLE_Msk;       //关闭计数器
    SysTick->VAL =0X00;                            //清空计数器
}
/***********************************
程序功能：LED 头文件
***********************************/
#ifndef _led_H
#define _led_H
#include "system.h"
/*  LED 时钟端口、引脚定义 */
```

```
#define LED_PORT              GPIOC
#define LED_PIN               GPIO_Pin_0
#define LED_PORT_RCC          RCC_APB2Periph_GPIOC
#define led1 PCout(0)
void LED_Init(void);
#endif
/*********************************
程序功能：led初始化
*********************************/
#include "led.h"
void LED_Init()
{
    GPIO_InitTypeDef GPIO_InitStructure;        //定义结构体变量
    RCC_APB2PeriphClockCmd(LED_PORT_RCC,ENABLE);
    GPIO_InitStructure.GPIO_Pin=LED_PIN;        //选择要设置的I/O接口
    GPIO_InitStructure.GPIO_Mode=GPIO_Mode_Out_PP;    //设置推挽输出模式
    GPIO_InitStructure.GPIO_Speed=GPIO_Speed_50MHz;   //设置传输速率
    GPIO_Init(LED_PORT,&GPIO_InitStructure);        /* 初始化GPIO */
    GPIO_SetBits(LED_PORT,LED_PIN);             //将LED端口拉高，熄灭所有LED
}
/*********************************
程序功能：串口1头文件
*********************************/
#ifndef __usart_H
#define __usart_H
#include "system.h"
#include "stdio.h"
void USART1_Init(u32 bound);
#endif
/*********************************
程序功能：串口初始化
*********************************/
#include "usart.h"
int fputc(int ch,FILE *p)        //函数默认的,在使用printf函数时自动调用
{
    USART_SendData(USART1,(u8)ch);
    while(USART_GetFlagStatus(USART1,USART_FLAG_TXE)==RESET);
    return ch;
}
//串口初始化
void USART1_Init(u32 bound)
{
    //GPIO端口设置
    GPIO_InitTypeDef GPIO_InitStructure;
    USART_InitTypeDef USART_InitStructure;
    NVIC_InitTypeDef NVIC_InitStructure;
    RCC_APB2PeriphClockCmd(RCC_APB2Periph_GPIOA,ENABLE);
    RCC_APB2PeriphClockCmd(RCC_APB2Periph_USART1,ENABLE);
    RCC_APB2PeriphClockCmd(RCC_APB2Periph_AFIO,ENABLE);        //打开时钟
    /* 配置GPIO的模式和I/O接口 */
    GPIO_InitStructure.GPIO_Pin=GPIO_Pin_9;//TX              //串口输出PA9
    GPIO_InitStructure.GPIO_Speed=GPIO_Speed_50MHz;
    GPIO_InitStructure.GPIO_Mode=GPIO_Mode_AF_PP;            //复用推挽输出
    GPIO_Init(GPIOA,&GPIO_InitStructure);  /* 初始化串口输入IO */
    GPIO_InitStructure.GPIO_Pin=GPIO_Pin_10;//RX            //串口输入PA10
    GPIO_InitStructure.GPIO_Mode=GPIO_Mode_IN_FLOATING;     //模拟输入
    GPIO_Init(GPIOA,&GPIO_InitStructure); /* 初始化GPIO */

    //USART1初始化设置
```

```
      USART_InitStructure.USART_BaudRate = bound;//波特率设置
      USART_InitStructure.USART_WordLength = USART_WordLength_8b;//字长为8位数据格式
      USART_InitStructure.USART_StopBits = USART_StopBits_1;  //一个停止位
      USART_InitStructure.USART_Parity = USART_Parity_No;      //无奇偶校验位
      USART_InitStructure.USART_HardwareFlowControl = USART_HardwareFlowControl_None;//无
硬件数据流控制
      USART_InitStructure.USART_Mode = USART_Mode_Rx | USART_Mode_Tx;  //收发模式
      USART_Init(USART1, &USART_InitStructure);            //初始化串口1
      USART_Cmd(USART1, ENABLE);  //使能串口1
      USART_ClearFlag(USART1, USART_FLAG_TC);
      USART_ITConfig(USART1, USART_IT_RXNE, ENABLE);          //开启相关中断
      //Usart1 NVIC 配置
      NVIC_InitStructure.NVIC_IRQChannel = USART1_IRQn;        //串口1中断通道
      NVIC_InitStructure.NVIC_IRQChannelPreemptionPriority=3;//抢占优先级3
      NVIC_InitStructure.NVIC_IRQChannelSubPriority =3;        //子优先级3
      NVIC_InitStructure.NVIC_IRQChannelCmd = ENABLE;          //IRQ 通道使能
      NVIC_Init(&NVIC_InitStructure);        //根据指定的参数初始化 VIC 寄存器
   }
   //USART1 中断函数
   void USART1_IRQHandler(void)              //串口1中断服务程序
   {
      u8 r;
      if(USART_GetITStatus(USART1, USART_IT_RXNE) != RESET)   //接收中断
      {
          r =USART_ReceiveData(USART1);//(USART1->DR);            //读取接收到的数据
          USART_SendData(USART1,r);
          while(USART_GetFlagStatus(USART1,USART_FLAG_TC) != SET);
      }
      USART_ClearFlag(USART1,USART_FLAG_TC);
   }
   /**********************************
   程序功能：A/D 转换头文件
   **********************************/
   #ifndef _adc_H
   #define _adc_H
   #include "system.h"
   void ADCx_Init(void);
   u16 Get_ADC_Value(u8 ch,u8 times);
   #endif
   /**********************************
   程序功能：A/D 转换程序
   **********************************/
   #include "adc.h"
   #include "SysTick.h"
   //A/D 转换初始化
   void ADCx_Init(void)
   {
      GPIO_InitTypeDef GPIO_InitStructure;                  //定义结构体变量
      ADC_InitTypeDef      ADC_InitStructure;
      RCC_APB2PeriphClockCmd(RCC_APB2Periph_GPIOA|RCC_APB2Periph_ADC1,ENABLE);
      RCC_ADCCLKConfig(RCC_PCLK2_Div6);//设置 ADC 分频因子 6 72M/6=12,ADC 最大时间不能超过 14M
GPIO_InitStructure.GPIO_Pin=GPIO_Pin_1;      //ADC
      GPIO_InitStructure.GPIO_Mode=GPIO_Mode_AIN;            //模拟输入
      GPIO_InitStructure.GPIO_Speed=GPIO_Speed_50MHz;
      GPIO_Init(GPIOA,&GPIO_InitStructure);
      ADC_InitStructure.ADC_Mode = ADC_Mode_Independent;
      ADC_InitStructure.ADC_ScanConvMode = DISABLE;          //非扫描模式
      ADC_InitStructure.ADC_ContinuousConvMode = DISABLE;    //关闭连续转换
      ADC_InitStructure.ADC_ExternalTrigConv = ADC_ExternalTrigConv_None;//禁止触发检测,使用
```

软件触发

```
        ADC_InitStructure.ADC_DataAlign = ADC_DataAlign_Right;  //右对齐
        ADC_InitStructure.ADC_NbrOfChannel = 1;//1 个转换在规则序列中 也就是只转换规则序列 1
        ADC_Init(ADC1, &ADC_InitStructure);                     //ADC 初始化
        ADC_Cmd(ADC1, ENABLE);//开启 AD 转换器
        ADC_ResetCalibration(ADC1);//重置指定的 ADC 的校准寄存器
        while(ADC_GetResetCalibrationStatus(ADC1));             //获取 ADC 重置校准寄存器的状态
        ADC_StartCalibration(ADC1);//开始指定 ADC 的校准状态
        while(ADC_GetCalibrationStatus(ADC1));                  //获取指定 ADC 的校准程序
        ADC_SoftwareStartConvCmd(ADC1, ENABLE);                 //使能或者失能指定的ADC 的软件转
换启动功能
    }
    //获取 A/D 转换的值,并且是 times 次转换结果平均值
    u16 Get_ADC_Value(u8 ch,u8 times)
    {
        u32 temp_val=0;
        u8 t;
        //设置指定 ADC 的规则组通道,一个序列,采样时间
        ADC_RegularChannelConfig(ADC1, ch, 1, ADC_SampleTime_239Cycles5);     //ADC1,ADC 通
道,239.5 个周期,提高采样时间可以提高精确度
        for(t=0;t<times;t++)
        {
            ADC_SoftwareStartConvCmd(ADC1, ENABLE);            //使能指定的 ADC1 的软件转换启动
功能
            while(!ADC_GetFlagStatus(ADC1, ADC_FLAG_EOC ));    //等待转换结束
            temp_val+=ADC_GetConversionValue(ADC1);
            delay_ms(5);
        }
        return temp_val/times;
```

程序使用的是 A/D 转换的通道 1,对应的引脚为 PA1,并且将多次转换的平均值作为转换结果。串口使用的是串口 1,对应的引脚为 PA9（发送引脚）和 PA10（接收引脚）。

6.2.2 温度的测量

1. 温度与温标

不论是太阳能利用系统（特别是太阳能光热转换系统），还是工业控制及应用系统，温度都是经常被测量的物理量，温度的测量具有十分重要的地位。温度是衡量物体冷热程度的物理量，从微观角度而言，其是物质分子热运动剧烈程度的一种描述；从分子热运动论观点来看，温度是物体分子运动平均动能的标志，温度是大量分子热运动的集体表现，含有统计意义。对于单个分子而言，采用温度对其进行物理描述是没有意义的。

用来度量物质温度数值的标尺称为温标。有了温标就可以确切、定量地描述物质的冷热程度，即温度。根据温标的规定不同，物质在同一温度下，其数值往往不同，这是由温标的制定所决定的。

（1）经验温标

1）摄氏度温标。1740 年，瑞典人摄氏把冰点定为 0 摄氏度，把水的沸点定为 100 摄氏度（现在有更为严格的规定，即在标准大气压下，采用纯水），并用这两个固定点来等分玻璃水银温度计，将两个固定点之间的距离等分为 100 份，每一份为 1 摄氏度，记作 1℃，通常摄氏度温标用字母 t 或 T 表示。采用这种标定温度的方法称为摄氏度温标。

2）华氏温标。1714 年，德国人以水银为测温介质，以水银的体积随温度的变化为依据，制成玻璃水银温度计。规定水的沸腾温度为 212 华氏度，氯化氨和冰的混合物为 0 华氏度，这两个

固定点中间等分为 212 份，每一份为 1 华氏度，记作 1°F，通常华氏温标用字母 F 表示。现在我们已经清楚地知道，氯化氨和冰的混合物约为-17.18℃，在标准大气压下，纯水冰融点为 32°F，所以摄氏度温标和华氏温标之间的转换关系为

$$t / ℃ = \frac{5}{9}(F / ℉ - 32) \tag{6-24}$$

还有一些类似的经验温标，如兰氏、列氏等，都有各自相应的标定方法。

（2）热力学温标

经验温标对温度的标定主要依赖测温物质的性质，并且种类多，往往缺少共同的测温标准，因此人们希望找到一种温标在使用中不受到物质性质的限制。这种温标可以借用热力学第二定律和卡诺定理从理论上推导获得，称为热力学温标。

卡诺定理指出在两个恒温的热源和冷源间工作的任意可逆热机，热效率都相同，它取决于热源和冷源的温度，而与工质无关。

如图 6-7 所示，在温度分别为 τ_1、τ_2 的热源和冷源间工作有一可逆热机 A，根据卡诺定理，热效率 η_A 只是温度的函数，因此有

$$\eta_A = 1 - \frac{Q_2}{Q_1} = \Phi(\tau_1, \tau_2) \tag{6-25}$$

从数学函数的角度，式（6-25）也可以写成

$$\frac{Q_1}{Q_2} = F(\tau_1, \tau_2) \tag{6-26}$$

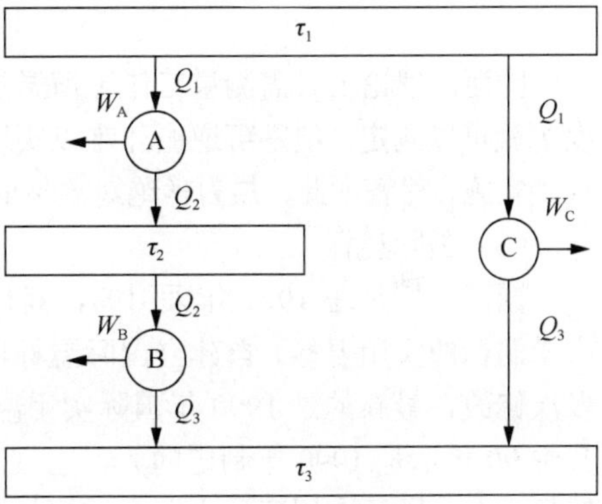

图 6-7　热力学温标推导示意图

同理，对于工作在 τ_2、τ_3 热源间的可逆热机 B 有

$$\frac{Q_2}{Q_3} = F(\tau_2, \tau_3) \tag{6-27}$$

进一步，由卡诺定理知，在 τ_1、τ_3 间 A 和 B 两可逆热机联合工作的效果一定与可逆热机单独工作的 C 的相同。也就是说，C 若从热源 τ_1 吸热 Q_1，则也应该向 τ_3 放出同样大小的热量 Q_3，所以有

$$\frac{Q_1}{Q_3} = F(\tau_1, \tau_3) \tag{6-28}$$

联立式（6-26）～式（6-28），则有

$$F(\tau_1, \tau_2) = \frac{F(\tau_1, \tau_3)}{F(\tau_2, \tau_3)} \tag{6-29}$$

式中，左侧为一个 τ_1、τ_2 的函数；右侧函数含有 τ_3，所以右侧分子、分母上的 τ_3 必然可以消去。因而，函数 F 应该可以写为

$$F(\tau_1, \tau_2) = \frac{f(\tau_1)\varphi(\tau_3)}{f(\tau_2)\varphi(\tau_3)} = \frac{f(\tau_1)}{f(\tau_2)} \tag{6-30}$$

式中，$f(\tau)$ 为温度的待定函数。函数形式仅与温标的选择有关，而温标的选择是任意的，只要选定，$f(\tau)$ 的形式也就确定。开尔文建议一个最简单的选择，就直接令 $f(\tau)$ 为 T，因而有

$$\frac{Q_1}{Q_2} = \frac{T_1}{T_2} \tag{6-31}$$

根据式（6-31）建立的温标即热力学绝对温标。热力学温度的比值被定义为工作于两个恒温热源间的可逆热机与热源交换热量的比值，而与工质性质无关。

式（6-31）中若指定了热力学绝对温标的基准点和分度，才能确定温度值。1954 年第十届国际计量会议将纯水的三相点热力学温度 T_{tp} 定为 273.16 K，做此规定后温标的分度也就被确定了，同时也给定此温标的零点（0K）是水的三相点以下 273.16 K，每 1 K 是水三相点热力学温标的 1/273.16，这种方法称为单点定度法。这样以任意温度 T 和水的三相点温度 T_{tp} 代入式（6-31），则有

$$T = T_{tp} \frac{Q}{Q_{tp}} = 273.16 \frac{Q}{Q_{tp}} \tag{6-32}$$

因而，理论上只需测量工作于恒温热源 T、T_{tp} 间可逆热机的吸热量和放热量 Q、Q_{tp}，任意温度 T 就可以测定。但是可逆循环难以实现，精确测量 Q、Q_{tp} 也有困难，所以热力学绝对温标无法直接实施。尽管如此，热力学绝对温标的建立有着深远的理论价值，它是科学、严密的基本温标。

（3）国际温标

国际温标是在 1927 年采用的，其目的在于提供一种容易准确复现，并且尽可能给出接近热力学温标的实用温标。自建立国际温标以来，为了使它更好地符合热力学温标，曾先后对它做了多次修改，最新的是 1990 年国际实用温标（the International Temperature scale of 1990，ITS-90，其中 90 表示是 1990 年制定的），它规定热力学温度是基本的物理量，符号为 T，单位开尔文，符号为 K。国际实用开尔文温度和摄氏温度的关系为

$$t_{90} / \text{℃} = T_{90} / \text{K} - 273.15 \tag{6-33}$$

ITS-90 中也规定，水三相点热力学温度为 273.16K，定义 1 开尔文等于水三相点热力学温度 1/273.16。通常复现温度时，采用标准热电偶、热电阻等传感器。

2．热电偶测量温度

（1）热电偶基本原理

在图 6-3 中，产生的总热电势包括导体温差电势和两种导体的接触电势两部分，各自都有其形成的原因。将导体两端分别置于不同的温度场 T、T_0（假设 $T>T_0$）中，在导体的内部，热端自由电子具有较大的动能且大于冷端自由电子的动能，总体呈现自由电子向冷端移动，从而使热端失去电子带正电荷，而冷端得到电子带负电荷。这样导体两端便产生了一个由热端指向冷端的静电场。该静电场将阻止自由电子从热端向冷端移动，最后达到动态平衡。导体两端便产生了电势，这就是导体温差电动势。对于图 6-3 可以用式（6-34）和式（6-35）表示温差电动势：

$$E_A(T, T_0) = \frac{k}{e} \int_{T_0}^{T} \frac{1}{N_A(T)} \mathrm{d}[N_A(T)T] \tag{6-34}$$

$$E_B(T, T_0) = \frac{k}{e} \int_{T_0}^{T} \frac{1}{N_A(T)} \mathrm{d}[N_B(T)T] \tag{6-35}$$

式中，e 为电子电荷量；k 为玻尔兹曼常数；N_A 和 N_B 分别为金属导体 A 和 B 的自由电子的密度。

当 A 和 B 两种不同材料的导体接触时，由于两者内部电子密度不同，电子在两个方向上扩散的速率就不一样。假设导体 A 的自由电子密度大于导体 B 的自由电子密度，则导体 A 扩散到

导体 B 的电子数要比导体 B 扩散到导体 A 的电子数大。所以，导体 A 失去电子带正电荷，导体 B 得到电子带负电荷。在 A、B 两导体的接触界面上便形成一个由 A 到 B 的电场。该电场的方向与扩散进行的方向相反，它将引起反方向的电子转移，阻碍扩散作用的继续进行。当扩散作用与阻碍扩散作用相等时，从导体 A 扩散到导体 B 的自由电子数与导体 B 到导体 A 的自由电子数相等，处于一种动态平衡状态。在这种状态下，A 与 B 两导体的接触处产生了电位差，这就是接触电势。对于图 6-3 中的接触电势可以用式（6-36）和式（6-37）表示：

$$E_{AB}(T) = \frac{kT}{e} \ln \frac{N_A(T)}{N_B(T)} \tag{6-36}$$

$$E_{AB}(T_0) = \frac{kT}{e} \ln \frac{N_A(T_0)}{N_B(T_0)} \tag{6-37}$$

因此，图 6-3 中的总热电势 ε_{AB} 的值就可以写为

$$\varepsilon_{AB} = E_{AB}(T) - E_{AB}(T_0) + E_B(T, T_0) - E_A(T, T_0) \tag{6-38}$$

由于 N_A 和 N_B 是温度的单值函数，只要 T_0 的值是固定的，这个热电势 ε_{AB} 就是热端温度 T 的单值函数，因此有

$$\varepsilon_{AB} = f(T) - f(T_0) \tag{6-39}$$

式（6-39）表示热电偶的热电势仅仅是温度 T 的函数与一个参考点的电势的差值（实际的热电偶分度表中，参考温度点为 0℃，部分热电偶分度表见附录 B）。

结合式（6-34）～式（6-39）可以得到如下结论：

1）热电偶回路的电势的大小与导体材料、结点的温度有关，与导体的直径、长度及几何形状无关。

2）只有两种不同材料（导体或半导体）才能组合成热电偶，采用相同材料则不会产生热电势，常见的热电偶名称及分度号见表 6-2。这是因为材料相同，材料中自由电子的密度一样，不能产生接触电势。同时材料的温差电势大小一样，但是符号相反，互为抵消，总体上不会产生电势。

表 6-2　常见的热电偶名称及分度号

序号	名称	分度号	一般测温范围/℃
1	铂铑 $_{10}$-铂	S	-40～1600
2	铂铑 $_{13}$-铂	R	-40～1600
3	铂铑 $_{30}$-铂铑 6	B	200～1800
4	镍铬-镍硅	K	-270～1300
5	镍铬硅-镍硅镁	N	-270～1260
6	镍铬-康铜	E	-270～1000
7	铁-康铜	J	-40～760
8	铜-康铜	T	-270～350

3）只有热电偶的材料不同，以及冷热两端的温度不同，才会产生热电势。

4）只要热电偶的材料已经确定，热电偶产生电势大小就是温差及参考端温度的函数，实际使用中的热电偶就是利用这一原理进行测量温度的。

（2）热电偶均质导体定律

在由一种均质导体组成的闭合回路中，不论导体的截面和长度如何变化，以及各处的温度分

布如何改变，均质导体组成的闭合回路中都不能产生热电势。

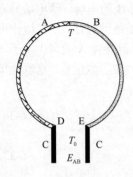

（3）热电偶中间导体定律

在热电偶中接入第 3 种均质导体，只要第 3 种导体的两结点温度相同，热电偶的热电势就不变，如图 6-8 所示。热电偶的这种性质在实际应用上有很重要的意义，可以方便地在回路中直接接入各种类型的显示仪表或调节器，也可以将热电偶的两端不焊接而直接焊在金属表面进行测量。

进一步在热电偶中接入第 4、5、…种导体，只要保证插入导体的两结点温度相同，且是均质导体，热电偶的热电势就仍不变。

（4）热电偶标准电极定律

热电极 A、B 分别与标准电极 C 组成热电偶，在结点温度为 (T, T_0)

图 6-8　热电偶中间导体定律

时的热电动势分别为 ε_{AC} 和 ε_{BC}，则在相同温度下，由 A、B 两种热电极配对后的热电动势为

$$\varepsilon_{AB}(T, T_0) = \varepsilon_{AC}(T, T_0) - \varepsilon_{BC}(T, T_0) \tag{6-40}$$

式（6-40）的热电偶标准电极定律的原理如图 6-9 所示。

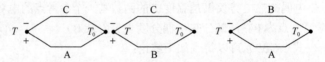

图 6-9　热电偶标准电极定律

例 6-2　在图 6-9 中，假设，铂铑$_{13}$-铂热电偶的 $\varepsilon_{AC}(100,0)$ 为 0.647mV，铂铑$_{10}$-铂热电偶的 $\varepsilon_{BC}(100,0)$ 为 0.646 mV。试求铂铑$_{13}$-铂铑$_{10}$ 在相同温度条件下的热电动势。

解　很显然，由标准电极定律可知

$$\varepsilon_{AB}(100, 0) = \varepsilon_{AC}(100, 0) - \varepsilon_{BC}(100, 0) = 0.647 - 0.646 = 0.001(mV)$$

由此可知，通过铂铑$_{13}$-铂热电偶和铂铑$_{10}$-铂热电偶的热电势的简单计算，就可获得铂铑$_{13}$-铂铑$_{10}$ 的热电势。

（5）热电偶中间温度定律

热电极 A、B 分别组成热电偶在结点温度为 (T, T_0) 时的热电动势，与热电极 A、B 分别组成热电偶在结点温度为 (T, T_x) 时的热电动势加上热电极 A、B 分别组成热电偶在结点温度为 (T_x, T_0) 时的热电动势相等，表示为

$$\varepsilon_{AB}(T, T_0) = \varepsilon_{AB}(T, T_x) + \varepsilon_{AB}(T_x, T_0) \tag{6-41}$$

式（6-41）的热电偶中间温度定律的原理如图 6-10 所示。

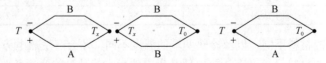

图 6-10　热电偶中间温度定律的原理

例 6-3　在图 6-10 中，假设铂铑$_{10}$-铂热电偶时其自由端温度为 20℃，测得热电势为 0.533mV，试求被测介质的实际温度。

解 查热电偶分度表（附录 B）有：铂铑 $_{10}$-铂热电偶 $\varepsilon(20,0)$ 为 0.113mV。由热电偶中间温度定律可知

$$\varepsilon_{AB}(T,0) = \varepsilon_{AB}(T,20) + \varepsilon_{AB}(20,0) = 0.533 + 0.113 = 0.646(mV)$$

然后查热电偶分度表（附录 B）得热端的温度为 100℃。

（6）热电偶冷端补偿处理

1）冰点法。

热电偶产生的热电势与两端温度有关。由热电偶中间温度定律可知，只有冷端的温度恒定，热电势才是热端温度的单值函数。热电偶分度表通常是以冷端温度为 0℃时做出的，因此，使用时要正确反映热端温度的方法是使冷端温度恒为 0℃。冰点法就是不进行冷端温度补偿，直接将冷端置于 0℃下的热电偶测量方法。在标准大气压下，清洁的冰水共存混合物的温度为 0℃，据此制成一冰点槽，将冷端置于此槽内。实际应用时可利用广口保温瓶，将冰水共存混合物倒入瓶内，利用变压器油的热惰性恒温，将装有变压器油的直径不大于 15mm 玻璃试管插入瓶内，插入深度应不大于 100mm。使用时将两根热电极的冷端分别插入两支试管中。冰点法是一种准确度很高的冷端处理方法，但要保持冰、水两相共存比较麻烦，因此这种方法只用于实验室，工业应用中一般不使用。

2）热电势修正。

由于热电偶分度表（热电偶温度与热电势曲线）是在冷端温度为 0℃时做出的，与它配套使用的仪表又是根据热电偶分度表设计的，因此尽管使用补偿导线使热电偶冷端延伸到温度恒定的地方，但只要冷端温度不为 0℃，就必须对仪表的指示值加以修正。如果测温热电偶的热端温度为 T，冷端温度为 T_n 而不是 0℃，那么测得热电偶的输出电势为 $E(T, T_n)$，根据中间温度定律计算热端温度为 T、冷端为 0℃时的电动势，然后从相应分度表中查得热端温度 T。热电偶温度与热电势曲线为非线性的，所以相加是指热电势的相加，而不是简单的温度相加。

3）补偿导线。

补偿导线是指一对材料化学成分不同的导线，在一定温度范围内（如 0～150℃）其与配接的热电偶有一致的热电特性，热电势相等，但价格相对便宜，即降低了成本。补偿导线的作用是将热电偶的冷端延长到温度相对稳定的地方，实质是将热电极延长。只有当冷端温度恒定时，产生的热电势才与热端温度成单值函数关系。将补偿导线和测温热电偶冷端连接，将冷端延伸，连同显示仪表一起放置在恒温或温度波动较小的仪表室或集中控制室中，使热电偶的冷端免受热设备或高温介质的影响，既节省了贵重金属热电极材料，也保证了测量的准确性。随着热电偶的标准化，补偿导线也形成了标准系列，几种常用的热电偶补偿导线特性见表 6-3。

表 6-3 常用的热电偶补偿导线特性

热电偶	配用的补偿导线					
	材料		绝缘层着色标志		$E(100,0)$/mV	20℃电阻率不大于/ $(\Omega \cdot mm^2/m)$
	正极	负极	正极	负极		
铂铑 $_{10}$-铂	铜	铜镍	红	绿	0.643±0.023	0.0484
镍铬-镍硅	铜	康铜	红	棕	4.10±0.15	0.634
镍铬-康铜	镍铬	康铜	紫	棕	6.3±20.3	1.19

4）电桥补偿。

计算修正法虽然很精确，但不适合连续测温，因此，有些仪表的测温线路中带有电桥补偿，

利用不平衡电桥产生相应的电势，以补偿热电偶因冷端温度波动引起的热电势的变化。由前面的热电势修正法可知，当热电偶冷端温度 T_n 偏离规定值 0℃时，热电势需要修正，如果能在热电偶的测量回路中串联一个等于 $E(T_n,0)$ 直流电压 U，则热电偶回路总电势为

$$E(T,T_n)+U = E(T,T_n) + E(T_n,0) = E(T,0) \qquad (6\text{-}42)$$

这样就可以消除冷端温度变化的影响，从而得到完全补偿，直接得到正确测量值。显然，直流电压 U 应随冷端温度 T_n 变化而变化，并在补偿的温度范围内具有所配用的热电偶的热电特性相一致的变化规律。

常用的冷端温度补偿器是一个补偿电桥，实际是在热电偶回路中接入了一个直流信号为 $E(T_n,0)$ 的毫伏发生器，如图 6-11 所示。毫伏发生器利用不平衡电桥产生电压，将该电压经导线与热电偶串联，热电偶的冷端与补偿电桥处于同一环境温度中，从而达到补偿热电偶冷端温度变化而引起的热电势变化。

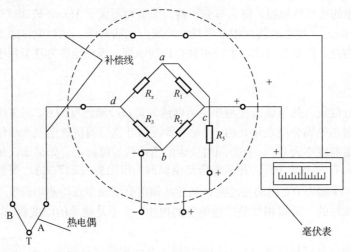

图 6-11　冷端温度补偿器

在电桥中，R_1、R_2、R_3、R_5 是由温度系数非常小的电阻，其电阻值很稳定，几乎不随环境温度的变化而变化。电桥另一个桥臂 R_x 电阻通常在 20℃时处于平衡状态。电桥的输出端 c、d 串接在热电偶的回路中。热电偶通过补偿导线与冷端温度补偿器相接，热电偶冷端与桥臂电阻 R_x 在同一温度 T_n 下。

当热电偶的冷端温度 T_n 为 20℃时，电桥处于平衡状态，U_{cd} 为 0V，此时热电偶回路的热电势为 $E_{AB}(T,20)$，再加上 $E(20,0)$ 的电压值，才是测温点温度 T 对应的电压值。

当冷端温度 T 偏离 20℃时，桥臂电阻 R_x 的阻值将随温度的变化而变化，使电桥失去平衡，如果适当选择桥臂电阻和限流电阻 R_5 的阻值，那么可使电桥输出的不平衡电压 U_{cd} 恰好等于冷端温度 T_n 偏离 20℃时的热电势修正值，即 U_{cd} 为 $(T_n,20)$，这个电压与热电偶的热电势 $E_{AB}(T,T_n)$ 相叠加，使回路的总电势仍为 $E_{AB}(T,20)$，从而补偿了冷端温度变化的影响。

采用电桥补偿比其他修正法方便，热电偶所产生的热电势与温度之间的关系虽然是非线性的，每变化 1℃所产生的毫伏数并非都相同，但补偿电阻的阻值变化与温度变化成线性关系，因此这种补偿方法是近似的。在实际使用时，由于热电偶冷端温度变化范围不会太大，这种补偿方法常被采用。

使用电桥补偿时，应注意其只能在规定温度补偿范围内与其相应型号的热电偶配用。接线时，

正负极性不能接错。当热电偶通过补偿导线连接显示仪表时，如果热电偶冷端温度已知且恒定，则可预先将有零位调整器的显示仪表的指针从刻度的初始值调至已知的冷端温度值上，调零后的显示仪表的示值才为被测量物质温度的实际值。

（7）热电偶的构造

1）普通型热电偶。

普通型热电偶通常由热电极、绝缘套管、保护套管和接线盒等主要部分组成。热电极的直径由材料的价格、机械强度、电导率及热电偶的测温范围确定，贵金属的热电极采用直径为 0.3～0.65mm 的细丝，普通金属的热电极直径一般为 0.5～3.2mm。

绝缘套管用于保证热电偶两电极之间及电极与保护套管之间的电气绝缘。绝缘套管通常采用带孔的耐高温陶瓷管，其中热电极从陶瓷管的孔内穿过。

保护套管在热电极和绝缘套管外边，其作用是保护热电极（绝缘材料）不受化学腐蚀和机械损伤，同时便于仪表人员安装和维护。保护套管的材料应具有耐高温、耐腐蚀、机械强度高、热导率高等性能，目前主要有金属、非金属和金属陶瓷三类。其中不锈钢是常用的一种，可用于温度在 900℃ 以下的场合。可根据不同的使用环境选择不同材质的保护套管。

接线盒用于连接热电偶冷端和引出线，引出线一般是与该热电偶配套的补偿线。接线盒兼有密封和保护接线端不受腐蚀的作用。

2）铠装热电偶。

铠装热电偶是由热电偶丝、绝缘材料和金属套管三者经拉伸加工而成的坚实组合体。它可以做得很细、很长，在使用中也可以随测量需要任意弯曲。套管材料一般为钢（不锈钢）或镍基高温合金等。热电极与套管之间填满了绝缘材料的粉末，常用的绝缘材料有氧化镁、氧化铝等。

铠装热电偶的主要特点：测量端热容量小，动态响应快；内部的热电偶丝与外界空气隔绝，有着良好的抗高温氧化、抗机械外力冲击的特性；可安装在结构复杂的装置上，易于制成特殊用途的形式；耐压、抗振、寿命长。

3）薄膜热电偶。

薄膜热电偶是由两种金属薄膜连接而成的一种特殊结构的热电偶。这种热电偶的热端既小又薄，热容量小，可用于微小面积的温度测量。薄膜热电偶的动态响应快，可测量瞬变的表面温度。其中片状结构的薄膜热电偶是采用真空蒸镀法将两种热电极材料蒸镀到绝缘基板上，上面再蒸镀一层二氧化硅薄膜作为绝缘和保护层。如果将热电极材料直接蒸镀在被测表面上，其时间常数可以达到微秒级，可用来测量变化极快的温度，也可将薄膜热电偶制成针状，针尖处为热端，用来测量某一点的温度。

（8）K 型热电偶的 A/D 转换芯片 MAX6675 测量温度

通常，采用热电偶测温时，需要知道冷端的温度，这给热电偶测量温度带来了麻烦。另外，在测量温度时，获得的热电偶的热电势是模拟量，且基本为毫伏的数量级，不易测量，要用到毫伏表（一般的万用表难以达到要求，测量误差较大）。MAX6675 芯片可以将 K 型热电偶的热电势对应的温度值直接转换为数字信号，用单片机的 I/O 接口与 MAX6675 芯片通信，并进行数据实时采集，就可得到被测量的温度值，MAX6675 芯片如图 6-12 所示。

图 6-12 MAX6675 芯片

MAX6675 输出的数字信号是 12bit，MAX6675 芯片内部自带冷端补偿，其温度的分辨能力达到了 0.25℃，可以满足大多数工业应用场合。常见的 MAX6675 采用贴片封装，体积小，可靠性好。通常与单片机进行串行外设接口

（serial peripheral interface，SPI）通信，只需 3 根信号线就能实现，常用的 MAX6675 芯片测温电路图如图 6-13 所示。

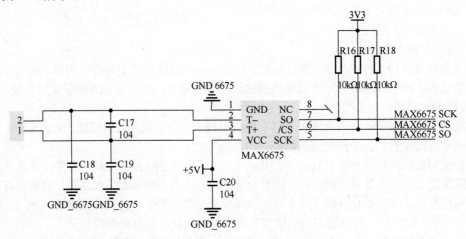

图 6-13　常用的 MAX6675 芯片测温电路图

例 6-4　使用图 6-13 中 MAX6675 芯片测温电路，试采用 STM32F103ZET6 单片机对 K 型热电偶的探温端的温度进行检测（图 6-13 中左边的 1 端和 2 端直接连接 K 型热电偶，1 端连接热电偶的正极，2 端连接热电偶的负极）。

解　将 MAX6675 芯片的电源供电，连接上 K 型热电偶。将 MAX6675 芯片的 5、6、7 引脚分别连接到检测电压信号，可以通过 STM32F103ZET6 内部资源的 A/D 转换功能实现，检测单片机模拟通道的输入电压值。再通过线性计算还原实时检测的温度，并通过串口将测得的结果打印显示。

样例主要代码：

```
//********************************
程序功能：采用 STM32F103ZET6 实时读取 max6675 的 SPI 值（K 型热电偶测温时对应的数字量），然后进行温度转
换并将结果打印到串口端
********************************/
//头文件
#include "system.h"
#include "SysTick.h"
#include "led.h"
#include "usart.h"
//宏定义
#define cs_1    GPIO_SetBits(GPIOC, GPIO_Pin_11)
#define cs_0    GPIO_ResetBits(GPIOC, GPIO_Pin_11)
#define sck_1   GPIO_SetBits(GPIOC, GPIO_Pin_12)
#define sck_0   GPIO_ResetBits(GPIOC, GPIO_Pin_12)
#define so      GPIO_ReadInputDataBit(GPIOD,GPIO_Pin_2)
//max6675初始化
void Max6675_Init()
{
  GPIO_InitTypeDef GPIO_InitStructure;
  RCC_APB2PeriphClockCmd(RCC_APB2Periph_GPIOC,ENABLE);    //开 C 口时钟
  RCC_APB2PeriphClockCmd(RCC_APB2Periph_GPIOD,ENABLE);    //开 D 口时钟
    GPIO_InitStructure.GPIO_Pin =GPIO_Pin_11;
  GPIO_InitStructure.GPIO_Mode = GPIO_Mode_Out_PP;
  GPIO_InitStructure.GPIO_Speed = GPIO_Speed_50MHz;
```

```
    GPIO_Init(GPIOC, &GPIO_InitStructure);
      GPIO_InitStructure.GPIO_Pin =GPIO_Pin_2;
    GPIO_InitStructure.GPIO_Mode = GPIO_Mode_IPU;
    GPIO_InitStructure.GPIO_Speed = GPIO_Speed_50MHz;
    GPIO_Init(GPIOD, &GPIO_InitStructure);
        GPIO_InitStructure.GPIO_Pin =GPIO_Pin_12;
    GPIO_InitStructure.GPIO_Mode = GPIO_Mode_Out_PP;
    GPIO_InitStructure.GPIO_Speed = GPIO_Speed_50MHz;
    GPIO_Init(GPIOC, &GPIO_InitStructure);
}
//读取 max6675 的 SPI 输出值
u16 read_max6675()                       //读取 max6675 的 SPI 值
{
    u8 i;
      u16 d;
      cs_0;
    delay_us(2);
      for(i=0; i<16; i++)                //get D15-D0 from 6675
      {
      sck_1;//SCK = 1;
          d = d<<1;
          if( so==1 )
              d = d|0x0001;
      sck_0;//SCK = 0;
      }
    cs_1;
    return d;
}
//主函数
int main()
{
    u8 flag;
    u16 i=0;                             //用于自加
    u16 value=0;                         //A/D 转换检测的整数值
    u16 t;
    float temprature;                    //温度值
    SysTick_Init(72);                    //延时时钟初始化
    Max6675_Init();
    LED_Init();                          //led 初始化
    USART1_Init(9600);                   //串口初始化
    while(1)
    {
        i++;
        if(i%20==0)
        {
            led1=!led1;                  //led 闪烁，表示系统正常工作
        }

        if(i%200==0)                     //限制转换速度不要过快
        {
            if(i>=4000)
            {
                i=0;
            }
            value=read_max6675();        //获取 max6675 的 A/D 转换整数值
            flag = value&0x0004;         //flag 0 表示连接，1 表示未连接
            t = value<<1;                //读出来的数据的 D3-D14 是温度值 高位在前
            t = t>>4;
            temprature = (float)t*0.25;
```

```
        if(value!=0)                //max6675 有数据返回
        {
            if(flag==0)             //热电偶已连接
            {
                printf(" 原始数据是:%04X    当前温度是:%4.2f 摄氏度\r\n",value,temprature);
            }
            else                    //热电偶掉线
            {
                printf("未检测到热电偶，请检查。\r\n");
            }

        }
        else                        //max6675 没有数据返回
        {
            printf("max6675 没有数据返回，请检查 max6675 连接。\r\n");
        }
    }
    delay_ms(10);                   //延时
    }
}
```

3．热电阻测量温度

（1）热电阻测温原理

热电阻测温基于导体或半导体的电阻值随温度变化的特性，通过检测电阻值的大小确定检测对象的实际温度。温度传感器通过给热电阻施加已知激励电流来测量其两端电压的方法得到电阻值，再将电阻值转换成温度值，从而实现温度测量。目前热电阻主要有金属热电阻和半导体热敏电阻两类。

金属热电阻的电阻值和温度一般可以用式（6-43）表示：

$$R_T = R_0[1 + \alpha(T - T_0)] \tag{6-43}$$

式中，R_T 为温度为 T 时的电阻值；R_0 为温度为 T_0 时的电阻值；α 为电阻温度系数，定义为温度变化 1℃时电阻值的相对变化量。

热电阻测温的优点是信号可以远传、灵敏度高、无须参比温度。金属热电阻稳定性高、互换性好、准确度高，可以用在基准仪器上。其缺点是需要电源激励、有自热现象，影响测量精度。一般对热电阻的材料选择有如下要求。

1）选择电阻随温度变化成单值连续关系的材料，最好是呈线性或平滑特性，该特性可以用分度公式描述。

2）有尽可能大的电阻温度系数，电阻温度系数一般表示为

$$\alpha = \frac{1}{R_0} \frac{R_T - R_0}{T - T_0} \tag{6-44}$$

电阻温度系数 α 与金属的纯度有关，金属越纯，α 越大，电阻比 R_{100}/R_0 是热电阻的重要指数。

3）有较大的电阻率，以便制成小尺寸元件，减小测温热惯性。0℃时的电阻值 R_0 很重要，要选择合适的大小，并满足误差要求。

4）在测温范围内物理化学性能稳定。

5）复现性好，复制性强，易于得到高纯物质，价格比较便宜。

目前，使用的金属热电阻材料有铜、铂、镍、铁等，实际应用最多的是铂和铜两种材料的热电阻，并已实行标准化生产。

（2）铂热电阻

使用范围为-200～850℃，R_0 一般选用 10Ω、100Ω、1000Ω（0℃是对应电阻值），分度号分别为 PT10、PT100、PT1000（附录 C）。铂热电阻的精度高，体积小，测温范围宽，稳定性好，再现性好，但是价格较贵；适合在高温氧化气氛中使用，但在真空和还原气氛将导致电阻值迅速飘移。其电阻与温度的关系具体如下。

当 $t \geqslant 0$ ℃时，有

$$R(t) = R_0(1 + At + Bt^2) \tag{6-45}$$

当 $t<0$℃时，有

$$R(t) = R_0[1 + At + Bt^2 + Ct^3(t-100)] \tag{6-46}$$

式中，A 的值为 $3.9083×10^{-3}℃^{-1}$；B 的值为 $-5.775×10^{-7}℃^{-2}$；C 的值为 $-4.183×10^{-12}℃^{-3}$。

（3）铜热电阻

使用范围为-40～140℃，R_0 选用 50Ω 和 100Ω 两种，分度号分别为 CU50 和 CU100。铜热电阻的线性较好，价格低，电阻率低，因而体积较大，热响应慢，但是利用这一特点可以制作测量区域平均温度的感温元件。其电阻与温度的关系为

$$R(t) = R_0(1 + At + Bt^2 + Ct^3) \tag{6-47}$$

式中，A 的值为 $4.28899×10^{-3}℃^{-1}$；B 的值为 $-2.133×10^{-7}℃^{-2}$；C 的值为 $1.233×10^{-12}℃^{-3}$。

（4）热敏电阻

热敏电阻是用金属氧化物或半导体材料作为电阻体的温敏元件。热敏电阻有正温度系数（positive temperature coefficient，PTC）、负温度系数（negative temperature coefficient，NTC）和临界温度系数（critical temperature resistor，CTR）热敏电阻三种，它们的温度特性曲线如图 6-14 所示。温度检测用热敏电阻主要是负温度系数热敏电阻，通常临界温度系数热敏电阻利用在特定温度下电阻值急剧变化的特性构成温度开关器件。

负温度系数热敏电阻的阻值与温度的关系近似表示为

$$R(T) = R(T_0)e^{B\left(\frac{1}{T} - \frac{1}{T_0}\right)} \tag{6-48}$$

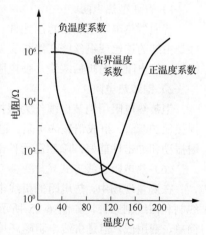

图 6-14　热敏电阻的温度特性曲线

式中；$R(T)$、$R(T_0)$ 分别为热敏电阻在温度为 T、T_0 时的电阻值；B 为取决于半导体材料和结构的常数，常见的负温度系数热敏电阻参考值见附录 D。当不清楚 B 的值时，在 T_1 和 T_2 温度下测量电阻分别为 $R(T_1)$ 和 $R(T_2)$，可得

$$\begin{cases} R(T_1) = R(T_0)e^{B\left(\frac{1}{T_1} - \frac{1}{T_0}\right)} \\ R(T_2) = R(T_0)e^{B\left(\frac{1}{T_2} - \frac{1}{T_0}\right)} \end{cases} \tag{6-49}$$

然后采用式（6-50）计算 B 的值，即

$$B = \left(\frac{1}{T_1} - \frac{1}{T_2}\right)^{-1} \ln\frac{R(T_1)}{R(T_2)} \tag{6-50}$$

有了 B 值，也就可以得到 $R(T_0)$ 值。根据电阻温度系数的定义，可求得负温度系数热敏电

的温度系数 α_T 为

$$\alpha_T = \frac{1}{R_T}\frac{dR_T}{dT} = \frac{R(T_0)}{R_T}e^{B\left(\frac{1}{T}-\frac{1}{T_0}\right)}\frac{dB\left(\frac{1}{T}-\frac{1}{T_0}\right)}{dT} = -\frac{B}{T^2} \tag{6-51}$$

由式（6-51）看出，电阻温度系数 α_T 是随温度 T 变化而变化的，所以热敏电阻在低温段比高温段更灵敏；B 值越大，灵敏度越高。负温度系数热敏电阻的 T_0 一般为 25℃，故 $R(25℃)$ 和 B 值是热敏电阻的重要参数，要选择合适的 $R(25℃)$ 和 B 值，使热敏电阻在测温范围内有较好的稳定性。热敏电阻可以制成不同的结构形式，如珠形、片形、杆形、薄膜形等。负温度系数热敏电阻主要由单晶及锰、镍、钴等金属氧化物制成，如有用于低温的锗电阻、碳电阻和渗碳玻璃电阻，用于中高温的混合氧化物电阻。在-50～300℃范围内，珠形和柱形的金属氧化物热敏电阻的稳定性较好。

热敏电阻的优点是电阻温度系数大，α_T 在-6×10^{-2}～-3×10^{-2}℃范围内为金属电阻的电阻温度系数的十几倍，故灵敏度高；电阻值高，引线电阻对测温的影响较小，使用方便，体积小，热响应快，结构简单可靠，价格低廉；化学稳定性好，使用寿命长。由于这些特点，热敏电阻作为工业用测温元件，得到广泛的应用。热敏电阻的缺点是互换性差，测温范围较窄，部分品种的稳定性差。

（5）热电阻结构

1）普通型热电阻。

普通型热电阻主要由感温元件、内引线、绝缘套管、保护套管和接线盒等部分组成。感温元件是由细的铂丝或铜丝绕在绝缘支架上构成的，为了使电阻体不产生电感，电阻丝要用无感绕法绕制，将电阻丝对折后双绕，使电阻丝的两端均由支架的同一侧引出。

2）铠装热电阻。

铠装热电阻用铠装电缆作为保护套管、绝缘物、内引线的组件，前端与感温元件连接，外部焊接保护套管，组成铠装热电阻。铠装热电阻外径一般为 2～8mm。其特点是体积小，热响应快，耐振动和冲击性能好，除感温元件部分外，其他部分可以弯曲，适合于在复杂条件下安装。

（6）热电阻引线方式

在测量现场中，热电阻的引线电阻对测量结果有较大影响。热电阻的引线方式有二线制、三线制和四线制三种，如图 6-15 所示。二线制方式是在热电阻两端各连一根导线，这种引线方式简单、费用低，但是引线电阻随环境温度的变化会带来附加误差。只有当引线电阻 r 与元件电阻值 R 满足 $2r$ 与 R 的比值不大于 10^{-3} 时，引线电阻的影响才可以忽略。

三线制方式是在热电阻的一端连接两根导线（其中一根作为电源线），另一端连接一根导线。当热电阻与测量电桥配合用时，分别将两端引线接入两个桥臂，可以较好地消除引线电阻的影响，提高测量精度。工业应用的热电阻测温多用该引线方式。

四线制方式是在热电阻两端各连两根导线，其中两根引线为热电阻提供恒流源，在热电阻上产生的压降通过另外两根导线接入电势测量仪表进行测量，可以完全消除引线电阻对测量的影响。这种引线方式主要用于高精度的温度检测。

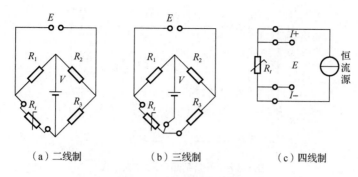

（a）二线制　　　　（b）三线制　　　　（c）四线制

图 6-15　热电阻引线方式

为了进一步了解热电阻引线方式的特点，二线制热电阻引线方式如图 6-16 所示。

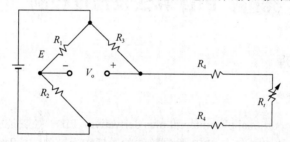

图 6-16　二线制热电阻引线方式

R_1、R_2、R_3 分别为精密电阻且其阻值随温度的变化可以忽略，电桥的输出 V_o 可表示为

$$V_o = E\left(\frac{R_t + 2R_4}{R_t + 2R_4 + R_3} - \frac{R_2}{R_1 + R_2}\right) \tag{6-52}$$

可以看到，导线电阻 R_2 的存在影响了电桥的输出 V_o 的值（降低了输出 V_o 的值）。三线制热电阻引线方式如图 6-17 所示，热电阻的三根引线接在电源和电桥中，电路中的干路电流 I 为

$$I = E\left[R_4 + \frac{R_t + R_4 + R_2 + R_4 + R_3 + R_1}{(R_t + R_4 + R_2)(R_4 + R_3 + R_1)}\right]^{-1} \tag{6-53}$$

惠斯通电桥上部分电流 I_1 为

$$I_1 = \frac{E - IR_4}{R_4 + R_3 + R_1} \tag{6-54}$$

惠斯通电桥下部分电流 I_2 为

$$I_2 = \frac{E - IR_4}{R_t + R_4 + R_2} \tag{6-55}$$

电桥的输出 V_o 可表示为

$$V_o = I_1 R_1 - I_2 R_2 \tag{6-56}$$

可以看出，电桥的输出 V_o 受到 R_4 的影响小一些，因为 V_o 是 $I_1 R_1$ 与 $I_2 R_2$ 的差值，将 R_4 带来的影响抵消了一部分，从而提高了测量精度。

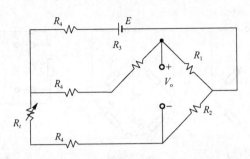

图 6-17　三线制热电阻引线方式

6.3　PID 算法及温度控制

6.3.1　PID 算法原理

1. 连续型 PID 算法

比例积分微分（proportional plus integral plus derivative，PID）控制是工业控制领域中发展历史悠久、应用广泛的一种控制方法，PID 控制算法的原理较为简单，易于在现场中实现，适用面非常广（如温度、流量、液位等领域），控制参数是相互独立的，参数选定也不十分复杂，PID控制算法的结构如图 6-18 所示。

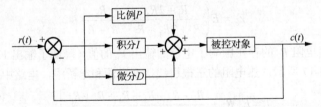

图 6-18　PID 控制算法的结构

在图 6-18 中，比例 P 项、积分 I 项、微分 D 项合在一起，通常称为 PID 控制器。PID 控制器的输出结果作用于被控对象。有时被控对象前面还接有执行器，这时 PID 控制器的输出结果先作用到执行器，再由执行器作用于被控对象。实际的 PID 控制中 P、I、D 项是具体数学计算式，如图 6-19 所示。

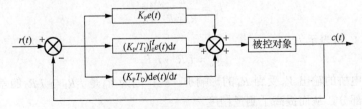

图 6-19　PID 控制的数学模型结构

在图 6-19 中，$e(t)$ 称为偏差信号，其计算式为

$$e(t) = r(t) - c(t) \tag{6-57}$$

式中，$e(t)$ 是给定值 $r(t)$ 与实际输出值 $c(t)$ 的差值，从而形成控制偏差，当然在理想情况下，希望最终的控制结果是偏差信号为 0。PID 控制器的输出信号 $u(t)$ 与 $e(t)$ 的关系为

$$u(t) = K_P \left[e(t) + \frac{1}{T_I} \int_0^t e(t)\mathrm{d}t + T_D \frac{\mathrm{d}e(t)}{\mathrm{d}t} \right]$$

$$= K_P e(t) + K_I \int_0^t e(t)\mathrm{d}t + K_D \frac{\mathrm{d}e(t)}{\mathrm{d}t} \tag{6-58}$$

式中，K_P 为比例系数、T_I 为积分时间常数、T_D 为微分时间常数，这三个参数彼此独立，通过线性组合调节控制系统的响应。通过拉普拉斯变换可得到 $u(t)$ 与 $e(t)$ 之间的传递函数（图 6-20）：

$$G(s) = \frac{U(s)}{E(s)} = K_P \left(1 + \frac{1}{T_I s} + T_D s \right) \tag{6-59}$$

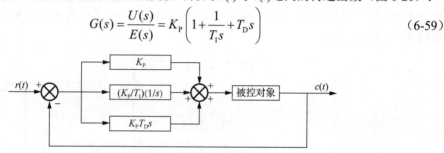

图 6-20　PID 控制传递函数图

比例环节的作用是及时成比例地反映系统的偏差，对控制系统产生的偏差立即进行调整，K_P 的值越大，响应越快，反之则越慢。

积分环节的作用主要是消除系统的稳态误差，提高系统的抗干扰能力。积分环节作用的强弱由 T_I 的值确定，T_I 的值越大，积分作用的效果就越小，反之则越大。只要存在误差，积分项就起作用，而且是从系统一开始的误差开始累积。若要使系统的稳态误差为 0，则需加入此项。假设被控对象是直接被 PID 控制器的输出控制的，图 6-20 中 PID 控制传递函数中的误差传递函数 $G_E(s)$ 为

$$G_E(s) = \frac{E(s)}{R(s)} = \frac{1}{1 + K_P \left(1 + \dfrac{1}{T_I s} + T_D s \right)} \tag{6-60}$$

式中，

$$E(s) = R(s) - E(s) K_P \left(1 + \frac{1}{T_I s} + T_D s \right) \tag{6-61}$$

PID 控制系统在阶跃信号的作用下（一般 PID 控制系统的输入值都是阶跃的，如控制温度为 50℃，输入量为 50℃后，就不再变化了），系统的稳态误差 e_{ss} 为

$$e_{ss} = \lim_{s \to 0} sE(s) = \lim_{s \to 0} \frac{sR(s)}{1 + K_P \left(1 + \dfrac{1}{T_I s} + T_D s \right)}$$

$$= \lim_{s \to 0} \frac{s \dfrac{1}{s}}{1 + K_P \left(1 + \dfrac{1}{T_I s} + T_D s \right)} = \lim_{s \to 0} \frac{1}{1 + K_P \left(1 + \dfrac{1}{T_I s} + T_D s \right)} = 0 \tag{6-62}$$

可以看出，正是因为积分项的存在，稳态误差 e_{ss} 计算式中分母项的数值为无穷（s 趋向于 0，即时间 t 趋向于无穷），所以积分项的存在确保了系统不存在稳态误差，从而也证明了 PID 控制

系统是稳定的。

微分环节能直观地反映当前时刻偏差信号的变化趋势,并将这种当前的偏差信号变化趋势作用于下一时刻的调节,并能在下一时刻偏差信号的值变得太大前,在控制系统中引入一个有效的当前修正信号,从而减小调节时间,不至于过大地超调。当然,微分环节的微分时间常数不能太大,太大就会导致比例环节和积分环节的输出不起作用,也不利于系统的稳定。

2. 离散型 PID 算法

实际的工业生产采用控制器进行控制,一般 PID 控制是离散变化的,如图 6-21 所示。一般采用微控制器应用技术或计算机等进行控制。图 6-21 中的偏差信号 $E^*(s)$ 是离散的,也是周期的,受到采样周期 T 的约束。

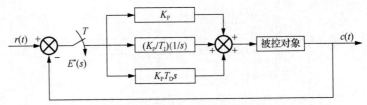

图 6-21　离散系统 PID 控制

在图 6-21 中,离散 PID 控制的闭环系统的脉冲传递函数 $W_B(z)$ 为

$$W_B(z) = \frac{X_c(z)}{X_r(z)} = \frac{K_P\left(1 + \dfrac{1}{T_I s} + T_D s\right)(z)}{1 + K_P\left(1 + \dfrac{1}{T_I s} + T_D s\right)(z)} \tag{6-63}$$

误差传递函数 $W_E(z)$ 为

$$W_E(z) = \frac{E^*(z)}{X_r(z)} = \frac{1}{1 + K_P\left(1 + \dfrac{1}{T_I s} + T_D s\right)(z)} \tag{6-64}$$

PID 控制系统在阶跃信号的作用下,系统的稳态误差 e_{ss}^* 为

$$e_{ss}^* = \lim_{z \to 1}(1 - z^{-1})E^*(z) = \lim_{z \to 1}(1 - z^{-1})\frac{X_r(z)}{1 + K_P\left(1 + \dfrac{1}{T_I s} + T_D s\right)(z)}$$

$$= \lim_{z \to 1}(1 - z^{-1})\frac{1}{1 + K_P\left(1 + \dfrac{1}{T_I s} + T_D s\right)(z)}\frac{1}{1 - z^{-1}} = \lim_{z \to 1}\frac{1}{1 + K_P\left(1 + \dfrac{1}{T_I s} + T_D s\right)(z)}$$

$$= \lim_{z \to 1}\frac{1}{1 + K_P\left\{1 + \dfrac{1}{T_I}\dfrac{1}{1 - z^{-1}} + T_D Z[\delta'(t)]\right\}} = 0 \tag{6-65}$$

同样离散 PID 控制系统也可以实现不存在稳态误差,离散 PID 控制系统是稳定的。式中,$\delta(t)$ 为单位冲激函数(也称为单位脉冲函数),单位冲激函数的导数为单位二次冲激函数或冲激偶函数。

对于离散型的 PID 控制,需要对 PID 控制器的输出信号 $u(t)$ 与偏差信号 $e(t)$ 进行离散化处理,于是偏差信号的离散序列有

$$\frac{K_P}{T_I}\int_0^t e(t)\mathrm{d}t \approx \frac{TK_P}{T_I}\sum_{i=1}^k e(iT) = \frac{TK_P}{T_I}\sum_{i=1}^k E(i)$$

$$K_P T_D\frac{\mathrm{d}e(t)}{\mathrm{d}t} \approx K_P T_D\frac{E(i)-E(i-1)}{T} \tag{6-66}$$

进一步输出信号的离散序列 $u(iT)$ 有

$$u(iT) = U(i) = K_P E(i) + \frac{TK_P}{T_I}\sum_{i=1}^k E(i) + \frac{K_P T_D}{T}[E(i)-E(i-1)] \tag{6-67}$$

式（6-67）为位置式 PID 控制的输出表达式，对于右边的第二项求和，在实际应用时不会出现一直增加的情况，因为误差有正有负，理想为 0。对于第 $i-1$ 次系统采样有

$$U(i-1) = K_P E(i-1) + \frac{TK_P}{T_I}\sum_{i=1}^k E(i-1) + \frac{K_P T_D}{T}[E(i-1)-E(i-2)] \tag{6-68}$$

将第 i 次和第 $i-1$ 次系统采样相减有

$$\Delta U = U(i) - U(i-1)$$
$$= K_P[E(i)-E(i-1)] + \frac{TK_P}{T_I}E(i) + \frac{K_P T_D}{T}[E(i)-2E(i-1)+E(i-2)] \tag{6-69}$$

式（6-68）为增量式 PID 控制的输出表达式。在实际的控制过程中，有时位置式 PID 和增量式 PID 控制的输出计算结果可能会出现零输出情况（如温度控制系统，当系统温度高于环境温度，PID 控制无输出时，温控系统会自动降温），这时往往会加一个微小的输出，从而保证系统受控。

6.3.2 PID 算法用于温度控制

PID 算法可以用于多种物理量的控制，特别是系统温度的控制往往选择 PID 控制模式，图 6-22 所示为一种基于微控制器应用技术的温度控制系统原理，从单片机的 I/O 接口输出电平到左边的 OUTPUT，控制光电耦合器件的开关，进而控制三极管的通断，三极管再控制固态继电器实现大功率晶闸管的通断，最终控制负载（一般为电加热器）通断，实现加热升温。

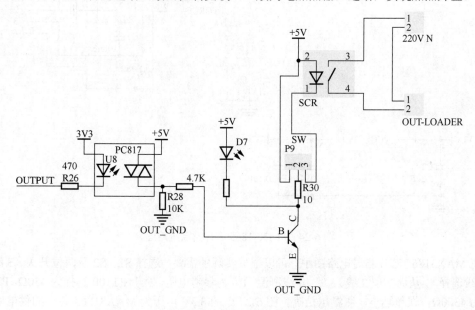

图 6-22　基于微控制器应用技术的温度控制系统原理

图 6-22 中的二极管适用于指示负载的工作状态，当二极管点亮时，表示负载正在工作，当二极管熄灭时，表示负载停止工作。通常在 PID 控制温度时，在升温阶段，二极管几乎是亮的；等到第一次到达设定温度后，二极管的闪烁就逐渐明显了；当温控过程到达稳定后，二极管经常闪烁，而且闪烁的频率越来越稳定（当温控的工况稳定时）。

通常在 PID 温控系统中，还需一个测温传感器，其中热电阻（尤其是 PT100）经常被用到。当然热电阻在测量温度时，热电阻的阻值也是变化的模拟量，需要 A/D 转换。为了简化 A/D 转换流程，通常采用集成芯片，MAX31865 就是简单易用的热电阻数字输出转换器，MAX31865 芯片的实物如图 6-23 所示。

图 6-23　MAX31865 芯片

采用单片机的 I/O 接口与 MAX31865 芯片通信，并进行数据实时采集，就可得到被测量的温度值。MAX31865 芯片兼容于 2 线、3 线和 4 线传感器连接（用户根据测量精度的要求自行选择，从 2 线到 4 线接法，测量精度一般也越来越高，当然所需的信号线也更多）；SPI 兼容接口；20 引脚采用 TQFN 和 SSOP 封装，具有 ±45V 的过压保护，15 位的分辨率，可以满足大多数工业应用场合。MAX31865 芯片测温电路图如 6-24 所示。

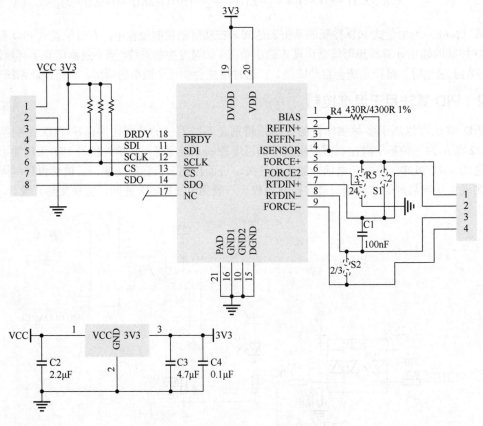

图 6-24　MAX31865 芯片测温电路图

在 MAX31865 芯片测温电路图中，可以根据实际的需要，选择 S1、S2 及两位开关（3 线和 2 线、4 线选择），从而实现 2 线、3 线、4 线测温。R4 为参考电阻，对于 PT100 选择为 430Ω，PT1000 选择为 4300Ω，误差越小，测温越精确。图 6-24 中的 3.3V 电压为 MAX31865 芯片的供电电路。

例 6-5　使用图 6-24 中 MAX31865 芯片测温电路,并结合图 6-22 的温度控制原理,采用 STM32F103ZET6 单片机作为微控制器,实现 PID 的恒温控制(假设负载为电加热器)。

解　采用 STM32F103ZET6 单片机与 MAX6675 芯片实时进行检测,获得当前被控系统的实时温度,然后通过位置式 PID 算法(增量式的也可以)获得 PID 控制器的输出值,进而获得脉冲宽度调制(pulse-width modulation,PWM)的值,然后将 PWM 信号通过 STM32F103ZET6 单片机的 I/O 接口输出到图 6-22 中的 OUTPUT,实现恒温控制。

样例主要代码:

```
//*****************************
程序功能:采用 STM32F103ZET6 实时读取 max31865 的 SPI 值(热电阻的电阻值对应的数字量),再转换为温度,
然后与设定值进行比较,获得偏差信号,进而采用 PID 算法进行温度控制,然后将结果打印到串口端
*****************************/
#include "led.h"
#include "time_init.h"
#include "pid.h"
#include "pidout.h"
#include "max31865.h"
#include "usart.h"
u16 Kms10;
//延时初始化
void delay(u32 x)
{
  while(x--);
}
void delay_us(u16 us)
{
    u8 i;
  while(us--)
    {
      for(i=0;i<6;i++)
        {

        }
    }
}
//中断初始化
void Isr_Init()
{
  NVIC_InitTypeDef NVIC_InitStructure;
   NVIC_PriorityGroupConfig(NVIC_PriorityGroup_0);
  NVIC_InitStructure.NVIC_IRQChannel =TIM4_IRQn;      // TIM4_IRQChannel;
  NVIC_InitStructure.NVIC_IRQChannelPreemptionPriority = 1;
  NVIC_InitStructure.NVIC_IRQChannelSubPriority = 1;
  NVIC_InitStructure.NVIC_IRQChannelCmd = ENABLE;
  NVIC_Init (&NVIC_InitStructure);
  NVIC_InitStructure.NVIC_IRQChannel =TIM3_IRQn;      // TIM3_IRQChannel;
  NVIC_InitStructure.NVIC_IRQChannelPreemptionPriority = 1;
  NVIC_InitStructure.NVIC_IRQChannelSubPriority = 2;
  NVIC_InitStructure.NVIC_IRQChannelCmd = ENABLE;
  NVIC_Init (&NVIC_InitStructure);
}
//定时器 4 中断
 void TIM4_IRQHandler()              //10ms 1 次
{
  static u8 tsec; u8 st;
    st=TIM_GetFlagStatus(TIM4, TIM_IT_Update);
    if(st!=0)
    { TIM_ClearFlag(TIM4, TIM_IT_Update);
      Kms10++;
```

```
        if(tsec++>=100)
        {
            tsec=0;
        }
    }
}
//定时器3中断
 void TIM3_IRQHandler()                    //1ms 1 次
{
  u8 st;
    st=TIM_GetFlagStatus(TIM3, TIM_IT_Update);
    if(st!=0)
    {  pid.C1ms++;
        TIM_ClearFlag(TIM3, TIM_IT_Update);
     PID_out();                            //输出 PID 运算结果到负载
    }
}
//PID 初始化
void PID_Init()
{
  pid.Sv=50;                               //用户设定温度（单位为摄氏度）
    pid.Kp=30;
    pid.T=500;                             //PID 计算周期
  pid.Ti=5000000;                          //积分时间
    pid.Td=1000;                           //微分时间
    pid.pwmcycle=200;                      //pwm 周期要小于 PID 计算周期
    pid.OUT0=1;
}
//主函数
int main()
{
    Timer4_init();                         //T4 10ms 时钟
    Isr_Init();
    MAX31865_Init();
    MAX31865_Cfg();
    USART1_Init(9600);
    PID_Init();
    PIDOUT_init();
    Timer3_init();                         //T3 1ms 时钟
while(1)
    {
    read_Pt_temper();                      //读取当前温度并传送到 PID
        PID_Calc();                        //PID 计算
        printf("设定温度为：%.2f 摄氏度   当前温度为：%.2f 摄氏度\r\n",pid.Sv,pid.Pv);//打印
    }
}
/*******************************
程序功能：max31865 的头文件
*******************************/
#ifndef __MAX31865_H
#define __MAX31865_H
#include "stm32f10x.h"
#define RREF01   428.86                    //此处可调节 RREF 的值,调大测温值增大,反之亦然
#define MAX31865_CONTROL_PORT  GPIOA
#define MAX31865_SDO     GPIO_Pin_0
#define MAX31865_SCLK    GPIO_Pin_1
#define MAX31865_SDI     GPIO_Pin_6
#define MAX31865_DRDY     GPIO_Pin_7
#define MAX31865_CONTROL_CS_PORT  GPIOF   //GPIOC 此端口已被修改为 F 口
#define MAX31865_CS01     GPIO_Pin_0
    #define MAX31865_CS01_SET      GPIO_WriteBit(MAX31865_CONTROL_CS_PORT,  MAX31865_CS01,
Bit_SET)
```

```
        #define MAX31865_CS01_CLR        GPIO_WriteBit(MAX31865_CONTROL_CS_PORT,   MAX31865_CS01,
Bit_RESET)
        #define MAX31865_SCLK_SET        GPIO_WriteBit(MAX31865_CONTROL_PORT,       MAX31865_SCLK,
Bit_SET)
        #define MAX31865_SCLK_CLR        GPIO_WriteBit(MAX31865_CONTROL_PORT,MAX31865_SCLK,Bit_
RESET)
        #define MAX31865_SDI_SET         GPIO_WriteBit(MAX31865_CONTROL_PORT,MAX31865_SDI,Bit_
SET)
        #define MAX31865_SDI_CLR         GPIO_WriteBit(MAX31865_CONTROL_PORT,MAX31865_SDI,Bit_
RESET)
        #define MAX31865_SDO_READ        GPIO_ReadInputDataBit(MAX31865_CONTROL_PORT,MAX31865_
SDO)
        #define MAX31865_DRDY_READ       GPIO_ReadInputDataBit(MAX31865_CONTROL_PORT,MAX31865_
DRDY)
        void MAX31865_Init(void);
        void MAX31865_Cfg(void);
        float MAX31865_GetTemp01(void);
        void read_Pt_temper(void);
        #endif
    /********************************
程序功能：采用STM32F103ZET6实时读取max31865的SPI值(热电阻的电阻值对应的数字量),再转换为温度
    ********************************/
    #include "max31865.h"
    #include "math.h"
    #include "pid.h"
    extern u16 Kms10;
    //MAX31865 初始化
    void MAX31865_Init(void)
    {
        GPIO_InitTypeDef GPIO_InitStructure ;
        //RCC_APB2PeriphClockCmd(RCC_APB2Periph_GPIOC|RCC_APB2Periph_GPIOB|RCC_APB2Periph_
GPIOA,ENABLE);
        RCC_APB2PeriphClockCmd(RCC_APB2Periph_GPIOA|RCC_APB2Periph_GPIOF,ENABLE);
        GPIO_InitStructure.GPIO_Pin = MAX31865_CS01;
        GPIO_InitStructure.GPIO_Speed = GPIO_Speed_50MHz;
        GPIO_InitStructure.GPIO_Mode = GPIO_Mode_Out_PP;
        GPIO_Init(MAX31865_CONTROL_CS_PORT,&GPIO_InitStructure);
        GPIO_InitStructure.GPIO_Pin = MAX31865_SCLK|MAX31865_SDI;
        GPIO_InitStructure.GPIO_Speed = GPIO_Speed_50MHz;
        GPIO_InitStructure.GPIO_Mode = GPIO_Mode_Out_PP;
        GPIO_Init(MAX31865_CONTROL_PORT,&GPIO_InitStructure);
        GPIO_InitStructure.GPIO_Pin = MAX31865_SDO|MAX31865_DRDY;
        GPIO_InitStructure.GPIO_Mode = GPIO_Mode_IPU;
        GPIO_Init(MAX31865_CONTROL_PORT,&GPIO_InitStructure);
        MAX31865_CS01_SET;
        MAX31865_SCLK_SET;
    }
    //MAX31865 写寄存器 addr:寄存器地址 data:数据
    void MAX31865_Write01(unsigned char addr, unsigned char data)
    {
        unsigned char i;
        MAX31865_CS01_CLR;
        for(i=0;i<8;i++)                   //写地址
        {
            MAX31865_SCLK_CLR;
            if(addr&0x80) MAX31865_SDI_SET;
            else MAX31865_SDI_CLR;
            MAX31865_SCLK_SET;
            addr<<=1;
        }
        for(i=0;i<8;i++)                   //写数据
        {
```

```
        MAX31865_SCLK_CLR;
        if(data&0x80) MAX31865_SDI_SET;
        else MAX31865_SDI_CLR;
        MAX31865_SCLK_SET;
        data<<=1;
    }
    MAX31865_CS01_SET;
}
//MAX31865 读寄存器 addr:寄存器地址
unsigned char MAX31865_Read01(unsigned char addr)
{
    unsigned char i;
    unsigned char data=0;
    MAX31865_CS01_CLR;
    for(i=0;i<8;i++)                    //写地址
    {
        MAX31865_SCLK_CLR;
        if(addr&0x80) MAX31865_SDI_SET;
        else MAX31865_SDI_CLR;
        MAX31865_SCLK_SET;
        addr<<=1;
    }
    for(i=0;i<8;i++)                    //读数据
    {
        MAX31865_SCLK_CLR;
        data<<=1;
        MAX31865_SCLK_SET;
        if(MAX31865_SDO_READ) data|=0x01;
        else data|=0x00;
    }
    MAX31865_CS01_SET;
    return data;
}
// MAX31865 配置
void MAX31865_Cfg(void)
{
    //MAX31865_Write(0x80, 0xD3);    //BIAS ON,自动,3 线, 50Hz
    MAX31865_Write01(0x80, 0xC3);    //BIAS ON,自动,4 线, 50Hz
}
//MAX31865 获取温度
float MAX31865_GetTemp01(void)
{
    unsigned int data;
    float Rt;
    float Rt0 = 100;                   //PT100
    float Z1,Z2,Z3,Z4,temp;
    float a = 3.9083e-3;               //e-3 表示 10 的-3 次方
    float b = -5.775e-7;               //e-7 表示 10 的-7 次方
    float rpoly;
//    MAX31865_Write(0x80, 0xD3);
    data=MAX31865_Read01(0x01)<<8;
    data|=MAX31865_Read01(0x02);
    data>>=1;                          //去掉 Fault 位
//    printf("Read=0x%02X\r\n",data);
    Rt=(float)data/32767.0*RREF01;
//    printf("Rt=0x%.1f\r\n",Rt);
    Z1 = -a;
    Z2 = a*a-4*b;
    Z3 = 4*b/Rt0;
    Z4 = 2*b;
    temp = Z2+Z3*Rt;
    temp = (sqrt(temp)+Z1)/Z4;
```

```
    if(temp>=0) return temp;
    rpoly = Rt;
    temp = -242.02;
    temp += 2.2228 * rpoly;
    rpoly *= Rt;                    // square
    temp += 2.5859e-3 * rpoly;
    rpoly *= Rt;                    // ^3
    temp -= 4.8260e-6 * rpoly;
    rpoly *= Rt;                    // ^4
    temp -= 2.8183e-8 * rpoly;
    rpoly *= Rt;                    // ^5
    temp += 1.5243e-10 * rpoly;
    return temp;
}
//MAX31865传送到PID
void read_Pt_temper()
{
  //u16 d;
    if(Kms10<20)  return ;
  //d=read_max6675();              //读取MAX6675当前的温度值
  pid.Pv=MAX31865_GetTemp01();
  Kms10=0;
}
/*******************************
程序功能: PID头文件 (位置式PID)
*******************************/
#ifndef _pid_
#define _pid_
#include "stm32f10x.h"
typedef struct
{
 float Sv;                   //用户设定值
 float Pv;
 float Kp;
 float T;                    //PID计算周期--采样周期
 float Ti;
 float Td;
 float Ek;                   //本次偏差
 float Ek_1;                 //上次偏差
 float SEk;                  //历史偏差之和
    float Iout;
    float Pout;
    float Dout;
    float OUT0;
 float OUT;
    u16 C1ms;
    u16 pwmcycle;            //pwm周期
    }PID;
extern PID pid;              //存放PID算法所需要的数据
void PID_Calc(void);         //PID计算
#endif
/*******************************
程序功能: PID值计算 (位置式PID)
*******************************/
#include "pid.h"
PID pid;                     //存放PID算法所需要的数据
//PID计算
void PID_Calc()
{
  float DelEk;
    float ti,ki;
    float td;
```

| 271 |

```
    float kd;
    float out;
  if(pid.C1ms<(pid.T))            //计算周期未到
  {
    return ;
  }
  pid.Ek=pid.Sv-pid.Pv;           //得到当前的偏差值
  pid.Pout=pid.Kp*pid.Ek;         //比例输出
  pid.SEk+=pid.Ek;                //历史偏差总和
  DelEk=pid.Ek-pid.Ek_1;          //最近两次偏差之差
  ti=pid.T/pid.Ti;
  ki=ti*pid.Kp;
  pid.Iout=ki*pid.SEk*pid.Kp;     //积分输出
  td=pid.Td/pid.T;
  kd=pid.Kp*td;
  pid.Dout=kd*DelEk;              //微分输出
  out= pid.Pout+ pid.Iout+ pid.Dout;
  /////////////////////////////////
  if(out>pid.pwmcycle)
  {
   pid.OUT=pid.pwmcycle;
  }
  else if(out<0)
  {
   pid.OUT=pid.OUT0;
  }
  else
  {
   pid.OUT=out;
  }
  //pid.OUT+=;                    //本次的计算结果
  pid.Ek_1=pid.Ek;               //更新偏差

  pid.C1ms=0;
}
/********************************
程序功能：PID 头文件（增量式）
********************************/
#ifndef _pid_
#define _pid_
#include "stm32f10x_conf.h"
typedef struct
{
  float curr;                    //当前温度
   float set;                    //设定温度
   float En;
   float En_1;
   float En_2;
   float Kp;                     //比例系数
   float Tsam;                   //采样周期——控制周期，每隔 Tsam 控制器输出一次 PID 运算结果
   float Ti;                     //积分时间常数
   float Td;                     //微分时间常数
   float Dout;                   //增量 PID 计算本次应该输出的增量值——本次计算的结果
   u16 calc_cycle;
   short currpwm;                //当前的 pwm 宽度
   u16 pwm_cycle;                //pwm 的周期
}PID;
extern u8 STATUS;
extern PID pid;
void PIDParament_Init(void);
void pid_calc(void);
#endif
```

```
/*****************************
程序功能：PID 值计算（增量式 PID）
*****************************/
#include "pid.h"
PID pid;
extern u16 pidcalcms;
//PID 参数初始化
void PIDParament_Init()
{
  pid.set =100;
    pid.currpwm=0;
    pid.pwm_cycle=100;
    pid.calc_cycle=100;
    pid.Td=2000;
    pid.Ti=4000;
    pid.Kp=5;
    pid.Tsam=500;
}
//PID 计算
void pid_calc()
{
  float dk1;float dk2;
  float t1,t2,t3;
    if(pidcalcms<pid.Tsam) return ;
    pid.En=pid.set-pid.curr;              //本次误差
    dk1=pid.En-pid.En_1;                  //本次偏差与上次偏差之差
    dk2=pid.En-2*pid.En_1+pid.En_2;
    t1=pid.Kp*dk1;
    t2=(pid.Kp*pid.Tsam)/pid.Ti;
    t2=t2*pid.En;
    t3=(pid.Kp*pid.Td)/pid.Tsam;
    t3=t3*dk2;
    pid.Dout=t1+t2+t3;                    //本次应该输出的增量
    pid.currpwm+=pid.Dout;                //本次应该输出的 PWM
    if(pid.currpwm>pid.pwm_cycle)
    {
      pid.currpwm=pid.pwm_cycle;
    }
    if(pid.currpwm<0)
    {
     pid.currpwm=0;
    }
    pid.En_2=pid.En_1;
    pid.En_1=pid.En;
  pidcalcms=0;
}
/*****************************
程序功能：PIDOUT 的头文件
*****************************/
#ifndef _pidout_
#define _pidout_
#include "stm32f10x_conf.h"
#define pwmout_1    GPIO_SetBits(GPIOB, GPIO_Pin_8)      //停止加热
#define pwmout_0    GPIO_ResetBits(GPIOB, GPIO_Pin_8)    //加热
void PIDOUT_init(void);                                  //PID 输出引脚初始化
void PI
/*****************************
程序功能：采用 STM32F103ZET6 的 IO 引脚实现对 PID 的 PWM 输出
*****************************/
#include "pidout.h"
#include "pid.h"
//pid 输出脚初始化 PB8
```

```
void PIDOUT_init()
{
    GPIO_InitTypeDef GPIO_InitStructure;
  RCC_APB2PeriphClockCmd(RCC_APB2Periph_GPIOB,ENABLE); //开B口时钟
  GPIO_InitStructure.GPIO_Pin =GPIO_Pin_8;
  GPIO_InitStructure.GPIO_Mode = GPIO_Mode_Out_PP;
  GPIO_InitStructure.GPIO_Speed = GPIO_Speed_50MHz;
  GPIO_Init(GPIOB, &GPIO_InitStructure);
}
//PID 输出到负载
void PID_out()   //输出 PID 运算结果到负载,每1ms 将被调用 1 次
{
  static u16 pw;
    pw++;
    if(pw>=pid.pwmcycle)
    {
      pw=0;
    }
    if(pw<pid.OUT)
    {
      pwmout_0;                                            //进行加热
    }
    else
    {
      pwmout_1;                                            //停止加热
    }
}
```

　　这里包括了位置式和增量式 PID 算法的单片机计算过程，各自的头文件和计算方法都不相同，主要体现在头文件的结构体不相同，增量式的 PID 比位置式的偏差信号要求多一些。位置式的 PID 算法经常用于没有记忆功能的负载（如电加热器等），增量式的 PID 算法经常用于有记忆功能的负载（如步进电动机等）。

第7章 太阳能光伏发电

在太阳能光热利用系统中，为了获知当前系统的运行状态及工作性能，往往需要对系统的特征参数进行测量、控制、采集等。由于太阳能光热系统大多数工作于室外，采用常规输送电的方式来满足现场仪器设备的工作是不方便的。太阳能光伏系统是一种较好的选择，光伏系统发出的电能可直接供现场仪器设备使用，并且非常经济实用。本章将介绍常见的光伏发电原理及制造工艺，并讲述光伏发电系统的基本构建方法。

7.1 光伏发电简介

7.1.1 太阳能电池

太阳能发电已有多种技术方法和手段，如太阳能光伏发电、光感应发电、光化学发电、光生物发电，但主要可分为直接的光伏发电与间接的光热发电。太阳能光伏发电是较为直接和发展迅速的技术之一，光伏发电系统的基本原理是利用光生伏打效应（光生伏打效应是指半导体在受到光照射时在电极上产生电动势的现象，将两个电极连通就可以形成电流），将太阳能直接转化为电能的一种发电方式，能量转化在太阳能电池上直接进行。

通常，人们把能够发生光生伏打效应的器件称为光伏器件。半导体 PN 结器件在阳光下的光电转换效率较高，这类光伏元器件称为太阳能电池（也称为太阳电池）。因此，太阳能电池是直接将太阳能转化为电能的部件，是太阳能光伏阵列与光伏发电系统中基本且主要的元器件之一。

7.1.2 光伏发电发展

1. 世界发展进程

光伏发电相比于人类科技的发展历史，还是一门年轻的科学。1954 年，美国贝尔实验室研发出单晶硅太阳能电池，这标志着太阳能电池的研究取得重大进展，也开创了光伏发电的新纪元。1958 年，太阳能电池用于太空设备，作为第一颗人造卫星的电源装备在美国先锋 1 号卫星上使用。1969 年，太阳能电池再次用于美国载人登月计划设备，为人类空间探索做出了巨大贡献。特别是在 20 世纪 70 年代的石油危机以后，传统的化石能源带来的环境污染、生态恶化等问题相继出现，光伏产业得以迅速发展，并得到大量的运用。太阳能电池发展的主要节点如下。

1839 年，法国物理学家贝克勒尔提出光生伏打效应。

1876 年，亚当斯等在金属与硒片上发现了固态光伏效应。

1930 年，朗格首次提出了基于光生伏打效应原理制造太阳能电池，使太阳能电池发电成为可能。

1941 年，奥尔在硅材料上发现存在光生伏打效应。

1954 年，恰宾等在美国贝尔实验室首次成功制出太阳能电池，且光电转化效率为 6%；韦克尔成功制作出第一片薄膜太阳能电池。

1957 年，硅太阳能电池光电转化效率达到 8%。

1958 年，太阳能电池首次装备在太空设备机械中。

1959 年，第一块多晶硅太阳能电池面世，且光电转化效率为 5%。

1960 年，太阳能硅电池实现并网发电，光伏发电向民用化方向再进一步。

1972 年，科学家罗非斯基提出新型紫光电池，其光电转化效率达到 16%，同年，美国宇航公司研发出背场电池。

1974 年，一种光电转化效率为 18%的无反射绒面硅电池面世。

1976 年，多晶硅电池光电转化效率达到 10%。

1978 年，第一所光伏电站在美国建成，电厂规模为 100kWp。

1980 年，太阳能电池呈现出欣欣向荣的发展趋势，单晶硅电池光电转化效率达到 20%，多晶硅电池光电转化效率达到近 15%，砷化镓电池光电转化效率为 22.5%等。

1986 年，美国建成 6.5MWp 光伏电站。

1990 年，德国提出为数个家庭屋顶安装 3～5kWp 太阳能电池的"2000 个光伏屋顶计划"。

1997 年，美国提出"克林顿总统百万太阳能屋顶计划"，计划完成为 100 万家庭房屋屋顶安装 3～5kWp 太阳能电池。光伏电池发电实现并网，只需缴纳家庭用户消耗电量与家庭光伏电池发电量的差值电费。

1997 年，日本提出"新阳光计划"，计划生产光伏电池 43 亿 Wp。

1997 年，欧盟计划生产光伏电池 37 亿 Wp。

1998 年，单晶硅的光伏电池效率达 25%，荷兰政府提出了"荷兰百万太阳能光伏屋顶计划"。

2. 我国发展进程

在世界大力发展太阳能产业的国际科研氛围下，我国从 20 世纪 50～60 年代也开始进行光伏器件的研究。初期，我国也成功制造出空间设备可使用的光伏电源，之后继续开展了地面光伏应用工作。早期国内光伏应用面较为狭窄，光伏产量也仅有 1.1kWp，光电转化效率为 6%～10%，价格也较为昂贵。随后，我国的科研工作人员开展了关于晶体硅高效电池、非晶硅薄膜电池、碲化镉和铜铟硒薄膜电池、晶硅薄膜电池及应用系统关键技术的研究，有效提高了光伏发电技术水平，缩短了我国光伏发电制造业与国际水平的差距。

2010 年后，欧洲等地区进入光伏产业需求放缓阶段，我国光伏产业得以迅速发展，反超大多数国家，成为全球光伏产业发展的主要动力。2017 年，我国光伏新增并网装机量达到 53GW，同比增长超过 50%，累计并网装机量高达 131GW，位居全球首位。2018 年，我国出台光伏发电相关新政策，虽然短期内会造成国内新增光伏装机量下降，但是随着光伏发电行业逐渐迈入平价上网时代，未来国内光伏行业仍具有巨大的发展空间。2018 年，中国光伏发电累积装机约 165GW，远超了我国光伏发电规划的目标。

在薄膜电池方面，已实现产业化的薄膜电池包括硅基薄膜电池、铜铟硒薄膜电池和碲化镉薄膜电池。薄膜电池具有在太阳照射不强、多云、早晚等弱光时，依然能够吸收太阳散射辐射并将其转化为电能的特点，需要注意的是薄膜电池的转化能力会随着温度的升高而被削弱。

太阳能发电的普及和应用是未来发展的趋势所向，太阳能光伏发电的综合可持续性决定了太阳能相关产业的发展，相信在不远的未来，太阳能电池产业必将在世界各国经济发展中承担起更加重要的责任与义务。

7.2　光伏发电的优缺点

7.2.1　光伏发电的优点

实际应用的太阳能光伏发电过程往往是简单的，非跟踪的光伏发电系统通常是没有转动的机械部件，不消耗化石燃料，几乎不排放包括温室气体在内的任何物质，无噪声、无污染。与风能和生物质能等新型发电技术一样，光伏发电是一种可持续发展的可再生能源发电技术，其主要优点如下。

1. 光伏发电潜力大

光伏发电采用太阳能作为资源，太阳能资源是取之不尽、用之不竭的。

2. 光伏发电地理适应性强

太阳能资源在地球上分布广泛，全球都有太阳能资源，即便是南极北极地区也有太阳光照。只要有光照的地方，光伏发电使用光伏发电系统在不受地域海拔等因素的限制情况下可就近发电、供电，不必长距离输送，避免了长距输电线路造成的电能损失。

3. 光伏发电转换效率较为可观

根据物理学原理，光伏发电有较高的理论发电效率，技术开发潜力大。

4. 光伏发电易于系统集成

太阳能电池组件结构简单，体积小、质量轻，便于运输和安装。光伏发电系统建设周期短，而且根据用电负荷容量可大可小，方便灵活，极易组合、扩容。

5. 光伏发电绿色环保

光伏发电本身不用燃料（除去光伏组件及系统生产时的能耗），对环境友好，不会遭受能源危机或燃料市场不稳定的冲击。

6. 光伏发电易于与建筑物结合

光伏发电还可以很方便地与建筑物结合，构成光伏建筑一体化发电系统，不需要单独占用土地，可节省宝贵的土地资源。

7．光伏发电系统运行稳定

光伏发电过程是直接将光子的能量转换为电能的过程，没有中间过程和机械运动，不存在机械磨损，操作、维护简单，运行稳定、可靠。太阳能光伏发电系统只要有阳光照射，电池组件就能发电，基本上可实现无人值守，维护成本低。

8．光伏发电系统寿命长

光伏发电系统工作性能稳定可靠，使用寿命长，晶体硅太阳能电池寿命可长达 20 年左右，在光伏发电系统中，只要设计合理、选型适当，蓄电池的寿命也可长达 15 年。

9．降价速度快

以目前的技术水平计算，生产 10MW 晶体硅太阳电池所消耗能量的回收时间约为 5 年，而且对应的价格还在下降，今后有望实现在无补贴政策下，实现光伏发电的电能平价上网，供给用户使用。

7.2.2 光伏发电的缺点

虽然光伏发电的众多优点有力地促进了光伏产业的迅速发展，但太阳能光伏发电也有一些缺点和不足，归结起来主要有以下几个方面。

1．光伏发电的功率低

太阳投向地球的能量总量大，单位面积的能量密度小，常规的太阳能光伏发电系统的发电效率还不足 20%，因此实际的太阳能光伏发电电池组件，单位面积的输出功率通常不超过 $200Wp/m^2$。

2．占地面积大

太阳光能流密度低，这就使光伏发电系统的占地面积大。随着光伏建筑一体化发电技术的成熟和发展，越来越多的光伏发电系统可利用建筑物的屋顶和立面，部分地改善了光伏发电系统占地面积大这一问题。

3．转换效率低

光伏发电的基本单元是太阳能电池组件，光伏发电的转换效率较低，这也是光伏发电大面积推广的一个明显障碍。

4．间歇性工作

光伏发电系统只能在光照的白天发电，晚上不能发电，因此必须设置蓄电装置，这又增加了光伏发电系统的成本。

5．受自然条件和气候环境因素影响大

地球表面上的太阳照射受自然条件和气候的影响很大，雨雪天、阴天、雾天甚至云层的变化都会严重影响光伏发电系统的发电状态。环境污染的影响，特别是空气中的颗粒物降落在太阳能电池表面，阻挡了部分光线的照射，使电池组件光电转换效率降低。

6．地域依赖性强

地理位置不同，气候不同，各地区日照资源相差很大，在不同的地理位置上光伏发电系统的回收周期往往差距较大。

7．光伏发电系统成本高

由于太阳能光伏发电效率低，需配备蓄电设备，当前光伏发电的成本仍然高于火力和水力发电，这是制约其广泛应用的主要因素。当然，随着光伏发电技术的不断提高，这一局面将会逐步得到改变。

8．太阳能电池的制造过程有污染

晶体硅电池的主要原料是纯净的硅，其主要存在于沙子中。从沙子中提取纯净的晶体硅，需要经过许多的化学和物理工序的处理，不仅会消耗大量能源，还会造成一定的环境污染。

尽管太阳能光伏发电有上述不足，但是随着全球化石能源的逐渐枯竭及化石能源过度使用，全球变暖和生态环境恶化等问题已经给人类带来了很大的生存压力，因此大力开发可再生能源是解决能源危机与安全的主要途径。太阳能光伏发电是一种可持续发展的可再生能源发电技术，并且太阳能光伏发电技术和应用水平也正在不断提高，应用范围正在迅速扩大，有望在未来的全球能源结构中占据越来越大的比例。

7.3　太阳能电池的分类

7.3.1　按基体材料分类

1．晶体硅太阳能电池

以硅为基体材料的太阳能电池称为晶体硅太阳能电池，其中晶体硅太阳能电池还可以分为单晶硅太阳能电池、多晶硅太阳能电池等。多晶硅太阳能电池可以分为片状多晶硅太阳能电池、筒状多晶硅太阳能电池、球状多晶硅太阳能电池和铸造多晶硅太阳能电池等。

（1）单晶硅太阳能电池

单晶硅太阳能电池如图 7-1 所示，其主要材料是单晶硅。单晶硅是晶格取向基本完全相同的晶体，具有金刚石晶格，晶体硬而脆，有金属光泽，能导电，但电导率不及金属，随着温度的升高而增加。

因为单晶硅具有完整的结晶，自由电子和空穴的移动不会受到阻碍，不易发生自由电子与空穴复合的情况，所以单晶硅电池效率高。硅原子之间的化学键也非常坚固，不易因为紫外线破坏化学键而产生悬浮键。单晶硅太阳能电池在制造过程中花费成本高，所以单晶硅价格较高。

（2）多晶硅太阳能电池

多晶硅太阳能电池如图 7-2 所示，多晶硅太阳能电池由于价格低廉，它的产量比单晶硅电池要大，也得到了大量的应用。多晶硅在常温下很稳定、不活泼，高温熔融状态下具有较强的化学活性，能与大部分材料作用形成化合物，具有半导体特性。商用多晶硅太阳能电池的转换效率一般为 13%左右。随着技术的改进，目前已制成高转换效率的多晶硅太阳能电池。

图 7-1　单晶硅太阳能电池

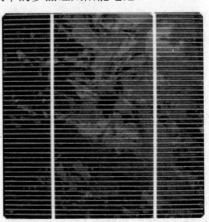

图 7-2　多晶硅太阳能电池

2．非晶体硅太阳能电池

非晶体硅太阳能电池用 SiH_4 作为材料，虽然 SiH_4 的吸光效果和光导效果好，但其结晶构造比多晶硅差，悬浮键较多，自由电子与空穴复合的速率非常快。结晶构造的不规则阻碍了电子、空穴移动，使扩散范围变窄，电池转换效率较低。

3．薄膜太阳能电池

薄膜太阳能电池是指用单质元素、无机化合物或有机材料等制作的以薄膜为基体材料的太阳能电池，其厚度为 $1\sim2\mu m$。

（1）多元化合物薄膜太阳能电池

多元化合物薄膜太阳能电池的材料为无机盐。化合物半导体可能具有毒性，易造成环境污染，产量少，常在一些特殊场合中使用。例如，砷化镓化合物材料具有十分理想的光学带隙及较高的吸收效率，抗辐射能力强，对热不敏感，适合于制造高效的结电池。

（2）有机化合物太阳能电池

有机化合物太阳能电池以有光敏性质的有机物作为材料，因光伏效应而产生电压形成电流。有机化合物太阳能电池可以分为单质结构、PN 异质结结构和染料敏化纳米晶结构。

（3）有机半导体太阳电池

有机半导体太阳电池是指利用具有半导体性质的有机材料进行掺杂制成的 PN 结太阳电池，其离子掺杂可使一些塑料薄膜变成半导体。

7.3.2　按电池结构分类

1．同质结太阳能电池

同质结太阳能电池是指由同一种半导体材料制成的 PN 结太阳能电池。

2．异质结太阳能电池

异质结太阳能电池是指由两种不同半导体材料制成的太阳能电池。

3．肖特基结太阳能电池

肖特基结太阳能电池是指由金属和半导体接触形成肖特基势垒的太阳能电池，简称 MS 电池。

4．复合结太阳能电池

复合结太阳能电池是指由两个或多个结形成的太阳能电池，如由一个 MS 太阳能电池和一个 PN 结硅太阳能电池叠合而形成的高效复合结太阳能电池。

5．液结太阳能电池

液结太阳能电池是指用浸入电解质中的半导体构成的太阳能电池。

7.3.3　按电池表面能流分类

1．平板太阳能电池

平板太阳能电池是指在常规阳光照射下工作的平板面结构的太阳能电池。有的平板太阳能电池在使用的过程中是可以弯曲的，这类电池也称为柔性太阳能电池。

2．聚光太阳能电池

聚光太阳能电池是指在大于当前太阳光照下工作的太阳能电池。聚光需要考虑高温散热和大电流输出等特殊设计，并且容易组成光电、光热综合利用的复合系统。与聚光电池相配的聚光器和跟踪器会增加系统的复杂性。

7.3.4　按电池用途分类

1．空间太阳能电池

空间太阳能电池是指用于人造卫星和空间飞行器上的太阳能电池，其要求有较高的功率与质量比，耐高低温冲击，抗高能粒子辐射的能力强，制作精细，其价格较高。

2．地面太阳能电池

地面太阳能电池是指用于地面阳光发电系统的太阳能电池，其要求能够耐风霜雨雪的侵袭，具有较高的性价比及大规模的生产工艺和材料来源。

7.4 太阳能电池的结构及工作原理

7.4.1 太阳能电池的基本结构

太阳能电池各种各样，其生产工艺成品结构各不相同，但太阳能电池的基本原理是相同的，本节以硅太阳能电池为例简述太阳能电池的结构，太阳能电池的基本结构如图 7-3 所示。图 7-3 中太阳能电池的基本结构就是一个扁平的平面 PN 结，N 层为基体，通常的厚度为 0.2～0.5mm，基体材料为基区层，简称基区。N 层上面是 P 层，它是在同一块材料的表面层用高温掺杂扩散方法制得的，因而又称为扩散层，通常是重掺杂的，扩散层的厚度很薄，一般厚度为 0.2～0.5μm。

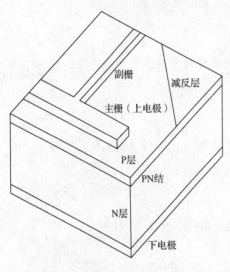

图 7-3　太阳能电池的基本结构

扩散层处于电池的正面，也就是光照面，扩散层和 N 层的交界面处是 PN 结，扩散层上有上电极，用于导电。由主栅线和副栅线组成，副栅线较主栅线多很多，副栅线较主栅线细得多，副栅线宽度一般为 0.1mm 左右，主栅线的宽度为 0.5mm 左右，主栅线和副栅线是连接在一起的。N 层下面有下电极。上下电极均为金属材料。在太阳能电池的光照面有一层减反射膜，减少太阳光的反射，作用是提高发电效率。

7.4.2 太阳能电池的工作原理

1. 光电子与能量

根据光量子理论，不同频率光子携带的能量 E_ν 为

$$E_\nu = h\nu = \frac{hc}{\lambda} \tag{7-1}$$

式中，h 为普朗克常数，其值为 $6.62607015 \times 10^{-34}$ Js；ν 为光子的频率；λ 为光的波长；c 为光速。当 PN 结受到光照时，若照射光的能量满足

$$E_\nu \geqslant E_g \tag{7-2}$$

则价带电子就会吸收这个照射光而被激发到导带（其中 E_g 为禁带宽度，硅材料为 1.12eV），产生一个自由电子和一个空穴，这就是太阳能电池工作的基本原理。

例 7-1　太阳光中有紫外线、可见光、红外线，可见光中波长为 590nm 的黄光能否激发硅材料的价带电子到导带？

解　由式（7-1）可知，对于波长为 590nm 的黄光有

$$E_{590} = \frac{6.62607015 \times 10^{-34}}{1.602176634 \times 10^{-19}} \times \frac{3 \times 10^8}{590 \times 10^{-9}} = 4.1 \times 10^{-15} \times \frac{3 \times 10^{15}}{5.9} = 2.1 \text{（eV）}$$

显然，光中波长为 590nm 的黄光能量大于硅材料的 1.12eV，因此是可以激发硅材料的价带

电子到导带的。其中，数值 1.602176634×10⁻¹⁹ 是指电子的电量。

2．太阳能电池的基本工作原理

介绍太阳能电池的基本工作原理还需要从原子的结构和共价键开始。硅原子的共价键结构如图 7-4 所示，晶体硅中每个原子都有 4 个相邻原子，并与每个相邻原子共有 2 个价电子，形成稳定的 8 原子壳层，只有很少被分离出来的电子是自由的传导电子，它能自由地移动，并传送电子移动的电流。

在图 7-5 中，纯净的硅晶体中掺入少量的 5 价杂质磷，因为磷原子具有 5 个价电子，所以 1 个磷原子同相邻的 4 个硅原子结成共价键时，还多余 1 个价电子，这个价电子较易挣脱磷原子核的吸引而变成自由电子，形成 N 型半导体。

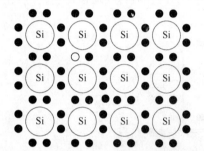

图 7-4　硅原子的共价键结构

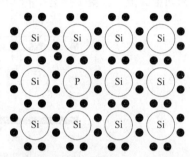

图 7-5　掺磷的 N 型半导体结构

在 N 型半导体中，除了由于掺入杂质而产生大量的自由电子，还有热激发产生的少量的电子-空穴对。在 N 型半导体材料中，空穴数目很少，称为少数载流子；而电子数目很多，称为多数载流子。

同样，在纯净的硅晶体中掺入 3 价杂质（如硼），这些 3 价杂质原子的最外层只有 3 个价电子，当它与相邻的硅原子形成共价键时，还缺少 1 个价电子，因而在一个共价键上要出现一个空穴，形成 P 型半导体，如图 7-6 所示。P 型半导体空穴是多数载流子，而电子为少数载流子。

P 型和 N 型半导体两者紧密结合联成一个 PN 结，其结构如图 7-7 所示。在 PN 结两侧，在 P 型区内，空穴很多，电子很少；而在 N 型区内，电子很多，空穴很少。在交界面的两边，电子和空穴的浓度不相等，因此会产生多数载流子的扩散运动。

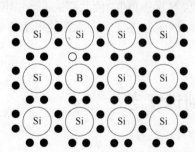

图 7-6　掺硼的 P 型半导体结构

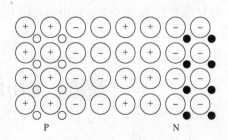

图 7-7　PN 结的结构

在靠近交界面附近的 P 型区中，空穴浓度大的 P 型区向浓度小的 N 型区扩散，并与位于此处的电子复合，从而使该位置出现一批带正电荷的掺入杂质的离子。在 P 型区内，由于向 N 型区扩散了一批空穴而呈现出带负电荷的掺入杂质的离子特性。

同样，在靠近交界面附近的 N 型区中，电子由浓度大的 N 型区向浓度小的 P 型区扩散，并与位于此处的空穴复合，从而使该位置出现一批带负电荷的掺入杂质的离子。同时，在 N 型区内，由于向 P 型区扩散了一批电子而呈现出带正电荷的掺入杂质的离子特性。

扩散的结果是在交界面的两侧形成一边带正电荷，而另一边带负电荷的一层很薄的区域，称为空间电荷区。在 PN 结内，由于两侧分别积聚了负电荷和正电荷，会产生一个由正电荷指向负电荷的电场，即存在一个由 N 型区指向 P 型区的电场，称为内建电场。内电场的存在将减缓这种双向的扩散运动，最终达到动态平衡。

太阳能电池在光照下，能量大于半导体禁带宽度的光子使半导体中原子的价电子受到激发，如图 7-8 所示。在太阳光持续不断照射下，空间电荷区、P 型区、N 型区都会产生光生电子-空穴对，称为光生载流子。由于热运动的作用，形成的电子-空穴对向各方向迁移。

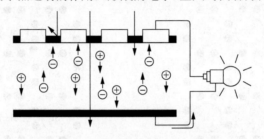

图 7-8　太阳能电池工作原理

光生电子-空穴对在空间电荷区中产生后，立即被内建电场分离，光生电子被推进 N 型区，光生空穴被推进 P 型区，在空间电荷区边界处总的载流子浓度几乎为 0。在 N 型区内，光生电子-空穴对产生后，光生空穴向 PN 结边界扩散，到达 PN 结边界立即受到内建电场的作用，在电场力作用下做漂移运动，越过空间电荷区进入 P 型区。光生电子不能在内电场的电场力作用下产生漂移运动，几乎留在 N 型区，并形成累积。在 P 型区内，光生电子-空穴对产生后，光生电子向 PN 结边界扩散，到达 PN 结边界立即受到内建电场的作用，在电场力作用下做漂移运动，越过空间电荷区进入 N 型区。光生空穴不能在内电场的电场力作用下产生漂移运动，几乎留在 P 型区，并形成累积。

因此，PN 结两侧积累了正、负电荷，形成与内建电场方向相反的光生电场。这个电场除了一部分抵消内建电场，另外的部分还可以使扩散层带正电、N 层带负电，因此产生了光生电动势，即若在扩散层和 N 层分别连接电极并接上负载，则可形成电流。以上就是太阳能电池的基本工作原理。

7.5　太阳能电池制造工艺

7.5.1　选择硅片

因为各电池片在相同的太阳辐照强度下输出的电流不一样，所以输出功率就会受到影响。因此，硅片的性能一致性越好，越有助于光伏发电系统性能的提升，硅片材料的主要性能及选用原则如下。

1．导电类型

在两种导电类型的硅材料中，P 型硅常用硼作为掺杂元素，N 型硅常用磷作为掺杂元素。

2．电阻率

硅锭电阻率与掺杂浓度有关，制造太阳能电池的硅材料电阻率的范围相当宽，在一定范围内，即使材料电阻率较低，也能得到较高的开路电压。

3．位错与寿命

对于单晶硅电池，一般要求无位错和尽量长的寿命。

4．几何尺寸

常见的硅方片尺寸为 156 mm×156 mm，目前硅片的厚度一般为 180～350μm。

7.5.2　硅片的表面处理

硅锭在切割的过程中，表面受到不同程度的污染，如油污、金属和尘埃等混杂地附着在硅片表面，同时硅片表面留下的切割机械损伤也需要进行表面处理。

硅片的表面处理包括表面清洗和表面抛光。表面清洗是为了除去硅片表面的各种杂质；而抛光是为了除去硅片表面的切割损伤，获得适合制结要求的硅表面。制结前，硅片表面的性能和状态直接影响结的特性，从而影响成品电池的性能，因此硅片的表面处理是电池生产制造工艺流程的重要工序。

1．表面清洗

硅片的表面清洗是采用化学清洗剂去除各种杂质的过程。常用的化学清洗剂包括离子水、有机溶剂、浓酸、强碱及高纯中性洗涤剂等，清洗时将硅片浸泡在温度较高的洗涤液中进行。

2．硅片表面抛光

切割后的硅片表面留有晶格扭曲层和较深的弹性变形层，必须在硅片表面制作绒面之前彻底清除。常规单晶硅太阳能电池生产工艺多采用化学腐蚀方法，将粗糙的切割表面腐蚀掉，从而得到一个平整光洁的硅片表面。

3．绒面制作

纯净硅片表面的阳光反射率很高，为了降低其表面反射率，将硅片表面结构化，以增加表面对太阳辐射的吸收，也就是降低表面对太阳辐射的反射。在太阳能电池生产工艺中，将这个结构化的硅片表面称为绒面，如图 7-9 所示。

绒面结构能够降低太阳光反射的原因是部分太阳光线到达绒面后不能被全部吸收，部分光线就会发生反射，这时反射光线有可能再次到达绒面，从而形成二次或多次吸收（图 7-10），有效提高了光伏发电的效率。

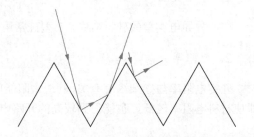

图 7-9　太阳能电池的绒面　　　　　　　图 7-10　降低太阳光反射率的绒面结构原理

7.5.3　扩散制结

采用扩散的方法制作 PN 结，称为扩散制结。PN 结是晶体硅太阳能电池核心部分，因此，扩散制结是太阳能电池生产工艺中关键的工序之一。

晶体硅太阳能电池中常用的杂质扩散元素是硼和磷，在硅中主要是替位式扩散。替位原子的扩散比较缓慢，因此杂质的分布和结深易得到控制。扩散的结果是要获得所需要的结深和扩散层电阻（单位面积的半导体薄层所具有的电阻，它可以衡量扩散制结的质量）。常规单晶硅太阳能电池的结深为 $0.3\sim0.5\mu m$，平均扩散层电阻为 $20\sim100\Omega$。扩散工艺中的扩散温度和时间是结深的主要影响因素，通常采用较低的扩散温度，并适当地增加扩散时间，有利于控制结深和杂质分布。

7.5.4　刻蚀去边

硅片在扩散制结的过程中，其周边表面也将同时形成扩散层。这个扩散层实际上就构成了太阳能电池上下电极的短路，因此必须去除，即采用刻蚀去边，通常包括以下两种方法。

1．化学腐蚀法

化学腐蚀法是掩蔽硅片上前结，用腐蚀液蚀去其余部分扩散层的方法。该方法可同时除去背结和周边的扩散层，腐蚀后的太阳能电池平整光亮。

2．磨片法

磨片法是一种采用物理的方法除去扩散层的方法，可采用金刚砂磨去。

7.5.5　制作减反射膜

通过绒面制作的硅片虽然可使入射光的反射率减少，但为了能够好地减少反射损失，一般还要在其表面镀一层减反射膜。减反射膜又称增透膜，其主要功能是减少或消除硅片表面的反射光，从而增加透光量。

对减反射膜的基本要求是对入射太阳光的吸收率要小，有较好的物理与化学稳定性，减反射膜的膜层与硅片能形成牢固的黏接，能抵抗潮湿空气及酸碱气氛，并且具有制作工艺简单、价格低廉的特性。

7.5.6　上下电极

太阳能电池的电极就是在电池 PN 结两端，制作精密连接的导体，接通电池的 PN 结，构成可向外供电的回路。通常，太阳能电池的受光面称为上电极，背光面称为下电极。上电极通常制成窄细的线状，这有利于对光生电流的收集，并使电池有较大的受光面积。下电极则布满全部或大部分电池的背面，以减小电池的串联电阻。制作太阳能电池电极所用金属材料主要为铝、镁、银、镍等。

7.5.7　电池测量

太阳能电池制作完成后，通过测试仪器测量其性能参数，以检验其质量是否合格。通常包括两方面的内容：一方面是太阳能电池基本物理参数的测定，如电池结深、薄层电阻等；另一方面是太阳能电池电特性的测量，如开路电压、短路电流、最大工作电压、最大工作电流、最大输出功率、填充因子、光伏转换效率、伏安特性曲线等。

测量太阳能电池的电特性必须制定统一的标准状态，所有太阳能电性能的测量必须在指定的统一标准状态下进行，否则应将测量结果转换为标准状态下的数据，才有可能比较和确定太阳能电池电性能的优劣。

7.6　太阳能电池组件

7.6.1　太阳能电池组件的基本特性

太阳能电池组件也称为太阳能电池板，是太阳能光伏发电系统中的核心部分，也是太阳能发电系统中价值最高的部分，常见的太阳能电池组件如图 7-11 所示。由于晶硅太阳能电池本身容易破碎、容易被腐蚀，若直接暴露在大气中，光电转换效率因受到潮湿、灰尘、酸雨等因素的影响而下降，也容易损坏。所以晶硅太阳能电池一般必须通过胶封、层压等方式做成平板式结构后使用。

（a）有空隙光伏组件　　　　　　　　　　　　　　（b）无空隙光伏组件

图 7-11　常见的太阳能电池组件

实际的太阳能电池组件通常要满足诸多要求，提供足够的机械强度，使电池组件能经受运输、安装和使用过程中由于冲击、振动等而产生的应力，能经受覆盖雪的压力及冰雹的冲击力。其具有良好的密封性，能够防风、防水、防尘，隔绝大气条件下对太阳能电池片的腐蚀，还具有良好的电绝缘性能，以及较强的抗紫外线辐射能力。电压和输出功率可以按不同的要求进行设计，提供多种接线方式，满足不同的电压、电流和功率输出的要求。太阳能电池片串并联组合引起的效率损失小，太阳能电池片之间连接须可靠。电池组件需工作寿命长，且封装成本应尽可能低。

7.6.2 太阳能电池组件的结构及分类

太阳能电池组件通常采用串联、并联、串并联混合（简称混联）的方式将单体电池连接在一起。串联时，可使输出电压成比例增加；并联时，可使输出电流成比例增加；而混联时，既可增加组件的输出电压，又可增加组件的输出电流。

1．普通电池组件

常见的普通电池组件包括环氧树脂胶封板、透明 PET（polyethylene terephthalate）层压板和钢化玻璃层压的光伏组件。钢化玻璃层压的光伏组件一般面积较大，功率则可以为 1～300W，甚至更大，是目前太阳能光伏电池组件应用的主流产品。环氧树脂胶封板、透明 PET 层压板一般是小功率组件，主要用于太阳能草坪灯、道路灯、各种太阳能玩具等小功率产品上。

2．建材型电池组件

建材型电池组件是将电池组件融入建筑材料中，或与建筑材料紧密结合，使电池组件的安装可以作为建筑施工内容的一部分。其可以在新建建筑物或改造建筑物的过程中一次安装完成。建材型电池组件的应用，降低了组件安装的施工费用，使光伏发电系统成本降低。

建材型电池组件的特点是其可作为建筑材料直接使用，如窗户、玻璃幕墙和玻璃屋顶材料等，既可以采光，又可以发电。设计时通过调整组件上电池片与电池片之间的间隙，就可以实现室内采光的调节。

7.6.3 太阳能电池组件的封装工艺

太阳能电池组件的寿命与其封装材料和封装工艺也有很大关系，封装工艺是影响组件寿命的重要因素，主要过程如下。

1．电池测试

由于太阳能电池片制作的随机性，生产出来的电池性能不尽相同，为了有效地将性能一致或相近的电池组合在一起，应根据其性能参数进行分类。

2．单体太阳能电池连接与焊接

按照串并联设计将单体太阳能电池串联在一起，形成一个组件串。太阳能电池的定位往往需要一个模具板，上面有放置电池片的凹槽，槽的大小和电池的大小相对应，槽的位置是已经设计好的，不同规格的组件使用不同的模具板，然后依次焊接，焊接时各太阳能电池片的正负极是一一对应的。

3．叠层准备

电池上下两侧一般均为聚乙烯聚醋酸乙烯酯共聚物（EVA）胶膜，最上面是透光率高、紫外线长期照射不会变色的低铁钢化型白玻璃，背面常见的是聚氟乙烯复合膜（TPT）背板。

4．组件层压

将敷设好的太阳能电池放入层压机内，将组件内的空气抽出，形成真空状态，然后加热使EVA熔化将电池、玻璃和背板黏接在一起，最后冷却取出组件。

5．密封条与边框

太阳能电池经层压封装后，四周加上密封条，再将玻璃组件装上铝合金边框，目的是增加组件的强度，延长太阳能电池的使用寿命。接上接线盒，就组合成了成品电池组件。

6．组件测试

组件测试的目的是对电池的输出功率进行标定，测试其输出特性，确定组件的质量等级，以及绝缘电阻、绝缘强度、工作温度、反射率及热机械应力等参数。

7.7　太阳能光伏发电系统

7.7.1　太阳能光伏发电系统结构

太阳能光伏发电系统是指通过太阳能电池将太阳辐射能转换为电能的发电系统，也称为太阳能电池发电系统。太阳能光伏发电系统主要由太阳能光伏组件、蓄电池、光伏控制器、交流逆变器、汇流箱、光伏发电系统附属设施等构成。

1．太阳能光伏组件

太阳能光伏组件是太阳能光伏发电系统中的电能输出中心，光伏组件的配置情况直接决定了整个系统的发电能力。

2．蓄电池

蓄电池（图7-12）的作用主要是存储光伏组件发出的电能，并可随时向负载供电。太阳能光伏发电系统对蓄电池的要求自放电率低，使用寿命长，充电效率高，深放电能力强，工作温度范围宽，维护少（或免维护），价格低廉。太阳能光伏发电系统配套使用的主要是铅酸电池。

3．光伏控制器

光伏控制器（图7-13）的作用是监视和控制太阳能光伏发电系统的工作状态，包括防止蓄电池过充保护、防止蓄电池过放保护、系统短路保护、系统极性反接保护、夜间防反充保护等。控制器还有光控开关和时控开关等工作模式，以及充电状态、蓄电池电量等各种工作状态的显示功能。

图 7-12　常见的太阳能蓄电池

图 7-13　常见的光伏控制器

4．交流逆变器

交流逆变器是把太阳能电池组件或蓄电池输出的直流电转换成交流电，供应给电网或交流负载使用的设备，如图 7-14 所示。

5．汇流箱

太阳能光伏发电系统的汇流箱是指太阳能光伏发电系统中保证光伏组件有序连接和汇流功能的接线装置。汇流箱能够保障光伏系统在维护、检查时易于切断电路。大型的太阳能光伏发电系统通常配置汇流箱，常见的汇流箱如图 7-15 所示。在汇流箱外部，多个光伏组件通过串联的方法实现直流电压的升高；在汇流箱内部，一般对光伏组件发出的直流高压电进行并联，实现直流电流的增大。

图 7-14　常见的交流逆变器

图 7-15　常见的汇流箱

6．光伏发电系统附属设施

光伏发电系统附属设施包括直流配电系统、交流配电系统、运行监控系统、防雷和接地系统等。

7.7.2 太阳能光伏发电系统分类

1. 独立型太阳能光伏发电系统

独立型太阳能光伏发电系统也称为离网型太阳能光伏发电系统，主要由太阳能光伏组件、控制器、蓄电池组成，若要为交流负载供电，还需要配置交流逆变器。独立型太阳能光伏发电系统又可分为直流太阳能光伏发电系统、交流太阳能光伏发电系统及交直流混合太阳能光伏发电系统。

2. 并网型太阳能光伏发电系统

太阳能组件产生的直流电经过并网逆变器，转换成符合电网要求的交流电之后直接接入公共电网的系统称为并网型太阳能光伏发电系统。并网型太阳能光伏发电系统包括集中式大型并网光伏系统和分散式小型并网光伏系统。集中式大型并网光伏系统一般是大的光伏电站，主要特点是将所发电能直接输送到电网，由电网统一调配向用户供电。与建筑物相结合的屋顶光伏发电系统、光伏建筑一体化发电系统及类似系统是分散式小型并网光伏系统。

7.7.3 太阳能光伏发电应用

太阳能光伏发电系统已经逐步被应用到工业、农业、科技、航天、国防及人们生活的各方面，预计未来太阳能光伏发电将成为重要的发电方式，在可再生能源结构中占有一定比例。太阳能光伏发电在下列领域中已得到应用，当然还有更多的领域也在使用太阳能光伏系统，不一一列举。

1. 通信领域

太阳能光伏发电应用在无人值守通信系统、移动基站、电源系统、卫星电话、监控系统、小型通信机等，为通信系统提供电源。

2. 公路、铁路、航运交通领域

太阳能光伏发电应用在铁路信号灯、交通警示灯、标志灯、太阳能路灯、高速公路监控系统、航标灯塔等。

3. 石油、海洋、气象领域

太阳能光伏发电作为应急电源应用在海上石油钻井平台上，也应用于海洋检测设备、气象和水文观测设备、观测站电源系统等。

4. 农村和边远无电地区的应用

太阳能光伏发电应用在高原、海岛、牧区、边防哨所，以及农村和边远无电地区照明、电视、收录机、卫星接收机等。

5. 太阳能光伏照明

太阳能光伏照明包括太阳能路灯、庭院灯、草坪灯、景观照明，路标牌、信号指示、广告灯箱等。

6. 光伏发电系统

光伏发电系统主要有大型太阳能光伏发电站系统、地面独立或并网光伏电站、风光互补电站、各种大型停车场充电站等类型。

7. 太阳能光伏建筑一体化

太阳能发电与建筑材料相结合,充分利用建筑的屋顶和外立面,使大型建筑能实现电力自给、并网发电。

7.7.4　太阳能光伏发电系统设计

太阳能光伏发电系统的设计是一个包含多领域的综合项目,涉及系统容量设计、电气系统设计、机械结构设计、建筑结构设计、安全设计、可靠性设计、运输安装设计、调试运行设计、维护检修设计、生态环境设计、经济性设计等方面的内容。其中,系统容量设计是整个太阳能光伏发电系统设计的重要内容。

对于独立型太阳能光伏发电系统有

$$C = \frac{nPh_1}{m\eta h_2} \tag{7-3}$$

式中,P 为负载功率;n 为最多可接受连续阴雨天数;C 为光伏组件的输出功率(不是光伏组件在标准工况的输出功率);m 为蓄电池的放电深度;η 为系统效率(这里包括了电路损失、控制器功耗、逆变器效率等方面);h_1 为负载每天工作时长;h_2 为每天太阳能光伏组件发电时长。式(7-3)不是固定不变的,根据实际光伏系统的结构和功能不同,会有所改变。

例 7-2　太阳能光伏路灯是一种典型的独立型太阳能光伏发电系统,通常太阳能光伏路灯使用的是直流电,功率为 25W/12V,每天工作 8h。在 25°N、103°E 的昆明地区,要确保在连续 3d 阴雨天气条件下,这样的太阳能光伏路灯仍然能够工作,请合理设计该太阳能光伏路灯的方案。

解　太阳能光伏路灯是直流电工作的独立系统,其系统的基本构建为从太阳能光伏组件发出的直流电通过导线输送到控制器,控制器再分别连接到蓄电池和路灯。假设整个太阳能光伏路灯系统各设备之间总的转换效率为 0.9,以及蓄电池电压为 12V 且放电深度为 0.7,并假设太阳能光伏组件每天有效工作时间为 6h,所以有

$$C = \frac{nPh_1}{m\eta h_2} = \frac{3 \times 25 \times 8}{0.7 \times 0.9 \times 6} = 159 \ (\text{W})$$

显然,按照 159W 设计需要的太阳能光伏组件的功率是不合理的,因为实际的太阳能光伏组件在使用过程中发电效率会慢慢降低,另外还由于太阳能光伏路灯是在户外工作的,光伏组件不免会有灰尘覆盖,减少了光伏组件向光面接收的太阳能,因此在实际的太阳能光伏组件的选择中,选择 200W 的太阳能光伏组件较为合适。通常,太阳能光伏路灯的光伏组件安装在其竖立的灯杆上,这是为了满足机械、安全、美观等设计要求,因此建议使用两块 100W/12V 的太阳能光伏组件并联。

对于控制器的选择,其工作电压当然需要与光伏组件配套(即 12V),其工作电流 I_c 为

$$I_c = \frac{2 \times 100}{12} = 17 \ (\text{A})$$

一般,控制器的工作电流为 8A、16A、20A、25A 等,所以从电气安全的角度考虑,选择 12V/20A

的控制器较为合理。

对于蓄电池的选择，其工作电压当然也需要为 12V，其容量为

$$C_b = \frac{nPh_1}{12m\eta} = \frac{3 \times 25 \times 8}{12 \times 0.7 \times 0.9} = 79 \text{（W）}$$

通常的蓄电池的容量不会是 79A·h，所以建议选择 12V/80A·h 或 12V/100A·h 的蓄电池。这是因为 12V/80A·h 已经满足了实际需求，其实蓄电池的放电深度也可以比 0.7 大一点，这样比较经济。若不受经济条件的制约，选择 12V/100A·h 的蓄电池更好一些，这样就有充分的余量了。

对于独立型太阳能光伏发电系统及并网型太阳能光伏发电系统，在实际的设计中都有类似的设计过程，只是在有些太阳能光伏发电系统中还会涉及汇流箱、逆变器、交流配电柜等设备，这时需要根据实际情况进行设计，但都必须遵循能量守恒这一基本原则。

第8章　非成像太阳能应用系统

在太阳能光热利用系统中，非成像太阳能系统具有太阳能理想聚光器的聚光特性，特别是非成像太阳能系统在工作时没有运动的跟踪装置，在系统经济性和可行性方面都有显著的优势，因此根据不同的应用需求，可将非成像太阳能系统设置成各种形式。本章先概括介绍非成像光学的发展历程，再具体讲述典型的非成像太阳能聚光系统的设计与应用。

8.1　非成像光学与 CPC

8.1.1　非成像光学起源

早期的非成像光学理论起源于 20 世纪 50～60 年代，最初由 Hinterbgerer 和 Winston 提出。早期的非成像光学设计是根据经验的实测法来制造非成像光学系统，即根据设计者的经验先制作一个系统，通过实测来观察是否符合要求。这种实测法虽然比较精确，但是一旦发现不合要求就只能重新设计制造，不但耗费了大量人力、物力，而且延长了制造的周期。随后，科研人员基于几何光学理论提出了一系列非成像光学理论，极大地丰富了非成像光学及应用领域。科研人员将这种非成像光学设计方法应用于太阳能收集系统中，其中 CPC 就是非成像光学的典型应用。非成像光学还在 LED 照明及配光系统的设计方面得到了广泛的应用。因此几何光学中的非成像光学是一个伴随着太阳能和配光技术的发展而快速兴起的学科。

8.1.2　CPC 应用

CPC 在光热利用方面，可以为人们提供日常生活用热水，采用 CPC 的热水系统，具有升温速度快、热水温度高的特点。CPC 也可以用于生产工业低压蒸汽，满足中温工业用热需要。CPC 还可以用于太阳能干燥、供暖、制冷等系统。

CPC 在光伏利用方面，可应用在低倍聚光太阳能光伏系统中，提高光伏电池的发电电流，减少光伏电池的使用面积。有时 CPC 系统可以实现热电联供，在光伏电池发电的同时，用冷却水带走光伏电池因发电产生的余热，实现了热能的回收，提高了系统的效率，同时降低了光伏电池的发电温度，这有助提高光伏电池的发电效率，从而进一步提高了整个集成系统的工作效率。

有些 CPC 系统设置在竖立的墙面上，这不仅不占用楼顶的面积，还减少了保温管道材料，并减少了热损失，系统的光热效率得到了有效提升。还有些 CPC 系统的反射面采用半透明材料，这样的 CPC 系统就可以放置在阳台上，不仅实现了光热利用，同时部分阳光进入户内，从而实现热光联供。总之，根据实际需要，对 CPC 系统进行合理的设计，可在更广泛的领域开展更多的应用。

8.2 非成像 CPC 的应用

8.2.1 真空管耦合 CPC

传统太阳能真空管集热系统结构如图 8-1 所示。真空夹层的存在导致从夹层中间穿越的太阳辐射能损失，不能够被内管的选择性吸收涂层吸收；受到系统制造工艺的限制，难以做到真空管之间没有间隙，从而又导致了太阳能辐射能的损失。

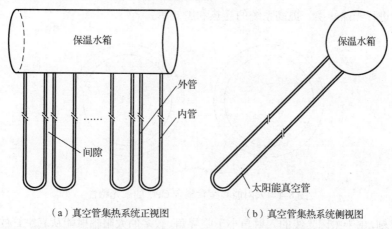

（a）真空管集热系统正视图　　　　（b）真空管集热系统侧视图

图 8-1　传统太阳能真空管集热系统结构

为有效收集损失的这些太阳辐射能，可用太阳能耦合 CPC（图 8-2），在真空管之间安装圆形吸收体 CPC，并置于真空管底部，可将损失的太阳辐射能反射，被反射的太阳辐射能到达真空管内管表面的选择性吸收涂层，从而被其吸收。

耦合 CPC 非成像太阳能系统的临界角如图 8-3 所示，图 8-3 中 O_1、O_2 分别为相邻真空管圆心，O_1O_2 为真空管之间的距离 L，B 为 O_1O_2 的中点，BD 垂直于 O_1O_2，光线 ABC 相切于圆 O_1、O_2，AB 与 BD 的夹角为 α_0。假设 AB 与 BD 的夹角大于 α_0，相邻真空之间不存在光线损失，反之则造成太阳辐射能在真空管间隙中损失，因此圆形吸收体 CPC 的临界角 α_0 的值可根据式（8-1）进行设计：

$$\alpha_0 = \arccos \frac{2r}{L} \tag{8-1}$$

式中，r 为真空管内管半径，从这里可以看出，对于确定的太阳能真空管，若管间距的值越大，圆形吸收体 CPC 的临界角 α_0 值也越大。

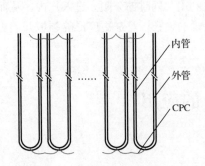

图 8-2　太阳能真空管耦合 CPC

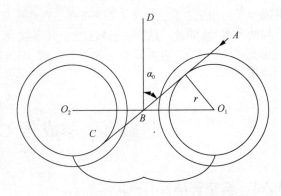

图 8-3　耦合 CPC 非成像太阳能系统的临界角

太阳能真空管耦合 CPC 的聚光特性如图 8-4 所示。由图 8-4 可知，即使是从真空管间隙中逃逸的太阳光线，垂直照射到 CPC 表面上，经过 CPC 面反射后，也都能够到达真空管内管的内壁，从而被真空管进行光热转换，提高系统的光热利用效率。

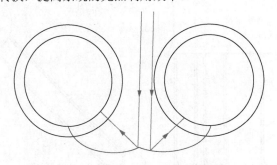

图 8-4　太阳能真空管耦合 CPC 的聚光特性

在正午时刻，由于太阳光线的入射角小于临界角，较多的太阳辐射能从真空管的间隙中逃逸。常规的太阳能真空管集热系统不能收集该部分太阳辐射能，从而降低了系统的光学效率，而基于太阳能真空管耦合 CPC 的太阳能真空管集热系统仍然能够有效收集临近正午时刻从真空管间隙逃逸的太阳辐射能，即利用更多的太阳能。

8.2.2　嵌入式 CPC 集热系统

1. 系统结构设计

为了充分利用建筑的立面墙接收到的太阳辐射能，设计建筑立面嵌入式一体化太阳能真空管耦合 CPC 集热系统（图 8-5）。在图 8-5 中，嵌入式一体化太阳能真空管耦合 CPC 集热系统的存在减少了夏日中立面墙接收到的太阳辐射能，从而也降低了室内温度，使系统在获得热水的同时降低了建筑能耗。

图 8-5 中嵌入式 CPC 聚光器的几何面形（图 8-6）可以采用以下方法进行设计：通常嵌入式 CPC 要求每天的工作时间不低于 6h，嵌入式 CPC 的接收半角需根据当地夏至日与冬至日的太阳高度角进行确定，如图 8-6（a）所示。

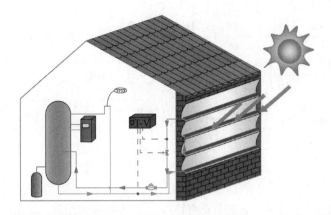

图 8-5　建筑立面嵌入式一体化太阳能真空管耦合 CPC 集热系统

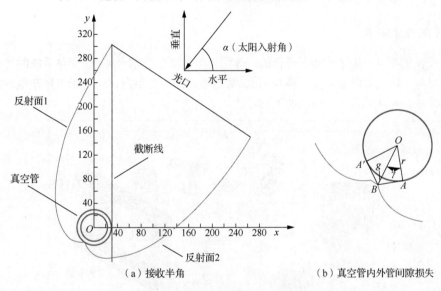

（a）接收半角　　　　　　　　　　（b）真空管内外管间隙损失

图 8-6　嵌入式 CPC 的几何面形

　　首先需要计算当地夏至日正午时刻的太阳高度角 A，冬至日正午前后偏 3h 的太阳高度角为 D。然后，通过确定两至日的太阳高度角，能够进一步确定本节所设计的立面一体化 CPC 所能够接收到的太阳高度角范围为 $A \sim D$，所以所设计的 CPC 的接收半角 θ_a 可用式（8-2）进行计算（不考虑太阳方位角对采光的影响）：

$$\theta_a = \frac{A - D}{2} \tag{8-2}$$

　　基于真空管内管基圆 xOy 坐标系中的标准 CPC 需要顺时针旋转的角度为

$$\theta_r = \frac{\pi}{2} - \left(\frac{A - D}{2} + D \right) = \frac{\pi - A - D}{2} \tag{8-3}$$

　　因为真空管吸收体的内外管嵌套结构的存在，所以在设计 CPC 的几何面形时可进行截断处理，CPC 被沿真空管外管切线截断，将会导致 CPC 对太阳光线产生会聚时无法将所有的光线会聚到真空管吸收体的吸收涂层上，从而产生一定的漏光损失，如图 8-6（b）所示，因此可近似计算

$$G = \frac{2AB(1-F_{AB-AA'})}{2\pi r} = \frac{AB}{\pi r}\left(1 - \frac{AB+AA'-AB}{2AB}\right)$$

$$= \frac{AB}{\pi r}\left(1 - \frac{2r\gamma}{2AB}\right) = \frac{AB}{\pi r}(1-\gamma\cot\gamma) = \frac{\tan\gamma}{\pi}(1-\gamma\cot\gamma)$$

$$= \frac{1}{\pi}(\tan\gamma - \gamma) = \frac{1}{\pi}\left(\frac{AB}{r} - \gamma\right) = \frac{1}{\pi}\left(\frac{\sqrt{(r+g)^2 - r^2}}{r} - \gamma\right) = \frac{1}{\pi}\left(\frac{\sqrt{g^2+2rg}}{r} - \gamma\right)$$

$$= \frac{1}{\pi}\left(\sqrt{\left(\frac{g}{r}\right)^2 + \frac{2g}{r}} - \gamma\right) \tag{8-4}$$

式中，r 表示真空管内管外半径；g 表示真空管与 CPC 截断处的距离，即太阳能真空管内管外壁与外管外壁的距离。

2. 系统性能测试

在实验或工程中，为了检验所设计的一体化太阳能真空管耦合 CPC 集热系统的光热转换性能，就需要对一体化太阳能真空管耦合 CPC 集热系统进行性能测试，对于工作在室外的太阳能 CPC 集热系统，可采用图 8-7 所示的测试方法。

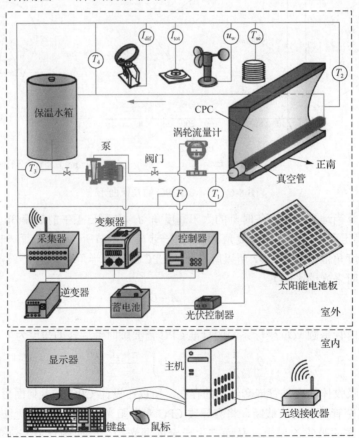

图 8-7　太阳能 CPC 集热系统性能测试

图 8-7 中的一体化太阳能真空管耦合 CPC 集热系统主要分为四个子系统，分别为光热系统、光伏系统、流量控制系统及数据采集系统。在图 8-7 中，在光热系统中，流动工质（通常是工质水）在循环泵的驱动下在管道系统中循环运动。当工质水被输送至真空管时，真空管将接收到的太阳能直接转化为热能，并通过太阳能真空管内管传递给工质水，使工质水的温度逐渐升高。

为了使工质水在管道中稳定地循环，图 8-7 中配置了流量控制系统，其中涡轮流量计对管道中工质水的流量进行实时测量，并反馈给 PID 控制器进行调节。然后 PID 控制器输出信号传输给变频器，通过变频器输出不同频率的交流电从而对泵的转速进行控制，使工质水的流量维持稳定。

在系统稳定运行状态下，数据采集系统对真空管进出口水温、热水箱进出口水温、水箱内部的水温、循环水路的流量、环境温度、风速及太阳辐照度进行测量，并将测量值实时地传输给数据采集器，进一步将数据采集器获得的数据通过无线传输技术传输给无线接收器，进行进一步的数据处理。其中，数据传输采用无线技术，方便了测试过程，特别是减少了布线所带来的工作量。

整个室外平台的电源由光伏发电系统提供，其中太阳能电池板将太阳能转化为电能，并输送给控制器，将不稳定电流转换为稳定的电流并且储存到蓄电池中。然后通过逆变器将蓄电池的直流电转换为 220V 的交流电供给 PID 控制器、变频器及数据采集器等用电设备。同时整个系统电源由光伏发电系统提供，也节约了电能。

3. 系统传热模型

采用实验难以对 CPC 集热系统全部工作条件下的性能进行测试，且实验测试系统性能存在局限性，难以对所设计的 CPC 集热系统在各个地点的工作特性进行预测，因此可构建一体化太阳能真空管耦合 CPC 集热系统的传热模型（图 8-8），对太阳能 CPC 系统性能的评价更具有通用和普适性。

在图 8-8 中，根据热力学第一定律，太阳能真空管耦合 CPC 集热系统与环境之间的能量是守恒的。因此，可以通过能量守恒定律对真空管各管壁、流动工质、周围空气环境及天空之间建立能量平衡方程。

为方便计算，不显著偏离实际情况，可对太阳能真空管的传热模型进行简化和假设，假设真空管内管内壁温度与工质水的温差足够大，以确保工质水在管轴向上温度均匀上升，且管径向无温度梯度；假设玻璃外管的吸收率非常低，被外管吸收太阳辐射为 0；假设真空管夹层为真空，忽略真空夹层内的对流传热，只考虑辐射传热；假设吸收涂层的吸收率和发射率不随温度变化而变化；假设 CPC 表面面形吸收率很低，CPC 表面的温度始终与环境温度相同；在真空管圆周方向上，工质无温度梯度，且各种热力学性质完全相同。

图 8-8 中的 CPC 集热系统传热模型不够直观，难以实现传热过程定量计算，可采用热阻网络方法进行分析。与传热模型对应的 CPC 集热系统热阻网络如图 8-9 所示，从图 8-9 中可清晰地看出真空管内的工质水从外界吸收的能量，主要来自内管表面的吸收涂层吸收的太阳辐射能（$I_{c\text{-}abs}$）。

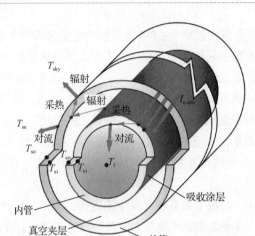

图 8-8 太阳能 CPC 集热系统传热模型

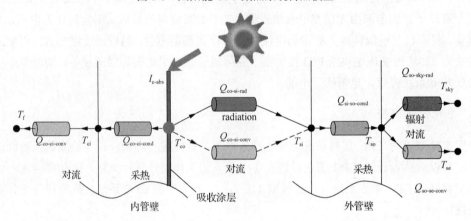

图 8-9 CPC 集热系统热阻网络

被吸收涂层吸收的一部分太阳能通过热传导（$Q_{co\text{-}ci\text{-}cond}$）的方式从内管外表面（$T_{co}$）传递到内管内表面（$T_{ci}$），进一步通过对流传热方式（$Q_{co\text{-}ci\text{-}conv}$）传递到工质水中，从而使工质水的温度（$T_f$）升高。另一部分太阳能通过辐射传热的方式从内管外表面（T_{co}）传递到玻璃外管的内表面（T_{si}），其大小为 $Q_{co\text{-}si\text{-}rad}$。玻璃外管内表面获得的能量再通过热传导（$Q_{si\text{-}so\text{-}cond}$）的方式传递给外管外表面。然后玻璃外管外表面的能量（$Q_{si\text{-}so\text{-}cond}$）通过热辐射（$Q_{so\text{-}sky\text{-}rad}$）和热对流（$Q_{so\text{-}se\text{-}conv}$）两种方式从外管外表面传递到天空（$T_{sky}$）和周围环境（$T_{se}$）。采用相关的传热关联式就可以计算 CPC 集热系统的热性能。

8.2.3 组合型 CPC 集热系统

基于太阳能真空管所设计的组合型 CPC 集热系统如图 8-10 所示。在图 8-10 中，常见的太阳能真空管外管外半径 R 为 29mm，内管外半径 r 为 23.5mm。采用这种常见的太阳能真空管优化设计的一种组合型 CPC 的 β（$\angle HOC$）、ε（$\angle OKB$）、ξ（$\angle HOK$）的值分别为 5.56°、45°、180°。

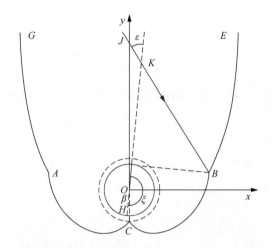

图 8-10　基于太阳能真空管所设计的组合型 CPC 集热系统

　　优化设计的组合型 CPC 的光学性能较相同光口宽度的水平放置的 CPC（图 8-6 中顺时针角度为 0° 的 CPC）光学性能有所提升，其安装方向如图 8-11 所示。

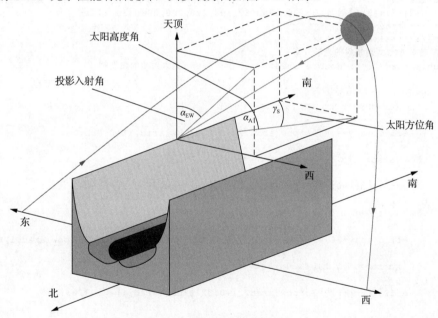

图 8-11　组合型 CPC 安装方向

　　图 8-11 中优化设计的组合型 CPC 的接收半角有所提升，可以实现在长度方向为南北方向的水平安装（常规的 CPC 长度方向为东西向，为了获得较好的采光性能，需倾斜安装，通常还需定期调整倾斜安装的倾角），不需定期调整方向（由于没有倾角），也不存在前排与后排之间的遮挡现象。组合型 CPC 水平安装还可以节约因为倾斜安装所增加的支撑材料。同时，在相同的采光场上，可以安装更多 CPC 来有效提高太阳能采光场的利用率。

　　由于圆形吸收体 CPC 的面形结构复杂，其光学性能采用程序计算较为方便。针对优化设计的组合型 CPC 的光学性能和图 8-6 中相同光口宽度的水平放置的 CPC 光学性能可采用下面的样例程序计算。

程序样例代码：

```
//程序功能：组合型 CPC（圆形吸收体）与常规 CPC 采光量计算，CPC 长度方向沿着南北向。计算单位面积采光
量.考虑了标准 CPC 的底部的漏光现象
// 假设 CPC 的长度足够长，不考虑太阳光线的余弦效应。采用典型气象年中的辐照度数据。采用各向同性太空
散射模型
//头文件
#include <stdio.h>
#include <math.h>
//**********公共部分***********
//符号常量
#define pi       3.141592653589
#define e        2.718281828459
#define phairad  (25.0*(pi/180.0))        //地理纬度为 N25°
#define batarad  (0.0*(pi/180.0))         //采光平面的倾角为 0°
#define z_h  (pi/180)                     //将角度制转换为弧度制
#define z_j  (180/pi)                     //将弧度制转换为角度制
#define sCPC_lgl     (1.0-0.0309)         //标准 CPC 的漏光率
#define fzbc         1//分钟步长
#define jsj_sCPC     46.68                //标准 CPC 的接收半角 单位为 deg   建议保留两位小数
#define jsj_nCPC     54.14                //新型 CPC 可接收半角 单位为 deg   建议保留两位小数
int n12[13]={0,17,47,75,105,135,162,198,228,258,288,318,344};
//**********公共部分******
//***************子函数***
//A 传统 CPC 直射辐射的光学效率
double chaCPCopti(double arad)            //arad 为入射角的弧度制
{
    double efficiency;
    if(  (arad>=0*z_h) && (arad<=4*z_h)    )
    {
        efficiency=4.0784*pow(arad,2)+0.058*pow(arad,1)+0.892;
    }
    if(  (arad>=4*z_h) && (arad<=8*z_h)    )
    {
        efficiency=0.0118*pow(arad,2)-0.1158*pow(arad,1)+0.924;
    }
    if(  (arad>=8*z_h) && (arad<=14*z_h)   )
    {
        efficiency=24.436*pow(arad,3)-14.555*pow(arad,2)+3.2672*pow(arad,1)+0.6685;
    }
    if(  (arad>=14*z_h) && (arad<=18*z_h)    )
    {
        efficiency=0.2975*pow(arad,2)+0.0276*pow(arad,1)+0.9316;
    }
    if(  (arad>=18*z_h) && (arad<=20*z_h)    )
    {
        efficiency=0.717*pow(arad,1)+0.739;
    }
    if(  (arad>=20*z_h) && (arad<=44*z_h)    )
    {
        efficiency=1.0;
    }
    if(  (arad>=44*z_h) && (arad<=jsj_sCPC*z_h)    )
    {
        efficiency=-0.0211*pow(arad,1)+1.0204;
    }
    if(  (arad>jsj_sCPC*z_h)    && (arad<=90*z_h)    )
    {
```

```
            efficiency=0;
        }
        if(efficiency>1)                        //修正拟合公式非常小的误差
        {
            efficiency=1;
        }
        if(efficiency<0)                        //修正拟合公式非常小的误差
        {
            efficiency=0;
        }
        return efficiency;
}
//B 常规 CPC 的散射辐射平均光学效率
double chaCPCdae;
double fchaCPCdae()                             //散射辐射平均光学效率 diffuse average efficiency
{
        double barad;                          //变化的 arad
        double effall;
        barad=0;
        effall=0;
        while( barad<(jsj_sCPC *z_h) )
        {
            effall=effall+chaCPCopti(barad);
            barad=barad+0.01*z_h;
        }
        chaCPCdae=effall/(jsj_sCPC*100.0);
        printf("chaCPCdae=%8.4f\n",chaCPCdae);
        return chaCPCdae;
}
//C 新型 CPC 直射辐射的光学效率
double newCPCopti(double arad)                  //arad 为入射角的弧度制
{
        double efficiency;
        if( (arad>=0) && (arad<4*z_h) )
        {
            efficiency=0.932;
        }
        if( (arad>=4*z_h) && (arad<16*z_h) )
        {
            efficiency=-1.4695*pow(arad,3)+0.7181*pow(arad,2)+0.0143*pow(arad,1)+0.928;
        }
        if( (arad>=16*z_h) && (arad<20*z_h) )
        {
            efficiency=0.3295*pow(arad,1)+0.864;
        }
        if( (arad>=20*z_h) && (arad<28*z_h) )
        {
            efficiency=0.1026*pow(arad,2)-0.0358*pow(arad,1)+0.979;
        }
        if( (arad>=28*z_h) && (arad<32*z_h) )
        {
            efficiency=0.986;
        }
        if( (arad>=32*z_h) && (arad<36*z_h) )
        {
            efficiency=0.0286*pow(arad,1)+0.97;
        }
        if( (arad>=36*z_h) && (arad<48*z_h) )
        {
```

```
        efficiency=-24.001*pow(arad,3)+50.371*pow(arad,2)-36.574*pow(arad,1)+10.036;
    }
    if( (arad>=48*z_h) && (arad<jsj_nCPC *z_h) )
    {
        efficiency=-50.64*pow(arad,2)+84.574*pow(arad,1)-34.675;
    }
    if( (arad>=jsj_nCPC *z_h) && (arad<=90*z_h) )
    {
        efficiency=0;
    }
    if(efficiency>1)                        //修正拟合公式非常小的误差
    {
        efficiency=1;
    }
    if(efficiency<0)                        //修正拟合公式非常小的误差
    {
        efficiency=0;
    }
    //printf("adeg=%2.2f arad=%6.4f  efficiency=%4.3f\n",arad*z_j,arad,efficiency);
    return efficiency;
}
//D 新型 CPC 的散射辐射平均光学效率
double newCPCdae;
double fnewCPCdae()           //散射辐射平均光学效率  diffuse average efficiency
{
    double barad;            //变化的 arad
    double effall;
    barad=0;
    effall=0;
    while( barad<(jsj_nCPC *z_h) )
    {
        effall=effall+newCPCopti(barad);
        barad=barad+0.01*z_h;
    }
    newCPCdae=effall/(jsj_nCPC*100.0);
    printf("newCPCdae=%8.4f\n",newCPCdae);
    return newCPCdae;
}
//01  计算 12 个月平均日的赤纬角
double datadeg[366],datarad[366];              //12 个月,datarad[0]不用
void fdata(void)
{
    int n;
    int x;
    double B;
    for (n=1;n<13;n++)//此 for 循环用于计算太阳赤纬角,相关计算公式见教材
        {
            x=n12[n];
            B=(x-1)*(360.0/365)*(pi/180);
            datadeg[x]=(180/pi)*(0.006918-0.399912*cos(B)+0.070257*sin(B)-0.006758*
cos(2*B)\+0.000907*sin(2*B)-0.002697*cos(3*B)+0.00148*sin(3*B));
            printf("n=%3d,  datadeg[%3d]=%8.4f deg   ", x,x,datadeg[x]);

            datarad[x]=datadeg[x]*(pi/180);
            printf("n=%3d,  datarad[%3d]=%8.4f rad\n", x,x,datarad[x]);
        }
    printf("\n");}
//02    计算 12 个月平均日的大气层外垂直于太阳入射光线太阳辐照度(w/m²)
double gon_fx_dqcw[366];
```

```
void fx_dqcw(void)
{
    int n;
    int x;
    double B;
    for (n=1;n<13;n++)
    {
        x=n12[n];
        B=(x-1)*(360.0/365)*(pi/180);
        gon_fx_dqcw[x]=1353.0*(1.000110+0.034221*cos(B)+0.001280*sin(B)+0.000719*
cos(2*B)+0.000077*sin(2*B));
        printf("n=%3d,  gon_fx_dqcw[%3d]=%4.4f\n", x,x,gon_fx_dqcw[x]);

    }
    printf("\n");
}
//03    计算 12 个月平均日的太阳日落时角和昼长
double omgarad_set[366],omgadeg_set[366];         //omga 为太阳日落(set)时角
double dtimeh[366]; //单位为小时
void fomgarad_set_dtimeh(void)
{
    int n;
    int x;
    for (n=1;n<13;n++)
    {
        x=n12[n];
        omgarad_set[x]=acos(-1.0*tan(datarad[x])*tan(phairad));
        omgadeg_set[x]=(180/pi)*omgarad_set[x];
        dtimeh[x]=(2.0/15.0)*omgadeg_set[x];
        printf("n=%3d,  omgarad_set[%3d]=%4.2f rad   omgadeg_set[%3d]=%6.2f  deg
dtimeh[%3d]=%4.2f\n", x,x,omgarad_set[x],x,omgadeg_set[x],x,dtimeh[x]);
    }
    printf("\n");
}
//04    计算 12 个月平均日的太阳高度角和太阳方位角(每间隔 10 分钟计算一次太阳高度角和太阳方位角,从
太阳正午到日落)
double arfarad[366][425],arfadeg[366][425];       //太阳高度角
double gamarad[366][425],gamadeg[366][425];       //太阳方位角
void farfa_gama(void)
{
    int n;
    int x;
    int fz;                  //Fen Zhong 分钟  从太阳正午开始,太阳正午为 0 分钟
    double btfz;             //从太阳正午到日落的分钟数 ban tian fen zhong 半天分钟数
    double zjbl1,zjbl2,zjbl3,zjbl4;     //中间变量,方便程序编写
    for (n=1;n<13;n++)
    {
        x=n12[n];
        btfz=(dtimeh[x]*60.0)/2.0;
        fz=0;          //分钟数的起点为太阳时 12:00:00,代表了 12:00:00-12:fzbc:00 时间内的平
均水平

        while(fz<=btfz)  //每 fzbc 分钟计算一次
        {
            //计算太阳方位角(先获得高度角,再求方位角,并且用余弦形式,因为在得知太阳时角时,余弦形
式的函数返回值唯一确定)

zjbl1=sin(datarad[x])*sin(phairad)+cos(datarad[x])*cos(phairad)*cos((double)fz*((2.0*pi)
/(24.0*60.0))));
                arfarad[x][fz]=asin(zjbl1);             //asin 函数返回的值:-1 到 1 对应 -0.5pi
```

到 0.5pi

```
                arfadeg[x][fz]=(180/pi)*arfarad[x][fz];
                //太阳方位角的余弦形式
                zjbl2=sin(arfarad[x][fz]) *sin(phairad)-sin(datarad[x]);
                zjbl3=cos(arfarad[x][fz])*cos(phairad);
                zjbl4=zjbl2/zjbl3;
```

//说明:当太阳时角大于 0 时,表示太阳是在当地南偏西的位置,太阳方位角大于 0;当太阳时角等于 0 时,表示太阳是在当地正南方向的位置,太阳方位角等于 0;当太阳时角小于 0 时,表示太阳是在当地南偏东的位置,太阳方位角小于 0

```
                if(( fz*((2.0*pi)/(24.0*60.0)) )>=0)
                {
                            gamarad[x][fz]=acos(zjbl4);
                }
                else
                {
                    gamarad[x][fz]=-acos(zjbl4);
                }
                gamadeg[x][fz]=(180/pi)*gamarad[x][fz];
                fz=fz+fzbc;
            }
            //printf("\n");
        }
    }
    //05    计算 12 个月平均日的地面当地太阳入射光线所对应的大气层外水平面一天内太阳辐照量（能量单位
MJ/m²）
    double gon_sp_dqcw[366];
    void fgon_sp_dqcw(void)
    {
        int n;
        int x;
        for (n=1;n<13;n++)
        {
            x=n12[n];
            gon_sp_dqcw[x]=((24*3600)/(pi*1000000))*gon_fx_dqcw[x]*(cos(phairad)*cos
(datarad[x])*sin(omgarad_set[x])+omgarad_set[x]*sin(phairad)*sin(datarad[x]));
            printf("n=%3d, gon_sp_dqcw[%3d]=%4.2f MJ\n", x,x,gon_sp_dqcw[x]);
        }
        printf("\n");
    }
    //06 基于典型气象年的 12 个月平均日的日总辐射值,计算平均每天总的直射辐射   散射辐射
    double irdz_sp_dm_pjmt[13]={0,14.1,16.2,19.9,21.4,16.4,15.2,\
                        15.1,14.6,13.4,12.4,11.3,11.3};//数据来自典型气象年
    double beam_sp_dm_all[366],diffuse_sp_dm_all[366],total_sp_dm_all[366];
    double KT_ypjmr[13];   //晴空指数 KT 月平均每日 yue ping jun ri
    void fzsfl_sp_dm(void) //zhi san fen li 直散分离 每天的直散分离
    {
        int n;
        int x;
        double zjbl1;
        for (n=1;n<13;n++)
        {
            x=n12[n];        KT_ypjmr[x]=irdz_sp_dm_pjmt[n]/gon_sp_dqcw[x];

zjbl1=0.775+0.347*(omgarad_set[x]-pi/2.0)-(0.505+0.261*(omgarad_set[x]-pi/2.0))*cos(2.0*
((irdz_sp_dm_pjmt[n]/gon_sp_dqcw[x])-0.9));
diffuse_sp_dm_all[x]=irdz_sp_dm_pjmt[n]*zjbl1;
            beam_sp_dm_all[x]=irdz_sp_dm_pjmt[n]-diffuse_sp_dm_all[x];
            total_sp_dm_all[x]=irdz_sp_dm_pjmt[n];
            printf("sp_dm_all       n=%3d,      diffuse[%3d]=%4.2f             beam[%3d]=%5.2f
```

```
total[%3d]=%4.2f\n", x,x,diffuse_sp_dm_all[x],x,beam_sp_dm_all[x],x,total_sp_dm_all[x]);
            }
        printf("\n");
    }//07 基于典型气象年的 12 个月平均日的日总辐射值,计算逐时的太阳辐射能,每分钟计算一次
    double beam_sp_dm[366][425],diffuse_sp_dm[366][425],total_sp_dm[366][425];
//水平面
    double chaCPC_beam[366][425],chaCPC_diffuse[366][425],chaCPC_total[366][425];
//常规 CPC 获得的直射辐射、散射辐射、总辐射
    double newCPC_beam[366][425],newCPC_diffuse[366][425],newCPC_total[366][425]; //新
型 CPC 获得的直射辐射、散射辐射、总辐射
    void fzsfl_sp_qx_dm_zs(void) //直散分离  每天的直散分离  逐时
    {
        int n;
        int x;
        int fz;                    //分钟   从太阳正午开始,太阳正午为 0 分钟
        double btfz;               //从太阳正午到日落的分钟数  半天分钟数
        double a,b;
        double zjbl0,zjbl1,zjbl2,zjbl3,zjbl4;
        for (n=1;n<13;n++)
        {
            x=n12[n];
            btfz=(dtimeh[x]*60.0)/2.0;
            fz=0;
            while(fz<=btfz) //每 fzbc 分钟计算一次
            {
                //水平面逐时直散分离计算
                a=0.4090+0.5016*sin(omgarad_set[x]-(pi/3.0));
                b=0.6609-0.4767*sin(omgarad_set[x]-(pi/3.0));
                zjbl0=cos((double)(fz+0)*(2.0*pi)/1440.0);
                zjbl1=(fzbc/60.0)*(pi/24.0)*(a+b*zjbl0);//fzbc 分钟为(fzbc/60.0)小时
                zjbl2=cos((double)(fz+0)*(2.0*pi)/1440.0)-cos(omgarad_set[x]);
                zjbl3=sin(omgarad_set[x])-omgarad_set[x]*cos(omgarad_set[x]);
                total_sp_dm[x][fz]=irdz_sp_dm_pjmt[n]*(zjbl1*zjbl2/zjbl3);
                diffuse_sp_dm[x][fz]=diffuse_sp_dm_all[x]*(fzbc/60.0)*(pi/24.0)*
(zjbl2/zjbl3); //fzbc 分钟为(fzbc/60.0)小时
                beam_sp_dm[x][fz]=total_sp_dm[x][fz]-diffuse_sp_dm[x][fz];
                //两种 CPC 采光计算
                zjbl4=atan( sin(gamarad[x][fz]) /tan(arfarad[x][fz])  );   //计算太阳光在
CPC 横截面的入射角
                if(fz==0)  //对第 0 分钟进行特殊处理
                {
                    zjbl4=0;
                }
                //常规 CPC 的采光量
                chaCPC_diffuse[x][fz]=pow(chaCPCdae,1)*sin (jsj_sCPC*z_h)*diffuse_sp_dm[x][fz];
                if(  zjbl4<(jsj_sCPC*z_h)       )
                {               chaCPC_beam[x][fz]=chaCPCopti(zjbl4)*beam_sp_dm[x][fz];
//常规 CPC 的直射辐射与水平地面相等(因为南北向水平放置)              }
                chaCPC_total[x][fz]=chaCPC_beam[x][fz]+chaCPC_diffuse[x][fz];
                //新型 CPC 的采光量
                newCPC_diffuse[x][fz]=pow(newCPCdae,1) *sin(jsj_nCPC *z_h)*diffuse_sp_dm
[x][fz];  //采用各向同性天空模型,并且散射辐射的光学效率采用在可接收角内直射辐射光学效率的平均值(可以将
散射辐射看成多束直射辐射)
                if(   zjbl4<(jsj_nCPC *z_h)       )
                {
                newCPC_beam[x][fz]=newCPCopti(zjbl4) *beam_sp_dm[x][fz];
                }
        newCPC_total[x][fz] =newCPC_beam[x][fz]+newCPC_diffuse[x][fz];
                fz=fz+fzbc;
```

```
        }
        //printf("\n");
    }
}
//08 输出
FILE *stream2CPC;   //60 分钟一个节点,将水平面总的直射辐射离散(每 4 分钟一个数据)(1m² 的水平面
积)
void fzsfl_sp_qx_dm_zs_Outputs(void)
{
    int n;
    int x;
    int fz;                          //分钟     从太阳正午开始,太阳正午为 0 分钟
    double btfz;                     //从太阳正午到日落的分钟数   半天分钟数
    stream2CPC=fopen( "c://Outputs//2CPC.xls", "w+" );
    fprintf(stream2CPC,"离散常规 CPC 总辐射量\n");
    for (n=1;n<13;n++)
    {
        x=n12[n];
        btfz=(dtimeh[x]*60.0)/2.0;
        fz=0;
        while(fz<=btfz)
        {   fprintf(stream2CPC,"%.6f\t",chaCPC_total[x][fz]);
            fz=fz+fzbc;
        }
        fprintf(stream2CPC,"\n");
    }
    fprintf(stream2CPC,"\n");
    fprintf(stream2CPC,"离散常规 CPC 直射辐射量\n");//02
    for (n=1;n<13;n++)
    {
        x=n12[n];
        btfz=(dtimeh[x]*60.0)/2.0;
        fz=0;
        while(fz<=btfz)
        {   fprintf(stream2CPC,"%.6f\t",chaCPC_beam[x][fz]);
            fz=fz+fzbc;
        }
        fprintf(stream2CPC,"\n");
    }
    fprintf(stream2CPC,"\n");
    fprintf(stream2CPC,"离散常规 CPC 散射辐射量\n");
    for (n=1;n<13;n++)
    {
        x=n12[n];
        btfz=(dtimeh[x]*60.0)/2.0;
        fz=0;
        while(fz<=btfz)
        {   fprintf(stream2CPC,"%.6f\t",chaCPC_diffuse[x][fz]);
            fz=fz+fzbc;
        }
        fprintf(stream2CPC,"\n");
    }
    fprintf(stream2CPC,"\n");
    fprintf(stream2CPC,"离散新型 CPC 总辐射量\n");//04
    for (n=1;n<13;n++)
    {   x=n12[n];
        btfz=(dtimeh[x]*60.0)/2.0;
        fz=0;
        while(fz<=btfz)
```

```
        {   fprintf(stream2CPC,"%.6f\t",newCPC_total[x][fz]);
            fz=fz+fzbc;
        }
        fprintf(stream2CPC,"\n");
    }
    fprintf(stream2CPC,"\n");
    fprintf(stream2CPC,"离散新型 CPC 直射辐射量\n");//05
    for (n=1;n<13;n++)
    {
        x=n12[n];
        btfz=(dtimeh[x]*60.0)/2.0;
        fz=0;
        while(fz<=btfz)
        {   fprintf(stream2CPC,"%.6f\t",newCPC_beam[x][fz]);
            fz=fz+fzbc;
        }
        fprintf(stream2CPC,"\n");
    }
    fprintf(stream2CPC,"\n");
    fprintf(stream2CPC,"离散新型 CPC 散射辐射量\n");
    for (n=1;n<13;n++)
    {   x=n12[n];
        btfz=(dtimeh[x]*60.0)/2.0;
        fz=0;
        while(fz<=btfz)
        {   fprintf(stream2CPC,"%.6f\t",newCPC_diffuse[x][fz]);
            fz=fz+fzbc;
        }
        fprintf(stream2CPC,"\n");
    }
    fprintf(stream2CPC,"\n");
    fprintf(stream2CPC,"水平面总辐射量\n");
        for (n=1;n<13;n++)
        {
            x=n12[n];
            btfz=(dtimeh[x]*60.0)/2.0;
            fz=0;
            while(fz<=btfz)
            {   fprintf(stream2CPC,"%.6f\t",total_sp_dm[x][fz]);
                fz=fz+fzbc;
            }
            fprintf(stream2CPC,"\n");
        }
        fprintf(stream2CPC,"\n");
        fclose(stream2CPC);
    }
//***************子函数*******
//主函数
int main()
{   fchaCPCdae();
    fnewCPCdae();
    fdata();
    fx_dqcw();
    fomgarad_set_dtimeh();
    farfa_gama();
    fgon_sp_dqcw();
    fzsfl_sp_dm();
    fzsfl_sp_qx_dm_zs();
```

```
        fzsfl_sp_qx_dm_zs_Outputs();
        return 0;
    }
```

在样例程序中，基于当地气象年数据（附录 A）计算结果发现，优化设计的组合型 CPC 聚光器年采集太阳辐射能较图 8-6 中相同光口宽度的水平放置的 CPC 总量提高 1.6%，并且前者可以在更宽的可接收半角内收集太阳辐射能，从而拓宽 CPC 的有效工作时间，也有利于非成像太阳能聚光系统在更多的领域开展应用。

主要参考文献

陈飞，2008. 线聚焦腔体聚光系统光学特性及集热性能研究[D]. 昆明：云南师范大学.

陈飞，李明，季旭，等，2015. 太阳能槽式系统焦平面能流特性及接收器结构优化[J]. 太阳能学报，36（9）：2173-2181.

陈飞，高崇，杨春曦，等，2019. 新型圆形吸收体太阳能复合抛物聚光器面形构建及光学分析[J]. 光学学报，39（6）：73-81.

代彦军，葛天舒，2016. 太阳能热利用原理与技术[M]. 上海：上海交通大学出版社.

段鹏飞，桂特特，陈飞，等，2017. 圆形吸收体复合抛物聚光器面形模型研究及仿真验证[J]. 光学学报，37（6）：203-211.

郭永康，朱建华，2017. 光学[M]. 3 版. 北京：高等教育出版社.

霍志臣，阎小彬，张林，1991. 竖排真空管集热器可视化试验研究与实用化设计[J]. 太阳能学报，4：412-417.

季杰，裴刚，何伟，2018. 太阳能光伏光热综合利用研究[M]. 北京：科学出版社.

季杰，2019. 基于平板集热的太阳能光热利用新技术研究及应用[M]. 北京：科学出版社.

靳瑞敏，2017. 太阳能光伏应用：原理•设计•施工[M]. 北京：化学工业出版社.

赖艳华，宋固，吕明新，等，2011. 玻璃真空套管-金属管复合接收器集热性能研究[J]. 工程热物理学报，32（5）：867-870.

李明，季旭，2011. 槽式聚光太阳能系统的热电能量转换与利用[M]. 北京：科学出版社.

李庆扬，王能超，易大义，2008. 数值分析[M]. 5 版. 北京：清华大学出版社.

刘金琨，2016. 先进 PID 控制 MATLAB 仿真[M]. 4 版. 北京：电子工业出版社.

欧斐君，2013. 变分法及其应用：物理、力学、工程中的经典建模[M]. 北京：高等教育出版社.

任泽霈，张登富，1990. 三维半封闭空间自然对流的流动与换热研究[J]. 工程热物理学报，11（2）：188-193.

沈维道，蒋智敏，童钧耕，2001. 工程热力学[M]. 北京：高等教育出版社.

施玉川，2009. 太阳能原理与技术[M]. 西安：西北交通大学出版社.

谭浩强，2010. C 程序设计[M]. 4 版. 北京：清华大学出版社.

唐润生，吕恩莱，1988. 集热器最佳倾角的选择[J]. 太阳能学报，9（4）：369-376.

陶文铨，2019. 传热学[M]. 5 版. 北京：高等教育出版社.

王建辉，顾树生，2014. 自动控制原理[M]. 2 版. 北京：清华大学出版社.

王云峰，罗熙，李国良，等，2018. 热工测量及热工基础实验[M]. 合肥：中国科学技术大学出版社.

吴茂刚，唐润生，程艳斌，等，2009. CPC 空隙设计及光能损失[J]. 农业工程学报，32（2）：308-312.

喜文华，魏以康，张兰英，2001. 太阳能实用工程技术[M]. 兰州：兰州大学出版社.

肖刚，倪明江，岑可法，等，2019. 太阳能[M]. 北京：中国电力出版社.

肖红升，夏宁，严冬春，2015. 一种无渐开线形凸起的简易 CPC 聚光器的设计与性能研究[J]. 太阳能学报，36（1）：167-172.

谢胡凌，魏进家，高阳，等，2015. 消除复合抛物面聚光器二次反射的设计研究[J]. 动力工程学报，35（7）：599-604.

谢维成，杨加国，2014. 单片机原理与应用及 C51 程序设计[M]. 3 版. 北京：清华大学出版社.

闫云飞，张智恩，张力，等，2012. 太阳能利用技术及其应用[J]. 太阳能学报，33（12）：47-56.

杨金良，刘代丽，万小春，2018. 太阳能光热利用技术（初、中、高级）[M]. 北京：中国农业出版社.

杨世铭，陶文铨，2009. 传热学[M]. 4 版. 北京：高等教育出版社.

殷志强，唐轩，2001. 全玻璃真空太阳集热管光-热性能[J]. 太阳能学报，22（1）：1-5.

尹鹏，徐熙平，姜肇国，等，2017. 基于椭圆型 Monge-Ampére 方程的太阳能聚光器设计方法[J]. 光学学报，37（9）：247-255.

余雷，王军，张耀明，2011. 关于管状 CPC 缝隙的相关问题的分析[J]. 太阳能学报，36（9）：2173-2181.

余亚梅，2015. 出射角受制约的复合抛物聚光面聚光光伏系统性能研究[D]. 昆明：云南师范大学.

张航，严金华，2016. 非成像光学设计[M]. 北京：科学出版社.

张鹤飞，2004. 太阳能热利用原理与计算机模拟[M]. 2 版. 西安：西北工业大学出版社.

张涛，韩吉田，闫素英，等，2015. 太阳能真空管对流换热的模拟和实验研究[J]. 工程热物理学报，36（9）：2027-2031.

张毅，张宝芬，曹丽，等，2012. 自动检测技术及仪表控制系统[M]. 3 版. 北京：化学工业出版社.

章波，陈飞，段鹏飞，等，2017. 平板吸收体非对称复合抛物聚光器结构及特性研究[J]. 光学学报，37（12）：104-114.

郑飞，李安定，2004. 一种新型复合抛物面聚光器[J]. 太阳能学报，25（2）：663-665.

中国气象局气象信息中心气象资料室，清华大学建筑技术科学系，2005. 中国建筑热环境分析专用气象数据集[M]. 北京：中国建筑工业出版社.

朱瑞，卢振武，刘华，等，2009. 基于非成像原理设计的太阳能聚光镜[J]. 光子学报，38（9）：2251-2255.

ABBOTT D, 2009. Hydrogen without tears: addressing the global energy crisis via a solar to hydrogen pathway[J]// Proceedings of the IEEE, 97: 1931-1934.

ABDELHAMID M, WIDYOLAR B K, JIANG L, et al., 2016. Novel double-stage high concentrated solar hybrid photovoltaic/thermal (PV/T) collector with nonimaging optics and GaAs solar cells reflector[J]. Applied Energy, 182: 68-79.

AGUILAR-JIMÉNEZ J A, VELÁZQUEZ N, ACUÑA A, et al., 2017. Effect of orientation of a CPC with concentric tube on efficiency[J]. Applied Thermal Engineering, 130: 221-229.

ALAZAZMEH A J, KHALIQ A, QURESHI B A, et al., 2019. Performance analysis of a solar-powered multi-effect refrigeration system[J]. Journal of Energy Resources Technology, 141 (7).

ALMEIDA J, LIANG D, GUILLOT E, 2012. Improvement in solar-pumped Nd: YAG laser beam brightness[J]. Optics and Laser Technology, 44(7): 2115-2119.

BAIG H, HEASMAN K, MALLICK T, 2012. Non-uniform illumination in concentrating solar cells[J]. Renewable and Sustainable Energy Reviews, 16(8): 5890-5909.

BATAINED K M, AL-KARASNEH A N, 2016. Direct solar steam generation inside evacuated tubeabsorber[J]. AIMS Energy, 4(6): 921-935.

BAUM H P, GORDON J M, 1984. Geometric characteristics of ideal nonimaging (CPC) solar collectors with cylindrical absorber[J]. Solar Energy, 33 (5): 455-458.

BELLOS E, TZIVANIDIS C, 2018. Assessment of linear solar concentrating technologies for Greek climate[J]. Energy Conversion and Management, 171: 1502-1513.

BENJAMIN Y, LIU H, RICHARD C, 1963. The long-term average performance of flat-plat solar-energy collectors[J]. Solar Energy, 7(2): 53-74.

BHUSAL Y, HASSANZADEH A, JIANG L, et al., 2020. Technical and economic analysis of a novel low-cost concentrated medium-temperature solar collector[J]. Renewable Energy, 146: 968-985.

BRACAMONTE J, PARADA J, DIMAS J, et al., 2015. Effect of the collector tilt angle on thermal efficiency and stratification of passive water in glass evacuated tube solar water heater[J]. Applied Energy, 155: 648-659.

BUDIHARDJO I, MORRISON G L, BEHNIA M, 2003. Development of TRNSYS models for predicting the performance of water-in-glass evacuated tube solar water heaters in Australia[J]. ANZSES Annual Conference Melbourne, 256: 1-10.

BUDIHARDJO I, MORRISON G L, BEHNIA M, 2007. Natural circulation flow through water-in-glass evacuated tube solar collectors[J]. Solar Energy, 81(12): 1460-1472.

BUDIHARDJO I, MORRISON G L, 2009. Performance of water-in-glass evacuated tube solar water heaters[J]. Solar Energy, 83(1): 49-56.

BUTTINGER F, BEIKIRCHER T, PRÖLL M, et al., 2010. Development of a new flat stationary evacuated CPC-collector for process heat applications[J]. Solar Energy, 184 (7): 1166-1174.

CARVALHO M J, PEREIRA C M, GORDON J M, et al., 1985. Truncation of CPC solar collectors and its effect on energy collection[J]. Solar Energy, 35 (5): 393-399.

CHEN F, XIA E, BIE Y, 2019. Comparative investigation on photo-thermal performance of both compound parabolic concentrator and ordinary all-glass evacuated tube absorbers: an incorporated experimental and theoretical study[J]. Solar Energy, 184: 539-552.

CHEN H, HUANG J, ZHANG H, et al., 2019. Experimental investigation of a novel low concentrating photovoltaic/thermal-thermoelectric generator hybrid system[J]. Energy, 166: 83-95.

CHOPRA K, TYAGI V, PANDEY A, et al., 2018. Global advancement on experimental and thermal analysis of evacuated tube collector with and without heat pipe systems and possible applications[J]. Applied Energy, 228: 351-389.

CHOW S P, HARDING G L, YIN Z Q, 1984. Optimisation of evacuated tubular solar collector arrays with diffuse reflectors[J]. Solar Energy, 33: 277-282.

CIOCCOLANTI L, HAMEDANI S, VILLARINI M, 2018. Environmental and energy assessment of a small-scale solar organic rankine cycle trigeneration system based on compound parabolic collectors[J]. Energy Conversion and Management, 198: 111829.

CUI W Z, ZHAO L, WU W, et al., 2010. Energy efficiency of a quasi CPC concentrating solar PV/T system[J]. Proceedings of the Same International Mechanical Engineering Congress and Exposition, 5: 1071-1076.

DAGHIGH R, SHAFIEIAN A, 2016. An experimental study of a heat pipe evacuated tube solar dryer with heat recovery system[J]. Renewable Energy, 96: 872-880.

DAI Y J, HU H M, GE T S, et al., 2016. Investigation on a mini-CPC hybrid solar thermoelectric generator unit[J]. Renewable Energy, 92: 83-94.

DAS D, KALITA P, ROY O, 2018. Flat plate hybrid photovoltaic-thermal(PV/T)system: A review on design and development[J]. Renewable & Sustainable Energy Reviews, 184: 111-130.

DAS D, KALITA P, DEWAN A, et al., 2019. Development of a novel thermal model for a PV/T collector and its experimental analysis[J]. Solar Energy, 188: 631-643.

DEBIJE M, VERBUNT P, 2012. Thirty years of luminescent solar concentrator research: Solar energy for the built environment[J]. Advanced Energy Materials, 2(1): 12-35.

DUFFIE J A, BECKMAN W A, 2013. Solar engineering of thermal processes[M]. 4th ed. Hoboken: John Wiley & Sons Inc.

ESEN M, 2004. Thermal performance of a solar cooker integrated vacuum-tube collector with heat pipes containing different refrigerants[J]. Solar Energy, 76(6): 751-757.

ESEN M, ESEN H, 2005. Experimental investigation of a two-phase closed thermosyphon solar water heater[J]. Solar Energy, 79(5):

459-468.

FAHAD A A, 2014. Exergy analysis of parabolic trough solar collectors integrated with combined steam and organic Rankine cycles[J]. Energy Conversion and Management, 77(1): 441-449.

FERNANDES C, TORRES J, BRANCO P, et al., 2017. Cell string layout in solar photovoltaic collectors[J]. Energy Conversion and Management, 149: 997-1009.

FERNÁNDEZ-GONZÁLEZA D, RUIZ-BUSTINZAB I, GONZÁLEZ-GASCAC C, et al., 2018. Concentrated Solar energy applications in materials science and metallurgy[J]. Solar Energy, 170: 520-540.

FRAIDENRAICH N, 1998. Design procedure of V-trough cavities for photovoltaic systems[J]. Progress in Photovoltaics: Research and Applications, 6(1): 43-54.

FRANCESCONI M, CAPOSCIUTTI G, ANTONELLI M, 2018. CFD optimization CPC solar collectors[J]. Energy Procedia, 148: 551-558.

GAMBINI M, VELLINI M, 2019. Hybrid thermal power plants: Solar-electricity and fuel-electricity productions[J]. Energy Conversion and Management, 195: 682-689.

GAO C, CHEN F, 2020. Model building and optical performance analysis on a novel designed compound parabolic concentrator[J]. Energy Conversion and Management, 209: 112619.

GARCÍA-RODRÍGUEZ L, BLANCO-GÁLVEZ J, 2007. Solar-heated Rankine cycles for water and electricity production: powersol project[J]. Desalination, 212(1-3): 311-318.

GE T S, WANG R Z, XU Z Y, et al., 2018. Solar heating and cooling: present and future development[J]. Renewable Energy, 126: 1126-1140.

GONZÁLEZ S I, VALLADARES G O, ORTEGA N, et al., 2016. Numerical modeling and experimental analysis of the thermal performance of a compound parabolic concentrator[J]. Applied Thermal Engineering, 114: 1152-1160.

GRAGEDA M, ESCUDERO M, ALAVIA W, et al, 2016. Review and multi-criteria assessment of Solar energy projects in chile[J]. Renewable and Sustainable Energy Reviews, 59: 583-596.

Güney T, 2019. Renewable energy, non-Renewable energy and sustainable development[J]. International Journal of Sustainable Development & World Ecology, 26: 389-397.

GUPTA A, KUMAR S, TEWARY V, 1981. Design and testing of a uniformly illuminating nontracking concentrator[J]. Solar Energy, 27(5): 387-391.

HADAVINIA H, SINGH H, 2019. Modelling and experimental analysis of low concentrating solar panels for use in building integrated and applied photovoltaic (BIPV/BAPV) systems[J]. Renewable Energy, 139: 815-829.

HARDING G L, YIN Z Q, MACKEY D W, 1985. Heat extraction efficiency of a concentric glass tubularevacuated collector[J]. Solar Energy, 35: 71-79.

HATWAAMBO S, HAKANSSON H, NILSSON J, et al., 2008. Angular characterization of low concentrating PV-CPC using low-cost reflectors[J]. Solar Energy Materials and Solar Cells, 92(11): 1347-1351.

HE Z N, GE H C, JING F, et al., 1997. A comparison of optical performance between evacuated collector tubes with flat and semicylindric absorbers[J]. Solar Energy, 60(2): 109-117.

HINTERBERGER H, WINSTON R, 1966. Efficient light coupler for threshold Čerenkov counters[J]. Review of Scientific Instruments, 37(8): 1094-1095.

HUO Z C, YAN X B, ZHANG L, 1991. Experimental study on N-S orientation all glass evacuated tube with visual technique and its practical system design[J]. Acta energiae solaris sinica, 4: 412-417.

INCROPERA F P, DEWITT D P, 2002. Fundamentals of heat and mass transfer[M]. New York:John Wiley & Sons.

JAAZ A H, HASAN H A, SOPIAN K, et al., 2017. Design and development of compound parabolic concentrating for photovoltaic solar collector: review[J]. Renewable and Sustainable Energy Reviews,76: 1108-1121.

KABEEL A E, KHALIL A, ELSAYED S S, et al., 2015. Modified mathematical model for evaluating the performance of water-in-glass evacuated tube solar collector considering tube shading effect[J]. Energy, 89: 24-34.

KABIR E, KUMAR P, KUMAR S, et al., 2018. Solar energy: potential and future prospects[J]. Renewable and Sustainable energy reviews, 82: 894-900.

KAYA H, ARSLAN K, ELTUGRA N, 2018. Experimental investigation of thermal performance of an evacuated U-Tube solar collector with ZnO/Etylene glycol-pure water nanofluids[J]. Renewable Energy, 122: 329-338.

KIM H, HAM J, PARK C, et al., 2016. Theoretical investigation of the efficiency of a U-tube solar collector using various nanofluids[J]. Energy, 94: 497-507.

KIM Y S, BALKOSKI K, LUN J, et al., 2013. Efficient stationary solar thermal collector systems operating at a medium-temperature range[J]. Applied Energy, 111(11): 1071-1079.

KIM Y, SEO T, 2007. Thermal performances comparisons of the glass evacuated tube solar collectors with shapes of absorber tube[J]. Renewable Energy, 32: 772-795.

KIRAN NAIK B, VARSHNEY A, MUTHUKUMAR P, et al., 2016. Modelling and performance analysis of U type evacuated tube solar collector using different working fluids[J]. Energy Procedia, 90: 227-237.

KORRES D N, TZIVANIDIS C, 2019. Numerical investigation and optimization of an experimentally analyzed solar CPC[J]. Energy, 172: 57-67.

KORRES D, TZIVANIDIS C, 2018. A new mini-CPC with a U-type evacuated tube under thermal and optical investigation[J]. Renewable Energy, 128: 529-540.

KOTHDIWALA A E, NORTON B, EAMES P C, 1995. The effect of variation of angle of inclination on the performance of low-concentration-ratio compound parabolic concentrating solar collectors[J]. Solar Energy, 55(4): 301-309.

KUBER N M, MD M, TIWARI A K, et al., 2019. Performance evaluation of PVT-CPC integrated solar still under natural circulation[J]. Desalination and Water Treatment, 156: 117-125.

LAMNATOU C, PAPANICOLAOU E, BELESSIOTIS V, et al., 2012. Experimental investigation and thermodynamic performance analysis of a solar dryer using an evacuated-tube air collector[J]. Applied Energy, 94: 232-243.

LEE C, LIN J, 2012. High-efficiency concentrated optical module[J]. Energy, 44(1): 593-603.

LEVI-SETTI R, PARK D A, WINSTON R, 1975. The corneal cones of Limulus as optimised light concentrators[J]. Nature, 253: 115-116.

LI G Q, PEI G, SU Y, et al., 2013. Experiment and simulation study on the flux distribution of lens-walled compound parabolic concentrator compared with mirror compound parabolic concentrator[J]. Energy, 58: 398-403.

LI G Q, PEI G, YANG M, et al., 2014. Optical evaluation of a novel static incorporated compound parabolic concentrator with photovoltaic/thermal system and preliminary experiment[J]. Energy Conversion & Management, 85 (9): 204-211.

LI L, SUN J, LI Y S, et al., 2019. Transient characteristics of a parabolic trough direct-steam generation process[J]. Renewable Energy, 135: 800-810.

LI L, WANG B, POTTAS J, et al., 2019. Design of a compound parabolic concentrator for a multi-source high-flux solar simulator[J]. Sloar Energy, 183: 805-811.

LI X, DAI Y J, LI Y, et al., 2013. Comparative study on two novel intermediate temperature CPC solar collectors with the U-shape evacuated tubular absorber [J]. Solar Energy, 93: 220-234.

LI X, DAI Y J, LI Y, et al., 2013. Performance investigation on a novel single-pass evacuated tube with a symmetrical compound parabolic concentrator [J]. Solar Energy, 98: 275-289.

LIANG H, YOU S, ZHANG H, 2015. Comparison of different heat transfer models for parabolic trough solar collectors[J]. Applied Energy, 148: 105-114.

LIANG R, MA L, ZHANG J, et al., 2011. Theoretical and experimental investigation of the filled-type evacuated tube solar collector with U tube[J]. Solar Energy, 85(9): 1735-1744.

LIN C, CHEN J X, ZHANG X R, 2015. Numerical simulation on the optical and thermal performance of a modified integrated compound parabolic solar concentrator[J]. Energy Research, 39: 1843-1857.

LIU Z H, TAO G D, LU L, et al., 2014. A novel all-glass evacuated tubular solar steam generator with simplified CPC[J]. Energy Conversion and Management, 86: 175-185.

LIU Z J, LI H, LIU K J, et al., 2017. Design of high-performance water-in-glass evacuated tube solar water heaters by a high-throughput screening based on machine learning: a combined modeling and experimental study[J]. Solar Energy, 142: 61-67.

LUN J, BENNETT W, ROLAND W, et al., 2015. Characterization of novel mid-temperature CPC solar thermal collectors[J]. Energy Procedia, 70: 65-70.

MA X L, ZHENG H F, CHEN Z L, 2017. An investigation on a compound cylindrical solar concentrator (CCSC)[J]. Applied Thermal Engineering, 120: 719-727.

MAO C L, LI M R, LI N, et al., 2019. Mathematical model development and optimal design of the horizontal all glass evacuated tube solar collectors integrated with bottom mirror reflectors for Solar energy harvesting[J]. Applied Energy, 238: 54-68.

MCINTIRE W R, 1979. Truncation of nonimaging cusp concentrators[J]. Solar Energy, 23: 351-355.

MCINTIRE W R, 1980. New reflector design which avoids losses through gaps between tubular absorbers and reflectors[J]. Solar Energy, 25 (3): 215-220.

MCINTIRE W R, 1982. Factored approximations for biaxial incident angle modifiers[J]. Solar Energy, 29(4): 315-322.

MCINTIRE W R, 1984. Design parameters for concentrators without gap losses[J]. Solar Energy, 32(3): 439-441.

MCINTIRE W R, 2020. New reflector design which avoid losses through gaps between tubular absorbers and reflectors[J]. Solar Energy, 153: 155-167.

MCLNTIRE W R, 1980. Secondary concentration for linear focusing systems a novel approach[J]. Applied Optics, 19(18): 3036-3037.

MENG T, SU Y H, HZHENG F, et al., 2018. A review on the recent research progress in the compound parabolic concentrator (CPC) for Solar energy applications[J]. Renewable & Sustainable Energy Reviews, 82: 1272-1296.

MILANI D, ABBAS A, 2016. Multiscale modeling and performance analysis of evacuated tube collectors for solar water heaters using diffuse flat reflector[J]. Renewable Energy, 86: 360-374.

MILLS D R, BASSETT I M, DERRICK G H, 1986. Relative cost-effectiveness of CPC reflector designs suitable for evacuated absorber tube solar collectors[J]. Solar Energy, 36(3): 199-206.

MISHRA R K, GARG V, TIWARI G N, 2017. Energy matrices of U-shaped evacuated tubular collector (ETC) integrated with compound parabolic concentrator (CPC)[J]. Solar Energy, 153: 531-539.

MOFAT R J, 1988. Describing the uncertainties in experimental results[J]. Experimental Thermal & Fluid Science, 1 (1): 3-17.

MOHSIN R, KUMARA T, MAJIDA Z A, et al., 2017. Assessment of biofuels in aviation industry for environmental sustainability[J]. Chemical Engineering Transactions, 56: 1189-1194.

MOSLEH H, MAMOURI S, SHAFII M, et al., 2015. A new desalination system using a combination of heat pipe, evacuated tube and parabolic trough collector[J]. Energy Conversion and Management, 99: 141-150.

MULLICK S, MALHOTRA A, NANDA S, 1988. Optimal geometries of composite plane mirror cusped linear solar concentrator with flat absorber[J]. Solar Energy, 40(5): 443-456.

NAIK B K, BHOWMIK M, MUTHUKUMAR P, 2018. Experimental investigation and numerical modelling on the performance assessments of evacuated U-Tube solar collector systems[J]. Renewable Energy, 134: 1344-1361.

NATIVIDADE P, MOURA G, AVALLONE E, et al, 2019. Experimental analysis applied to an evacuated tube solar collector equipped with parabolic concentrator using multilayer graphenebased nanofluids[J]. Renewable Energy, 138: 152-160.

NKWETTA D N, SMYTH M, 2012. Comparative field performance study of concentrator augmented array with two system configurations[J]. Applied Energy, 92: 800-808.

OOMMEN R, JAYARAMAN S, 2001. Development and performance analysis of compound parabolic solar concentrators with reduced gap losses-oversized reflector [J]. Energy Conversion and Management, 42: 1379-1399.

ORTEGA N, GARCÍA-VALLADARES O, BEST R, et al., 2008. Two-phase flow modelling of a solar concentrator applied as ammonia vapor generator in an absorption refrigerator[J]. Renewable Energy, 33(9): 2064-2076.

OSÓRIO T, HORTA P, COLLARES-PEREIRA M, 2019. Method for customized design of a quasi-stationary CPC-type solar collector to minimize the energy cost[J]. Renewable Energy, 133: 1086-1098.

OSÓRIO T, HORTA P, MARCHÃ J, 2019. One-sun CPC-type solar collectors with evacuated tubular receivers[J]. Renewable Energy, 134: 247-257.

PADILLA R V, DEMIRKAYA G, GOSWAMI D Y, et al., 2011. Heat transfer analysis of parabolic trough solar receiver[J]. Applied Energy, 88(12): 5097-5110.

PARADIS P L, ROUSSE D R, HALLÉ S, et al., 2015. Thermal modeling of evacuated tube solar air collectors[J]. Solar Energy, 115: 708-721.

PAUL D, 2018. Optical performance analysis and design optimisation of multisectioned compound parabolic concentrators for photovoltaics application[J]. International Journal of Energy Research, 43(1): 358-378.

PAUL D I, 2019. Application of compound parabolic concentrators to solar photovoltaic conversion: A comprehensive review[J]. Energy Research: 1-48.

PAUL D I, 2019. Optical performance analysis and design optimisation of multisectioned compound parabolic concentrators for photovoltaics application[J]. Energy Research, 43: 358-378.

PEI G, LI J, JI J, 2010. Analysis of low temperature solar thermal electric generation using regenerative organic rankine cycle[J]. Applied Thermal Engineering, 30: 998-1004.

PEI G, LI G Q, XI Z, et al., 2012. Comparative experimental analysis of the thermal performance of evacuated tube solar water heater systems with and without a mini-compound parabolic concentrating (CPC) reflector(C<1)[J]. Energies, 5 (4): 911-924.

PEI G, LI G Q, ZHOU X, et al., 2012. Experimental study and exergetic analysis of a CPC-type solar water heater system using higher-temperature circulation in winter[J]. Solar Energy, 86: 1280-1286.

PROELL M, OSGYAN P, KARRER H, et al., 2017. Experimental efficiency of a low concentrating CPC PVT flat plate collector[J]. Solar energy, 147: 463-469.

RABL A, 1976. Comparison of solar concentrators[J]. Solar Energy, 18(2): 93-111.

RABL A, 1976. Optical and thermal properties of compound parabolic concentrators[J]. Solar Energy, 18: 497-511.

RABL A, GOODMAN N B, WINSTON R, 1979. Practical design considerations for CPC solar collectors[J]. Solar Energy, 22: 373-381.

RABL A, RATLAMWALA T A H, ATIKOL U, 2016. Performance assessment of parabolic dish and parabolic trough solar thermal power plant using nanofluids and molten salts[J]. Energy Research, 40: 550-563.

RABL A, WINSTON R, 1976. Ideal concentrators for finite sources and restricted exit angles[J]. Applied Optic, 15: 2880-2883.

RAOUF B, OLFA H, BECHIR C, 2016. Study of the effect of truncation on the optical and thermal performances of an ICS solar water heater system[J]. Solar Energy, 132: 84-95.

REN Z P, ZHANG D F, 1990. An investigation of three-dimensional natural convection in a large aspect ratio open cavities[J]. Journal of Engineering Thermophy Sics, 11 (2): 188-193.

ROLAND W, 2017. Thermodynamics and the segmented compound parabolic concentrator[J]. Journal of Photonics for Energy, 2:

028002.

RUIHUA X, RUNSHENG T, MAWIRE A, 2019. A mathematical procedure to predict optical efficiency of CPCs with tubular absorbers[J]. Energy, 182: 187-200.

SABIHA M A, SAIDUR R, MEKHILEF S, et al., 2015. Progress and latest developments of evacuated tube solar collectors[J]. Renewable & Sustainable Energy Reviews, 51: 1038-1054.

SADHISHKUMAR S, BALUSAMY T, 2014. Performance improvement in solar water heating systems-a review[J] Renewable and Sustainable Energy Reviews, 37: 191-198.

SAFWAT H H, SOUKA A F, 1970. Design of a new solar-heated house using double-exposure flat-plate collectors[J]. Solar Energy, 13: 105-119.

SANTOS-GONZÁLEZ I, ORTEGA N, GÓMEZ V H, et al., 2013. Development and experimental investigation of a compound parabolic concentrator[J]. Energy Research, 36: 1151-1160.

SELVAKUMAR N, BARSHILIA H C, 2012. Review of physical vapor deposited (PVD) spectrally selective coatings for mid-and high-temperature solar thermal applications[J]. Solar Energy Materials and Solar Cells, 98: 1-23.

SHARAF O, ORHAN M, 2015. Concentrated photovoltaic thermal (CPVT) solar collector systems: Part II-Implemented systems, performance assessment, and future directions[J]. Renewable and Sustainable Energy Reviews, 50: 1566-1633.

SHARAFELDIN M A, GRÓF G, 2018. Evacuated tube solar collector performance using CeO_2/water nanofluid[J]. Journal of Cleaner Production, 185: 347-356.

SHARMA A, 2011. A comprehensive study of solar power in India and World[J]. Renewable and Sustainable Energy Reviews, 15: 1767-1776.

SHEKHAWAT J S, SHARMA D, POONIA M P, et al., 2019. Development and operationalization of solar assisted rapid bulk milk cooler[J]. Journal of Solar Energy Engineering, 141: 041014.

SHI Y, YANG X, 1999. Selective absorbing surface for evacuated solar collector Tubes[J]. Renewable Energy, 16: 632-634.

SINGH D B, 2019. Exergo-economic, enviro-economic and productivity analyses of N identical evacuated tubular collectors integrated double slope solar still[J]. Applied Thermal Energy, 148: 96-104.

SINGH P, LIBURDY J, 1993. A solar concentrator design for uniform flux on a flat receiver[J]. Energy Conversion and Management, 34(7): 533-543.

SOLOMON S C, WOODS T N, DIDKOVSKY L V, et al., 2010. Anomalously low solar extreme ultraviolet irradiance and thermospheric density during solar minimum[J]. Geophysical Research Letters, 37: L16103.

SOULIOTIS M, GAROUFALIS C, VOUROS A, et al., 2019. Optical study of twin-tanked ICS solar heaters combined with asymmetrical CPC-type reflectors[J]. International Journal of Energy Research, 43(2): 884-895.

SU Y, PEI G, RIFFAT S, et al., 2012. Radiance/Pmap simulation of a novel lens-walled compound parabolic concentrator (lens-walled CPC)[C]. 2011 2nd International Conference on Advances in Energy Engineering, 14: 572-577.

SU Y, RIFFAT S, PEI G, 2012. Comparative study on annual Solar energy collection of a novel lens-walled compound parabolic concentrator (lens-walled CPC)[J]. Sustainable Cities and Society, 4: 35-40.

SUA Z Y, GUC S Y, VAFAI K, 2017. Modeling and simulation of ray tracing for compound parabolic thermal solar collector[J]. International Communications in Heat and Mass Transfer, 87: 169-174.

TANAKA H, 2011. Solar thermal collector augmented by flat plate booster reflector: Optimum inclination of collector and reflector[J]. Applied Energy, 2011, 88(4): 1395-1404.

TANG F, LI G, TANG R, 2016. Design and optical performance of CPC based compound plane concentrators[J]. Renewable Energy, 95: 140-151.

TANG R S, GAO W F, YU Y M, et al., 2009. Optimal tilt-angles of all-glass evacuated tube solar collectors[J]. Energy, 34 (9): 1387-1395.

TANG R S, YANG Y Q, GAO W F, 2011. Comparative studies on thermal performance of water-in-glass evacuated tube solar water heaters with different collector tilt-angles[J]. Solar Energy, 85(7): 1381-1389.

TANG R, YU Y, 2010. Feasibility and optical performance of one axis three positions sun-tracking polar-axis aligned CPCs for photovoltaic applications[J]. Solar Energy, 84: 1666-1675.

TELESA P R, ISMAILA A R, ARABKOOHSARB A, 2019. A new version of a low concentration evacuated tube solar collector: optical and thermal investigation[J]. Solar Energy, 180: 324-339.

TRIPANAGNOSTOPOULOS Y, SIABEKOU C, TONUI J, 2007. The Fresnel lens concept for solar control of buildings[J]. Solar Energy, 81(5): 661-675.

USTAOGLU A, OKAJIMA J, ZHANG X R, et al., 2018. Truncation effects in an evacuated compound parabolic and involute concentrator with experimental and analytical investigations[J]. Applied Thermal Engineering, 138: 433-445.

USTAOGLU A, OKAJIMA J, ZHANG X R, et al., 2019. Assessment of a Solar energy powered regenerative organic rankine cycle using compound parabolic involute concentrator[J]. Renewable Conversion and Management, 184: 661-670.

VU N, SHIN S, 2016. A concentrator photovoltaic system based on a combination of prism-compound parabolic concentrators[J].

Energies, 9(8): 645.

WAGHMARE S A, CHAVAN K V, GULHANE N P, 2019. Numerical simulation of tracking modes for compound parabolic collector with tubular receiver[J]. IEEE, 55(2): 1882-1889.

WAGHMARE S, GULHANE N, 2016. Design and ray tracing of a compound parabolic collector with tubular receiver[J]. Solar Energy, 137: 165-172.

WANG K, NIRMALATHAS A, LIM C, et al., 2010. High-speed duplex optical wireless communication system for indoor personal area networks[J]. Optics Express, 18(24): 25199-25216.

WANG P Y, GUAN H Y, LIU Z H, et al., 2014. High temperature collecting performance of a new all-glass evacuated tubular solar air heater with U-shaped tube heat exchanger[J]. Energy Conversion and Management, 77: 315-323.

WANG Q, WANG J F, TANG R S, 2016. Design and optical performance of compound parabolic solar concentrators with evacuated tube as receivers[J]. Energies, 9(10): 1-16.

WIDYOLAR B, LUN J, FERRY J, et al., 2018. Non-tracking East-West XCPC solar thermal collector for 200 celsius applications[J]. Applied energy, 216: 521-533.

WINSTON R, 1970. Light collection within the framework of geometrical optics[J]. Journal of the Optical Society of America, 60(2): 245-247.

WINSTON R, ENOCH J M, 1971. Retinal cone receptor as an ideal light collector[J]. Retinal cone receptor as an ideal light collector, 61: 1120-1121.

WINSTON R, 1974. Principles of solar concentrators of novel design[J]. Solar Energy, 16 (2): 89-95.

WINSTON R, HINTERBERGER H, 1975. Principles of cylindrical concentrators for solar energy[J]. Solar Energy, 17: 255-258.

WINSTON R, 1978. Ideal flux concentrators with reflector gaps[J]. Applied Optics, 17(11): 1668-1669.

WINSTON R, 1980. Cavity enhancement by controlled directional scattering[J]. Applied Optics, 19(2): 195-197.

WINSTON R, WELFORD W T, 1980. Design of nonimaging concentrators as second stages in tandem with image-forming first-stage concentrators[J]. Applied Optic, 19: 347-351.

WINSTON R, MIÑANO J C, BENITEZ P G, 2005. Nonimaging optics[M]. Nonimaging Optics: Elsevier.

WINSTON R, 2012. Thermodynamically efficient solar concentrators[J]. Journal of Photonics for Energy, 2(1): 025501.

WU M, TANG R, CHENG Y, et al., 2009. Gap design and optical losses of compound parabolic concentrators[J]. Transactions of the CSAE, 25: 308-312.

XIA E T, CHEN F, 2020. Analyzing thermal properties of solar evacuated tube arrays coupled with mini-compound parabolic concentrator [J]. Renewable Energy, 153: 155-167.

XIE H, WEI J, WANG Z, et al., 2016. Design and performance research on eliminating multiple reflections of solar radiation within compound parabolic concentrator (CPC) in hybrid CPV/T system[J]. Solar Energy, 129(2): 126-146.

XIE H, WEI J, WANG Z, et al., 2016. Design and performance study of truncated CPC by eliminating multiple reflections of solar radiation in hybrid CPV/T system: highest and lowest truncation position[J]. Solar Energy, 136(7): 217-225.

XU F, BIAN Z, GE T, et al., 2019. Analysis on Solar energy powered cooling system based on desiccant coated heat exchanger using metal-organic framework[J]. Energy, 177: 211-221.

XU J T, CHEN F, XIA E T, et al., 2020. An optimization design method and optical performance analysis on multi-sectioned compound parabolic concentrator with cylindrical absorber [J]. Energy, 197: 117-212.

XU L C, LIU Z H, LI S F, et al., 2019. Performance of solar mid-temperature evacuated tube collector for steam generation[J]. Solar Energy, 183: 162-172.

XU R J, ZHANG X H, WANG R X, et al., 2017. Experimental investigation of a solar collector integrated with a pulsating heat pipe and a compound parabolic concentrator[J]. Energy Conversion and Management, 148:68-77.

XU R J, MA Y S, YAN M Y, et al., 2018. Effects of deformation of cylindrical compound parabolic concentrator (CPC) on concentration characteristics[J]. Solar Energy, 17: 673-686.

XU S M, HUANG X D, DU R, 2011. An investigation of the solar powered absorption refrigeration system with advanced energy storage technology[J]. Solar Energy, 85: 1794-1804.

XUAN Q, LI G, LU Y, et al., 2019. Comparison of different heat transfer models for parabolic trough solar collectors[J]. Sloar Energy, 186: 264-276.

YU J, LI Z, CHEN E, et al., 2019. Experimental assessment of solar absorption-subcooled compression hybrid cooling system[J]. Solar Energy, 185: 245-254.

YU Y, TANG R, 2015. Diffuse reflections within CPCs and its effect on energy collection[J]. Solar Energy, 120: 44-54.

YUAN H G, MA X Y, RAO C H, et al., 2019. An annular compound parabolic concentrator used in tower solar thermal power generation system[J]. Solar Energy, 188: 1256-1263.

ZHANG H, HAIPING C, HAOWEN L, et al., 2018. Design and performance study of a low concentration photovoltaic-thermal module[J]. Energy Research, 42: 2199-2212.

ZHANG H, LIANG K, CHEN H, et al., 2019. Thermal and electrical performance of low-concentrating PV/T and flat-plate PV/T systems: a comparative study[J]. Energy, 177: 66-76.

ZHANG X, YOU S, XU W, et al., 2014. Experimental investigation of the higher coefficient of thermal performance for water-in-glass evacuated tube solar water heaters in China[J]. Energy Conversion and Management, 78: 386-392.

ZHAO C, YOU S, WEI L, et al., 2016. Theoretical and experimental study of the heat transfer inside a horizontal evacuated tube[J]. Solar Energy, 132: 363-372.

ZHENG H, XIONG J, SU Y, et al., 2014. Influence of the receiver's back surface radiative characteristics on the performance of a heat-pipe evacuated-tube solar collector[J]. Applied Energy, 116: 159-166.

ZHENG W D, YANG L, ZHANG H, et al., 2016. Numerical and experimental investigation on a new type of compound parabolic concentrator solar collector[J]. Energy Conversion and Management, 129: 11-22.

ZHU T, YAN H D, YAO H Z, et al., 2016. Thermal performance of a new CPC solar air collector with flat micro-heat pipe arrays[J]. Applied Thermal Engineering, 98: 1201-1213.

附录 A 昆明地区典型气象年的核心数据

地理位置为 25.02° N、102.68° E；海拔：1892.4m；常年大气压 81073Pa。附表 A-1 中干球温度的单位为℃、相对湿度为百分数、含湿量的单位为 g（水蒸气）/kg（干空气）、水平面总辐照度的单位为 W/m²、水平面散射辐照度的单位为 W/m²、地表温度的单位为℃、风速的单位为 m/s。表中的数据是 24h 内的平均数据。

附表 A-1 昆明市典型气象年的核心数据

日期	日子数	干球温度	相对湿度	含湿量	水平面总辐照度	水平面散射辐照度	地表温度	风速
1 月 1 日	1	9.37	65.13	5.69	177.36	40.08	7.55	0.33
1 月 2 日	2	9.58	68.67	6.09	182.99	39.7	9.5	0.92
1 月 3 日	3	10.18	66.08	6.08	186.34	27.89	10.1	0.96
1 月 4 日	4	9	73.67	6.45	116.2	74.88	8.04	0.54
1 月 5 日	5	10.2	67.25	6.33	138.66	70.25	11.56	0.83
1 月 6 日	6	9.93	66.29	6.12	121.99	82.76	8.44	1.46
1 月 7 日	7	10.65	64.58	6.22	165.63	77.08	12.15	0.92
1 月 8 日	8	8.6	65.71	5.38	179.4	54.28	9.56	0.75
1 月 9 日	9	8.9	67.54	5.67	174.65	68.52	8.49	0.83
1 月 10 日	10	9.24	70.58	6.2	154.4	67.82	12.2	0.71
1 月 11 日	11	9	72	6.24	118.63	69.33	8.26	0.67
1 月 12 日	12	9.16	69.17	5.94	189.7	56.48	9.23	0.96
1 月 13 日	13	9.56	62.17	5.37	204.28	33.33	9.74	1.25
1 月 14 日	14	8.3	54.13	4.19	201.62	26.85	7.78	1
1 月 15 日	15	9.52	50.79	4.2	211.23	22.92	8.24	1.21
1 月 16 日	16	9.71	53.83	4.81	207.06	46.3	7.99	1.42
1 月 17 日	17	9.22	61.25	5.3	173.38	62.27	6.1	1.29
1 月 18 日	18	8.35	57.25	4.54	189.58	37.04	8.01	1
1 月 19 日	19	8.17	51.83	3.93	201.27	32.41	7.88	0.92
1 月 20 日	20	8.59	53.17	4.28	213.43	27.2	7.48	1.17
1 月 21 日	21	9.79	58.5	5.14	163.54	81.6	9.49	0.96

日期	日子数	干球温度	相对湿度	含湿量	水平面总辐照度	水平面散射辐照度	地表温度	风速
1月22日	22	8.22	83.17	7.02	0.69	0.35	7.21	0.63
1月23日	23	7.03	72.17	5.48	140.86	100.58	7.09	1.17
1月24日	24	3.6	79.13	4.86	56.37	55.67	5.16	1.21
1月25日	25	7.05	74.08	5.66	145.95	63.66	8.03	1.04
1月26日	26	7.51	77.46	6.15	89.81	64.35	10.39	0.58
1月27日	27	6.62	81	6.09	90.28	72.11	7.87	0.75
1月28日	28	9.89	67.88	6.19	178.94	51.62	12.56	1.58
1月29日	29	10.85	54.42	5.21	227.66	26.85	9.96	2.04
1月30日	30	11.2	40.42	3.99	231.25	24.42	10.11	1.54
1月31日	31	9.94	54.42	4.85	211.23	42.94	7.07	1.54
2月1日	32	11.2	69.58	6.91	182.41	77.55	15.17	1.25
2月2日	33	11.5	70.83	7.15	182.06	78.12	13.89	1.75
2月3日	34	11.38	65	6.5	171.53	63.66	12.6	1.96
2月4日	35	7.56	73.96	5.95	139.12	89.93	10.93	1.29
2月5日	36	7.29	78.42	6.13	169.1	74.77	10.84	1.04
2月6日	37	8.21	67	5.36	211.46	44.68	11.72	1.33
2月7日	38	9.56	64.29	5.66	162.73	80.32	9.16	1.38
2月8日	39	9.44	68.63	6.01	219.79	45.25	10.99	1
2月9日	40	8.53	74.33	6.29	109.26	94.68	8.4	0.75
2月10日	41	10.43	68.33	6.38	226.16	69.44	12.91	1.38
2月11日	42	12.1	58.42	5.84	236	35.3	11.82	1.67
2月12日	43	13.73	45.96	5.1	201.16	84.37	12.36	1.75
2月13日	44	13.6	43.75	5.07	238.66	32.99	12.83	2.21
2月14日	45	13.49	43.38	4.84	247.22	27.66	12.27	1.54
2月15日	46	14.03	41.79	4.42	248.96	26.85	12.4	1.63
2月16日	47	14.86	36.71	4.38	246.53	32.75	12.84	2.29
2月17日	48	13.29	43.92	4.81	242.48	29.28	12.69	1.38
2月18日	49	12.68	53.04	5.61	230.79	47.69	13.66	1.58
2月19日	50	8.57	77.67	6.71	104.86	91.09	10.95	2
2月20日	51	1.78	88.46	4.74	34.03	33.91	4.66	2.04
2月21日	52	0.95	94.67	4.78	0	0	3.06	1.17
2月22日	53	6.45	89.25	6.72	53.13	51.27	7.85	1.25
2月23日	54	10.38	71.46	6.87	211.81	106.83	11.68	2.42
2月24日	55	10.78	65.83	6.28	255.67	45.95	14.46	1.83
2月25日	56	11.69	59.58	6.19	226.62	72.11	13.51	2.33
2月26日	57	11.28	64.54	6.46	219.79	67.59	13.6	1.33
2月27日	58	11.79	63.54	6.47	230.21	77.55	14.38	2.08
2月28日	59	14.6	50.33	6.21	252.66	58.33	14.69	2.88

续表

日期	日子数	干球温度	相对湿度	含湿量	水平面总辐照度	水平面散射辐照度	地表温度	风速
3 月 1 日	60	13.17	41.25	4.62	271.53	39.81	12.72	3.13
3 月 2 日	61	12.64	48.33	5.29	265.16	35.65	12.56	0.79
3 月 3 日	62	9.53	74.08	6.84	106.6	90.16	8.84	1.79
3 月 4 日	63	4.24	78.83	5.05	44.1	44.1	5.76	1.67
3 月 5 日	64	11.02	71.21	6.91	218.63	84.61	11.21	2.17
3 月 6 日	65	13.47	65.79	7.37	242.01	69.44	12.07	2.38
3 月 7 日	66	16.77	42.29	5.95	271.53	40.39	12.27	2.5
3 月 8 日	67	17.73	38.83	5.82	278.7	38.77	12.84	3.21
3 月 9 日	68	18.22	38.96	6.19	258.1	72.34	14.68	2.96
3 月 10 日	69	16.86	47.42	6.4	269.56	53.94	14.28	2.79
3 月 11 日	70	17.59	41.33	6.24	248.26	84.61	14.97	2.42
3 月 12 日	71	18.31	38	6.07	253.01	70.6	16.08	4.29
3 月 13 日	72	16.94	33.75	4.92	261.81	80.09	14.22	2.71
3 月 14 日	73	15.58	43.92	5.31	258.33	75.69	13.84	2.88
3 月 15 日	74	16.95	30.38	4.21	260.69	70.15	15.18	2.71
3 月 16 日	75	14.83	43.58	5.18	250.25	74.46	13.48	1.88
3 月 17 日	76	13.87	52.79	6.07	213.62	97.88	13.76	1.33
3 月 18 日	77	7.41	75.63	6.02	129.58	107.99	10.35	1.96
3 月 19 日	78	14.17	67.96	7.94	229.73	97.34	17.17	2.29
3 月 20 日	79	16.54	55.83	7.36	275.93	66.53	17.47	2.63
3 月 21 日	80	16.63	47.17	6.21	261.05	88.44	16.03	2.17
3 月 22 日	81	17.3	41.29	5.76	276.1	68.77	17.27	2.46
3 月 23 日	82	18.13	40.46	5.75	284.22	59.69	18.25	1.83
3 月 24 日	83	18.84	38.25	6.16	265.69	75.42	18.15	2
3 月 25 日	84	7.84	61.13	5.08	71.05	71.05	8	2.46
3 月 26 日	85	11.78	59.38	6.22	227.59	93.96	14.88	1.75
3 月 27 日	86	19.31	43.42	7.41	234.7	138.29	20.31	2.88
3 月 28 日	87	17.95	50.54	7.85	188.31	124.79	17.34	2.92
3 月 29 日	88	15.05	61.54	8.05	134.61	97.34	15.16	2.71
3 月 30 日	89	16.4	51.71	7.12	300	66.43	18.75	2.38
3 月 31 日	90	17.9	42.83	6.41	300.81	50.12	20.16	2.67
4 月 1 日	91	16.89	51.96	7.45	266.32	79.4	17.54	2.25
4 月 2 日	92	17.81	40.25	6.23	310.76	53.94	18.94	2.54
4 月 3 日	93	16.08	38.25	5.08	332.99	37.04	16.5	2.58
4 月 4 日	94	15.06	44.04	5.38	324.88	42.24	14.78	2.29
4 月 5 日	95	16.28	42	5.79	316.2	68.06	17.02	2.13
4 月 6 日	96	17	45.46	6.3	318.87	48.38	17.22	1.92
4 月 7 日	97	18.14	43.04	6.7	307.52	58.1	19	2.17

日期	日子数	干球温度	相对湿度	含湿量	水平面总辐照度	水平面散射辐照度	地表温度	风速
4月8日	98	18.53	46	7.43	255.67	96.3	19.32	2.71
4月9日	99	19.31	40.5	6.78	299.07	71.53	19.47	3
4月10日	100	19.38	39.17	6.61	296.41	74.42	19.55	2.58
4月11日	101	19.12	38.38	6.29	307.18	66.9	18.93	2.29
4月12日	102	19.43	35.29	5.78	318.63	58.8	19.41	2.92
4月13日	103	19.85	34	5.73	291.09	98.61	17.08	2.33
4月14日	104	19.84	41.46	6.89	303.36	72.92	19.98	2.42
4月15日	105	20.82	41.54	7.8	272.68	100.46	21.9	1.75
4月16日	106	21.24	47.25	8.5	303.13	75.46	22.57	1.38
4月17日	107	22.39	41.46	8.33	307.41	68.52	22.92	2
4月18日	108	22	45.63	9.25	293.06	82.29	23.38	3.21
4月19日	109	17.77	60.38	9.57	119.56	109.72	18.73	1.96
4月20日	110	13.12	74.67	8.78	40.74	40.74	12.71	1.92
4月21日	111	8.71	85.88	7.55	4.86	4.86	9.02	2.17
4月22日	112	9.78	79.08	7.39	167.59	149.42	13.48	1.67
4月23日	113	16.35	69.46	9.86	188.43	112.27	19.93	2.5
4月24日	114	18.61	63.54	10.35	230.67	112.38	19.67	2.08
4月25日	115	18.73	64.21	10.33	197.48	133.49	20.86	1.71
4月26日	116	18.53	65.13	10.67	241.2	214.01	20.85	2.54
4月27日	117	16.03	79.83	11.42	71.99	71.18	15.99	2.25
4月28日	118	16.06	71.38	9.98	200.12	169.33	15.96	1.79
4月29日	119	18.15	63.17	9.91	250.46	196.76	20.33	2.04
4月30日	120	19.96	55.58	9.88	285.07	208.8	22.29	1.71
5月1日	121	20.62	40.79	7.34	315.74	52.89	25.96	2.83
5月2日	122	21.52	38.92	7.55	309.49	69.56	26.67	2.46
5月3日	123	21.04	43.29	8.15	260.76	131.02	26.77	2.63
5月4日	124	16.52	65.71	9.5	96.18	68.17	18.77	1.71
5月5日	125	18.17	60.88	9.52	300.12	80.44	23.73	2.46
5月6日	126	20.19	60.83	10.98	280.21	107.87	26.96	2
5月7日	127	18.85	63.96	10.81	146.3	112.38	21.44	2.13
5月8日	128	18.25	75.58	12.24	163.66	121.18	21.26	1.58
5月9日	129	16.96	78.96	11.91	157.29	127.89	19.3	1.83
5月10日	130	16.43	74.63	10.8	144.1	129.51	18.37	1.54
5月11日	131	16.31	80.33	11.67	74.88	70.72	17.64	2.08
5月12日	132	16.94	90.5	13.76	23.03	23.03	17.75	2.63
5月13日	133	16.43	92.29	13.6	0.46	0.12	18.8	1.71
5月14日	134	18.83	69.75	11.63	276.5	92.13	20.59	1.54
5月15日	135	19.69	70.67	12.61	244.56	131.83	20.37	1.75

续表

日期	日子数	干球温度	相对湿度	含湿量	水平面总辐照度	水平面散射辐照度	地表温度	风速
5月16日	136	17.95	75	12.09	169.79	144.68	19.4	1.67
5月17日	137	18.45	72.42	11.85	264.47	114.81	20.93	1.83
5月18日	138	19.5	76.04	13.59	155.32	101.27	19.58	2.75
5月19日	139	17.9	87.83	14.3	20.02	19.79	19.19	2.21
5月20日	140	20.31	74.29	13.8	198.15	127.66	21.81	2.25
5月21日	141	21.73	57.58	11.59	253.82	108.68	21.47	3.08
5月22日	142	21.15	57.92	11.23	299.77	104.98	22.11	2.21
5月23日	143	21.19	54.71	10.46	301.97	87.5	25.31	2.5
5月24日	144	15.36	76	10.35	125.93	115.74	16.65	2.46
5月25日	145	15.38	74.13	10.05	31.25	25.58	17.94	1.83
5月26日	146	16.93	68.75	10.29	172.11	118.06	20.55	2.33
5月27日	147	17.6	78.63	12.46	111.69	90.86	18.28	2.04
5月28日	148	19.41	75.79	13.38	249.31	94.44	21.38	1.58
5月29日	149	21.32	64.33	12.34	263.66	91.55	25.6	2.79
5月30日	150	19.88	75.71	13.72	240.86	115.28	26.56	1.46
5月31日	151	20.71	72.92	13.64	246.64	116.9	23.95	1.63
6月1日	152	15.1	91.83	12.35	4.63	4.63	16.46	0.5
6月2日	153	15.43	92.71	12.75	14.58	14.58	17.01	0.79
6月3日	154	17.55	83.63	13.06	178.12	116.32	21.31	1.17
6月4日	155	18.66	77.17	12.9	217.36	153.59	21.83	1.13
6月5日	156	17.86	84.33	13.56	130.79	115.62	22.75	0.79
6月6日	157	19.31	81.38	14.29	123.03	114.12	20.34	1.21
6月7日	158	20.34	73.88	13.83	178.24	134.26	21.87	1.54
6月8日	159	21.28	68.63	13.56	254.05	136.81	21.55	2
6月9日	160	21.97	68.29	14.11	214.81	150	22.21	2.25
6月10日	161	20.86	73.54	14.12	157.41	110.53	22.42	1.38
6月11日	162	19	84.42	14.59	143.98	120.02	20.65	1.13
6月12日	163	18.16	82.17	13.63	71.64	68.63	18.82	1.29
6月13日	164	19.65	61.88	10.69	329.4	68.98	21.64	1.17
6月14日	165	22.1	57.96	11.39	327.78	58.45	22.22	1.5
6月15日	166	22.41	58.04	12.1	338.54	59.37	23.1	2.46
6月16日	167	22.27	63.96	13.49	309.38	93.17	24.37	2.46
6月17日	168	22.28	67.92	14.36	196.64	108.1	24.91	3
6月18日	169	21.62	71.88	14.56	204.17	138.19	21.76	2
6月19日	170	22.57	68.58	14.8	239.93	137.27	24.98	2
6月20日	171	19.1	84.17	14.75	3.12	1.5	20.7	1.58
6月21日	172	17.7	70.08	11.17	81.48	70.95	17.79	2.33
6月22日	173	19.38	67.58	11.97	219.79	142.25	22.52	1.42

日期	日子数	干球温度	相对湿度	含湿量	水平面总辐照度	水平面散射辐照度	地表温度	风速
6月23日	174	21.07	73.38	14.49	174.77	102.43	23.72	1.58
6月24日	175	21.8	75.58	15.56	237.15	138.66	24.24	1.63
6月25日	176	21.85	77.04	15.98	190.97	123.61	23.21	2.25
6月26日	177	21.61	78.63	16.11	160.42	132.64	24.21	2.04
6月27日	178	21.03	82.67	16.36	126.97	95.25	24.83	1.71
6月28日	179	21.17	83.17	16.55	149.42	103.59	24	1.25
6月29日	180	19.52	84.63	15.33	76.27	64.7	22.41	1.83
6月30日	181	19.4	71.88	12.87	222.69	126.62	21.66	2.08
7月1日	182	20.92	78.88	15.46	190.86	134.84	23.47	1.25
7月2日	183	18.48	83.29	13.99	66.32	77.78	19.9	0.54
7月3日	184	18.52	88.67	14.93	101.27	90.86	23.01	0.67
7月4日	185	18.72	91.17	15.56	64.12	62.5	18.79	1.04
7月5日	186	17.92	83.21	13.47	82.87	82.64	19.71	0.29
7月6日	187	18.95	90.29	15.61	116.9	100.12	21.92	0.71
7月7日	188	19.86	86.25	15.81	117.71	111.11	21.57	0.92
7月8日	189	17.8	88.42	14.21	58.91	58.91	19.2	0.58
7月9日	190	18.85	87.33	14.98	152.43	129.51	21.23	1
7月10日	191	20.01	80.17	14.79	157.64	131.71	22.54	1.33
7月11日	192	21.43	73.29	14.59	263.31	129.4	22.84	2.5
7月12日	193	22.08	70.92	14.81	222.92	141.9	23.05	1.96
7月13日	194	21.5	75.46	15.27	130.9	118.17	22	1.25
7月14日	195	20.53	82.46	15.77	141.2	128.01	20.85	1.17
7月15日	196	19.89	84.5	15.52	151.5	142.25	21.13	1.75
7月16日	197	19.82	82.92	15.13	182.99	150.93	22.83	0.96
7月17日	198	19.12	86.63	15.09	139.24	130.44	21.7	0.88
7月18日	199	19.58	81.71	14.58	233.33	108.1	20.31	1.04
7月19日	200	21.29	74.96	14.73	325.58	75.23	23.84	1.17
7月20日	201	20.3	78.75	14.74	258.1	154.05	21.95	1.04
7月21日	202	21.26	73.17	14.41	295.72	102.08	25.26	1.67
7月22日	203	20.85	76.92	14.98	157.29	147.34	22.5	0.96
7月23日	204	21.15	77.13	15.22	205.79	145.49	21.98	1.5
7月24日	205	20.25	84.88	15.92	112.15	104.51	21.86	0.88
7月25日	206	19.15	89.46	15.66	163.77	136.34	22.05	1.04
7月26日	207	20.01	82.33	15.12	225.46	151.74	23.8	1.25
7月27日	208	20.88	82.58	16.01	241.09	94.44	23.71	0.79
7月28日	209	20.74	80.92	15.53	202.2	98.38	24.04	0.96
7月29日	210	20.15	74.33	13.79	143.52	113.08	20.8	1
7月30日	211	19.91	73.75	13.4	194.91	127.2	22.1	1.04

续表

日期	日子数	干球温度	相对湿度	含湿量	水平面总辐照度	水平面散射辐照度	地表温度	风速
7月31日	212	21.07	66	12.57	300.7	75.23	23.04	0.63
8月1日	213	20.45	64.42	11.91	332.52	51.39	22.7	0.63
8月2日	214	21.06	74.13	14.54	251.16	108.22	24.45	0.71
8月3日	215	21.47	73.92	14.75	278.82	107.41	24.98	0.92
8月4日	216	21.1	77.13	15.08	225.23	137.5	24.63	0.88
8月5日	217	19.72	85.75	15.54	180.67	124.07	22.9	0.92
8月6日	218	19.8	84.96	15.43	126.62	118.98	22.02	0.42
8月7日	219	20.14	82.33	15.29	176.97	122.8	20.18	0.58
8月8日	220	19.75	84.92	15.39	211.81	116.44	23.22	1.17
8月9日	221	20.06	83.88	15.48	150.81	118.63	22.67	1.17
8月10日	222	19.61	83.63	15.02	123.96	113.08	21.02	1.33
8月11日	223	18.75	86.25	14.67	90.16	89.24	18.97	1.83
8月12日	224	17.62	93.58	14.88	40.63	40.51	18.87	1.21
8月13日	225	18.86	77.92	13.32	88.08	87.96	19.53	0.38
8月14日	226	19.82	69.71	12.63	153.13	142.48	21.1	0.88
8月15日	227	19.39	79.96	14.16	87.96	86.46	20.31	0.5
8月16日	228	19.08	90.08	15.65	124.42	114.24	21.16	0.58
8月17日	229	18.74	89.92	15.24	137.85	115.51	22.18	0.38
8月18日	230	18.65	89.88	15.16	134.26	116.32	20.89	0.5
8月19日	231	18.29	86.17	14.21	107.87	90.39	19.42	0.33
8月20日	232	18.81	83	14.09	125.35	119.33	22.2	0.46
8月21日	233	19.33	84.21	14.76	187.62	144.44	22.59	0.5
8月22日	234	19.37	84.83	14.94	170.83	116.09	22.69	0.88
8月23日	235	19.61	82.83	14.79	178.24	143.4	21.48	0.5
8月24日	236	21.01	78.96	15.27	287.38	118.05	23.73	0.75
8月25日	237	20.19	77.42	14.23	196.41	165.62	22.63	0.96
8月26日	238	20.02	73.46	13.44	212.04	149.31	21.72	1.17
8月27日	239	19.38	77.21	13.62	96.53	94.68	18.2	0.38
8月28日	240	19.57	70.38	12.32	304.05	80.9	21.22	0.92
8月29日	241	20.35	76.13	14.31	164	124.65	21.04	0.75
8月30日	242	20.68	75.79	14.53	146.53	113.89	21.5	0.83
8月31日	243	20.28	76.29	14.26	139.81	113.89	20.49	0.71
9月1日	244	21.1	72	13.96	269.68	88.89	22.56	0.67
9月2日	245	18.59	90.88	15.33	40.97	40.86	18.79	0.54
9月3日	246	19.84	83	15.04	213.31	116.09	23.16	1.13
9月4日	247	19.83	77.83	13.99	286.81	79.51	22.25	1.25
9月5日	248	20.42	75.54	14.14	262.73	100.69	23.85	1.42
9月6日	249	21.59	73.75	14.79	288.19	78.82	24.39	1.58

日期	日子数	干球温度	相对湿度	含湿量	水平面总辐照度	水平面散射辐照度	地表温度	风速
9月7日	250	21.97	74.96	15.38	270.95	88.31	24.69	1.08
9月8日	251	18.84	87.63	14.98	24.88	21.99	18.86	0.54
9月9日	252	19.44	78.58	13.72	170.83	127.66	22.31	0.83
9月10日	253	20.03	78.33	14.19	186.69	69.44	23.88	0.92
9月11日	254	20	78.25	14.25	168.87	97.57	21.31	0.88
9月12日	255	20.04	74.38	13.46	229.75	120.95	22.33	1.21
9月13日	256	20	75.46	13.71	169.68	131.02	21.85	0.92
9月14日	257	20.25	76.5	14.07	256.83	98.61	23.25	1.38
9月15日	258	20.58	74.25	13.98	225.12	121.87	24.61	1.29
9月16日	259	19.82	78.58	14.12	153.7	106.48	22.48	1
9月17日	260	19.64	79.83	14.18	208.33	124.89	21.18	1.25
9月18日	261	18.43	82.46	13.73	98.73	87.04	20.05	1.63
9月19日	262	13.96	90.29	11.22	0	0	14.75	1.29
9月20日	263	13.95	77.63	9.51	84.61	84.61	14.54	0.83
9月21日	264	14.03	80.42	9.96	123.73	114.47	16.92	0.71
9月22日	265	12.37	88.38	9.86	0.23	0.23	13.49	0.38
9月23日	266	13.1	81.83	9.54	69.44	69.21	14.27	1.25
9月24日	267	12.94	87.88	10.15	33.68	33.33	15.4	0.38
9月25日	268	14.98	86.38	11.43	88.77	87.04	14.75	0.92
9月26日	269	16.69	82.42	12.18	106.6	103.12	17.49	1.38
9月27日	270	18.16	78.29	12.63	156.6	127.2	18.52	1.46
9月28日	271	18.7	79.54	13.29	177.43	108.22	20.71	1.33
9月29日	272	17.85	86.58	13.82	132.29	98.5	17.71	1.04
9月30日	273	18.24	86.46	14.16	168.75	108.8	20.3	0.96
10月1日	274	18.67	73.46	12.3	174.54	134.03	20.89	1.54
10月2日	275	17.81	75.04	11.83	158.45	93.17	20.31	0.96
10月3日	276	18.79	68.5	11.08	266.43	49.42	19.33	1.46
10月4日	277	18.99	70.63	11.89	237.5	85.3	18.85	1.46
10月5日	278	19.68	73.54	13.14	132.75	102.89	18.75	1.75
10月6日	279	19.06	82.25	14.28	79.51	72.45	19.63	0.79
10月7日	280	14.89	89.67	12	25.58	25.58	15.56	0.88
10月8日	281	13.11	92.5	10.86	38.19	37.96	14.35	0.38
10月9日	282	14.94	94.5	12.54	0	0	15.71	0.79
10月10日	283	15.16	93.54	12.59	25.81	25.12	15.68	0.92
10月11日	284	15.69	91.21	12.68	58.22	42.82	17.08	1.17
10月12日	285	15.74	92.38	12.86	31.94	30.67	16.81	0.29
10月13日	286	17.51	82.54	12.7	201.27	92.36	20	0.67
10月14日	287	17.81	77.67	12.29	212.5	118.4	20.81	1.29

续表

日期	日子数	干球温度	相对湿度	含湿量	水平面总辐照度	水平面散射辐照度	地表温度	风速
10 月 15 日	288	16.23	80.5	11.4	139.93	63.19	18.42	0.71
10 月 16 日	289	17.24	69.21	10.12	259.72	33.56	17.9	1.17
10 月 17 日	290	16.45	73.38	10.58	150	113.19	18.15	0.5
10 月 18 日	291	15.93	78.5	11.07	86.92	70.02	15.41	0.88
10 月 19 日	292	16.31	75.25	10.7	231.83	70.02	18.32	1.5
10 月 20 日	293	16.49	72.04	10.32	197.45	74.31	18.56	0.63
10 月 21 日	294	15.94	74.67	10.4	187.73	70.6	17.54	0.67
10 月 22 日	295	16.46	74.38	10.72	170.14	76.85	16.04	0.88
10 月 23 日	296	15.9	78.63	10.94	136.34	89.35	17.21	0.83
10 月 24 日	297	15.61	75.92	10.18	201.27	84.03	16.31	0.92
10 月 25 日	298	15.7	73.46	10.14	138.08	93.52	14.44	1.21
10 月 26 日	299	11.2	72.67	7.46	37.96	37.96	11.2	1.71
10 月 27 日	300	13.77	79.5	9.76	72.22	70.83	15.88	0.54
10 月 28 日	301	17.54	74.08	11.41	181.36	74.88	19.34	1
10 月 29 日	302	17.54	74.96	11.44	218.52	66.78	18.13	1.29
10 月 30 日	303	17.28	74.63	11.2	218.75	52.78	17.53	1.17
10 月 31 日	304	17.33	73.83	11.19	188.66	78.24	15.7	0.92
11 月 1 日	305	14.95	92	12.21	15.86	15.63	15.14	0.71
11 月 2 日	306	16.94	76.17	11.13	200.12	36	18.51	1.67
11 月 3 日	307	16.04	67.79	9.15	212.85	24.65	15.59	1.63
11 月 4 日	308	15.51	61.83	8	214.81	13.08	14.48	1.08
11 月 5 日	309	14.82	66.88	8.69	123.5	86.46	14.28	1.54
11 月 6 日	310	13.87	80.29	9.89	137.04	67.71	16.67	1.42
11 月 7 日	311	17.31	70.96	10.72	164.47	64.24	18.57	1.67
11 月 8 日	312	16.81	74.79	11.07	95.37	73.61	16.51	1.04
11 月 9 日	313	10.19	84.79	8.22	9.95	8.56	11.44	1.96
11 月 10 日	314	9.83	86.29	8.11	22.11	18.63	10.84	0.58
11 月 11 日	315	11.86	79.21	8.48	110.3	63.89	14.61	1.63
11 月 12 日	316	12.94	74.29	8.6	103.36	88.66	13.73	0.67
11 月 13 日	317	9.87	86.21	8.22	0	0	10.5	1.96
11 月 14 日	318	8.29	69.54	5.79	164.35	49.31	12.56	2.21
11 月 15 日	319	9.11	64.13	5.35	192.01	29.51	10.72	0.92
11 月 16 日	320	9.81	67.04	6.07	180.67	52.78	10.8	0.79
11 月 17 日	321	11.54	62.42	6.42	129.75	75.46	11.85	1.25
11 月 18 日	322	10.65	62.88	6.09	131.02	76.16	11.55	1.33
11 月 19 日	323	9.17	62.92	5.6	88.77	68.06	10.32	1.96
11 月 20 日	324	9.88	64.25	5.86	173.03	48.15	10.28	1.29
11 月 21 日	325	9.63	67.92	6.05	168.87	50.46	10.24	0.88

日期	日子数	干球温度	相对湿度	含湿量	水平面总辐照度	水平面散射辐照度	地表温度	风速
11月22日	326	10.83	68.38	6.75	140.05	60.76	9.69	0.96
11月23日	327	10.98	75.75	7.66	89.7	76.97	12.19	1.13
11月24日	328	8.92	81	7.12	47.34	42.48	8.11	0.92
11月25日	329	8.53	82.08	6.99	154.17	55.21	9.3	0.54
11月26日	330	9.36	74.96	6.64	145.95	61.69	9.46	0.88
11月27日	331	9.3	73.29	6.44	174.65	33.33	9.67	1.54
11月28日	332	10.57	66.25	6.27	182.64	22.11	10.97	2.46
11月29日	333	10.59	68.63	6.64	180.56	31.6	10.18	1.25
11月30日	334	10.32	75.29	7.19	160.07	39.35	10.51	1.38
12月1日	335	9.94	79.46	7.38	161.11	48.26	10.42	1
12月2日	336	10.16	76.08	7.08	170.72	48.38	11.42	0.79
12月3日	337	10.59	68	6.43	181.94	38.54	11.44	0.63
12月4日	338	10.46	70.63	6.75	173.5	53.12	11.27	0.71
12月5日	339	9.08	84.04	7.48	21.64	21.64	9.2	0.96
12月6日	340	8.08	84.83	7.05	31.6	31.6	9.08	1
12月7日	341	9.23	84.92	7.59	103.93	73.73	11.51	0.75
12月8日	342	10.79	72.54	7.13	157.06	60.42	14.58	1.33
12月9日	343	9.86	72.92	6.84	121.53	81.71	13.39	1.21
12月10日	344	12.58	72.54	7.98	165.51	94.45	15.36	0.67
12月11日	345	13.95	70.42	8.62	114.93	90.05	14.48	1.08
12月12日	346	12.91	69.79	7.93	148.03	83.8	15.51	1.21
12月13日	347	13.25	73.67	8.6	131.94	81.6	15.11	0.92
12月14日	348	7.09	77.21	6.07	27.32	27.32	9.07	1.75
12月15日	349	9.75	79.75	7.42	94.68	70.37	10.64	0.75
12月16日	350	12.34	68.04	7.24	192.82	27.89	13.77	1.25
12月17日	351	9.68	79.17	7.35	66.78	40.28	10.79	1.21
12月18日	352	9.83	76.83	7.13	149.42	67.82	11.97	0.71
12月19日	353	8.5	75.04	6.39	64.47	62.73	7.95	1.08
12月20日	354	7.64	73.21	5.91	43.06	41.9	7.89	1.92
12月21日	355	3.73	76.33	4.75	11.11	11.11	4.26	2.5
12月22日	356	2.14	55.21	2.96	176.97	35.65	4.98	1.71
12月23日	357	2.75	58.08	3.26	143.75	72.45	3.4	1.33
12月24日	358	3.35	49.54	2.88	168.12	31.79	5.34	1.63
12月25日	359	3.89	60.29	3.53	171.99	39.81	4.41	0.54
12月26日	360	4.22	61.96	3.64	166.09	35.88	4.97	0.58
12月27日	361	5.2	56.63	3.54	167.48	45.14	5.37	0.83
12月28日	362	5.78	58.46	4.07	164.35	44.68	6.33	0.46
12月29日	363	6.79	63.25	4.49	171.76	27.78	7.21	1.25
12月30日	364	8.32	57.63	4.5	181.71	29.98	7.31	0.75
12月31日	365	8.95	56.54	4.62	192.25	25.23	7.82	1.13

附录 B 部分常用热电偶参考分度值

　　热电偶分度值中数据的参考温度为 0℃，对应电压单位为毫伏（mV）。铂铑 10-铂热电偶（附表 B-1），分度号 S；铂铑 13-铂热电偶（附表 B-2），分度号 R；铂铑 30-铂铑 6 热电偶（附表 B-3），分度号 B；镍铬-镍硅热电偶（附表 B-4），分度号 K；镍铬硅-镍硅镁热电偶（附表 B-5），分度号 N；镍铬-镍铜热电偶（附表 B-6），分度号 E；铁-康铜热电偶（附表 B-7），分度号 J；铜-康铜热电偶（附表 B-8），分度号 T。

附表 B-1　铂铑 10-铂热电偶分度值（分度号 S）

负温	-10	-9	-8	-7	-6	-5	-4	-3	-2	-1
-40	-0.236	-0.232	-0.228	-0.224	-0.219	-0.215	-0.211	-0.207	-0.203	-0.199
-30	-0.194	-0.19	-0.186	-0.181	-0.177	-0.173	-0.168	-0.164	-0.159	-0.155
-20	-0.15	-0.146	-0.141	-0.136	-0.132	-0.127	-0.122	-0.117	-0.113	-0.108
-10	-0.103	-0.098	-0.093	-0.088	-0.083	-0.078	-0.073	-0.068	-0.063	-0.058
0	-0.053	-0.048	-0.042	-0.037	-0.032	-0.027	-0.021	-0.016	-0.011	-0.005
正温	0	1	2	3	4	5	6	7	8	9
0	0	0.005	0.011	0.016	0.022	0.027	0.033	0.038	0.044	0.05
10	0.055	0.061	0.067	0.072	0.078	0.084	0.09	0.095	0.101	0.107
20	0.113	0.119	0.125	0.131	0.137	0.143	0.149	0.155	0.161	0.167
30	0.173	0.179	0.185	0.191	0.197	0.204	0.21	0.216	0.222	0.229
40	0.235	0.241	0.248	0.254	0.26	0.267	0.273	0.28	0.286	0.292
50	0.299	0.305	0.312	0.319	0.325	0.332	0.338	0.345	0.352	0.358
60	0.365	0.372	0.378	0.385	0.392	0.399	0.405	0.412	0.419	0.426
70	0.433	0.44	0.446	0.453	0.46	0.467	0.474	0.481	0.488	0.495
80	0.502	0.509	0.516	0.523	0.53	0.538	0.545	0.552	0.559	0.566
90	0.573	0.58	0.588	0.595	0.602	0.609	0.617	0.624	0.631	0.639
100	0.646	0.653	0.661	0.668	0.675	0.683	0.69	0.698	0.705	0.713
110	0.72	0.727	0.735	0.743	0.75	0.758	0.765	0.773	0.78	0.788
120	0.795	0.803	0.811	0.818	0.826	0.834	0.841	0.849	0.857	0.865
130	0.872	0.88	0.888	0.896	0.903	0.911	0.919	0.927	0.935	0.942
140	0.95	0.958	0.966	0.974	0.982	0.99	0.998	1.006	1.013	1.021
150	1.029	1.037	1.045	1.053	1.061	1.069	1.077	1.085	1.094	1.102

正温	0	1	2	3	4	5	6	7	8	9
160	1.11	1.118	1.126	1.134	1.142	1.15	1.158	1.167	1.175	1.183
170	1.191	1.199	1.207	1.216	1.224	1.232	1.24	1.249	1.257	1.265
180	1.273	1.282	1.29	1.298	1.307	1.315	1.323	1.332	1.34	1.348
190	1.357	1.365	1.373	1.382	1.39	1.399	1.407	1.415	1.424	1.432
200	1.441	1.449	1.458	1.466	1.475	1.483	1.492	1.5	1.509	1.517
210	1.526	1.534	1.543	1.551	1.56	1.569	1.577	1.586	1.594	1.603
220	1.612	1.62	1.629	1.638	1.646	1.655	1.663	1.672	1.681	1.69
230	1.698	1.707	1.716	1.724	1.733	1.742	1.751	1.759	1.768	1.777
240	1.786	1.794	1.803	1.812	1.821	1.829	1.838	1.847	1.856	1.865
250	1.874	1.882	1.891	1.9	1.909	1.918	1.927	1.936	1.944	1.953
260	1.962	1.971	1.98	1.989	1.998	2.007	2.016	2.025	2.034	2.043
270	2.052	2.061	2.07	2.078	2.087	2.096	2.105	2.114	2.123	2.132
280	2.141	2.151	2.16	2.169	2.178	2.187	2.196	2.205	2.214	2.223
290	2.232	2.241	2.25	2.259	2.268	2.277	2.287	2.296	2.305	2.314
300	2.323	2.332	2.341	2.35	2.36	2.369	2.378	2.387	2.396	2.405
310	2.415	2.424	2.433	2.442	2.451	2.461	2.47	2.479	2.488	2.497
320	2.507	2.516	2.525	2.534	2.544	2.553	2.562	2.571	2.581	2.59
330	2.599	2.609	2.618	2.627	2.636	2.646	2.655	2.664	2.674	2.683
340	2.692	2.702	2.711	2.72	2.73	2.739	2.748	2.758	2.767	2.776
350	2.786	2.795	2.805	2.814	2.823	2.833	2.842	2.851	2.861	2.87
360	2.88	2.889	2.899	2.908	2.917	2.927	2.936	2.946	2.955	2.965
370	2.974	2.983	2.993	3.002	3.012	3.021	3.031	3.04	3.05	3.059
380	3.069	3.078	3.088	3.097	3.107	3.116	3.126	3.135	3.145	3.154
390	3.164	3.173	3.183	3.192	3.202	3.212	3.221	3.231	3.24	3.25
400	3.259	3.269	3.279	3.288	3.298	3.307	3.317	3.326	3.336	3.346
410	3.355	3.365	3.374	3.384	3.394	3.403	3.413	3.423	3.432	3.442
420	3.451	3.461	3.471	3.48	3.49	3.5	3.509	3.519	3.529	3.538
430	3.548	3.558	3.567	3.577	3.587	3.596	3.606	3.616	3.626	3.635
440	3.645	3.655	3.664	3.674	3.684	3.694	3.703	3.713	3.723	3.732
450	3.742	3.752	3.762	3.771	3.781	3.791	3.801	3.81	3.82	3.83
460	3.84	3.85	3.859	3.869	3.879	3.889	3.898	3.908	3.918	3.928
470	3.938	3.947	3.957	3.967	3.977	3.987	3.997	4.006	4.016	4.026
480	4.036	4.046	4.056	4.065	4.075	4.085	4.095	4.105	4.115	4.125
490	4.134	4.144	4.154	4.164	4.174	4.184	4.194	4.204	4.213	4.223
500	4.233	4.243	4.253	4.263	4.273	4.283	4.293	4.303	4.313	4.323

附表 B-2　铂铑 $_{13}$-铂热电偶分度值（分度号 R）

负温	−10	−9	−8	−7	−6	−5	−4	−3	−2	−1
−40	−0.226	−0.223	−0.219	−0.215	−0.211	−0.208	−0.204	−0.2	−0.196	−0.192
−30	−0.188	−0.184	−0.18	−0.175	−0.171	−0.167	−0.163	−0.158	−0.154	−0.15
−20	−0.145	−0.141	−0.137	−0.132	−0.128	−0.123	−0.119	−0.114	−0.109	−0.105
−10	−0.1	−0.095	−0.091	−0.086	−0.081	−0.076	−0.071	−0.066	−0.061	−0.056
0	−0.051	−0.046	−0.041	−0.036	−0.031	−0.026	−0.021	−0.016	−0.011	−0.005

正温	0	1	2	3	4	5	6	7	8	9
0	0	0.005	0.011	0.016	0.021	0.027	0.032	0.038	0.043	0.049
10	0.054	0.06	0.065	0.071	0.077	0.082	0.088	0.094	0.1	0.105
20	0.111	0.117	0.123	0.129	0.135	0.141	0.147	0.153	0.159	0.165
30	0.171	0.177	0.183	0.189	0.195	0.201	0.207	0.214	0.22	0.226
40	0.232	0.239	0.245	0.251	0.258	0.264	0.271	0.277	0.284	0.29
50	0.296	0.303	0.31	0.316	0.323	0.329	0.336	0.343	0.349	0.356
60	0.363	0.369	0.376	0.383	0.39	0.397	0.403	0.41	0.417	0.424
70	0.431	0.438	0.445	0.452	0.459	0.466	0.473	0.48	0.487	0.494
80	0.501	0.508	0.516	0.523	0.53	0.537	0.544	0.552	0.559	0.566
90	0.573	0.581	0.588	0.595	0.603	0.61	0.618	0.625	0.632	0.64
100	0.647	0.655	0.662	0.67	0.677	0.685	0.693	0.7	0.708	0.715
110	0.723	0.731	0.738	0.746	0.754	0.761	0.769	0.777	0.785	0.792
120	0.8	0.808	0.816	0.824	0.832	0.839	0.847	0.855	0.863	0.871
130	0.879	0.887	0.895	0.903	0.911	0.919	0.927	0.935	0.943	0.951
140	0.959	0.967	0.976	0.984	0.992	1	1.008	1.016	1.025	1.033
150	1.041	1.049	1.058	1.066	1.074	1.082	1.091	1.099	1.107	1.116
160	1.124	1.132	1.141	1.149	1.158	1.166	1.175	1.183	1.191	1.2
170	1.208	1.217	1.225	1.234	1.242	1.251	1.26	1.268	1.277	1.285
180	1.294	1.303	1.311	1.32	1.329	1.337	1.346	1.355	1.363	1.372
190	1.381	1.389	1.398	1.407	1.416	1.425	1.433	1.442	1.451	1.46
200	1.469	1.477	1.486	1.495	1.504	1.513	1.522	1.531	1.54	1.549
210	1.558	1.567	1.575	1.584	1.593	1.602	1.611	1.62	1.629	1.639
220	1.648	1.657	1.666	1.675	1.684	1.693	1.702	1.711	1.72	1.729
230	1.739	1.748	1.757	1.766	1.775	1.784	1.794	1.803	1.812	1.821
240	1.831	1.84	1.849	1.858	1.868	1.877	1.886	1.895	1.905	1.914
250	1.923	1.933	1.942	1.951	1.961	1.97	1.98	1.989	1.998	2.008
260	2.017	2.027	2.036	2.046	2.055	2.064	2.074	2.083	2.093	2.102
270	2.112	2.121	2.131	2.14	2.15	2.159	2.169	2.179	2.188	2.198
280	2.207	2.217	2.226	2.236	2.246	2.255	2.265	2.275	2.284	2.294
290	2.304	2.313	2.323	2.333	2.342	2.352	2.362	2.371	2.381	2.391
300	2.401	2.41	2.42	2.43	2.44	2.449	2.459	2.469	2.479	2.488
310	2.498	2.508	2.518	2.528	2.538	2.547	2.557	2.567	2.577	2.587
320	2.597	2.607	2.617	2.626	2.636	2.646	2.656	2.666	2.676	2.686

正温	0	1	2	3	4	5	6	7	8	9
330	2.696	2.706	2.716	2.726	2.736	2.746	2.756	2.766	2.776	2.786
340	2.796	2.806	2.816	2.826	2.836	2.846	2.856	2.866	2.876	2.886
350	2.896	2.906	2.916	2.926	2.937	2.947	2.957	2.967	2.977	2.987
360	2.997	3.007	3.018	3.028	3.038	3.048	3.058	3.068	3.079	3.089
370	3.099	3.109	3.119	3.13	3.14	3.15	3.16	3.171	3.181	3.191
380	3.201	3.212	3.222	3.232	3.242	3.253	3.263	3.273	3.284	3.294
390	3.304	3.315	3.325	3.335	3.346	3.356	3.366	3.377	3.387	3.397
400	3.408	3.418	3.428	3.439	3.449	3.46	3.47	3.48	3.491	3.501
410	3.512	3.522	3.533	3.543	3.553	3.564	3.574	3.585	3.595	3.606
420	3.616	3.627	3.637	3.648	3.658	3.669	3.679	3.69	3.7	3.711
430	3.721	3.732	3.742	3.753	3.764	3.774	3.785	3.795	3.806	3.816
440	3.827	3.838	3.848	3.859	3.869	3.88	3.891	3.901	3.912	3.922
450	3.933	3.944	3.954	3.965	3.976	3.986	3.997	4.008	4.018	4.029
460	4.04	4.05	4.061	4.072	4.083	4.093	4.104	4.115	4.125	4.136
470	4.147	4.158	4.168	4.179	4.19	4.201	4.211	4.222	4.233	4.244
480	4.255	4.265	4.276	4.287	4.298	4.309	4.319	4.33	4.341	4.352
490	4.363	4.373	4.384	4.395	4.406	4.417	4.428	4.439	4.449	4.46
500	4.471	4.482	4.493	4.504	4.515	4.526	4.537	4.548	4.558	4.569

附表 B-3　铂铑$_{30}$-铂铑$_6$热电偶分度值（分度号 B）

温度	0	1	2	3	4	5	6	7	8	9
50	0.0023	0.00266	0.003	0.0034	0.0037	0.0041	0.0045	0.005	0.0057	0.006
60	0.0062	0.0067	0.0072	0.0076	0.0076	0.0086	0.0091	0.0097	0.01	0.011
70	0.011	0.0118	0.0125	0.013	0.0136	0.014	0.015	0.0155	0.016	0.017
80	0.017	0.018	0.019	0.0196	0.02	0.021	0.0218	0.0225	0.023	0.024
90	0.025	0.0256	0.026	0.027	0.028	0.029	0.03	0.0306	0.031	0.032
100	0.033	0.034	0.035	0.036	0.037	0.038	0.039	0.04	0.041	0.042
110	0.043	0.044	0.045	0.046	0.047	0.048	0.049	0.05	0.051	0.052
120	0.053	0.055	0.056	0.057	0.058	0.059	0.06	0.062	0.063	0.064
130	0.065	0.066	0.068	0.069	0.07	0.072	0.073	0.074	0.075	0.077
140	0.078	0.079	0.081	0.082	0.084	0.085	0.086	0.088	0.089	0.09
150	0.092	0.094	0.095	0.096	0.098	0.099	0.101	0.102	0.104	0.106
160	0.107	0.109	0.11	0.112	0.113	0.115	0.117	0.118	0.12	0.122
170	0.123	0.125	0.127	0.128	0.13	0.132	0.134	0.135	0.137	0.139
180	0.141	0.142	0.144	0.146	0.148	0.15	0.151	0.153	0.155	0.157
190	0.159	0.161	0.163	0.165	0.166	0.168	0.17	0.172	0.174	0.176
200	0.178	0.18	0.182	0.184	0.186	0.188	0.19	0.192	0.195	0.197
210	0.199	0.201	0.203	0.205	0.207	0.209	0.212	0.214	0.216	0.218
220	0.22	0.222	0.225	0.227	0.229	0.231	0.234	0.236	0.238	0.241

温度	0	1	2	3	4	5	6	7	8	9
230	0.243	0.245	0.248	0.25	0.252	0.255	0.257	0.259	0.262	0.264
240	0.267	0.269	0.271	0.274	0.276	0.279	0.281	0.284	0.286	0.289
250	0.291	0.294	0.296	0.299	0.301	0.304	0.307	0.309	0.312	0.314
260	0.317	0.32	0.322	0.325	0.328	0.33	0.333	0.336	0.338	0.341
270	0.344	0.347	0.349	0.352	0.355	0.358	0.36	0.363	0.366	0.369
280	0.372	0.375	0.377	0.38	0.383	0.386	0.389	0.392	0.395	0.398
290	0.401	0.404	0.407	0.41	0.413	0.416	0.419	0.422	0.425	0.428
300	0.431	0.434	0.437	0.44	0.443	0.446	0.449	0.452	0.455	0.458
310	0.462	0.465	0.468	0.471	0.474	0.478	0.481	0.484	0.487	0.49
320	0.494	0.497	0.5	0.503	0.507	0.51	0.513	0.517	0.52	0.523
330	0.527	0.53	0.533	0.537	0.54	0.544	0.547	0.55	0.554	0.557
340	0.561	0.564	0.568	0.571	0.575	0.578	0.582	0.585	0.589	0.592
350	0.596	0.599	0.603	0.607	0.61	0.614	0.617	0.621	0.625	0.628
360	0.632	0.636	0.639	0.643	0.647	0.65	0.654	0.658	0.662	0.665
370	0.669	0.673	0.677	0.68	0.684	0.688	0.692	0.696	0.7	0.703
380	0.707	0.711	0.715	0.719	0.723	0.727	0.731	0.735	0.738	0.742
390	0.746	0.75	0.754	0.758	0.762	0.766	0.77	0.774	0.778	0.782
400	0.787	0.791	0.795	0.799	0.803	0.807	0.811	0.815	0.819	0.824
410	0.828	0.832	0.836	0.84	0.844	0.849	0.853	0.857	0.861	0.866
420	0.87	0.874	0.878	0.883	0.887	0.891	0.896	0.9	0.904	0.909
430	0.913	0.917	0.922	0.926	0.93	0.935	0.939	0.944	0.948	0.953
440	0.957	0.961	0.966	0.97	0.975	0.979	0.984	0.988	0.993	0.997
450	1.002	1.007	1.011	1.016	1.02	1.025	1.03	1.034	1.039	1.043
460	1.048	1.053	1.057	1.062	1.067	1.071	1.076	1.081	1.086	1.09
470	1.095	1.1	1.105	1.109	1.114	1.119	1.124	1.129	1.133	1.138
480	1.143	1.148	1.153	1.158	1.163	1.167	1.172	1.177	1.182	1.187
490	1.192	1.197	1.202	1.207	1.212	1.217	1.222	1.227	1.232	1.237
500	1.242	1.247	1.252	1.257	1.262	1.267	1.272	1.277	1.282	1.288

附表 B-4　镍铬-镍硅热电偶分度值（分度号 K）

负温	-10	-9	-8	-7	-6	-5	-4	-3	-2	-1
-260	-6.458	-6.457	-6.456	-6.455	-6.453	-6.452	-6.45	-6.448	-6.446	-6.444
-250	-6.441	-6.438	-6.435	-6.432	-6.429	-6.425	-6.421	-6.417	-6.413	-6.408
-240	-6.404	-6.399	-6.393	-6.388	-6.382	-6.377	-6.37	-6.364	-6.358	-6.351
-230	-6.344	-6.337	-6.329	-6.322	-6.314	-6.306	-6.297	-6.289	-6.28	-6.271
-220	-6.262	-6.252	-6.243	-6.233	-6.223	-6.213	-6.202	-6.192	-6.181	-6.17
-210	-6.158	-6.147	-6.135	-6.123	-6.111	-6.099	-6.087	-6.074	-6.061	-6.048
-200	-6.035	-6.021	-6.007	-5.994	-5.98	-5.965	-5.951	-5.936	-5.922	-5.907

续表

负温	−10	−9	−8	−7	−6	−5	−4	−3	−2	−1
−190	−5.891	−5.876	−5.861	−5.845	−5.829	−5.813	−5.797	−5.78	−5.763	−5.747
−180	−5.73	−5.713	−5.695	−5.678	−5.66	−5.642	−5.624	−5.606	−5.588	−5.569
−170	−5.55	−5.531	−5.512	−5.493	−5.474	−5.454	−5.435	−5.415	−5.395	−5.374
−160	−5.354	−5.333	−5.313	−5.292	−5.271	−5.25	−5.228	−5.207	−5.185	−5.163
−150	−5.141	−5.119	−5.097	−5.074	−5.052	−5.029	−5.006	−4.983	−4.96	−4.936
−140	−4.913	−4.889	−4.865	−4.841	−4.817	−4.793	−4.768	−4.744	−4.719	−4.694
−130	−4.669	−4.644	−4.618	−4.593	−4.567	−4.542	−4.516	−4.49	−4.463	−4.437
−120	−4.411	−4.384	−4.357	−4.33	−4.303	−4.276	−4.249	−4.221	−4.194	−4.166
−110	−4.138	−4.11	−4.082	−4.054	−4.025	−3.997	−3.968	−3.939	−3.911	−3.882
−100	−3.852	−3.823	−3.794	−3.764	−3.734	−3.705	−3.675	−3.645	−3.614	−3.584
−90	−3.554	−3.523	−3.492	−3.462	−3.431	−3.4	−3.368	−3.337	−3.306	−3.274
−80	−3.243	−3.211	−3.179	−3.147	−3.115	−3.083	−3.05	−3.018	−2.986	−2.953
−70	−2.92	−2.887	−2.854	−2.821	−2.788	−2.755	−2.721	−2.688	−2.654	−2.62
−60	−2.587	−2.553	−2.519	−2.485	−2.45	−2.416	−2.382	−2.347	−2.312	−2.278
−50	−2.243	−2.208	−2.173	−2.138	−2.103	−2.067	−2.032	−1.996	−1.961	−1.925
−40	−1.889	−1.854	−1.818	−1.782	−1.745	−1.709	−1.673	−1.637	−1.6	−1.564
−30	−1.527	−1.49	−1.453	−1.417	−1.38	−1.343	−1.305	−1.268	−1.231	−1.194
−20	−1.156	−1.119	−1.081	−1.043	−1.006	−0.968	−0.93	−0.892	−0.854	−0.816
−10	−0.778	−0.739	−0.701	−0.663	−0.624	−0.586	−0.547	−0.508	−0.47	−0.431
0	−0.392	−0.353	−0.314	−0.275	−0.236	−0.197	−0.157	−0.118	−0.079	−0.039

正温	0	1	2	3	4	5	6	7	8	9
0	0	0.039	0.079	0.119	0.158	0.198	0.238	0.277	0.317	0.357
10	0.397	0.437	0.477	0.517	0.557	0.597	0.637	0.677	0.718	0.758
20	0.798	0.838	0.879	0.919	0.96	1	1.041	1.081	1.122	1.163
30	1.203	1.244	1.285	1.326	1.366	1.407	1.448	1.489	1.53	1.571
40	1.612	1.653	1.694	1.735	1.776	1.817	1.858	1.899	1.941	1.982
50	2.023	2.064	2.106	2.147	2.188	2.23	2.271	2.312	2.354	2.395
60	2.436	2.478	2.519	2.561	2.602	2.644	2.685	2.727	2.768	2.81
70	2.851	2.893	2.934	2.976	3.017	3.059	3.1	3.142	3.184	3.225
80	3.267	3.308	3.35	3.391	3.433	3.474	3.516	3.557	3.599	3.64
90	3.682	3.723	3.765	3.806	3.848	3.889	3.931	3.972	4.013	4.055
100	4.096	4.138	4.179	4.22	4.262	4.303	4.344	4.385	4.427	4.468
110	4.509	4.55	4.591	4.633	4.674	4.715	4.756	4.797	4.838	4.879
120	4.92	4.961	5.002	5.043	5.084	5.124	5.165	5.206	5.247	5.288
130	5.328	5.369	5.41	5.45	5.491	5.532	5.572	5.613	5.653	5.694
140	5.735	5.775	5.815	5.856	5.896	5.937	5.977	6.017	6.058	6.098
150	6.138	6.179	6.219	6.259	6.299	6.339	6.38	6.42	6.46	6.5
160	6.54	6.58	6.62	6.66	6.701	6.741	6.781	6.821	6.861	6.901
170	6.941	6.981	7.021	7.06	7.1	7.14	7.18	7.22	7.26	7.3
180	7.34	7.38	7.42	7.46	7.5	7.54	7.579	7.619	7.659	7.699
190	7.739	7.779	7.819	7.859	7.899	7.939	7.979	8.019	8.059	8.099
200	8.138	8.178	8.218	8.258	8.298	8.338	8.378	8.418	8.458	8.499
210	8.539	8.579	8.619	8.659	8.699	8.739	8.779	8.819	8.86	8.9
220	8.94	8.98	9.02	9.061	9.101	9.141	9.181	9.222	9.262	9.302
230	9.343	9.383	9.423	9.464	9.504	9.545	9.585	9.626	9.666	9.707

正温	0	1	2	3	4	5	6	7	8	9
240	9.747	9.788	9.828	9.869	9.909	9.95	9.991	10.031	10.072	10.113
250	10.153	10.194	10.235	10.276	10.316	10.357	10.398	10.439	10.48	10.52
260	10.561	10.602	10.643	10.684	10.725	10.766	10.807	10.848	10.889	10.93
270	10.971	11.012	11.053	11.094	11.135	11.176	11.217	11.259	11.3	11.341
280	11.382	11.423	11.465	11.506	11.547	11.588	11.63	11.671	11.712	11.753
290	11.795	11.836	11.877	11.919	11.96	12.001	12.043	12.084	12.126	12.167
300	12.209	12.25	12.291	12.333	12.374	12.416	12.457	12.499	12.54	12.582
310	12.624	12.665	12.707	12.748	12.79	12.831	12.873	12.915	12.956	12.998
320	13.04	13.081	13.123	13.165	13.206	13.248	13.29	13.331	13.373	13.415
330	13.457	13.498	13.54	13.582	13.624	13.665	13.707	13.749	13.791	13.833
340	13.874	13.916	13.958	14	14.042	14.084	14.126	14.167	14.209	14.251
350	14.293	14.335	14.377	14.419	14.461	14.503	14.545	14.587	14.629	14.671
360	14.713	14.755	14.797	14.839	14.881	14.923	14.965	15.007	15.049	15.091
370	15.133	15.175	15.217	15.259	15.301	15.343	15.385	15.427	15.469	15.511
380	15.554	15.596	15.638	15.68	15.722	15.764	15.806	15.849	15.891	15.933
390	15.975	16.017	16.059	16.102	16.144	16.186	16.228	16.27	16.313	16.355
400	16.397	16.439	16.482	16.524	16.566	16.608	16.651	16.693	16.735	16.778
410	16.82	16.862	16.904	16.947	16.989	17.031	17.074	17.116	17.158	17.201
420	17.243	17.285	17.328	17.37	17.413	17.455	17.497	17.54	17.582	17.624
430	17.667	17.709	17.752	17.794	17.837	17.879	17.921	17.964	18.006	18.049
440	18.091	18.134	18.176	18.218	18.261	18.303	18.346	18.388	18.431	18.473
450	18.516	18.558	18.601	18.643	18.686	18.728	18.771	18.813	18.856	18.898
460	18.941	18.983	19.026	19.068	19.111	19.154	19.196	19.239	19.281	19.324
470	19.366	19.409	19.451	19.494	19.537	19.579	19.622	19.664	19.707	19.75
480	19.792	19.835	19.877	19.92	19.962	20.005	20.048	20.09	20.133	20.175
490	20.218	20.261	20.303	20.346	20.389	20.431	20.474	20.516	20.559	20.602
500	20.644	20.687	20.73	20.772	20.815	20.857	20.9	20.943	20.985	21.028

附表 B-5　镍铬硅-镍硅镁热电偶分度值（分度号 N）

负温	-10	-9	-8	-7	-6	-5	-4	-3	-2	-1
-260	-4.345	-4.345	-4.344	-4.344	-4.343	-4.342	-4.341	-4.34	-4.339	-4.337
-250	-4.336	-4.334	-4.332	-4.33	-4.328	-4.326	-4.324	-4.321	-4.319	-4.316
-240	-4.313	-4.31	-4.307	-4.304	-4.3	-4.297	-4.293	-4.289	-4.285	-4.281
-230	-4.277	-4.273	-4.268	-4.263	-4.258	-4.254	-4.248	-4.243	-4.238	-4.232
-220	-4.226	-4.221	-4.215	-4.209	-4.202	-4.196	-4.189	-4.183	-4.176	-4.169
-210	-4.162	-4.154	-4.147	-4.14	-4.132	-4.124	-4.116	-4.108	-4.1	-4.091
-200	-4.083	-4.074	-4.066	-4.057	-4.048	-4.038	-4.029	-4.02	-4.01	-4
-190	-3.99	-3.98	-3.97	-3.96	-3.95	-3.939	-3.928	-3.918	-3.907	-3.896
-180	-3.884	-3.873	-3.862	-3.85	-3.838	-3.827	-3.815	-3.803	-3.79	-3.778
-170	-3.766	-3.753	-3.74	-3.728	-3.715	-3.702	-3.688	-3.675	-3.662	-3.648
-160	-3.634	-3.621	-3.607	-3.593	-3.578	-3.564	-3.55	-3.535	-3.521	-3.506
-150	-3.491	-3.476	-3.461	-3.446	-3.431	-3.415	-3.4	-3.384	-3.368	-3.352
-140	-3.336	-3.32	-3.304	-3.288	-3.271	-3.255	-3.238	-3.221	-3.205	-3.188

续表

负温	-10	-9	-8	-7	-6	-5	-4	-3	-2	-1
-130	-3.171	-3.153	-3.136	-3.119	-3.101	-3.084	-3.066	-3.048	-3.03	-3.012
-120	-2.994	-2.976	-2.958	-2.939	-2.921	-2.902	-2.883	-2.865	-2.846	-2.827
-110	-2.808	-2.789	-2.769	-2.75	-2.73	-2.711	-2.691	-2.672	-2.652	-2.632
-100	-2.612	-2.592	-2.571	-2.551	-2.531	-2.51	-2.49	-2.469	-2.448	-2.428
-90	-2.407	-2.386	-2.365	-2.344	-2.322	-2.301	-2.28	-2.258	-2.237	-2.215
-80	-2.193	-2.172	-2.15	-2.128	-2.106	-2.084	-2.062	-2.039	-2.017	-1.995
-70	-1.972	-1.95	-1.927	-1.905	-1.882	-1.859	-1.836	-1.813	-1.79	-1.767
-60	-1.744	-1.721	-1.698	-1.674	-1.651	-1.627	-1.604	-1.58	-1.557	-1.533
-50	-1.509	-1.485	-1.462	-1.438	-1.414	-1.39	-1.366	-1.341	-1.317	-1.293
-40	-1.269	-1.244	-1.22	-1.195	-1.171	-1.146	-1.122	-1.097	-1.072	-1.048
-30	-1.023	-0.998	-0.973	-0.948	-0.923	-0.898	-0.873	-0.848	-0.823	-0.798
-20	-0.772	-0.747	-0.722	-0.696	-0.671	-0.646	-0.62	-0.595	-0.569	-0.544
-10	-0.518	-0.492	-0.467	-0.441	-0.415	-0.39	-0.364	-0.338	-0.312	-0.286
0	-0.26	-0.234	-0.209	-0.183	-0.157	-0.131	-0.104	-0.078	-0.052	-0.026

正温	0	1	2	3	4	5	6	7	8	9
0	0	0.026	0.052	0.078	0.104	0.13	0.156	0.182	0.208	0.235
10	0.261	0.287	0.313	0.34	0.366	0.393	0.419	0.446	0.472	0.499
20	0.525	0.552	0.578	0.605	0.632	0.659	0.685	0.712	0.739	0.766
30	0.793	0.82	0.847	0.874	0.901	0.928	0.955	0.983	1.01	1.037
40	1.065	1.092	1.119	1.147	1.174	1.202	1.229	1.257	1.284	1.312
50	1.34	1.368	1.395	1.423	1.451	1.479	1.507	1.535	1.563	1.591
60	1.619	1.647	1.675	1.703	1.732	1.76	1.788	1.817	1.845	1.873
70	1.902	1.93	1.959	1.988	2.016	2.045	2.074	2.102	2.131	2.16
80	2.189	2.218	2.247	2.276	2.305	2.334	2.363	2.392	2.421	2.45
90	2.48	2.509	2.538	2.568	2.597	2.626	2.656	2.685	2.715	2.744
100	2.774	2.804	2.833	2.863	2.893	2.923	2.953	2.983	3.012	3.042
110	3.072	3.102	3.133	3.163	3.193	3.223	3.253	3.283	3.314	3.344
120	3.374	3.405	3.435	3.466	3.496	3.527	3.557	3.588	3.619	3.649
130	3.68	3.711	3.742	3.772	3.803	3.834	3.865	3.896	3.927	3.958
140	3.989	4.02	4.051	4.083	4.114	4.145	4.176	4.208	4.239	4.27
150	4.302	4.333	4.365	4.396	4.428	4.459	4.491	4.523	4.554	4.586
160	4.618	4.65	4.681	4.713	4.745	4.777	4.809	4.841	4.873	4.905
170	4.937	4.969	5.001	5.033	5.066	5.098	5.13	5.162	5.195	5.227
180	5.259	5.292	5.324	5.357	5.389	5.422	5.454	5.487	5.52	5.552
190	5.585	5.618	5.65	5.683	5.716	5.749	5.782	5.815	5.847	5.88
200	5.913	5.946	5.979	6.013	6.046	6.079	6.112	6.145	6.178	6.211
210	6.245	6.278	6.311	6.345	6.378	6.411	6.445	6.478	6.512	6.545
220	6.579	6.612	6.646	6.68	6.713	6.747	6.781	6.814	6.848	6.882
230	6.916	6.949	6.983	7.017	7.051	7.085	7.119	7.153	7.187	7.221
240	7.255	7.289	7.323	7.357	7.392	7.426	7.46	7.494	7.528	7.563

续表

正温	0	1	2	3	4	5	6	7	8	9
250	7.597	7.631	7.666	7.7	7.734	7.769	7.803	7.838	7.872	7.907
260	7.941	7.976	8.01	8.045	8.08	8.114	8.149	8.184	8.218	8.253
270	8.288	8.323	8.358	8.392	8.427	8.462	8.497	8.532	8.567	8.602
280	8.637	8.672	8.707	8.742	8.777	8.812	8.847	8.882	8.918	8.953
290	8.988	9.023	9.058	9.094	9.129	9.164	9.2	9.235	9.27	9.306
300	9.341	9.377	9.412	9.448	9.483	9.519	9.554	9.59	9.625	9.661
310	9.696	9.732	9.768	9.803	9.839	9.875	9.91	9.946	9.982	10.018
320	10.054	10.089	10.125	10.161	10.197	10.233	10.269	10.305	10.341	10.377
330	10.413	10.449	10.485	10.521	10.557	10.593	10.629	10.665	10.701	10.737
340	10.774	10.81	10.846	10.882	10.918	10.955	10.991	11.027	11.064	11.1
350	11.136	11.173	11.209	11.245	11.282	11.318	11.355	11.391	11.428	11.464
360	11.501	11.537	11.574	11.61	11.647	11.683	11.72	11.757	11.793	11.83
370	11.867	11.903	11.94	11.977	12.013	12.05	12.087	12.124	12.16	12.197
380	12.234	12.271	12.308	12.345	12.382	12.418	12.455	12.492	12.529	12.566
390	12.603	12.64	12.677	12.714	12.751	12.788	12.825	12.862	12.899	12.937
400	12.974	13.011	13.048	13.085	13.122	13.159	13.197	13.234	13.271	13.308
410	13.346	13.383	13.42	13.457	13.495	13.532	13.569	13.607	13.644	13.682
420	13.719	13.756	13.794	13.831	13.869	13.906	13.944	13.981	14.019	14.056
430	14.094	14.131	14.169	14.206	14.244	14.281	14.319	14.356	14.394	14.432
440	14.469	14.507	14.545	14.582	14.62	14.658	14.695	14.733	14.771	14.809
450	14.846	14.884	14.922	14.96	14.998	15.035	15.073	15.111	15.149	15.187
460	15.225	15.262	15.3	15.338	15.376	15.414	15.452	15.49	15.528	15.566
470	15.604	15.642	15.68	15.718	15.756	15.794	15.832	15.87	15.908	15.946
480	15.984	16.022	16.06	16.099	16.137	16.175	16.213	16.251	16.289	16.327
490	16.366	16.404	16.442	16.48	16.518	16.557	16.595	16.633	16.671	16.71
500	16.748	16.786	16.824	16.863	16.901	16.939	16.978	17.016	17.054	17.093

附表 B-6　镍铬-康铜热电偶分度值（分度号 E）

负温	-10	-9	-8	-7	-6	-5	-4	-3	-2	-1
-260	-9.835	-9.833	-9.831	-9.828	-9.825	-9.821	-9.817	-9.813	-9.808	-9.802
-250	-9.797	-9.79	-9.784	-9.777	-9.77	-9.762	-9.754	-9.746	-9.737	-9.728
-240	-9.718	-9.709	-9.698	-9.688	-9.677	-9.666	-9.654	-9.642	-9.63	-9.617
-230	-9.604	-9.591	-9.577	-9.563	-9.548	-9.534	-9.519	-9.503	-9.487	-9.471
-220	-9.455	-9.438	-9.421	-9.404	-9.386	-9.368	-9.35	-9.331	-9.313	-9.293
-210	-9.274	-9.254	-9.234	-9.214	-9.193	-9.172	-9.151	-9.129	-9.107	-9.085
-200	-9.063	-9.04	-9.017	-8.994	-8.971	-8.947	-8.923	-8.899	-8.874	-8.85
-190	-8.825	-8.799	-8.774	-8.748	-8.722	-8.696	-8.669	-8.643	-8.616	-8.588
-180	-8.561	-8.533	-8.505	-8.477	-8.449	-8.42	-8.391	-8.362	-8.333	-8.303
-170	-8.273	-8.243	-8.213	-8.183	-8.152	-8.121	-8.09	-8.059	-8.027	-7.995
-160	-7.963	-7.931	-7.899	-7.866	-7.833	-7.8	-7.767	-7.733	-7.7	-7.666

负温	-10	-9	-8	-7	-6	-5	-4	-3	-2	-1
-150	-7.632	-7.597	-7.563	-7.528	-7.493	-7.458	-7.423	-7.387	-7.351	-7.315
-140	-7.279	-7.243	-7.206	-7.17	-7.133	-7.096	-7.058	-7.021	-6.983	-6.945
-130	-6.907	-6.869	-6.831	-6.792	-6.753	-6.714	-6.675	-6.636	-6.596	-6.556
-120	-6.516	-6.476	-6.436	-6.396	-6.355	-6.314	-6.273	-6.232	-6.191	-6.149
-110	-6.107	-6.065	-6.023	-5.981	-5.939	-5.896	-5.853	-5.81	-5.767	-5.724
-100	-5.681	-5.637	-5.593	-5.549	-5.505	-5.461	-5.417	-5.372	-5.327	-5.282
-90	-5.237	-5.192	-5.147	-5.101	-5.055	-5.009	-4.963	-4.917	-4.871	-4.824
-80	-4.777	-4.731	-4.684	-4.636	-4.589	-4.542	-4.494	-4.446	-4.398	-4.35
-70	-4.302	-4.254	-4.205	-4.156	-4.107	-4.058	-4.009	-3.96	-3.911	-3.861
-60	-3.811	-3.761	-3.711	-3.661	-3.611	-3.561	-3.51	-3.459	-3.408	-3.357
-50	-3.306	-3.255	-3.204	-3.152	-3.1	-3.048	-2.996	-2.944	-2.892	-2.84
-40	-2.787	-2.735	-2.682	-2.629	-2.576	-2.523	-2.469	-2.416	-2.362	-2.309
-30	-2.255	-2.201	-2.147	-2.093	-2.038	-1.984	-1.929	-1.874	-1.82	-1.765
-20	-1.709	-1.654	-1.599	-1.543	-1.488	-1.432	-1.376	-1.32	-1.264	-1.208
-10	-1.152	-1.095	-1.039	-0.982	-0.925	-0.868	-0.811	-0.754	-0.697	-0.639
0	-0.582	-0.524	-0.466	-0.408	-0.35	-0.292	-0.234	-0.176	-0.117	-0.059
正温	0	1	2	3	4	5	6	7	8	9
0	0	0.059	0.118	0.176	0.235	0.294	0.354	0.413	0.472	0.532
10	0.591	0.651	0.711	0.77	0.83	0.89	0.95	1.01	1.071	1.131
20	1.192	1.252	1.313	1.373	1.434	1.495	1.556	1.617	1.678	1.74
30	1.801	1.862	1.924	1.986	2.047	2.109	2.171	2.233	2.295	2.357
40	2.42	2.482	2.545	2.607	2.67	2.733	2.795	2.858	2.921	2.984
50	3.048	3.111	3.174	3.238	3.301	3.365	3.429	3.492	3.556	3.62
60	3.685	3.749	3.813	3.877	3.942	4.006	4.071	4.136	4.2	4.265
70	4.33	4.395	4.46	4.526	4.591	4.656	4.722	4.788	4.853	4.919
80	4.985	5.051	5.117	5.183	5.249	5.315	5.382	5.448	5.514	5.581
90	5.648	5.714	5.781	5.848	5.915	5.982	6.049	6.117	6.184	6.251
100	6.319	6.386	6.454	6.522	6.59	6.658	6.725	6.794	6.862	6.93
110	6.998	7.066	7.135	7.203	7.272	7.341	7.409	7.478	7.547	7.616
120	7.685	7.754	7.823	7.892	7.962	8.031	8.101	8.17	8.24	8.309
130	8.379	8.449	8.519	8.589	8.659	8.729	8.799	8.869	8.94	9.01
140	9.081	9.151	9.222	9.292	9.363	9.434	9.505	9.576	9.647	9.718
150	9.789	9.86	9.931	10.003	10.074	10.145	10.217	10.288	10.36	10.432
160	10.503	10.575	10.647	10.719	10.791	10.863	10.935	11.007	11.08	11.152
170	11.224	11.297	11.369	11.442	11.514	11.587	11.66	11.733	11.805	11.878
180	11.951	12.024	12.097	12.17	12.243	12.317	12.39	12.463	12.537	12.61
190	12.684	12.757	12.831	12.904	12.978	13.052	13.126	13.199	13.273	13.347
200	13.421	13.495	13.569	13.644	13.718	13.792	13.866	13.941	14.015	14.09
210	14.164	14.239	14.313	14.388	14.463	14.537	14.612	14.687	14.762	14.837
220	14.912	14.987	15.062	15.137	15.212	15.287	15.362	15.438	15.513	15.588

正温	0	1	2	3	4	5	6	7	8	9
230	15.664	15.739	15.815	15.89	15.966	16.041	16.117	16.193	16.269	16.344
240	16.42	16.496	16.572	16.648	16.724	16.8	16.876	16.952	17.028	17.104
250	17.181	17.257	17.333	17.409	17.486	17.562	17.639	17.715	17.792	17.868
260	17.945	18.021	18.098	18.175	18.252	18.328	18.405	18.482	18.559	18.636
270	18.713	18.79	18.867	18.944	19.021	19.098	19.175	19.252	19.33	19.407
280	19.484	19.561	19.639	19.716	19.794	19.871	19.948	20.026	20.103	20.181
290	20.259	20.336	20.414	20.492	20.569	20.647	20.725	20.803	20.88	20.958
300	21.036	21.114	21.192	21.27	21.348	21.426	21.504	21.582	21.66	21.739
310	21.817	21.895	21.973	22.051	22.13	22.208	22.286	22.365	22.443	22.522
320	22.6	22.678	22.757	22.835	22.914	22.993	23.071	23.15	23.228	23.307
330	23.386	23.464	23.543	23.622	23.701	23.78	23.858	23.937	24.016	24.095
340	24.174	24.253	24.332	24.411	24.49	24.569	24.648	24.727	24.806	24.885
350	24.964	25.044	25.123	25.202	25.281	25.36	25.44	25.519	25.598	25.678
360	25.757	25.836	25.916	25.995	26.075	26.154	26.233	26.313	26.392	26.472
370	26.552	26.631	26.711	26.79	26.87	26.95	27.029	27.109	27.189	27.268
380	27.348	27.428	27.507	27.587	27.667	27.747	27.827	27.907	27.986	28.066
390	28.146	28.226	28.306	28.386	28.466	28.546	28.626	28.706	28.786	28.866
400	28.946	29.026	29.106	29.186	29.266	29.346	29.427	29.507	29.587	29.667
410	29.747	29.827	29.908	29.988	30.068	30.148	30.229	30.309	30.389	30.47
420	30.55	30.63	30.711	30.791	30.871	30.952	31.032	31.112	31.193	31.273
430	31.354	31.434	31.515	31.595	31.676	31.756	31.837	31.917	31.998	32.078
440	32.159	32.239	32.32	32.4	32.481	32.562	32.642	32.723	32.803	32.884
450	32.965	33.045	33.126	33.207	33.287	33.368	33.449	33.529	33.61	33.691
460	33.772	33.852	33.933	34.014	34.095	34.175	34.256	34.337	34.418	34.498
470	34.579	34.66	34.741	34.822	34.902	34.983	35.064	35.145	35.226	35.307
480	35.387	35.468	35.549	35.63	35.711	35.792	35.873	35.954	36.034	36.115
490	36.196	36.277	36.358	36.439	36.52	36.601	36.682	36.763	36.843	36.924
500	37.005	37.086	37.167	37.248	37.329	37.41	37.491	37.572	37.653	37.734

附表 B-7　铁-康铜热电偶分度值（分度号 J）

负温	−10	−9	−8	−7	−6	−5	−4	−3	−2	−1
−200	−8.095	−8.076	−8.057	−8.037	−8.017	−7.996	−7.976	−7.955	−7.934	−7.912
−190	−7.89	−7.868	−7.846	−7.824	−7.801	−7.778	−7.755	−7.731	−7.707	−7.683
−180	−7.659	−7.634	−7.61	−7.585	−7.559	−7.534	−7.508	−7.482	−7.456	−7.429
−170	−7.403	−7.376	−7.348	−7.321	−7.293	−7.265	−7.237	−7.209	−7.181	−7.152
−160	−7.123	−7.094	−7.064	−7.035	−7.005	−6.975	−6.944	−6.914	−6.883	−6.853
−150	−6.821	−6.79	−6.759	−6.727	−6.695	−6.663	−6.631	−6.598	−6.566	−6.533
−140	−6.5	−6.467	−6.433	−6.4	−6.366	−6.332	−6.298	−6.263	−6.229	−6.194
−130	−6.159	−6.124	−6.089	−6.054	−6.018	−5.982	−5.946	−5.91	−5.874	−5.838
−120	−5.801	−5.764	−5.727	−5.69	−5.653	−5.616	−5.578	−5.541	−5.503	−5.465

负温	−10	−9	−8	−7	−6	−5	−4	−3	−2	−1
−110	−5.426	−5.388	−5.35	−5.311	−5.272	−5.233	−5.194	−5.155	−5.116	−5.076
−100	−5.037	−4.997	−4.957	−4.917	−4.877	−4.836	−4.796	−4.755	−4.714	−4.674
−90	−4.633	−4.591	−4.55	−4.509	−4.467	−4.425	−4.384	−4.342	−4.3	−4.257
−80	−4.215	−4.173	−4.13	−4.088	−4.045	−4.002	−3.959	−3.916	−3.872	−3.829
−70	−3.786	−3.742	−3.698	−3.654	−3.61	−3.566	−3.522	−3.478	−3.434	−3.389
−60	−3.344	−3.3	−3.255	−3.21	−3.165	−3.12	−3.075	−3.029	−2.984	−2.938
−50	−2.893	−2.847	−2.801	−2.755	−2.709	−2.663	−2.617	−2.571	−2.524	−2.478
−40	−2.431	−2.385	−2.338	−2.291	−2.244	−2.197	−2.15	−2.103	−2.055	−2.008
−30	−1.961	−1.913	−1.865	−1.818	−1.77	−1.722	−1.674	−1.626	−1.578	−1.53
−20	−1.482	−1.433	−1.385	−1.336	−1.288	−1.239	−1.19	−1.142	−1.093	−1.044
−10	−0.995	−0.946	−0.896	−0.847	−0.798	−0.749	−0.699	−0.65	−0.6	−0.55
0	−0.501	−0.451	−0.401	−0.351	−0.301	−0.251	−0.201	−0.151	−0.101	−0.05

正温	0	1	2	3	4	5	6	7	8	9
0	0	0.05	0.101	0.151	0.202	0.253	0.303	0.354	0.405	0.456
10	0.507	0.558	0.609	0.66	0.711	0.762	0.814	0.865	0.916	0.968
20	1.019	1.071	1.122	1.174	1.226	1.277	1.329	1.381	1.433	1.485
30	1.537	1.589	1.641	1.693	1.745	1.797	1.849	1.902	1.954	2.006
40	2.059	2.111	2.164	2.216	2.269	2.322	2.374	2.427	2.48	2.532
50	2.585	2.638	2.691	2.744	2.797	2.85	2.903	2.956	3.009	3.062
60	3.116	3.169	3.222	3.275	3.329	3.382	3.436	3.489	3.543	3.596
70	3.65	3.703	3.757	3.81	3.864	3.918	3.971	4.025	4.079	4.133
80	4.187	4.24	4.294	4.348	4.402	4.456	4.51	4.564	4.618	4.672
90	4.726	4.781	4.835	4.889	4.943	4.997	5.052	5.106	5.16	5.215
100	5.269	5.323	5.378	5.432	5.487	5.541	5.595	5.65	5.705	5.759
110	5.814	5.868	5.923	5.977	6.032	6.087	6.141	6.196	6.251	6.306
120	6.36	6.415	6.47	6.525	6.579	6.634	6.689	6.744	6.799	6.854
130	6.909	6.964	7.019	7.074	7.129	7.184	7.239	7.294	7.349	7.404
140	7.459	7.514	7.569	7.624	7.679	7.734	7.789	7.844	7.9	7.955
150	8.01	8.065	8.12	8.175	8.231	8.286	8.341	8.396	8.452	8.507
160	8.562	8.618	8.673	8.728	8.783	8.839	8.894	8.949	9.005	9.06
170	9.115	9.171	9.226	9.282	9.337	9.392	9.448	9.503	9.559	9.614
180	9.669	9.725	9.78	9.836	9.891	9.947	10.002	10.057	10.113	10.168
190	10.224	10.279	10.335	10.39	10.446	10.501	10.557	10.612	10.668	10.723
200	10.779	10.834	10.89	10.945	11.001	11.056	11.112	11.167	11.223	11.278
210	11.334	11.389	11.445	11.501	11.556	11.612	11.667	11.723	11.778	11.834
220	11.889	11.945	12	12.056	12.111	12.167	12.222	12.278	12.334	12.389
230	12.445	12.5	12.556	12.611	12.667	12.722	12.778	12.833	12.889	12.944
240	13	13.056	13.111	13.167	13.222	13.278	13.333	13.389	13.444	13.5
250	13.555	13.611	13.666	13.722	13.777	13.833	13.888	13.944	13.999	14.055
260	14.11	14.166	14.221	14.277	14.332	14.388	14.443	14.499	14.554	14.609

续表

正温	0	1	2	3	4	5	6	7	8	9
270	14.665	14.72	14.776	14.831	14.887	14.942	14.998	15.053	15.109	15.164
280	15.219	15.275	15.33	15.386	15.441	15.496	15.552	15.607	15.663	15.718
290	15.773	15.829	15.884	15.94	15.995	16.05	16.106	16.161	16.216	16.272
300	16.327	16.383	16.438	16.493	16.549	16.604	16.659	16.715	16.77	16.825
310	16.881	16.936	16.991	17.046	17.102	17.157	17.212	17.268	17.323	17.378
320	17.434	17.489	17.544	17.599	17.655	17.71	17.765	17.82	17.876	17.931
330	17.986	18.041	18.097	18.152	18.207	18.262	18.318	18.373	18.428	18.483
340	18.538	18.594	18.649	18.704	18.759	18.814	18.87	18.925	18.98	19.035
350	19.09	19.146	19.201	19.256	19.311	19.366	19.422	19.477	19.532	19.587
360	19.642	19.697	19.753	19.808	19.863	19.918	19.973	20.028	20.083	20.139
370	20.194	20.249	20.304	20.359	20.414	20.469	20.525	20.58	20.635	20.69
380	20.745	20.8	20.855	20.911	20.966	21.021	21.076	21.131	21.186	21.241
390	21.297	21.352	21.407	21.462	21.517	21.572	21.627	21.683	21.738	21.793
400	21.848	21.903	21.958	22.014	22.069	22.124	22.179	22.234	22.289	22.345
410	22.4	22.455	22.51	22.565	22.62	22.676	22.731	22.786	22.841	22.896
420	22.952	23.007	23.062	23.117	23.172	23.228	23.283	23.338	23.393	23.449
430	23.504	23.559	23.614	23.67	23.725	23.78	23.835	23.891	23.946	24.001
440	24.057	24.112	24.167	24.223	24.278	24.333	24.389	24.444	24.499	24.555
450	24.61	24.665	24.721	24.776	24.832	24.887	24.943	24.998	25.053	25.109
460	25.164	25.22	25.275	25.331	25.386	25.442	25.497	25.553	25.608	25.664
470	25.72	25.775	25.831	25.886	25.942	25.998	26.053	26.109	26.165	26.22
480	26.276	26.332	26.387	26.443	26.499	26.555	26.61	26.666	26.722	26.778
490	26.834	26.889	26.945	27.001	27.057	27.113	27.169	27.225	27.281	27.337
500	27.393	27.449	27.505	27.561	27.617	27.673	27.729	27.785	27.841	27.897

附表 B-8　铜-康铜热电偶分度值（分度号 T）

负温	−10	−9	−8	−7	−6	−5	−4	−3	−2	−1
−260	−6.258	−6.256	−6.255	−6.253	−6.251	−6.248	−6.245	−6.242	−6.239	−6.236
−250	−6.232	−6.228	−6.223	−6.219	−6.214	−6.209	−6.204	−6.198	−6.193	−6.187
−240	−6.18	−6.174	−6.167	−6.16	−6.153	−6.146	−6.138	−6.13	−6.122	−6.114
−230	−6.105	−6.096	−6.087	−6.078	−6.068	−6.059	−6.049	−6.038	−6.028	−6.017
−220	−6.007	−5.996	−5.985	−5.973	−5.962	−5.95	−5.938	−5.926	−5.914	−5.901
−210	−5.888	−5.876	−5.863	−5.85	−5.836	−5.823	−5.809	−5.795	−5.782	−5.767
−200	−5.753	−5.739	−5.724	−5.71	−5.695	−5.68	−5.665	−5.65	−5.634	−5.619
−190	−5.603	−5.587	−5.571	−5.555	−5.539	−5.523	−5.506	−5.489	−5.473	−5.456
−180	−5.439	−5.421	−5.404	−5.387	−5.369	−5.351	−5.334	−5.316	−5.297	−5.279
−170	−5.261	−5.242	−5.224	−5.205	−5.186	−5.167	−5.148	−5.128	−5.109	−5.089
−160	−5.07	−5.05	−5.03	−5.01	−4.989	−4.969	−4.949	−4.928	−4.907	−4.886
−150	−4.865	−4.844	−4.823	−4.802	−4.78	−4.759	−4.737	−4.715	−4.693	−4.671
−140	−4.648	−4.626	−4.604	−4.581	−4.558	−4.535	−4.512	−4.489	−4.466	−4.443

续表

负温	-10	-9	-8	-7	-6	-5	-4	-3	-2	-1
-130	-4.419	-4.395	-4.372	-4.348	-4.324	-4.3	-4.275	-4.251	-4.226	-4.202
-120	-4.177	-4.152	-4.127	-4.102	-4.077	-4.052	-4.026	-4	-3.975	-3.949
-110	-3.923	-3.897	-3.871	-3.844	-3.818	-3.791	-3.765	-3.738	-3.711	-3.684
-100	-3.657	-3.629	-3.602	-3.574	-3.547	-3.519	-3.491	-3.463	-3.435	-3.407
-90	-3.379	-3.35	-3.322	-3.293	-3.264	-3.235	-3.206	-3.177	-3.148	-3.118
-80	-3.089	-3.059	-3.03	-3	-2.97	-2.94	-2.91	-2.879	-2.849	-2.818
-70	-2.788	-2.757	-2.726	-2.695	-2.664	-2.633	-2.602	-2.571	-2.539	-2.507
-60	-2.476	-2.444	-2.412	-2.38	-2.348	-2.316	-2.283	-2.251	-2.218	-2.186
-50	-2.153	-2.12	-2.087	-2.054	-2.021	-1.987	-1.954	-1.92	-1.887	-1.853
-40	-1.819	-1.785	-1.751	-1.717	-1.683	-1.648	-1.614	-1.579	-1.545	-1.51
-30	-1.475	-1.44	-1.405	-1.37	-1.335	-1.299	-1.264	-1.228	-1.192	-1.157
-20	-1.121	-1.085	-1.049	-1.013	-0.976	-0.94	-0.904	-0.867	-0.83	-0.794
-10	-0.757	-0.72	-0.683	-0.646	-0.608	-0.571	-0.534	-0.496	-0.459	-0.421
0	-0.383	-0.345	-0.307	-0.269	-0.231	-0.193	-0.154	-0.116	-0.077	-0.039

正温	0	1	2	3	4	5	6	7	8	9
0	0	0.039	0.078	0.117	0.156	0.195	0.234	0.273	0.312	0.352
10	0.391	0.431	0.47	0.51	0.549	0.589	0.629	0.669	0.709	0.749
20	0.79	0.83	0.87	0.911	0.951	0.992	1.033	1.074	1.114	1.155
30	1.196	1.238	1.279	1.32	1.362	1.403	1.445	1.486	1.528	1.57
40	1.612	1.654	1.696	1.738	1.78	1.823	1.865	1.908	1.95	1.993
50	2.036	2.079	2.122	2.165	2.208	2.251	2.294	2.338	2.381	2.425
60	2.468	2.512	2.556	2.6	2.643	2.687	2.732	2.776	2.82	2.864
70	2.909	2.953	2.998	3.043	3.087	3.132	3.177	3.222	3.267	3.312
80	3.358	3.403	3.448	3.494	3.539	3.585	3.631	3.677	3.722	3.768
90	3.814	3.86	3.907	3.953	3.999	4.046	4.092	4.138	4.185	4.232
100	4.279	4.325	4.372	4.419	4.466	4.513	4.561	4.608	4.655	4.702
110	4.75	4.798	4.845	4.893	4.941	4.988	5.036	5.084	5.132	5.18
120	5.228	5.277	5.325	5.373	5.422	5.47	5.519	5.567	5.616	5.665
130	5.714	5.763	5.812	5.861	5.91	5.959	6.008	6.057	6.107	6.156
140	6.206	6.255	6.305	6.355	6.404	6.454	6.504	6.554	6.604	6.654
150	6.704	6.754	6.805	6.855	6.905	6.956	7.006	7.057	7.107	7.158
160	7.209	7.26	7.31	7.361	7.412	7.463	7.515	7.566	7.617	7.668
170	7.72	7.771	7.823	7.874	7.926	7.977	8.029	8.081	8.133	8.185
180	8.237	8.289	8.341	8.393	8.445	8.497	8.55	8.602	8.654	8.707
190	8.759	8.812	8.865	8.917	8.97	9.023	9.076	9.129	9.182	9.235
200	9.288	9.341	9.395	9.448	9.501	9.555	9.608	9.662	9.715	9.769
210	9.822	9.876	9.93	9.984	10.038	10.092	10.146	10.2	10.254	10.308
220	10.362	10.417	10.471	10.525	10.58	10.634	10.689	10.743	10.798	10.853
230	10.907	10.962	11.017	11.072	11.127	11.182	11.237	11.292	11.347	11.403
240	11.458	11.513	11.569	11.624	11.68	11.735	11.791	11.846	11.902	11.958
250	12.013	12.069	12.125	12.181	12.237	12.293	12.349	12.405	12.461	12.518
260	12.574	12.63	12.687	12.743	12.799	12.856	12.912	12.969	13.026	13.082

续表

正温	0	1	2	3	4	5	6	7	8	9
270	13.139	13.196	13.253	13.31	13.366	13.423	13.48	13.537	13.595	13.652
280	13.709	13.766	13.823	13.881	13.938	13.995	14.053	14.11	14.168	14.226
290	14.283	14.341	14.399	14.456	14.514	14.572	14.63	14.688	14.746	14.804
300	14.862	14.92	14.978	15.036	15.095	15.153	15.211	15.27	15.328	15.386
310	15.445	15.503	15.562	15.621	15.679	15.738	15.797	15.856	15.914	15.973
320	16.032	16.091	16.15	16.209	16.268	16.327	16.387	16.446	16.505	16.564
330	16.624	16.683	16.742	16.802	16.861	16.921	16.98	17.04	17.1	17.159
340	17.219	17.279	17.339	17.399	17.458	17.518	17.578	17.638	17.698	17.759
350	17.819	17.879	17.939	17.999	18.06	18.12	18.18	18.241	18.301	18.362
360	18.422	18.483	18.543	18.604	18.665	18.725	18.786	18.847	18.908	18.969
370	19.03	19.091	19.152	19.213	19.274	19.335	19.396	19.457	19.518	19.579
380	19.641	19.702	19.763	19.825	19.886	19.947	20.009	20.07	20.132	20.193
390	20.255	20.317	20.378	20.44	20.502	20.563	20.625	20.687	20.748	20.81
400	20.872				—					

附录C　PT100和PT1000热电阻参考分度值

如附表 C-1 和附表 C-2 所示，电阻值的单位为欧姆（Ω），使用时对于未列出的电阻值，可以用插值法获取（通常采用线性插值能够满足要求）。

附表 C-1　热电阻 PT100 分度值

负温	0	−1	−2	−3	−4	−5	−6	−7	−8	−9
−200	18.52					—				
−190	22.83	22.40	21.97	21.54	21.11	20.68	20.25	19.82	19.38	18.95
−180	27.10	26.67	26.24	25.82	25.39	24.97	24.54	24.11	23.68	23.25
−170	31.34	30.91	30.49	30.07	29.64	29.22	28.80	28.37	27.95	27.52
−160	35.54	35.12	34.70	34.28	33.86	33.44	33.02	32.60	32.18	31.76
−150	39.72	39.31	38.89	38.47	38.05	37.64	37.22	36.80	36.38	35.96
−140	43.88	43.46	43.05	42.63	42.22	41.80	41.39	40.97	40.56	40.14
−130	48.00	47.59	47.18	46.77	46.36	45.94	45.53	45.12	44.70	44.29
−120	52.11	51.70	51.29	50.88	50.47	50.06	49.65	49.24	48.83	48.42
−110	56.19	55.79	55.38	54.97	54.56	54.15	53.75	53.34	52.93	52.52
−100	60.26	59.85	59.44	59.04	58.63	58.23	57.82	57.41	57.01	56.60
−90	64.30	63.90	63.49	63.09	62.68	62.28	61.88	61.47	61.07	60.66
−80	68.33	67.92	67.52	67.12	66.72	66.31	65.91	65.51	65.11	64.70
−70	72.33	71.93	71.53	71.13	70.73	70.33	69.93	69.53	69.13	68.73
−60	76.33	75.93	75.53	75.13	74.73	74.33	73.93	73.53	73.13	72.73
−50	80.31	79.91	79.51	79.11	78.72	78.32	77.92	77.52	77.12	76.73
−40	84.27	83.87	83.48	83.08	82.69	82.29	81.89	81.50	81.10	80.70
−30	88.22	87.83	87.43	87.04	86.64	86.25	85.85	85.46	85.06	84.67
−20	92.16	91.77	91.37	90.98	90.59	90.19	89.80	89.40	89.01	88.62
−10	96.09	95.69	95.30	94.91	94.52	94.12	93.73	93.34	92.95	92.55
0	100.00	99.61	99.22	98.83	98.44	98.04	97.65	97.26	96.87	96.48
正温	0	1	2	3	4	5	6	7	8	9
0	100.00	100.39	100.78	101.17	101.56	101.95	102.34	102.73	103.12	103.51
10	103.90	104.29	104.68	105.07	105.46	105.85	106.24	106.63	107.02	107.40
20	107.79	108.18	108.57	108.96	109.35	109.73	110.12	110.51	110.90	111.29

续表

正温	0	1	2	3	4	5	6	7	8	9
30	111.67	112.06	112.45	112.83	113.22	113.61	114.00	114.38	114.77	115.15
40	115.54	115.93	116.31	116.70	117.08	117.47	117.86	118.24	118.63	119.01
50	119.40	119.78	120.17	120.55	120.94	121.32	121.71	122.09	122.47	122.86
60	123.24	123.63	124.01	124.39	124.78	125.16	125.54	125.93	126.31	126.69
70	127.08	127.46	127.84	128.22	128.61	128.99	129.37	129.75	130.13	130.52
80	130.90	131.28	131.66	132.04	132.42	132.80	133.18	133.57	133.95	134.33
90	134.71	135.09	135.47	135.85	136.23	136.61	136.99	137.37	137.75	138.13
100	138.51	138.88	139.26	139.64	140.02	140.40	140.78	141.16	141.54	141.91
110	142.29	142.67	143.05	143.43	143.80	144.18	144.56	144.94	145.31	145.69
120	146.07	146.44	146.82	147.20	147.57	147.95	148.33	148.70	149.08	149.46
130	149.83	150.21	150.58	150.96	151.33	151.71	152.08	152.46	152.83	153.21
140	153.58	153.96	154.33	154.71	155.08	155.46	155.83	156.20	156.58	156.95
150	157.33	157.70	158.07	158.45	158.82	159.19	159.56	159.94	160.31	160.68
160	161.05	161.43	161.80	162.17	162.54	162.91	163.29	163.66	164.03	164.40
170	164.77	165.14	165.51	165.89	166.26	166.63	167.00	167.37	167.74	168.11
180	168.48	168.85	169.22	169.59	169.96	170.33	170.70	171.07	171.43	171.80
190	172.17	172.54	172.91	173.28	173.65	174.02	174.38	174.75	175.12	175.49
200	175.86	176.22	176.59	176.96	177.33	177.69	178.06	178.43	178.79	179.16
210	179.53	179.89	180.26	180.63	180.99	181.36	181.72	182.09	182.46	182.82
220	183.19	183.55	183.92	184.28	184.65	185.01	185.38	185.74	186.11	186.47
230	186.84	187.20	187.56	187.93	188.29	188.66	189.02	189.38	189.75	190.11
240	190.47	190.84	191.20	191.56	191.92	192.29	192.65	193.01	193.37	193.74
250	194.10	194.46	194.82	195.18	195.55	195.91	196.27	196.63	196.99	197.35
260	197.71	198.07	198.43	198.79	199.15	199.51	199.87	200.23	200.59	200.95
270	201.31	201.67	202.03	202.39	202.75	203.11	203.47	203.83	204.19	204.55
280	204.90	205.26	205.62	205.98	206.34	206.70	207.05	207.41	207.77	208.13
290	208.48	208.84	209.20	209.56	209.91	210.27	210.63	210.98	211.34	211.70
300	212.05	212.41	212.76	213.12	213.48	213.83	214.19	214.54	214.90	215.25
310	215.61	215.96	216.32	216.67	217.03	217.38	217.74	218.09	218.44	218.80
320	219.15	219.51	219.86	220.21	220.57	220.92	221.27	221.63	221.98	222.33
330	222.68	223.04	223.39	223.74	224.09	224.45	224.80	225.15	225.50	225.85
340	226.21	226.56	226.91	227.26	227.61	227.96	228.31	228.66	229.02	229.37
350	229.72	230.07	230.42	230.77	231.12	231.47	231.82	232.17	232.52	232.87
360	233.21	233.56	233.91	234.26	234.61	234.96	235.31	235.66	236.00	236.35
370	236.70	237.05	237.40	237.74	238.09	238.44	238.79	239.13	239.48	239.83
380	240.18	240.52	240.87	241.22	241.56	241.91	242.26	242.60	242.95	243.29
390	243.64	243.99	244.33	244.68	245.02	245.37	245.71	246.06	246.40	246.75
400	247.09	247.44	247.78	248.13	248.47	248.81	249.16	249.50	245.85	250.19
410	250.53	250.88	251.22	251.56	251.91	252.25	252.59	252.93	253.28	253.62
420	253.96	254.30	254.65	254.99	255.33	255.67	256.01	256.35	256.70	257.04

续表

正温	0	1	2	3	4	5	6	7	8	9
430	257.38	257.72	258.06	258.40	258.74	259.08	259.42	259.76	260.10	260.44
440	260.78	261.12	261.46	261.80	262.14	262.48	262.82	263.16	263.50	263.84
450	264.18	264.52	264.86	265.20	265.53	265.87	266.21	266.55	266.89	267.22
460	267.56	267.90	268.24	268.57	268.91	269.25	269.59	269.92	270.26	270.60
470	270.93	271.27	271.61	271.94	272.28	272.61	272.95	273.29	273.62	273.96
480	274.29	274.63	274.96	275.30	275.63	275.97	276.30	276.64	276.97	277.31
490	277.64	277.98	278.31	278.64	278.98	279.31	279.64	279.98	280.31	280.64
500	280.98	281.31	281.64	281.98	282.31	282.64	282.97	283.31	283.64	283.97
510	284.30	284.63	284.97	285.30	285.63	285.96	286.29	286.62	286.85	287.29
520	287.62	287.95	288.28	288.61	288.94	289.27	289.60	289.93	290.26	290.59
530	290.92	291.25	291.58	291.91	292.24	292.56	292.89	293.22	293.55	293.88
540	294.21	294.54	294.86	295.19	295.52	295.85	296.18	296.50	296.83	297.16
550	297.49	297.81	298.14	298.47	298.80	299.12	299.45	299.78	300.10	300.43
560	300.75	301.08	301.41	301.73	302.06	302.38	302.71	303.03	303.36	303.69
570	304.01	304.34	304.66	304.98	305.31	305.63	305.96	306.28	306.61	306.93
580	307.25	307.58	307.90	308.23	308.55	308.87	309.20	309.52	309.84	310.16
590	310.49	310.81	311.13	311.45	311.78	312.10	312.42	312.74	313.06	313.39
600	313.71	314.03	314.35	314.67	314.99	315.31	315.64	315.96	316.28	316.60
610	316.92	317.24	317.56	317.88	318.20	318.52	318.84	319.16	319.48	319.80
620	320.12	320.43	320.75	321.07	321.39	321.71	322.03	322.35	322.67	322.98
630	323.30	323.62	323.94	324.26	324.57	324.89	325.21	325.53	325.84	326.16
640	326.48	326.79	327.11	327.43	327.74	328.06	328.38	328.69	329.01	329.32
650	329.64	329.96	330.27	330.59	330.90	331.22	331.53	331.85	332.16	332.48
660	332.79									

附表 C-2 热电阻 PT1000 分度值

负温	0	-0.1	-0.2	-0.3	-0.4	-0.5	-0.6	-0.7	-0.8	-0.9
-50	803.063									
-49	807.033	806.604	806.239	805.842	805.445	805.048	804.651	804.254	803.857	803.460
-48	811.003	810.606	810.209	809.812	809.415	809.018	808.621	808.224	807.827	807.430
-47	814.970	814.573	814.177	813.780	813.383	812.987	812.590	812.193	811.796	811.400
-46	818.937	818.540	818.144	817.747	817.350	816.954	816.557	816.160	815.763	815.367
-45	822.902	822.506	822.109	821.713	821.316	820.920	820.523	820.127	819.730	819.334
-44	826.865	826.469	826.072	825.676	825.280	824.884	824.487	824.091	823.695	823.298
-43	830.828	830.432	830.035	829.639	829.243	828.847	828.450	828.054	827.658	827.261
-42	834.789	834.393	833.997	833.601	833.205	832.809	832.412	832.016	831.620	831.224
-41	838.748	838.352	837.956	837.560	837.164	836.769	836.373	835.977	835.581	835.185
-40	842.707	842.311	841.915	841.519	841.123	840.728	840.332	839.936	839.540	839.144
-39	846.664	846.268	845.873	845.477	845.081	844.686	844.290	843.894	843.498	843.103
-38	850.619	850.224	849.828	849.433	849.037	848.642	848.246	847.851	847.455	847.060

续表

负温	0	-0.1	-0.2	-0.3	-0.4	-0.5	-0.6	-0.7	-0.8	-0.9
-37	854.573	854.179	853.783	853.388	852.992	852.597	852.201	851.806	851.410	851.015
-36	858.526	858.131	857.735	857.340	856.945	856.550	856.154	855.759	855.364	854.968
-35	862.478	862.082	861.688	861.292	860.897	860.502	860.107	859.712	859.316	858.921
-34	866.428	866.033	865.638	865.243	864.848	864.453	864.058	863.663	863.268	862.873
-33	870.377	869.982	869.587	869.192	868.797	868.403	868.008	867.613	867.218	866.823
-32	874.325	873.930	873.535	873.141	872.746	872.351	871.956	871.561	871.166	870.772
-31	878.272	877.877	877.483	877.088	876.693	876.299	875.904	875.509	875.114	874.720
-30	882.217	881.823	881.428	881.034	880.639	880.245	879.850	879.456	879.061	878.667
-29	886.161	885.766	885.372	884.978	884.583	884.189	883.795	883.400	883.006	882.611
-28	890.103	889.709	889.315	888.920	888.526	888.132	887.738	887.344	886.949	886.555
-27	894.044	893.650	893.256	892.862	892.468	892.074	891.679	891.285	890.891	890.497
-26	897.985	897.591	897.197	896.803	896.409	896.015	895.620	895.226	894.832	894.438
-25	901.923	901.529	901.135	900.742	900.348	899.954	899.560	899.166	898.773	898.379
-24	905.861	905.467	905.073	904.680	904.286	903.892	903.498	903.104	902.711	902.317
-23	909.798	909.404	909.011	908.617	908.223	907.830	907.436	907.042	906.648	906.255
-22	913.733	913.340	912.946	912.553	912.159	911.766	911.372	910.979	910.585	910.192
-21	917.666	917.273	916.879	916.486	916.093	915.700	915.306	914.913	914.520	914.126
-20	921.599	921.206	920.812	920.419	920.026	919.633	919.239	918.846	918.453	918.059
-19	925.531	925.138	924.745	924.351	923.958	923.565	923.172	922.779	922.385	921.992
-18	929.460	929.067	928.674	928.281	927.888	927.496	927.103	926.710	926.317	925.924
-17	933.390	932.997	932.604	932.211	931.818	931.425	931.032	930.639	930.246	929.853
-16	937.317	936.924	936.532	936.139	935.746	935.354	934.961	934.568	934.175	933.783
-15	941.244	940.851	940.459	940.066	939.673	939.281	938.888	938.495	938.102	937.710
-14	945.170	944.777	944.385	943.992	943.600	943.207	942.814	942.422	942.029	941.637
-13	949.094	948.702	948.309	947.917	947.524	947.132	946.740	946.347	945.955	945.562
-12	953.016	952.624	952.232	951.839	951.447	951.055	950.663	950.271	949.878	949.486
-11	956.938	956.546	956.154	955.761	955.369	954.977	954.585	954.193	953.800	953.408
-10	960.859	960.467	960.075	959.683	959.291	958.899	958.506	958.114	957.722	957.330
-9	964.779	964.387	963.995	963.603	963.211	962.819	962.427	962.035	961.643	961.251
-8	968.697	968.305	967.913	967.522	967.130	966.738	966.346	965.954	965.563	965.171
-7	972.614	972.222	971.831	971.439	971.047	970.656	970.264	969.872	969.480	969.089
-6	976.529	976.138	975.746	975.355	974.963	974.572	974.180	973.789	973.397	973.006
-5	980.444	980.053	979.662	979.270	978.879	978.487	978.096	977.704	977.313	976.921
-4	984.358	983.967	983.575	983.184	982.793	982.401	982.010	981.618	981.227	980.835
-3	988.270	987.879	987.488	987.096	986.705	986.314	985.923	985.532	985.140	984.749
-2	992.181	991.790	991.399	991.008	990.617	990.226	989.834	989.443	989.052	988.661
-1	996.091	995.700	995.309	994.918	994.527	994.136	993.745	993.354	992.963	992.572
0	1000.00	999.609	999.218	998.828	998.437	998.046	997.655	997.264	996.873	996.482
正温	0	0.1	0.2	0.3	0.4	0.5	0.6	0.7	0.8	0.9
0	1000.000	1000.391	1000.782	1001.172	1001.563	1001.954	1002.345	1002.736	1003.126	1003.517
1	1003.908	1004.298	1004.689	1005.080	1005.470	1005.861	1006.252	1006.642	1007.033	1007.424
2	1007.814	1008.205	1008.595	1008.986	1009.377	1009.767	1010.158	1010.548	1010.939	1011.329

正温	0	0.1	0.2	0.3	0.4	0.5	0.6	0.7	0.8	0.9
3	1011.720	1012.110	1012.501	1012.891	1013.282	1013.672	1014.062	1014.453	1014.843	1015.234
4	1015.624	1016.014	1016.405	1016.795	1017.185	1017.576	1017.966	1018.356	1018.747	1019.137
5	1019.527	1019.917	1020.308	1020.698	1021.088	1021.478	1021.868	1022.259	1022.649	1023.039
6	1023.429	1023.819	1024.209	1024.599	1024.989	1025.380	1025.770	1026.160	1026.550	1026.940
7	1027.330	1027.720	1028.110	1028.500	1028.890	1029.280	1029.670	1030.060	1030.450	1030.840
8	1031.229	1031.619	1032.009	1032.399	1032.789	1033.179	1033.569	1033.958	1034.348	1034.738
9	1035.128	1035.518	1035.907	1036.297	1036.687	1037.077	1037.466	1037.856	1038.246	1038.636
10	1039.025	1039.415	1039.805	1040.194	1040.584	1040.973	1041.363	1041.753	1042.142	1042.532
11	1042.921	1043.311	1043.701	1044.090	1044.480	1044.869	1045.259	1045.648	1046.038	1046.427
12	1046.816	1047.206	1047.595	1047.985	1048.374	1048.764	1049.153	1049.542	1049.932	1050.321
13	1050.710	1051.099	1051.489	1051.878	1052.268	1052.657	1053.046	1053.435	1053.825	1054.214
14	1054.603	1054.992	1055.381	1055.771	1056.160	1056.549	1056.938	1057.327	1057.716	1058.105
15	1058.495	1058.884	1059.273	1059.662	1060.051	1060.440	1060.829	1061.218	1061.607	1061.996
16	1062.385	1062.774	1063.163	1063.552	1063.941	1064.330	1064.719	1065.108	1065.496	1065.885
17	1066.274	1066.663	1067.052	1067.441	1067.830	1068.218	1068.607	1068.996	1069.385	1069.774
18	1070.162	1070.551	1070.940	1071.328	1071.717	1072.106	1072.495	1072.883	1073.272	1073.661
19	1074.049	1074.438	1074.826	1075.215	1075.604	1075.992	1076.381	1076.769	1077.158	1077.546
20	1077.935	1078.324	1078.712	1079.101	1079.489	1079.877	1080.266	1080.654	1081.043	1081.431
21	1081.820	1082.208	1082.596	1082.985	1083.373	1083.762	1084.150	1084.538	1084.926	1085.315
22	1085.703	1086.091	1086.480	1086.868	1087.256	1087.644	1088.033	1088.421	1088.809	1089.197
23	1089.585	1089.974	1090.362	1090.750	1091.138	1091.526	1091.914	1092.302	1092.690	1093.078
24	1093.467	1093.855	1094.243	1094.631	1095.019	1095.407	1095.795	1096.183	1096.571	1096.959
25	1097.347	1097.734	1098.122	1098.510	1098.898	1099.286	1099.674	1100.062	1100.450	1100.838
26	1101.225	1101.613	1102.001	1102.389	1102.777	1103.164	1103.552	1103.940	1104.328	1104.715
27	1105.103	1105.491	1105.879	1106.266	1106.654	1107.042	1107.429	1107.817	1108.204	1108.592
28	1108.980	1109.367	1109.755	1110.142	1110.530	1110.917	1111.305	1111.693	1112.080	1112.468
29	1112.855	1113.242	1113.630	1114.017	1114.405	1114.792	1115.180	1115.567	1115.954	1116.342
30	1116.729	1117.117	1117.504	1117.891	1118.279	1118.666	1119.053	1119.441	1119.828	1120.215
31	1120.602	1120.990	1121.377	1121.764	1122.151	1122.538	1122.926	1123.313	1123.700	1124.087
32	1124.474	1124.861	1125.248	1125.636	1126.023	1126.410	1126.797	1127.184	1127.571	1127.958
33	1128.345	1128.732	1129.119	1130.127	1129.893	1130.280	1130.667	1131.054	1131.441	1131.828
34	1132.215	1132.602	1132.988	1133.375	1133.762	1134.149	1134.536	1134.923	1135.309	1135.696
35	1136.083	1136.470	1136.857	1137.243	1137.630	1138.017	1138.404	1138.790	1139.177	1139.564
36	1139.950	1140.337	1140.724	1141.110	1141.497	1141.884	1142.270	1142.657	1143.043	1143.430
37	1143.817	1144.203	1144.590	1144.976	1145.363	1145.749	1146.136	1146.522	1146.909	1147.295
38	1147.681	1148.068	1148.454	1148.841	1149.227	1149.614	1150.000	1150.386	1150.773	1151.159
39	1151.545	1151.932	1152.318	1152.704	1153.091	1153.477	1153.863	1154.249	1154.636	1155.022
40	1155.408	1155.794	1156.180	1156.567	1156.953	1157.339	1157.725	1158.111	1158.497	1158.883
41	1159.270	1159.656	1160.042	1160.428	1160.814	1161.200	1161.586	1161.972	1162.358	1162.744
42	1163.130	1163.516	1163.902	1164.288	1164.674	1165.060	1165.446	1165.831	1166.217	1166.603

续表

正温	0	0.1	0.2	0.3	0.4	0.5	0.6	0.7	0.8	0.9
43	1166.989	1167.375	1167.761	1168.147	1168.532	1168.918	1169.304	1169.690	1170.076	1170.461
44	1170.847	1171.233	1171.619	1172.004	1172.390	1172.776	1173.161	1173.547	1173.933	1174.318
45	1174.704	1175.090	1175.475	1175.861	1176.247	1176.632	1177.018	1177.403	1177.789	1178.174
46	1178.560	1178.945	1179.331	1179.716	1180.102	1180.487	1180.873	1181.258	1181.644	1182.029
47	1182.414	1182.800	1183.185	1183.571	1183.956	1184.341	1184.727	1185.112	1185.597	1185.883
48	1186.268	1186.653	1187.038	1187.424	1187.809	1188.194	1188.579	1188.965	1189.350	1189.735
49	1190.120	1190.505	1190.890	1191.276	1191.661	1192.046	1192.431	1192.816	1193.201	1193.586
50	1193.971	1194.356	1194.741	1195.126	1195.511	1195.896	1196.281	1196.666	1197.051	1197.436
51	1197.821	1198.206	1198.591	1198.976	1199.361	1199.746	1200.131	1200.516	1200.900	1201.285
52	1201.670	1202.055	1202.440	1202.824	1203.209	1203.594	1203.979	1204.364	1204.748	1205.133
53	1205.518	1205.902	1206.287	1206.672	1207.056	1207.441	1207.826	1208.210	1208.595	1208.980
54	1209.364	1209.749	1210.133	1210.518	1210.902	1211.287	1211.672	1212.056	1212.441	1212.825
55	1213.210	1213.594	1213.978	1214.363	1214.747	1215.120	1215.516	1215.901	1216.285	1216.669
56	1217.054	1217.438	1217.822	1218.207	1218.591	1218.975	1219.360	1219.744	1220.128	1220.513
57	1220.897	1221.281	1221.665	1222.049	1222.434	1222.818	1223.202	1223.586	1223.970	1224.355
58	1224.739	1225.123	1225.507	1225.891	1226.275	1226.659	1227.043	1227.427	1227.811	1228.195
59	1228.579	1228.963	1229.347	1229.731	1230.115	1230.499	1230.883	1231.267	1231.651	1232.035
60	1232.419	1232.803	1233.187	1233.571	1233.955	1234.338	1234.722	1235.106	1235.490	1235.874
61	1236.257	1236.641	1237.025	1237.409	1237.792	1238.176	1238.560	1238.944	1239.327	1239.711
62	1240.095	1240.478	1240.862	1241.246	1241.629	1242.030	1242.396	1242.780	1243.164	1243.547
63	1243.931	1244.314	1244.698	1245.081	1245.465	1245.848	1246.232	1246.615	1246.999	1247.382
64	1247.766	1248.149	1248.533	1248.916	1249.299	1249.683	1250.066	1250.450	1250.833	1251.216
65	1251.600	1251.983	1252.366	1252.749	1253.133	1253.516	1253.899	1254.283	1254.666	1255.049
66	1255.432	1255.815	1256.199	1256.582	1256.965	1257.348	1257.731	1258.114	1258.497	1258.881
67	1259.264	1259.647	1260.030	1260.413	1260.796	1261.179	1261.562	1261.945	1262.328	1262.711
68	1263.094	1263.477	1263.860	1264.243	1264.626	1265.009	1265.392	1265.775	1266.157	1266.540
69	1266.923	1267.306	1267.689	1268.072	1268.455	1268.837	1269.220	1269.603	1269.986	1270.368
70	1270.751	1271.134	1271.517	1271.899	1272.282	1272.665	1273.048	1273.430	1273.813	1274.195
71	1274.578	1274.691	1274.803	1274.916	1275.029	1275.141	1275.254	1275.366	1275.479	1275.591
72	1278.404	1278.786	1279.169	1279.551	1279.934	1280.316	1280.699	1281.081	1281.464	1281.846
73	1282.228	1282.611	1282.993	1283.376	1283.758	1284.140	1284.523	1284.905	1285.287	1285.670
74	1286.052	1286.434	1286.816	1287.199	1287.581	1287.963	1288.345	1288.728	1289.110	1289.492
75	1289.874	1290.256	1290.638	1291.021	1291.403	1291.785	1292.167	1292.549	1292.931	1293.313
76	1293.695	1294.077	1294.459	1294.841	1295.223	1295.605	1295.987	1296.369	1296.751	1297.133
77	1297.515	1297.897	1298.279	1298.661	1299.043	1299.425	1299.807	1300.188	1300.570	1300.952
78	1301.334	1301.716	1302.098	1302.479	1302.861	1303.243	1303.625	1304.006	1304.388	1304.770
79	1305.152	1305.533	1305.915	1306.297	1306.678	1307.060	1307.442	1307.823	1308.205	1308.586
80	1308.968	1309.350	1309.731	1310.113	1310.494	1310.876	1311.270	1311.639	1312.020	1312.402
81	1312.783	1313.165	1313.546	1313.928	1314.309	1314.691	1315.072	1315.453	1315.835	1316.216
82	1316.597	1316.979	1317.360	1317.742	1318.123	1318.504	1318.885	1319.267	1319.648	1320.029

正温	0	0.1	0.2	0.3	0.4	0.5	0.6	0.7	0.8	0.9
83	1320.411	1320.792	1321.173	1321.554	1321.935	1322.316	1322.697	1323.079	1323.460	1323.841
84	1324.222	1324.603	1324.985	1325.366	1325.747	1326.128	1326.509	1326.890	1327.271	1327.652
85	1328.033	1328.414	1328.795	1329.176	1329.557	1329.938	1330.319	1330.700	1331.081	1331.462
86	1331.843	1332.224	1332.604	1332.985	1333.366	1333.747	1334.128	1334.509	1334.889	1335.270
87	1335.651	1336.032	1336.413	1336.793	1337.174	1337.555	1337.935	1338.316	1338.697	1339.078
88	1339.458	1335.839	1332.220	1328.600	1324.981	1321.361	1317.742	1314.123	1310.503	1306.884
89	1343.264	1343.645	1344.025	1344.406	1344.786	1345.167	1345.570	1345.928	1346.308	1346.689
90	1347.069	1347.450	1347.830	1348.211	1348.591	1348.971	1349.352	1349.732	1350.112	1350.493
91	1350.873	1351.253	1351.634	1352.014	1352.394	1352.774	1353.155	1353.535	1353.915	1354.295
92	1354.676	1355.056	1355.436	1355.816	1356.196	1356.577	1356.957	1357.337	1357.717	1358.097
93	1358.477	1358.857	1359.237	1359.617	1359.997	1360.377	1360.757	1361.137	1361.517	1361.897
94	1362.277	1362.657	1363.037	1363.417	1363.797	1364.177	1364.557	1364.937	1365.317	1365.697
95	1366.077	1366.456	1366.836	1367.216	1367.596	1367.976	1368.355	1368.735	1369.115	1369.495
96	1369.875	1370.254	1370.634	1371.014	1371.393	1371.773	1372.153	1372.532	1372.912	1373.292
97	1373.671	1374.051	1374.431	1374.810	1375.190	1375.569	1375.949	1376.329	1376.708	1377.088
98	1377.467	1377.847	1378.226	1378.606	1378.985	1379.365	1379.744	1380.123	1380.503	1380.882
99	1381.262	1381.641	1382.020	1382.400	1382.779	1383.158	1383.538	1383.917	1384.296	1384.676
100	1385.055									

正温	0	1	2	3	4	5	6	7	8	9
100	1385.055	1388.847	1392.638	1396.428	1400.217	1404.005	1407.791	1411.576	1415.360	1419.143
110	1422.925	1426.706	1430.485	1434.264	1438.041	1441.817	1445.592	1449.366	1453.138	1456.910
120	1460.680	1464.449	1468.217	1471.984	1475.750	1479.514	1483.277	1487.040	1490.801	1494.561
130	1498.319	1502.077	1505.833	1509.589	1513.343	1517.096	1520.847	1524.598	1528.381	1532.139
140	1535.843	1539.589	1543.334	1547.078	1550.820	1554.562	1558.302	1562.041	1565.779	1569.516
150	1573.251	1576.986	1580.719	1584.451	1588.182	1591.912	1595.641	1599.368	1603.094	1606.820
160	1610.544	1614.267	1617.989	1621.709	1625.429	1629.147	1632.864	1636.580	1640.295	1644.009
170	1647.721	1651.433	1655.143	1658.852	1662.560	1666.267	1669.972	1673.677	1677.380	1681.082
180	1684.783	1688.483	1692.181	1695.879	1699.575	1703.271	1706.965	1710.658	1714.349	1718.040
190	1721.729	1725.418	1729.105	1732.791	1736.475	1740.159	1743.842	1747.523	1751.203	1754.882
200	1758.560	1762.237	1765.912	1769.587	1773.260	1776.932	1780.603	1784.273	1787.941	1791.610
210	1795.275	1798.940	1802.604	1806.267	1809.929	1813.590	1817.249	1820.907	1824.564	1828.220
220	1831.875	1835.529	1839.181	1842.832	1846.483	1850.132	1853.779	1857.426	1861.072	1864.716
230	1868.359	1872.001	1875.642	1879.282	1882.921	1886.558	1890.194	1893.830	1897.463	1901.096
240	1904.728	1908.359	1911.988	1915.616	1919.243	1922.869	1926.494	1930.117	1933.740	1937.361
250	1940.981	1944.600	1948.218	1951.835	1955.450	1959.065	1962.678	1966.290	1969.901	1973.510
260	1977.119	1980.726	1984.333	1987.938	1991.542	1995.145	1998.746	2002.347	2005.946	2009.544
270	2013.141	2016.737	2020.332	2023.925	2027.518	2031.109	2034.699	2038.288	2041.876	2045.463
280	2049.048	2052.632	2056.215	2059.798	2063.378	2066.958	2070.537	2074.114	2077.690	2081.265
290	2084.839	2088.412	2091.984	2095.554	2099.123	2102.692	2106.259	2109.824	2113.389	2116.953
300	2120.515				—					

附录 D　部分常用半导体热敏电阻参考分度值

如附表 D-1～附表 D-4 所示，标称电阻数值为 25℃，单位为 kΩ，热敏电阻的阻值单位也为 kΩ。热敏电阻的类型为负温度系数。

附表 D-1　负温度系数热敏电阻分度值[R（25℃）为 10kΩ，B 为 3950]

温度/℃	阻值/kΩ	温度/℃	阻值/kΩ	温度/℃	阻值/kΩ	温度/℃	阻值/kΩ
-29	187.32	-3	39.48	23	10.94	49	3.73
-28	175.35	-2	37.4	24	10.46	50	3.59
-27	164.24	-1	35.46	25	10	51	3.46
-26	153.92	0	33.62	26	9.57	52	3.33
-25	144.32	1	31.89	27	9.16	53	3.21
-24	135.38	2	30.27	28	8.76	54	3.09
-23	127.07	3	28.73	29	8.39	55	2.98
-22	119.33	4	27.29	30	8.04	56	2.87
-21	112.11	5	25.92	31	7.7	57	2.77
-20	105.38	6	24.64	32	7.38	58	2.67
-19	99.11	7	23.43	33	7.07	59	2.58
-18	93.25	8	22.28	34	6.78	60	2.49
-17	87.78	9	21.2	35	6.51	61	2.4
-16	82.67	10	20.17	36	6.24	62	2.32
-15	77.9	11	19.21	37	5.99	63	2.24
-14	73.43	12	18.29	38	5.75	64	2.16
-13	69.25	13	17.43	39	5.52	65	2.09
-12	65.34	14	16.61	40	5.3	66	2.02
-11	61.68	15	15.84	41	5.09	67	1.95
-10	58.25	16	15.1	42	4.89	68	1.88
-9	55.03	17	14.41	43	4.7	69	1.82
-8	52.01	18	13.75	44	4.52	70	1.76
-7	49.18	19	13.13	45	4.35	71	1.7
-6	46.52	20	12.54	46	4.18	72	1.65
-5	44.03	21	11.97	47	4.02	73	1.59
-4	41.68	22	11.44	48	3.87	74	1.54

续表

温度/℃	阻值/kΩ	温度/℃	阻值/kΩ	温度/℃	阻值/kΩ	温度/℃	阻值/kΩ
75	1.49	89	0.96	103	0.64	117	0.44
76	1.44	90	0.93	104	0.62	118	0.43
77	1.4	91	0.91	105	0.61	119	0.42
78	1.35	92	0.88	106	0.59	120	0.41
79	1.31	93	0.85	107	0.57	121	0.4
80	1.27	94	0.83	108	0.56	122	0.39
81	1.23	95	0.81	109	0.54	123	0.38
82	1.19	96	0.78	110	0.53	124	0.37
83	1.16	97	0.76	111	0.52	125	0.36
84	1.12	98	0.74	112	0.5	126	0.35
85	1.09	99	0.72	113	0.49	127	0.34
86	1.05	100	0.7	114	0.48	128	0.33
87	1.02	101	0.68	115	0.46	129	0.33
88	0.99	102	0.66	116	0.45	130	0.32

附表 D-2　负温度系数热敏电阻分度值[R（25℃）为 50kΩ，B 为 3950]

温度/℃	阻值/kΩ	温度/℃	阻值/kΩ	温度/℃	阻值/kΩ	温度/℃	阻值/kΩ
−29	936.58	−4	208.41	21	59.87	46	20.91
−28	876.77	−3	197.39	22	57.21	47	20.12
−27	821.21	−2	187.02	23	54.68	48	19.36
−26	769.59	−1	177.28	24	52.28	49	18.63
−25	721.58	0	168.1	25	50	50	17.94
−24	676.92	1	159.47	26	47.83	51	17.28
−23	635.35	2	151.33	27	45.78	52	16.64
−22	596.64	3	143.66	28	43.82	53	16.03
−21	560.56	4	136.44	29	41.96	54	15.45
−20	526.92	5	129.62	30	40.19	55	14.89
−19	495.55	6	123.19	31	38.5	56	14.36
−18	466.26	7	117.13	32	36.9	57	13.84
−17	438.92	8	111.4	33	35.37	58	13.35
−16	413.37	9	105.99	34	33.91	59	12.88
−15	389.49	10	100.87	35	32.53	60	12.43
−14	367.16	11	96.04	36	31.21	61	12
−13	346.27	12	91.47	37	29.95	62	11.58
−12	326.71	13	87.15	38	28.75	63	11.18
−11	308.39	14	83.06	39	27.6	64	10.8
−10	291.23	15	79.19	40	26.51	65	10.43
−9	275.14	16	75.52	41	25.46	66	10.08
−8	260.05	17	72.05	42	24.47	67	9.74
−7	245.9	18	68.75	43	23.52	68	9.41
−6	232.61	19	65.64	44	22.61	69	9.1
−5	220.13	20	62.68	45	21.74	70	8.8

续表

温度/℃	阻值/kΩ	温度/℃	阻值/kΩ	温度/℃	阻值/kΩ	温度/℃	阻值/kΩ
71	8.51	86	5.27	101	3.39	116	2.26
72	8.23	87	5.11	102	3.3	117	2.2
73	7.96	88	4.96	103	3.21	118	2.14
74	7.71	89	4.81	104	3.12	119	2.09
75	7.46	90	4.67	105	3.03	120	2.04
76	7.22	91	4.53	106	2.95	121	1.98
77	6.99	92	4.4	107	2.87	122	1.93
78	6.77	93	4.27	108	2.79	123	1.89
79	6.56	94	4.15	109	2.72	124	1.84
80	6.35	95	4.03	110	2.65	125	1.79
81	6.15	96	3.91	111	2.58	126	1.75
82	5.96	97	3.8	112	2.51	127	1.71
83	5.78	98	3.69	113	2.44	128	1.67
84	5.6	99	3.59	114	2.38	129	1.63
85	5.43	100	3.49	115	2.32	130	1.59

附表 D-3　负温度系数热敏电阻分度值[R（25℃）为 10kΩ，B 为 3435]

温度/℃	阻值/kΩ	温度/℃	阻值/kΩ	温度/℃	阻值/kΩ	温度/℃	阻值/kΩ
−29	127.84	−5	36.29	19	12.67	43	5.19
−28	120.71	−4	34.6	20	12.17	44	5.01
−27	114.03	−3	33.01	21	11.7	45	4.85
−26	107.77	−2	31.49	22	11.24	46	4.69
−25	101.9	−1	30.06	23	10.81	47	4.53
−24	96.39	0	28.7	24	10.4	48	4.38
−23	91.22	1	27.42	25	10	49	4.24
−22	86.37	2	26.2	26	9.62	50	4.1
−21	81.81	3	25.04	27	9.26	51	3.97
−20	77.52	4	23.94	28	8.92	52	3.84
−19	73.49	5	22.9	29	8.59	53	3.72
−18	69.7	6	21.91	30	8.27	54	3.6
−17	66.13	7	20.96	31	7.97	55	3.49
−16	62.77	8	20.07	32	7.68	56	3.38
−15	59.61	9	19.22	33	7.4	57	3.27
−14	56.62	10	18.41	34	7.13	58	3.17
−13	53.81	11	17.64	35	6.88	59	3.07
−12	51.16	12	16.91	36	6.64	60	2.98
−11	48.65	13	16.21	37	6.4	61	2.89
−10	46.29	14	15.55	38	6.18	62	2.8
−9	44.06	15	14.92	39	5.96	63	2.72
−8	41.95	16	14.31	40	5.76	64	2.64
−7	39.96	17	13.74	41	5.56	65	2.56
−6	38.07	18	13.19	42	5.37	66	2.48

温度/℃	阻值/kΩ	温度/℃	阻值/kΩ	温度/℃	阻值/kΩ	温度/℃	阻值/kΩ
67	2.41	83	1.53	99	1.01	115	0.69
68	2.34	84	1.49	100	0.99	116	0.68
69	2.27	85	1.45	101	0.96	117	0.66
70	2.21	86	1.41	102	0.94	118	0.65
71	2.14	87	1.38	103	0.92	119	0.63
72	2.08	88	1.34	104	0.9	120	0.62
73	2.02	89	1.31	105	0.87	121	0.6
74	1.97	90	1.27	106	0.85	122	0.59
75	1.91	91	1.24	107	0.83	123	0.58
76	1.86	92	1.21	108	0.81	124	0.57
77	1.81	93	1.18	109	0.79	125	0.55
78	1.76	94	1.15	110	0.78	126	0.54
79	1.71	95	1.12	111	0.76	127	0.53
80	1.66	96	1.09	112	0.74	128	0.52
81	1.62	97	1.06	113	0.72	129	0.51
82	1.57	98	1.04	114	0.71	130	0.5

附表 D-4　负温度系数热敏电阻分度值[R（25℃）为 50kΩ，B 为 3435]

温度/℃	阻值/kΩ	温度/℃	阻值/kΩ	温度/℃	阻值/kΩ	温度/℃	阻值/kΩ
−29	639.19	−5	181.45	19	63.35	43	25.95
−28	603.54	−4	173.01	20	60.86	44	25.07
−27	570.14	−3	165.03	21	58.48	45	24.23
−26	538.84	−2	157.47	22	56.21	46	23.43
−25	509.49	−1	150.31	23	54.05	47	22.65
−24	481.95	0	143.52	24	51.98	48	21.91
−23	456.11	1	137.09	25	50	49	21.19
−22	431.84	2	130.98	26	48.11	50	20.51
−21	409.04	3	125.19	27	46.31	51	19.84
−20	387.61	4	119.7	28	44.58	52	19.21
−19	367.46	5	114.48	29	42.93	53	18.6
−18	348.5	6	109.53	30	41.35	54	18.01
−17	330.66	7	104.82	31	39.84	55	17.44
−16	313.86	8	100.35	32	38.39	56	16.89
−15	298.03	9	96.1	33	37	57	16.37
−14	283.11	10	92.05	34	35.67	58	15.86
−13	269.05	11	88.2	35	34.4	59	15.37
−12	255.78	12	84.54	36	33.18	60	14.9
−11	243.27	13	81.06	37	32.02	61	14.45
−10	231.45	14	77.74	38	30.9	62	14.01
−9	220.29	15	74.58	39	29.82	63	13.59
−8	209.75	16	71.57	40	28.79	64	13.19
−7	199.78	17	68.7	41	27.81	65	12.8
−6	190.36	18	65.96	42	26.86	66	12.42

续表

温度/℃	阻值/kΩ	温度/℃	阻值/kΩ	温度/℃	阻值/kΩ	温度/℃	阻值/kΩ
67	12.05	83	7.66	99	5.06	115	3.46
68	11.7	84	7.45	100	4.94	116	3.38
69	11.36	85	7.26	101	4.82	117	3.3
70	11.04	86	7.07	102	4.7	118	3.23
71	10.72	87	6.88	103	4.59	119	3.16
72	10.41	88	6.7	104	4.48	120	3.09
73	10.12	89	6.53	105	4.37	121	3.02
74	9.83	90	6.36	106	4.27	122	2.96
75	9.56	91	6.2	107	4.17	123	2.89
76	9.29	92	6.04	108	4.07	124	2.83
77	9.03	93	5.88	109	3.97	125	2.77
78	8.79	94	5.74	110	3.88	126	2.71
79	8.54	95	5.59	111	3.79	127	2.65
80	8.31	96	5.45	112	3.7	128	2.6
81	8.09	97	5.32	113	3.62	129	2.54
82	7.87	98	5.19	114	3.54	130	2.49